Python

预测之美

数据分析与算法实战

游皓麟 / 著

U0218251

电子工业出版社

Publishing House of Electronics Industry

北京•BEIJING

内 容 简 介

Python 是一种面向对象的脚本语言，其代码简洁优美，类库丰富，开发效率也很高，得到越来越多开发者的喜爱，广泛应用于 Web 开发、网络编程、爬虫开发、自动化运维、云计算、人工智能、科学计算等领域。预测技术在当今智能分析及其应用领域中发挥着重要作用，也是大数据时代的核心价值所在。随着 AI 技术的进一步深化，预测技术将更好地支撑复杂场景下的预测需求，其商业价值不言而喻。基于 Python 来做预测，不仅能够在业务上快速落地，还让代码维护更加方便。对预测原理的深度剖析和算法的细致解读，是本书的一大亮点。

本书共分为 3 篇。第 1 篇介绍预测基础，主要包括预测概念理解、预测方法论、分析方法、特征技术、模型优化及评价，读者通过这部分内容的学习，可以掌握预测的基本步骤和方法思路。第 2 篇介绍预测算法，该部分包含多元回归分析、复杂回归分析、时间序列及进阶算法，内容比较有难度，需要细心品味。第 3 篇介绍预测案例，包括短期日负荷曲线预测和股票价格预测两个实例，读者可以了解到实施预测时需要关注的技术细节。

希望读者在看完本书后，能够将本书的精要融会贯通，进一步在工作和学习实践中提炼价值。

图书在版编目（CIP）数据

Python 预测之美：数据分析与算法实战 / 游皓麟著. —北京：电子工业出版社，2020.7
ISBN 978-7-121-39041-8

Ⅰ. ①P… Ⅱ. ①游… Ⅲ. ①软件工具－程序设计 Ⅳ. ①TP311.561

中国版本图书馆 CIP 数据核字(2020)第 091282 号

责任编辑：石　倩
印　　刷：北京天宇星印刷厂
装　　订：北京天宇星印刷厂
出版发行：电子工业出版社
　　　　　北京市海淀区万寿路 173 信箱　邮编 100036
开　　本：787×980　1/16　印张：24.75　字数：594 千字
版　　次：2020 年 7 月第 1 版
印　　次：2023 年 3 月第 6 次印刷
定　　价：119.00 元

凡所购买电子工业出版社图书有缺损问题，请向购买书店调换。若书店售缺，请与本社发行部联系，联系及邮购电话：（010）88254888，88258888。

质量投诉请发邮件至 zlts@phei.com.cn，盗版侵权举报请发邮件至 dbqq@phei.com.cn。

本书咨询联系方式：010-51260888-819，faq@phei.com.cn。

前 言

为什么要写这本书?

2016 年 10 月,笔者出版了《R 语言预测实战》一书,书中总结了笔者在预测领域的一些思考和经验,并通过书籍的媒介作用,和广大读者进行了一次深度的对话交流。书中基于 R 语言对常用的数据分析、预测类算法进行了实现,并结合案例讲解了预测模型的实现过程。该书自出版以来,不断收到读者的好评,笔者也时常收到读者发来的邮件,或是对书籍内容感兴趣,希望可以长期交流,或是提出书籍中存在的一些瑕疵,希望在下一个版本中进行改善,或是咨询一些实际业务问题,如此等等。总的来看,《R 语言预测实战》这本书还是很受读者喜爱的。由于人工智能在近些年的发展,Python 语言越来越流行,更多的朋友想从 Python 入手学习新兴技术。为了能将《R 语言预测实战》的精华介绍给更多的读者,同时可以有机会修改 R 这本书中存在的一些问题,尤其是代码中的瑕疵,笔者开始考虑将其改写为 Python 版本。与《R 语言预测实战》相比,本书加入了使用深度学习算法来做预测的内容,同时删除了一些不必要的段落,在代码方面也做了很多优化,相信能够给读者带来更好的阅读、学习体验。

阅读对象

- 对数据挖掘、机器学习、预测算法及商业预测应用感兴趣的大专院校师生;
- 从事数据挖掘工作,有一定经验的专业人士;
- 各行各业的数据分析师、数据挖掘工程师;
- 对数据挖掘、预测专题感兴趣的读者。

关于代码

本书代码按章节整理，仓库建在 Github 上，地址为 https://github.com/cador/prediction-python。名称以 chapter 开始的文件夹存放各章节代码，tmp 文件夹存放资源文件，utils 文件夹为工具库，包含本书所有的数据集定义、函数定义等。Python 环境基于 3.8.5 版本构建，依赖库可参见 requirements.txt。您可以通过访问该仓库，阅读仓库介绍，完成 Python 环境的搭建，并成功运行所有章节代码。

勘误和支持

由于笔者的水平有限，编写的时间也很仓促，书中难免会出现一些错误或者不准确的地方，恳请读者批评、指正。读者可以把意见或建议直接发至笔者的邮箱 cador.ai@aliyun.com。书中的数据和代码，可通过关注"数之何"微信公众号来获取。笔者会定期发布勘误表，并统一回复。同时，如果你有什么问题，也可以发邮件来提问，笔者将尽量为读者提供最满意的解答，期待你们的反馈。

如何阅读这本书

本书包括 3 篇，共有 10 章。

第 1 章介绍预测的基本概念，以及大数据时代预测的特点，并结合案例进行讲解，最后基于 Python 讲解一个预测案例。本章适合初学者入门。

第 2 章介绍预测的方法论。预测流程是基础，它说明了预测实施的各个阶段；预测的指导原则是预测工作者必知必会的。另外，还介绍了预测工作的团队要求。本章内容适合长期品味，活学活用。

第 3 章介绍分析方法，本章内容是数据分析、数据挖掘常见的分析方法，出现在这里，主要是为预测技术的数据处理做铺垫。如果预测工作者没有掌握有效的分析思路和方法，就直接去提炼指标和特征，那么预测工作是很难进行下去的。本章提供了规律发现的常用方法和技巧。

第 4 章介绍特征工程，不仅介绍了常见的特征变换方法，还介绍了特征组合的方法，特别值得一提的是，本章包含了特征学习的方法，它是基于遗传编程实现的。从事数据挖掘的朋友都很清楚，好的特征在建模时是非常重要的，然而，有时我们直接拿基础数据去建模，效果不见得好，如果进行规律挖掘，那么也比较费时费力，比较好的做法就是特征自动生成。感兴趣的读者，可以细致品味这一章。

从第 1 章到第 4 章为本书的第 1 篇，主要介绍预测的入门知识，如果读者对预测有一定的功底，则可以跳过本部分，直接进入第 2 篇，了解预测算法的基本原理和实现。

第 5 章介绍模型参数的优化。我们在建立数据挖掘和预测模型时，参数的确定通常不是一步到位的，往往需要做一些优化或改进，以提升最终的效果。本章介绍的遗传算法、粒子群优化、模拟退火等问题求解算法，有助于找到模型的最优或接近最优的参数。

第 6 章介绍线性回归技术，主要包括多元线性回归、Ridge 回归、Lasso 回归、分位数回归、稳健回归的内容。在实际工作或实践中，读者应该有选择地使用对应的回归方法，以确保应对回归问题的有效性。

第 7 章介绍复杂回归技术，主要包括梯度提升回归树（GBRT）、神经网络、支持向量机、高斯过程回归的内容。这是回归技术的进阶部分，涉及统计学以及机器学习的内容，想挑战难度的读者，一定要好好读一读这部分。

第 8 章介绍时间序列分析技术，主要包括 Box-Jenkins 方法、门限自回归模型、GARCH 模型族、向量自回归模型、卡尔曼滤波、循环神经网络、长短时记忆网络等内容。本章不仅介绍了常见的 Box-Jenkins 方法，还介绍了门限自回归等高阶时序分析技术。

从第 5 章到第 8 章为本书的第 2 篇，主要介绍预测算法，本部分的算法选择有一定的难度，基本包含了常见的以及部分高阶的预测回归算法，读者可细细品味。

第 9 章介绍短期日负荷曲线预测技术，首先介绍电力行业负荷预测的行业知识，接着从预测的基本要求出发，经过预测的建模准备，进入预测建模的环节。本章使用了 DNN 和 LSTM 两种算法来建立预测模型，并对预测效果进行了评估。

第 10 章介绍股票价格预测技术，基于 VAR 和 LSTM 两种算法对预测模型进行了实现，检验了预测的准确性。

最后两章为本书的第 3 篇，主要介绍预测案例。由于商业关系，有些案例分析的细节内容不便在书中全面展开介绍，有兴趣的读者，可以发邮件联系笔者。

致谢

感谢电子工业出版社的编辑石倩，没有你的敦促，笔者可能不会这么快地写完这本书，同时也感谢电子工业出版社!

感谢造物主给我一颗孜孜不倦的心，让我在学习的道路上不至于因工作忙碌而有所懈怠，也不至于因有所成就而不知进取。

青山不改，绿水长流。谨以此书，献给我最亲爱的家人和朋友，以及热爱 Python 和从事数据相关领域的朋友们。

游皓麟

中国 成都

目 录

第1篇 预测入门

第 2 篇　预测算法

第 3 篇　预测应用

读者服务

扫码回复：39041

- 获取博文视点学院 20 元付费内容抵扣券
- 获取免费增值资源
- 加入读者交流群，与更多读者互动
- 获取精选书单推荐

第 1 篇

预测入门

第 1 章

认识预测

预测是一门研究未来的学问，从古至今，不断有人在研究它、应用它，研究的方法和理论也在不断地发展和完善。从古代的龟壳占卜到如今的大数据和人工智能，预测的形式、方法、理论、技术、意义和作用都发生了极大的变化。在当代数据科学的加持下，预测不再是神秘的，而是有据可依、有迹可循的。在一定程度上，预测也是美的。那么，什么是美呢？不同的人会有不同的答案，柏拉图认为美是理念，俄国的车尔尼雪夫斯基认为美是生活，中国道家则认为天地有大美而不言，还有些人认为美是漂亮，如此等等。我们这里讲的美，主要是指预测的方法、预测的逻辑之美。预测不是枯燥的建模，不是干瘪的公式推导，它包含着现象的延伸，就像种子破壳而出，发芽生长一样，具有力量，散发着生命绽放的美。

1.1 什么是预测

在生活中经常会用到预测，比如明天是否会下雨、某旅游景点是否会爆棚、交通是否通畅等。预测的方法也因人而异，有人会根据经验来推断；有人会更相信感觉，说不出原因，就靠直觉给出估计结果；还有的人会占卜，类似于抛硬币的方式，通过随机结果来做出估计；也有人会访问亲朋好友，根据他们各自的预测结果，综合分析，得出最终预测结果。这些预测方法，可谓是仁者见仁、智者见智。纵观人类历史的发展，出现过一些典型的用于预测的手段，比如占卜术，古人也曾制造出厉害的预测仪器，一直到近代，才出现较为科学的预测方法。

1.1.1　占卜术

在世界历史的长河中，占卜术的出现并不是偶然。面对变幻莫测的大自然，古人心里没底，犹豫、焦虑，甚至恐惧。为了从自身以外获得更多的信息，从而减少不确定性，他们从身边的现象中探索，比如通过遇到什么样的动物、听见什么样的声音，以及遇到动物的数量、声音的次数，乃至事物的颜色等，来推断将要发生事情的吉凶祸福，他们认为在事情发生之前，可以通过这些方式得知事物发生的征兆。所以，占卜的"占"表示观察，观察身边的事物，而"卜"表示推测，根据现象对未知事物进行推测。从古至今出现过的占卜术非常多，比较久远的要数龟壳占卜了，至少在龙山文化时期已经出现骨卜方式，而在殷商时期，已经广泛使用炭火烧烤龟甲，通过裂纹来预测国事、战事、天气、灾难等（见图 1-1-1）。

图 1-1-1　成都金沙遗址出土的卜甲

可以看到，占卜的预测方法是缺少科学依据的，预测结果也非常依赖于做出预测的人，不同的人由于经验积累和理解方式的差异，也可能得出完全不同的结果。当然，如果我们对古人的做法不那么消极，则完全可以发挥想象。比如，通过观察身边事物的状态，在愿力特别强的情况下，会不会通过四维时空将未来可能发生的事情在当下的三维世界进行投影呢？因此，这样一联想，古人的做法也可能不是完全瞎扯。虽然我们没有办法去考究古人做法的科学性，但这却为现在的科学预测提供了一些参考，比如，我们要使用跨界的更多维度的数据来做预测，就要善于使用关联的思路，寻找更多的分析维度。好在现在我们的很多信息可以数字化，即便是针对海量数据，也具有成熟的处理办法。

1.1.2　神秘的地动仪

东汉时期，全国地震比较频繁，给百姓带来了很大的灾难，当时有个叫张衡的人，经过多年研究，发明了候风地动仪。由于历史久远，现在能找到的资料仅一百多字，连候风地动仪的样子，也是专家基于这些文字和自己的研究构想出来的（见图 1-1-2）。《后汉书·张衡传》关于地动仪的记载如下：

1 阳嘉元年，复造候风地动仪。以精铜铸成，员径八尺，合盖隆起，形似酒尊，饰以篆文山龟鸟兽之形。
2 中有都柱，傍行八道，施关发机。外有八龙，首衔铜丸，下有蟾蜍，张口承之。
3 其牙机巧制，皆隐在尊中，覆盖周密无际。如有地动，尊则振龙，机发吐丸，而蟾蜍衔之。
4 振声激扬，伺者因此觉知。虽一龙发机，而七首不动，寻其方面，乃知震之所在。

图 1-1-2　地动仪构想图

这段文字的大概意思是，地动仪一共有 8 个方位，和易经八卦的方位数量相同，每个方位上都做了一个龙头，其正下方有一只蟾蜍。当发生地震时，对应方向的龙口就会松口，其所含的龙珠就会掉在其下蟾蜍的口中。地动仪就是根据此原理来推测地震发生的方向的。

然而，地动仪并不能预测地震何时何地会发生，充其量是震后对地震方位的判断。但即便是这个功能，用现在的科学仍然难以甚至无法去解释它。地震在远处发生了，为何身边的地动仪会有影响，甚至会自动吐出龙珠，根本毫不相关啊。说到这里，我们来看一下"铜山西崩，洛钟东应"的典故。据说在西汉时期，皇宫未央宫前殿的钟无故自鸣，三天三夜不停止。汉武帝召问王朔，王朔说可能有兵争。武帝不信就问东方朔。东方朔说铜是山的儿子，山是铜之母，钟响就是山崩的感应。三天后，南郡太守上书说山崩了二十多里。

1 此义易明，铜山西崩，洛钟东应，不以远而阴也。　清·纪昀《阅微草堂笔记》卷十三

有趣的是，张衡（公元 78—公元 139 年，东汉）和东方朔（公元前 154 年—公元前 93 年，西汉）所处的朝代非常接近。根据这个设想，制造地动仪的材料，应该要从全国各地去收集，才能实现推测地震方位的功能。比如，地动仪东边方位的龙珠应该使用山东矿山的铜来制造，西边方位的龙珠应该使用蜀地的矿石来制造。这其实就是量子纠缠的效应。

那什么是量子纠缠呢？我们不打算从物理和数学的角度大篇幅阐述量子纠缠的概念，感兴趣的读者可以通过网站或书籍来学习，这里只进行一些简要介绍。量子纠缠是一种超距作用，并不需要

任何介质，将发生量子纠缠的两样东西放到任意远，它们仍然会相互影响。这里说的任意远，可以远到上亿光年甚至更多，在这种距离条件下，通过光速也很难即时地在两样东西间发生作用，然而量子纠缠会使其中一样东西在因被操控而发生改变时，另一样东西即时地发生相应改变（见图 1-1-3 ）。

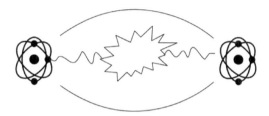

图 1-1-3　量子纠缠示意图

2017 年 6 月 16 日，量子科学实验卫星墨子号首先成功实现，两个量子纠缠光子被分发到相距超过 1200 千米的距离后，仍可继续保持其量子纠缠的状态。2018 年 4 月 25 日，芬兰阿尔托大学应用物理系教授 Mika Sillanp 领导的一个研究团队完成了一项看似不可能完成的实验。Sillanp 教授将两个硅芯片上的金属铝片制成的振动鼓膜，通过某种科学手段实现了微观量子世界中才能出现的量子纠缠。两个鼓膜的直径达 15 微米，这几乎接近于人类头发的直径，两个鼓膜在人眼的观测下都是清晰可见的。Sillanp 教授宏观物质的量子纠缠实验引起了全世界物理学家的关注。在这项新研究中，物理学家成功地把两种几乎肉眼可见的不同运动物体转变为纠缠的量子态，它们可以通过超距作用互相感受。如此看来，宏观物质发生量子纠缠也不是不可能的。

基于量子纠缠的解释，地动仪能够测出地震发生的方位，也就不足为奇了。但是，由于现在能找到的记录很少，因此古人是如何制造出来的，已无从考证，甚至有人对此表示质疑，也无可厚非。地动仪就像一个幽灵一样，让人捉摸不透，到目前为止还是一个神秘的存在。

1.1.3　科学预测

科学预测讲究用科学的方法来做预测，要有理可循，有据可依。通常需要根据预测对象的内外部的各种信息、情报以及数据，使用科学的方法和技术，包括判断、推理和模型，对预测对象的趋势发展和变化规律进行预测，从而了解该对象的未来信息，进而评估其发展变化对未来的影响，必要时提出有针对性的方案，提前部署。

那什么是预测呢？"预"就是预先、事先，"测"就是度量、推测。预测通常被理解为对某些事物进行事先推测的过程。由于预测具有提前预知事物发展动向的能力，因此科学的预测是很多决策、计划的前提和保证。预测涉及很多行业和领域，并衍生出很多预测专题，除了常见的经济预测、股票市场预测、气象预测，还有人口预测、上网流量预测、产品销量预测、市场需求预测、流行病预测、价格预测等。

预测的定义有很多种，一般认为，预测是从事物发展的历史和现状着手，使用事物的基础信息和统计数据，在严格的理论基础上，对事物的历史发展过程进行深刻的定性分析和严密的定量计算，以了解和认识事物的发展变化规律，进一步对事物未来的发展做出科学推测的过程。本书给出预测的定义为：

> 1 所谓预测，是指基于对事物历史发展规律的了解和当前状态的把握，进一步使用科学的理论、方法和技术
> 2 对事物未来发展的走势或状态做出估计、判断的过程

1. 预测的特点

（1）短期可预测

预测是通过事物的过去及现在推测未来，未来的时间可长可短。如果时间太长，由于存在很多不确定因素的干扰，长期预测结果的可信度相对较低，短期预测的结果往往更加可信。

（2）预测随机事物

随机事物具有不确定性，这才决定了预测的价值。实现预测，要从随机的变化规律中，找出相对固定的模式，或局部，或整体。

（3）预测需要数据

实现预测，要通过各种方法收集与预测对象相关的数据，包括历史的、当前的及未来的信息（比如日期、季节、天气预报、业务数据等）。将这些信息进行融合、清洗和加工。

（4）结果仅供参考

由于预测的是随机事物，其发展包含很多不确定性，因此预测结果本来就是不确定的，预测值与真实结果多少会存在误差。

2. 预测的分类

预测可以按不同的维度进行分类，下面阐述常见的预测分类方法。

（1）按范围分类

预测按范围大小，可分为宏观预测和微观预测两类。宏观预测是指为整体的未来发展进行的各种预测，主要考虑预测对象相关指标之间的关系及变化规律。如国民经济预测、教育发展预测、生态破坏预测等。微观预测是指对具体单位或业务的发展前景进行的各种预测，也是研究预测对象相关指标之间的关系及变化规律，如对某产品的产量、销量、利润、费用、价格等的预测。

（2）按时间长短分类

预测按时间长短不同，可分为短期预测、中期预测和长期预测。因预测对象性质的不同，对短

期、中期、长期的划分也不同。对于国民经济预测、技术预测，5 年以下为短期预测，5~15 年为中期预测，15 年以上为长期预测。对于工业经营预测，3 年以下为短期预测，3~8 年为中期预测，8 年以上为长期预测。对于市场预测，半年以下为短期预测，0.5~1 年为中期预测，1 年以上为长期预测。总体来讲，对短期预测结果的精度要求比较高，而对长期预测结果的精度要求比较低。

（3）按有无假设条件分类

按预测对象有无假设条件，可分为条件预测和无条件预测。条件预测一般以一定的决策方案或其他假设条件为前提；无条件预测则不附带任何条件。

（4）按预测结果的要求分类

预测按照其对结果的要求不同，可分为定性预测、定量预测和定时预测。定性预测是指预测者根据一定的理论方法和经验，在调查研究的基础上，进一步对其发展趋势做出判断，用于预测事物的发展趋势或可能性，如通过研究最新政策和分析某基金的历史资料，判断该基金未来半年将呈增长趋势发展，即属于定性预测的范围。通常可使用的数据很少。定性预测一般应用于新产品、新科技的预测，它涉及直觉和经验层面。定量预测是指在收集了预测对象的基础资料和统计数据的基础上，通过运用统计学方法或建立数学模型来求出预测值的过程，如根据某款游戏过去两年的统计数据，建立时间序列模型，对未来三个月的收入进行预测，即属于定量预测的范围。定时预测是预测对象未来出现的时间，比如预测地震的发生等。

（5）按趋势是否确定分类

如果事物的发展趋势是确定的，那么预测就是确定性预测，一般为短期预测；如果事物的发展趋势是不确定的，那么预测就是随机性预测，一般为长期预测。

（6）按预测依据分类

如果使用事物前后时期的资料进行预测，那么这种预测叫作动态预测；如果使用相关关系进行间接预测，那么这种预测叫作静态预测。

1.1.4 预测的原则

科学的预测是在一定原则的指导下，按一定步骤有组织地进行。预测一般应遵循以下原则。

（1）目的性原则

目的性原则就是在进行预测时，要关注预测功能的受用者及其对预测结果的要求，只有在充分了解受用者的需求及要求的情况下，正确地开展预测，才能避免产生盲目性。比如开展短期负荷预测，就要提前与用户进行沟通，了解当前现状及其要达到的目标（如每天上午 8 点之前发布预测结果，要求精度不低于 90%），保证预测工作有明确的目的性。

（2）连贯性原则

连贯性表示连续的情况或状态，连贯性原则主要包括两点：一是指时间上的连贯性，也就是说预测对象较长一段时间内所表现出来的规律特征相对稳定；二是指结构上的连贯性，即预测系统的结构在较长一段时间内相对稳定，预测模型涉及的对象及相互关系相对稳定，模型中各变量的相互关系在历史资料中表现得相对稳定。连贯性原则在进行预测时非常重要，它保证了预测对象的规律在预测时间内仍然适用，这很关键。如果在样本期内，预测对象的变化规律发生巨大变化，那么必然会破坏这种连贯性，对有效预测造成困难。

（3）关联性原则

关联性原则强调在预测时从相关事物出发去分析影响因素，主要包括中心化关联和类比性关联。以预测对象为中心，去寻找与预测对象相互影响的事物，可能涉及政治、社会、技术、经济等多个方面，这就是中心化关联。比如对旅游景点的人流量进行预测，以景点的人流量为中心，从此出发，可以找到很多影响景点人流量的事物，比如天气情况、节假日情况、交通情况等，基于此考虑，可从诸多的影响因素中找出合适的因素用于预测建模。如果考虑与预测对象相似的事物，从其发展规律中找出有助于预测对象进行预测的因素或信息，就是类比性关联。比如对某产品的用户流失情况进行预测，从用户生命周期分析中可知，凡是使用该产品的用户大致都经过导入期、成长期、成熟期、衰退期。这一过程对所有用户而言都是相似的。分析以前成熟期的用户流失的因素，有助于预测未来用户的流失情况。不管是中心化关联还是类比性关联，都需要预测人员具有丰富的知识和经验，进行多向性思考和分析。

（4）近大远小原则

近大远小指的是离预测时间越近信息就越重要，离预测时间越远信息就越不重要。这也很好理解，我们知道预测对象的规律越接近预测时间，可信度越高，以前的旧规律不见得适合拿过来用于预测。所以在进行预测时，不能太关注模型的拟合程度，模型的拟合度高，也不一定适合用于预测；反之，我们更应该关注，模型是否在近期的历史数据上表现良好，这种方法可以用来选择合适的预测模型。同样，在建模求解参数时，也应该加大近期样本的权重，对离预测时间较远的样本，可以适当减少建模的权重，这样得到的模型更能体现预测模型在近期数据变化规律上表现的优势。模型的评价亦是如此，预测模型在接近预测日的样本表现得好，预测模型才算有效，如果有预测模型在历史数据上表现良好，在近期的样本上表现不好，那么这样的模型只能说在历史数据中拟合得很好，不能说是用于预测的较好模型。总之，近大远小的原则，有助于我们在预测时选择样本、选取模型、求解参数和评价预测效果。

（5）概率性原则

概率是对随机事件发生的可能性的度量。由于绝大多数预测是针对随机事物的，所以预测得准与不准，也会以概率的形式体现出来。需要注意的是，概率只是一种可能性，一般用 0~1 的实数表示。概率为 0 是不可能发生的事情，概率为 1 是确定性事件，一定会发生。概率为 0~1 的，值越大可能性越大，值越小可能性越小。即便概率为 0.9，事件也可能不会发生，因为只是概率，不是确定性事件，所以是正常的；但如果持续 100 次有 50 次都没有发生，那就是概率计算有问题。如果概率为 0.001 的事件发生了，则叫作小概率事件，是很难遇见的，应该特别引起重视。所以，认清预测的结果带有概率性是很关键的。若预测结果是类别（结果只有几个选项，如是与否、命中与不命中等），那概率表示预测到正确选项的可能性程度；若预测结果是连续的实值，那概率可以表示预测到实值所在区间的可能性程度。

（6）反馈原则

反馈指返回到起始位置并产生影响。反馈的作用在于发现问题，对问题进行修正、对系统进行优化等。在预测的过程中，如果预测偏差很大，超出了之前设定的范围，那么需要反馈回来做一些调整，简单一点就是调整一些参数，复杂一点可能要更新整个模型。预测反馈的最大作用在于它实现了整个预测过程的不断优化与动态化，保证了预测工作的可持续进行。

（7）及时性原则

预测是与时间紧密关联的一项工作。预测的结果应该快速地被用于决策，否则，时机一过，就失去了预测的价值。这一点在地震预测中就能明显地看出来，能够迅速、及时地提供预测结果是预测工作的基本要求。

（8）经济性原则

开展预测工作，需要一定的硬件、人力、时间、财力等资源，所以预测本来是讲求投资回报率的。经济性原则就是要在保证预测结果精度的前提下，合理地安排、布置，选择合适的建模方法和工具，以最低的费用和最短的时间，获得预期的预测结果。一定不要过度追求精确性而无故地耗费成本。

以上 8 条基本原则刻画了预测工作的全过程。首先要明确预测的目的，接着采用关联性原则来建立好的分析方法和预测思路，在保持一定连贯性的前提下应用远大近小的原则，建立起预测模型。然后，对预测结果做出概率性预测，对预测偏差较大的动态地反馈回来，并结合模型的实际情况做出调整和修正，使模型更优。当然，提供预测结果必须及时，预测工作的开展也必须控制在一定成本之内。这样，整个预测便建立在坚实的理论基础之上了。

1.2　前沿技术

随着科技水平的提高，以前要一周时间才能完成的事情，现在却可以通过强大的信息化系统在一个小时内实现。系统会记录大量的数据，对这些数据的挖掘分析则可以进一步提高系统处理的效率和质量。这一块其实是大数据研究的内容。数据维度的增加可以使预测结果更准确；数据的实时处理也会为预测技术应用于更多领域创造条件。但是，数据太大会导致预测建模性能跟不上，基于GPU 的加速技术会是更好的选择。基于 GPU 的神经网络加速技术已经相当成熟，GPU 集群可以直接基于大数据进行建模。人工智能技术就涉及这部分内容，等到大数据处理、算法、算力的问题都解决了，预测技术会应用于更多的业务场景，并进一步拓展其发挥价值的空间。

1.2.1　大数据与预测

在大数据理念逐步深入到应用的今天，其概念已不再陌生。然而，在大数据的影响下，预测的技术也在慢慢地发生改变。那么，什么是大数据呢？下面分别解释其字面含义。

- 何为"大"？其大无外，横向关联各个领域；其小无内，纵深分割每处细节。
- 何为"数"？可以表示数量、数目，是划分或计算出来的量，也可以表示学术。
- 何为"据"？通常表示可以用作证明的事物，依据、证据即是这个意思。

简而言之，大数据即是指在充斥着海量维度与量级的资料中，通过理论方法、计算技术等手段，进一步深化认识、理解研究对象的过程。在此基础上，可以提升服务质量、改善环境生态、提高生活品质等。而此过程又包含在大数据的过程里，因为对事物的了解认识本来就是一个循环往复的过程，如图 1-2-1 所示。

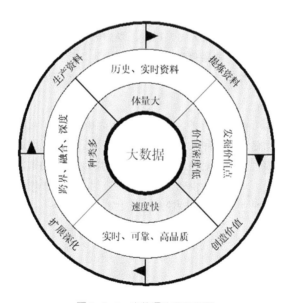

图 1-2-1　大数据认识示意图

可以看到，种类多、体量大、价值密度低、速度快是大数据的显著特征，或者说，只有具备这些特点的过程，才算是大数据。这 4 个主要特征，又叫大数据的 4V 特征，分别对应 4 个英文单词：Volume（体量大）、Variety（种类多）、Value（价值密度低）、Velocity（速度快）。大数据 4V 特征的主要内容如图 1-2-2 所示。

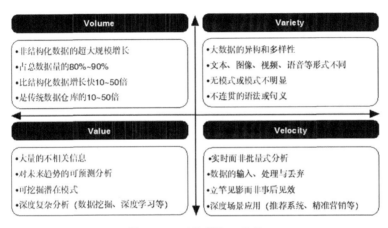

图 1-2-2　大数据的 4V 特征

由图 1-2-2 可知，大数据的体量已经不是简单的量级增加，其中非结构化数据增势迅猛。数据充满异构性和多样性，文本、图像、视频、机器数据大行其道。从如此繁杂的数据中找出有利用价值的业务点来，难度较大。而在一些典型的推荐场景中，特别强调实时，用户刚到一个地方甚至在将要到达时，推荐信息就要完成推送，达到立竿见影的效果。

在数据量与日俱增的今天，对数据的快速存储、实时计算提出了更高的要求。随着"互联网+"的观念深入人心，很多传统企业正在为转型寻找出路，更多维度的数据将被打通，同时，语音、视频、图片等非结构化数据也包含着太多需要进一步提炼的信息。因此，当前许多公司都开始在大数据领域试水，已经进入，并将持续深入大数据的尝试、落地、创造价值的进程中。而速度将成为许多大数据应用的瓶颈，数据的处理速度必须快，很多数据甚至都来不及存储就要参与分析，这是一个挑战，而基于大数据来实现更加复杂多样的预测应用，则是一个机遇。

1.2.2　大数据预测的特点

大数据具有体量大、种类多、速度快的特点，为有效预测提供了坚实基础。预测的准确性很大程度上依赖于特征的数量，而特征数量的多少又直接取决于可以获得的数据种类。大数据种类多的特点，为预测的准确性奠定了可靠基础。为了更好地预测，只有多的数据种类还不够。大数据的体量保证了预测时具有充足的数据分析源，进一步保证了预测模型的稳定性。只有在足够数据量的情况下，才能确保预测的结论是有效可靠的。另外，很多预测问题都要求在未来时间到来之前就要给出一个合理可行的计划，这要求预测实现要快，过期的预测毫无价值。大数据速度快的特点，足以满足预测实现的时间要求。

总地来讲，大数据预测的优势依赖于大数据的体量大、种类多、速度快的特点。它们的关系如图 1-2-3 所示。

图 1-2-3　大数据优势间的关系

可见，种类多可以尽可能多地提高预测的精度；体量大为预测模型的稳定性奠定了基础；速度快真正地决定了预测的价值。因此，概括一下，大数据预测的优势体现在**更准确、更稳定、更有价值**。

预测需要数据，同时预测的结果服务于决策、计划。因此，大数据预测的特征也由数据的特征和决策、计划的特征来综合决定。由于大数据体量大的特点保证了在预测时具有足够的数据源，这与传统统计在数据有限的情况下采用抽样的方法有所不同，大数据预测可以不用抽样而直接使用全体样品进行分析。此外，精准预测难以实现，在海量的数据下更需要投入很大成本，包括基本的硬件投入和运行时间。因此，快速地从数据中提取有价值的信息并加以有效利用比单纯地关注精准度更有意义，甚至允许损失一些精准度来换取效率的提升。传统的计划、决策特别强调因果关系，当业务出现问题时往往需要回溯到问题源头去考虑更为合适的解决方案。但是，在大数据时代，业务环节繁杂，需要分析的工作量巨大，甚至会不断出现之前没有研究过的新问题，此时，解决问题的速度显得特别重要，快速地得到相对可行的方案比花很多时间制定完美的方案更为可取。因此，因果关系的重要性降低，很多问题只有在充足的条件下才能研究其因果关系，取而代之的是相关关系。虽然相关关系并没有那么强的因果关系基础，但是可以在短时间内得到解决方案。虽然有时方案并不一定可行，但是制定方案的成本低，并可成为后续制定有效方案的基础。但若是有效，就达到了事半功倍的效果，后续再投入资源研究，也有可能取得更大突破。

1. 全样而非抽样

抽样又叫取样，是指从研究的全部样品中抽取一部分样品单位，要求其对全部样品具有充分的代表性。选择抽样而不用全部样品的目的是减少分析和研究成本、提高效率。而全样是指用全部样品进行分析和研究。相对于抽样而言，全样使用了所有的样品因此结论更为可信。抽样的结论还需进一步推断以得出可以代表全部样品的结论，由于不知道全部样品的分析结果，这种方法的可信度相对不高。从数据来源的层面看，抽样只是对样品进行抽取，尚没有得到所有样品的详细数据。一般的做法是根据抽取样本的基础信息再进一步获得其详细信息的。这样就降低了数据获取的成本。而全样是在已经获取所有样品的详细信息之后进行分析、研究的方法。由于大数据的体量大、种类多，可以保证全样的可行性。而传统的分析方法由于没法拥有全量的详细信息，只能通过抽样的方法在保证获取有限样品的详细信息的情况下，推断全部样品下的结论。可以看到，在全样的条件下已经不需要 P 值了，但是传统统计学的很多算法在大数据条件下仍然适用。图 1-2-4 为全样与抽样的示意图，可以明显地看出全样的数据基数较大，抽样的数据基数较少，因此对于最终结论，全样的分析结果更有说服力。

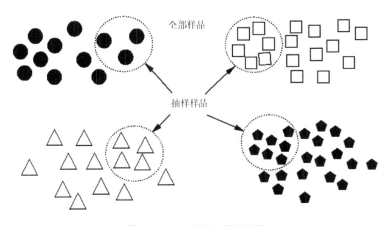

图 1-2-4　全样与抽样的关系

2. 效率而非精确

所谓精确可以理解为非常准确，比准确更能体现符合实际情况的程度。对大数据预测而言，由于具有体量大、种类多、价值密度低的特征，要实现精确的预测需要的时间成本和硬件成本非常高，通常在有限的资源条件下达到相对准确就可以接受了。此外，并不是投入的资源越多，预测结果也会更精确。实际上要达到预测准确是很难实现的，对于非线性的复杂系统要达到精确更是不可能的。比如，放飞一个气球，要对气球的飞行轨迹进行预测的。在气球的飞行过程当中，牛顿第二定律支配着气球，但是，一些推动力、空气的作用会造成运动轨迹的不可预测性。这正是混沌的一种经典表现，气球在起飞时的微小变化，也可能造成飞行方向的巨大改变。如果用方程来解决气球不稳定的运动，则会发现它的轨迹是非线性的，对应方程几乎不可解，所以是不可预测的。然而，情况也没有那么糟糕。虽然对气球长期的轨迹不可预测，但是对于某一个时刻向前的短期时间内气球的移动轨迹还是可以比较准确地进行推测的。由于时间较短，气球受其他或将受其他外力的累积影响较小。只要根据某时刻气球的状态参量，就可以进行有效推测，但也会存在误差。正是因为获得很高的预测精度难以实现，所以大数据预测更强调效率，强调在有限的资源条件下获得相对准确的预测结果，以快速地转化为价值。图 1-2-5 为气球放飞示意图。

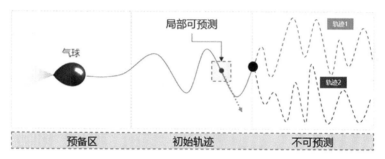

图 1-2-5　气球放飞与预测

3．相关而非因果

因果指的是原因和结果，有什么样的原因必然会导致什么样的结果，同样，什么样的结果也必然是由什么原因造成的。俗话说"种瓜得瓜，种豆得豆""老鼠的儿子会打洞"就是这样的道理。从时间层面来讲，原因在结果前面，在先知道原因的情况下就可以了解之后会发生什么事情，这就是预测。其实预测的绝大部分工作就是挖掘所有可能的因果模式。当因果模式确定后，预测就会变得很简单。因果模式越多越可靠对预测效果越好。然而，为了达到足够的精度而花大量时间和硬件成本，多数情况下会入不敷出。特别是在大数据的条件下，体量大、种类多、价值密度低，一味地追求高的精度，一味地挖掘因果模式，不见得是明智之举。而相关关系可以弥补这种不足，所谓相关是指变量之间相随变动的关系。可以看到相关关系的两者之间没有时间先后顺序，甚至可以是毫不相关的事物，比如冰淇淋与犯罪。可见，相关关系是比因果关系更广，要求更为宽松的关系。对于大数据预测，相关关系提供了比因果关系更加切实可行的选择。有以下两点主要原因。

（1）相关关系分析比因果关系分析成本低、效率高。

（2）对于具有因果关系的事物必然存在相关关系，但存在相关关系的事物未必存在因果关系。

因此，从有相关关系且有明显效果的案例入手，既能事半功倍，又能深入研究因果关系，进一步巩固成果。何乐而不为呢？图 1-2-6 为因果关系与相关关系的概念图解，可以看到，如果 a 能直接得出 b 就是因果关系，如果不能确定是 a 得出 b 还是 b 得出 a（有可能是其中一种，也有可能哪一种都不是），则在发生相随变化时就是相关关系。

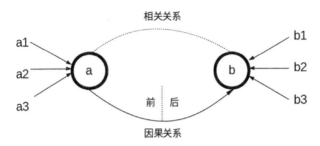

图 1-2-6　相关关系与因果关系示意图

1.2.3　人工智能与预测

在深度学习的带动下，人工智能概念再次被炒起来了，那究竟什么是人工智能呢？我们可以把人工智能的定义分为"人工"和"智能"两部分来理解。"人工"通常表示人造的，"智能"可以表示意识、自我、思维等方面。那么，人工智能可以简单地理解为人造的具有意识思维的实体。人工智能是门综合学科，企图通过对人类形成智能过程的了解，制造出智能，该领域的研究内容包括语音识别、语言理解、图像识别、语义分析、机器人技术等。人工智能在计算机领域得到了愈加广泛的重视，也有大量的研究成果和突破，在机器人、经济分析、政治决策、控制系统、仿真系统等领域得到广泛应用。

然而，人工智能从提出到发展的过程并不是一帆风顺的（见图 1-2-7），它大致可以分为以下 5个重要阶段。

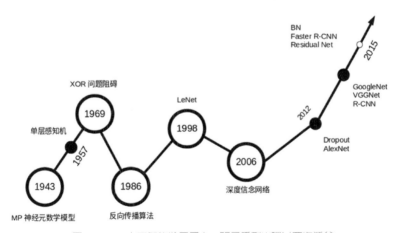

图 1-2-7　人工智能发展历史，明显看到出现过两次低谷

第一阶段：第一代神经网络

此阶段大致在 1958—1965 年，MP 人工神经元数学模型是 1943 年被提出来的，也是最早的神经网络思想的来源。该模型将神经元进行抽象简化，最终提炼为 3 个过程，即加权、求和、激活，当时希望通过这种方式来模拟人类的神经元反应的过程，如图 1-2-8 所示。

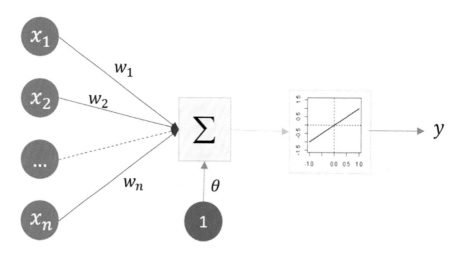

图 1-2-8　人工神经元模型

大概过了 15 年，感知机算法被提出，Rosenblatt 使用该算法实现了二元分类，并且是基于 MP 模型实现的。由于感知机能够使用梯度下降法从给定的训练数据中学习权值，1962 年，该方法的收敛性得到证明，由此引发第一次神经网络的浪潮。

第二阶段：第二代神经网络

在此阶段，Hinton 于 1986 年提出了可以优化多层感知机（MLP）的反向传播（BP，Back Propagation）算法，并为解决非线性分类和学习的问题，尝试采用 Sigmoid 函数进行非线性映射，取得了成功，于是引发了神经网络的第二次热潮。1989 年，MLP 的万能逼近定理被 RobertHecht-Nielsen 证明，亦即可以用含有一个隐藏层的 BP 神经网络来逼近任何闭区间内的一个连续函数，该定理的发现极大地激励了神经网络的研究人员。但是，LeCun 在同年发明的卷积神经网络 LeNet 并没有引起足够的重视，即便其当时在数字识别方面取得了很好的效果。1989 年以后，由于没有特别突出的方法被提出，且神经网络一直缺少严格的数学理论支持，热潮逐渐退去。

第三阶段：统计建模时代

此阶段有很多的建模方法被出来，影响也比较大，主要包含如下成果。

- 1995 年，线性支持向量机，具有完整的数据推导过程，并在当时的线性分类问题中取得最好结果。
- 1997 年，AdaBoost 算法，基于系列弱分类器，达到和强分类器相近的建模效果。
- 2000 年，核化 SVM 算法，通过核函数将数据映射到高维空间，解决了数据在低维空间中线性不可分的问题，且效果非常不错，进一步阻碍了神经网络的发展。
- 2001 年，随机森林算法，具有比 AdaBoost 更强的防止过拟合的能力，实际效果也相当不错。另外，图模型的研究人员试图统一朴素贝叶斯、SVM、隐马尔可夫模型等算法，尝试提供一个统一的描述框架。

第四阶段：快速发展期

此阶段大致在 2006—2011 年，2006 年又被称为"深度学习元年"。当时，Hinton 提出了深层网络训练中梯度消失问题的解决方案，即使用无监督预测训练方法对权值进行初始化，然后使用有监督训练方法对模型进行微调。2011 年，ReLU 激活函数被提出，它能够有效地防止梯度消失，同年，微软首次将深度学习应用在语音识别上，取得重大突破。

第五阶段：爆发期

此阶段是从 2012 年至今，Hinton 团队通过构建 AlexNet 在 ImageNet 图像识别比赛中夺冠，且碾压 SVM 等方法，从此 CNN 算法得到了众多研究者的关注。人工智能也再次火热。

人工智能由于具有更强的硬件基础和特征表示能力，在图像、视频、声音、语言等研究领域和应用方面都取得了不错的成绩。然而，在一些真实场景的应用中，预测功能显得格外重要，在人工智能的加持下，很多以前认为不可能的事情，现在正在被研发，甚至不久的将来就会出现在我们的生活中。人工智能基于复杂场景的预测，可以将未来几秒内的场景预测出来，到时，人类就拥有了预见未来的能力。一个可预见的应用，就是将人工智能预测模块装备到自动驾驶的系统中，这样就可以有效防止各种事故的发生，避免人员伤亡和财产损失，如此等等。人工智能与预测的结合，即将会改变我们的生活。

1.2.4　人工智能预测的特点

人工智能通常被分为 3 类，即弱人工智能、强人工智能以及超级人工智能。弱人工智能，指的是利用智能化技术，帮助我们改进生产生活，其并没有真正涉及智能的层次，只是相比传统方法更加高效、更加可靠。而强人工智能，指的是智能方面非常接近于人的存在，但这需要人类对自身大脑的相关研究取得突破性进展之后，才有可能实现。所谓超级人工智能，则指的是强人工智能的晋级版本，是脑科学和类脑智能发展到非常顶尖的水平后，人工智能所体现出来的超强智能形式。但是从目前的技术而言，实现弱人工智能是更为理智的方式，进阶到强人工智能的困难极大，且存在很多局限性。

与传统的预测技术相比，在新一代人工智能（这里指上文的弱人工智能）技术的加持下，预测技术又向前迈了一个台阶。大数据时代，我们很看重数据中存在的相关关系，没错，这确实给我们带来很多便利，可以快速从数据中发现潜在可能的规律或模式，也许就能应用于生产实现更多价值。然而，在人工智能的前提下，这种相关关系显得比较脆弱。目前，业界的相当多的应用都是基于相关关系去拟合曲线，无论使用多么强大的深度学习模型，都还是在做拟合。这种方法会有很大局限性，很多基于曲线拟合得出的结论是不可靠的，甚至是荒谬的。因此，进阶到因果关系后，这种格局将被全面打破，预测技术本身也会进一步变得更可信、更可靠、更容易解释。当然，还有很多学者、研究员一直致力于因果关系在人工智能中的应用。

此外，基于人工智能的技术，在开发预测模型时，我们不需要费心费力地去构建庞大的特征集（必备的数据处理除外），人工智能的相关技术可以帮助我们快速学习特征，这是以前预测技术里面所没有的。基于此，预测技术有望变得更智能和高效。除了将预测技术应用于股票预测等常见的数值预测，在人工智能的加持下，预测技术还可以应用于复杂场景，比如对 3D 场景的实时预测，这将是一个重要的研究方向，可以应用于交通等多个领域，潜在价值不可估量。

因果性、特征学习、复杂场景分别是人工智能预测的 3 个主要特点，如图 1-2-9 所示。我们可以从特征学习中去抽象出因果关系，当因果关系被验证之后，我们可以用于重构特征，而因果关系本身可用于预测场景的理解与阐述，特征学习直接用于预测场景的建模。在人工智能的加持下，预测技术也可以支持复杂场景的预测，并且拥有极大的发挥价值的空间。

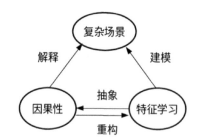

图 1-2-9　人工智能预测的 3 个主要特点

1.2.5　典型预测案例

自从大数据兴起之后，很多领域都出现了大数据的应用案例，特别是大数据预测。在近几年的世界杯预测中，大数据预测表现出了强大的威力，《纸牌屋》也是使用大数据的方法分析观众的口味来定制的一部电视剧，同时，Google 通过用户在流行病普遍发生前的搜索关键词对流行病进行有效预测。还有在气象方面的预测、犯罪预测等，大数据预测已经在各个人们关注的领域进行尝试。与此同时，人工智能领域也频繁出现经典的预测应用和场景，比如将人工智能预测技术应用于医疗的疾病预测、死亡预测等。下面介绍几个典型案例。

1. 电影票房预测

2013 年，Google 在一份名为 *Quantifying Movie Magic with Google Search* 的白皮书中公布了其电影票房预测模型，该模型主要利用搜索、广告点击数据以及影院排片来预测票房，Google 宣布其模型预测票房与真实票房的吻合程度达到了 94%。这表示大数据在电影行业中的应用已经开始，并将一直深入研究下去。

那么，Google 的票房预测模型的精度为何如此之高？在此有何玄机呢？首先，我们很容易想到 Google 拥有大量的搜索数据，分析电影相关的搜索量与票房收入的关联性，可以让我们进一步了解 Google 票房预测模型的可行性。图 1-2-10 显示了 2012 年电影票房收入（虚线）和电影的搜索量（实线）的曲线（注：本节所有图片均引用自 Google 的白皮书：*Quantifying Movie Magic with Google Search*）。可以看到，两条曲线的起伏变化有着很强的相似性。

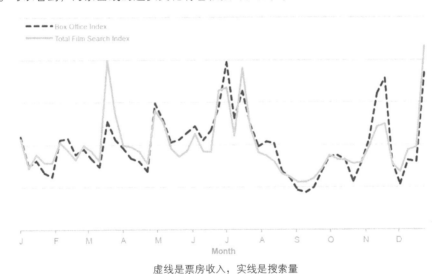

虚线是票房收入，实线是搜索量

图 1-2-10 2012 年票房收入与搜索量的曲线

于是，可以进一步尝试用搜索量直接预测票房。通过对 2012 年上映的 99 部电影的研究，Google 构建了一个简单线性模型，拟合优度只有 70%，如图 1-2-11 所示。

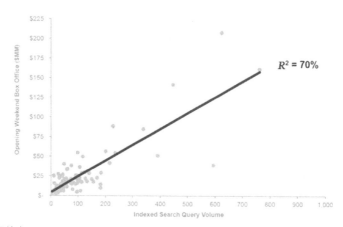

横轴是搜索量，纵轴是首周票房收入，图中的点对应某部电影的搜索量与首周票房收入

图 1-2-11　搜索量与首周票房收入之间的关系

对于有效预测而言，70%的拟合优度是不够的。为了进一步提高准确率，Google 考虑了电影放映前一周的电影的搜索量以及电影广告的点击量、上映影院数量、同系列电影前几部的票房表现这几大类指标。对预测的电影，收集对应的这 4 类指标之后，Google 构建了一个线性回归模型来建立这些指标和票房收入的关系，预测的结果与实际的结果差异很小，如图 1-2-12 所示。

横轴是搜索量，纵轴是首周票房收入
实心点对应某部电影的首周票房收入，空心点对应预测的首周票房收入

图 1-2-12　提前一周预测票房的效果

尽管提前一周预测的拟合优度可以达到 92%，但对于电影营销而言，由于时间太短，很难调整营销策略，改善营销效果，因此价值并不大。于是，Google 又进一步研究，使模型可以提前一个月预测首周票房。

　　Google 采用了一项新的指标——电影预告片的搜索量。Google 发现，预告片的搜索量比起电影的直接搜索量而言，可以更好地预测首周票房表现。这一点不难理解，因为在电影放映前一个月的时候，人们往往更多地搜索预告片。为了更好地提高预测效果，Google 重新构建了指标体系，考虑了电影预告片的搜索量、同系列电影前几部的票房表现、档期的季节性特征 3 类指标。对预测的电影，收集对应的这 3 类指标之后，Google 构建了一个线性回归模型来建立这些指标和票房收入的关系，预测的结果与实际的结果非常接近，如图 1-2-13 所示。

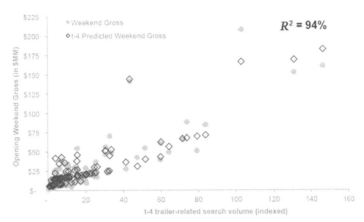

横轴是预告片搜索量，纵轴是首周票房收入
实心点对应实际某部电影的首周票房收入，空心点对应预测的首周票房收入

图 1-2-13　提前一个月预测票房的效果

　　Google 的票房预测模型的公布，让业内人士再次见证了大数据的成功应用。近年来，大数据在电影行业的应用越来越引起关注，比如此前 Google 利用搜索数据预测了奥斯卡获奖者，Netflix 通过大数据分析深度挖掘了用户的喜好，捧红了《纸牌屋》等。其实对于票房预测，Google 的模型基于的只是宏观搜索量的统计，对用户需求的挖掘相对表面。除了单纯从搜索量、广告点击量以及影院排片来预测票房，还可以使用社交媒体的信息，比如微博、Twitter 的数据来分析用户的情感，特别是明星粉丝团的状态。另外，基于垂直媒体的宣传数据也可以用来预测票房。

　　从此案例可以看出，大数据在电影行业已经开始发力，Google 票房预测基于简单的搜索量、广告点击等数据就可以实现高准确率的预测。后续也可以从用户的真实需要进一步挖掘用户的口味、社交、情感及个性需求，到时大数据在电影行业的影响就会更广，不仅可以预测票房，还有可能会改变整个行业。

　　2．流行病预测

2008 年，Google 推出 "Google 流感趋势" 预测，根据用户输入的与流感相关的搜索关键词跟踪分析，创建地区流感图表和流感地图。为验证"Google 流感趋势"预警系统的正确性，Google 多次把测试结果与美国疾病控制和预防中心（CDC）的报告进行比对，证实两者结论存在很大相关性。他们把 5000 万条美国人最频繁检索的词条和美国疾控中心在 2003 年至 2008 年间季节性流感传播时期的数据进行了比较，最终通过数学模型的搭建，构成了预测系统，在 2009 年发布了冬季流行感冒预测结果，与官方数据的相关性高达 97%。

但是，2013 年 2 月，《自然》杂志发文指出，"Google 流感趋势"预测的流感样病例超过了美国疾病控制和预防中心根据全美各实验室监测报告得出的预测结果的两倍。主要原因是"Google 流感趋势"预测在它的模型中使用了相对流行的关键词，所以搜索引擎算法对 Google 流感趋势预测的结果会产生不利影响。在预测时，基于这样一种假设：特定关键词的相对搜索量和特定事件之间存在相关性，问题是用户的搜索行为并不仅仅受外部事件影响，它还受服务提供商影响。

"Google 流感趋势"预测（GFT）在 2012—2013 年的流感流行季节里过高地估计了流感疫情；在 2011—2012 年，则有超过一半的时间过高地估计了流感疫情，如图 1-2-14 所示。从 2011 年 8 月 21 日到 2013 年 9 月 1 日，"Google 流感趋势"预测在为期 108 周的时间里有 100 周的预测结果都偏高，如图 1-2-15 所示。

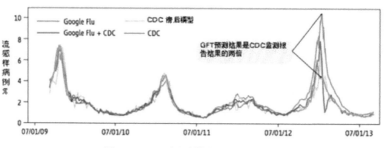

图 1-2-14　对流感样病例的预测结果

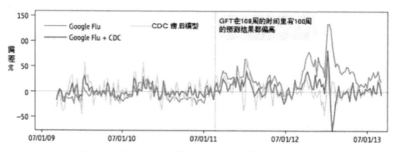

偏差%=（非 CDC 预测值–CDC 预测结值)/CDC 预测值

GFT 的平均绝对偏差为 0.486，CDC 滞后模型的平均绝对偏差为 0.311

图片来源：The Parableof Google Flu:Trapsin Big Data

图 1-2-15　GFT 与 CDC 相结合的平均绝对偏差为 0.232

随着模型更新的减少及其他干扰搜索数据因素的存在，使得其预测准确率连续三年呈下滑态势。在中国，政府相关部门也在 2010 年开始尝试与百度等互联网科技公司合作，尝试通过大数据的挖掘、分析，实现流行疾病预警管理。中国疾病预防控制中心副主任、中科院院士高福也认同大数据在公共卫生预防控制上的作用。他公开表示，通过大数据可以在流感到来之前为人们提供一些解释性信息，为流感的预防提供缓冲时间。

如今，中国已经不仅预测流感，还开始预测包括肝炎、肺结核、性病等 4 种主要疾病。提供这项大数据预测服务的是百度，数据源除了用户提交的查询数据，还用到了 Google 没有用到的微博数据，以及百度知道中与疾病相关的提问。借助移动互联网的数量用户入口，移动数据也将为预测提供下一步更加意义深远的支持，如各地疾病人群迁徙的数据特征、各地天气变化等。据说，未来的预测将从现在的 4 种扩展到 30 多种主要疾病。

在具体的数据分析与挖掘方面，百度疾病预测将地区差异作为重要变量，针对每个城市分别建模，光是基于数据的输出模型就达到 300 余个。加之后台数据的精心准备，让百度的疾病预测在最终的产品端可以提供全国 331 个地级市、2870 个区县的疾病态势预测。

目前，百度已经构建了一套疾病预测平台，用户可以根据需要了解全国各地疾病的分布及走势。

从此案例可以看出，大数据落地中国公共卫生管理只是一个美好的开始，我们可以做得还有更多，这个数据库的模型可以更加丰富，例如在数据收集端，通过智能移动健康设备实现个人健康数据的实时监测，数据即可输送至公共卫生管理大数据库，也可以建立个人健康管理电子档案。在数据利用端，通过个人电子健康档案，可以实现家族疾病及慢性疾病的实时监控，并对此实现长期对症治疗。

3. 犯罪预测

如今越来越多的案例表明犯罪预防领域的预测型分析能够显著降低犯罪率，例如洛杉矶警察局已经利用大数据分析软件成功地把辖区里的盗窃犯罪降低了 33%，暴力犯罪降低了 21%，财产类犯罪降低了 12%。

有趣的是，关于犯罪预测的起因却是源于对地震的预测。洛杉矶警察局采用了一套用于预测地震后余震的数学模型，把犯罪数据输入进去。对于地震的预测非常困难，不过，对于余震的预测则要容易得多。在地震发生后，附近地区发生余震的概率很大。这个由圣克拉拉大学的助理教授 George Mohler 开发的数学模型用来对余震发生的模式进行识别，从而能够预测新的余震。而犯罪数据也符合类似的模式，因此，能够输入模型进行分析。洛杉矶警察局把过去 80 年内的 130 万个犯罪记录输入了模型。如此大量的数据帮助警察们更好地了解犯罪案件的特点和性质。从数据显示，当某地发生犯罪案件后，不久之后附近发生犯罪案件的概率也很大。这一点很像地震后余震发生的模式。当警察们把一部分过去的数据输入模型后，模型对犯罪的预测与历史数据吻合得很好。

洛杉矶警局利用 Mohler 教授的模型进行了一些试点来预测犯罪多发的地点，并且通过和加州大学以及 PredPol 公司合作，改善了软件和算法。如今，他们可以通过软件来预测犯罪的高发地区。这已经成为警察们的日常工作之一。不过，让警察们能够相信并且使用这个软件可不是一件容易的事。

起初，警察们对这个软件并不感冒。在测试期间，根据算法预测，某区域在一个 12 小时时间段内可能有犯罪发生，在这个时间段，警察们被要求加大对该区域进行巡逻的密度，去发现犯罪或者犯罪线索。一开始，警察们并不愿意让算法指挥着去巡逻。然而，当他们在该区域确实发现了犯罪行为时，他们对软件和算法认可了。如今，这个模型每天还在有新的犯罪数据输入，从而使得模型的预测越来越准确。

除使用预测的方法来确定犯罪高发地区外，使用可视化方法将历史犯罪高发地区标记在地图上，效果更加直观。据美国中文网综合报道，2013 年 12 月 8 日，纽约市警方（NYPD）发布了最新的纽约市犯罪地图，民众可上网浏览该地图。如图 1-2-16 所示，民众在网上可直接看到城市犯罪信息，结合地图，显示当地本月、本年度和前一年的犯罪记录。民众可通过地址、邮编或警方辖区来查询该地图。据《纽约邮报》报道，警察局长 Ray Kelly 在一份声明中说："相比以往，纽约目前十分安全，今年（2014 年）的谋杀率处于历史最低水平。政府依靠数据来打击犯罪行为，这张地图可以帮助纽约人和研究者了解纽约各个地区的犯罪情况。"

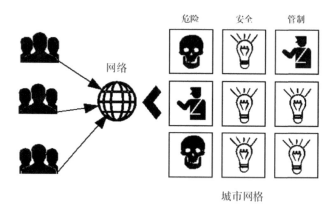

图 1-2-16　基于可视化技术查询犯罪情况

从此案例可以看出，警务大数据已经开始落地，并逐步深入。随着大数据时代的来临，数据分析势必成为预防和打击犯罪的新武器。

4．动作预测

动作预测指的是基于人们以往或最近的行为，对其即将发生的肢体动作做出预测的过程。在电竞游戏领域，玩家通过丰富的对战经验，能够对敌方的下一步动作进行预估，并基于此提前进行反应，以便有取胜的可能。在篮球、足球、格斗、拳击等活动中也是一样，对手一动就知道下一步动作，经过准确的预判，便可以提前做出格档动作，以赢得比赛。

当然，准确预判的能力没有那么容易获得。通常只有累积了大量实战经验加上强大的反应能力才有可能实现。目前，已经在研究基于人工智能（AI，Artifical Intelligence）技术来学习动作预判的能力。此前有研究者对此进行了尝试，他们通过 Kinect 设备采集人的动作数据，然后使用机器学习方法来训练模型，基于预测数据模拟人的下一步动作。可这样的方式并没有什么作用，因为人类在行动时很不方便，采集设备的成本也相对较高。

当然，对于 AI 动作预测，科学家也在尝试用别的方法来实现。

人类的很多行为，实际上和语言相关，比如老师在上课或演讲时，总会使用肢体动作来表达，如图 1-2-17 所示。UC Berkeley 和 MIT 都对这个问题进行了尝试，研究人员收集了 144 个小时的演讲视频，包含了 10 个人的数据。首先，基于这些视频，研究人员通过视频分析算法识别出图像中演讲者的动作；然后，使用技术手段将演讲者的语言数据与动作数据对应起来；最终，训练出来的 AI 程序可以通过声音预测人类的下一步动作。

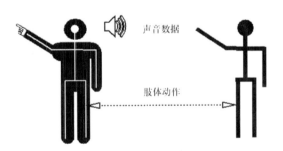

图 1-2-17　通过说话声音来实现

除了通过声音预测人类动作，东京工业大学曾在 IEEE 上发表了一篇论文，实现了在简单背景下对人类的动作捕捉和精准预测。该方法利用的是残差网络，将人体的姿势图像转换成二维数据，而这种数据包含了类似地理位置数据的特征，通过使用 LSTM 算法学习时序位置，进而实现位置的预测，实际上可以进一步解析成人类的动作预测结果。这种方式对于预测对象所处的背景有要求，但是效果很好，能够预测人类在 0.5s 以后的动作。

AI 除了能够实现简单的单步预测，还可以对人类复杂的行为进行预测。德国波恩大学就做过类似尝试，研究人员将 RNN 和 CNN 结合在一起，这样深度学习网络就变得更加复杂，基于对不同动作以及其标签数据，既可以预测动作的细节，又可以预测不同标签出现的序列。使用这种方法，AI 通过不到两小时的学习，就能够在人类制作沙拉时，预测剩余的 80% 的动作。

从以上案例可以看出，AI 预测已经呈现出落地的趋势，很多专题还在不断地研究优化当中，AI 预测给我们带来的价值不容小觑，随着 AI 技术的进一步发展，AI 预测技术也必将能带来更多的惊喜。

1.3　Python 预测初步

本节拟通过一个简单的例子说明用 Python 进行预测的主要步骤，旨在让各位读者了解用 Python 进行预测的基本过程。本例使用 wine_ind 数据集，它表示从 1980 年 1 月到 1994 年 8 月，葡萄酒生产商销售的容量不到 1 升的澳大利亚葡萄酒的总量。数据示意如图 1-3-1 所示。

```
        Jan   Feb   Mar   Apr   May   Jun   Jul   Aug   Sep   Oct   Nov   Dec
1980  15136 16733 20016 17708 18019 19227 22893 23739 21133 22591 26786 29740
1981  15028 17977 20008 21354 19498 22125 25817 28779 20960 22254 27392 29945
1982  16933 17892 20533 23569 22417 22084 26580 27454 24081 23451 28991 31386
1983  16896 20045 23471 21747 25621 23859 25500 30998 24475 23145 29701 34365
1984  17556 22077 25702 22214 26886 23191 27831 35406 23195 25110 30009 36242
1985  18450 21845 26488 22394 28057 25451 24872 33424 24052 28449 33533 37351
1986  19969 21701 26249 24493 24603 26485 30723 34569 26689 26157 32064 38870
1987  21337 19419 23166 28286 24570 24001 33151 24878 26804 28967 33311 40226
1988  20504 23060 23562 27562 23940 24584 34303 25517 23494 29095 32903 34379
1989  16991 21109 23740 25552 21752 20294 29009 25500 24166 26960 31222 38641
1990  14672 17543 25453 32683 22449 22316 27595 25451 25421 25288 32568 35110
1991  16052 22146 21198 19543 22084 23816 29961 26773 26635 26972 30207 38687
1992  16974 21697 24179 23757 25013 24019 30345 24488 25156 25650 30923 37240
1993  17466 19463 24352 26805 25236 24735 29356 31234 22724 28496 32857 37198
1994  13652 22784 23565 26323 23779 27549 29660 23356
```

图 1-3-1　数据示意

从数据中可知，这是典型的时间序列数据，一行表示一年，12 列表示一年的 12 个月。将时间序列数据绘制为如图 1-3-2 所示的图表。

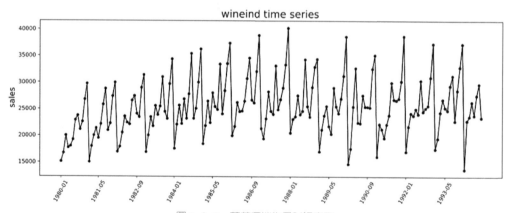

图 1-3-2　葡萄酒销售量时间序列

从图 1-3-2 中可以明显看出，该时间序列数据（销量，sales）呈明显的周期性变化。

1.3.1 数据预处理

基于 wine_ind 数据集，使用 statsmodels.graphics.tsaplots 模块下面的 plot_acf 函数查看 wineind 数据的自相关性，代码如下：

```
1 from utils import *
2
3 """
4   基于 wine_ind 数据集，使用 statsmodels.graphics.tsaplots
5   模块下面的 plot_acf 函数查看 wine_ind 数据的自相关性
6 """
7 wine_ind = pd.read_csv(WINE_IND)
8 wine_ind = pd.concat([wine_ind, wine_ind.月份.str.split('-', expand=True)], axis=1)
9 wine_ind = wine_ind.drop(columns=['月份']).rename(columns={0: "年份", 1: "月份"})
10 wine_ind['月份'] = [int(x) for x in wine_ind.月份]
11 plot_acf(wine_ind.销量, lags=100, title="wine_ind 自相关性").show()
```

图 1-3-3 中的竖线表示对应近 n 期延迟数据的相关系数，阴影部分表示相关性不明显的部分，我们从图中找出近几期较明显的点位即可。从左到右，最终选择了近 1、4、6、8、12 期数据（如图 1-3-3 所示，第 1 条竖线为第 0 期）来建立指标，作为预测基础数据。

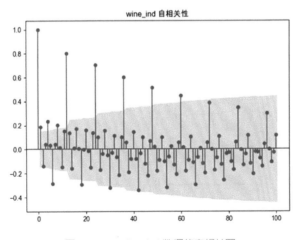

图 1-3-3 wine_ind 数据的自相关图

通过观察确定 wine_ind 的数据周期为一年，我们可以将 1980 年到 1993 年每年按月的销量曲线图画在一张图中（见图 1-3-4），相应代码如下：

```
1 """
2  我们可以将 1980 年 到 1993 年 每年按月的销量曲线画在一张图中
3 """
4 plt.figure(figsize=(10, 5))
5
6 for __year__ in pd.unique(wine_ind.年份):
7     df_row = wine_ind.loc[wine_ind.年份 == __year__, ]
8     plt.plot(df_row.月份.values, df_row.销量.values, 'o--', label=__year__)
9
10 x = np.arange(1, 13)
11 plt.legend(ncol=7)
12 # 添加辅助线
13 plt.plot(x, 1500*x+17000, 'b--', linewidth=3)
14 plt.xlabel("月份", fontsize=12)
15 plt.ylabel("销量", fontsize=12)
16 plt.title("葡萄酒按月销量变化", fontsize=14)
17 plt.show()
```

由图 1-3-4 可知，月份与销量的线性关系明显，应该考虑加入建模基础数据用于预测。至此，需要将 wine_ind 的原始数据处理成如表 1-3-1 所示格式，输出建模基础数据集。

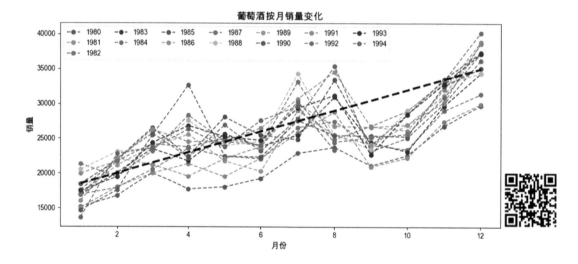

图 1-3-4　wineind 数据与月份的关系图

表 1-3-1　基础数据集属性配置表

字段名称	字段说明	描述
id	唯一标识	自动生成
月份	预测月月份	无
销量	预测月销量	无
近 1 月_销量	近 1 月销量	无
近 4 月_销量	近 4 月销量	无
近 6 月_销量	近 6 月销量	无
近 8 月_销量	近 8 月销量	无
近 12 月_销量	近 12 月销量	去年同期

数据转换的代码如下：

```
1 """
2   数据转换
3 """
4 sales_list = [None]*12 + wine_ind.销量.tolist()
5 for loc in [1, 4, 6, 8, 12]:
6       wine_ind['近'+str(loc)+'月_销量'] = sales_list[(12-loc):][0:len(wine_ind)]
7
8 wine_ind = wine_ind.dropna()
9
10 # 画出散点矩阵图
11 sns.pairplot(wine_ind, diag_kind='kde')
12 plt.show()
```

散点矩阵图如图 1-3-5 所示。

注意看销量-近 12 月_销量的子图，拥有较明显的线性关系，但是图中存在明显的杠杆点。放大该子图，如图 1-3-6 所示。

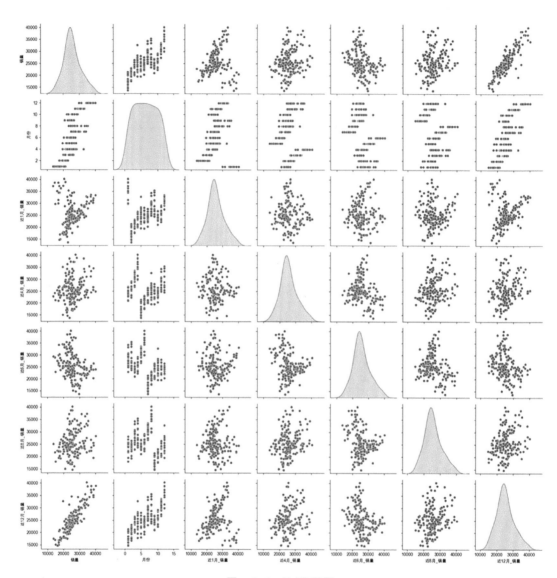

图 1-3-5　散点矩阵图

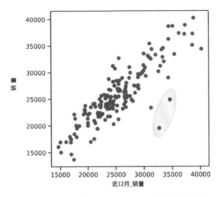

图 1-3-6 销量—近 12 月_销量散点图

图 1-3-6 中的画圈部分圈出了两个点，在建模之前需要去掉这两个点，因为这些杠杆点会影响线性模型的建模效果。建立销量—近 12 月_销量的线性模型，通过 cooks 标准来计算每行记录对模型的影响程度，代码如下：

```
1  """
2   建立 销量—近 12 月_销量 的线性模型，通过 cooks 标准来计算每行记录对模型的影响程度
3  """
4
5 fig, ax = plt.subplots(figsize=(12, 8))
6 # 使用普通最小二乘法拟合一条线
7 lm = sm.OLS(wine_ind.销量, sm.add_constant(wine_ind.近 12 月_销量)).fit()
8 sm.graphics.influence_plot(lm, alpha=0.05, ax=ax, criterion="cooks")
9 plt.show()
```

效果如图 1-3-7 所示。

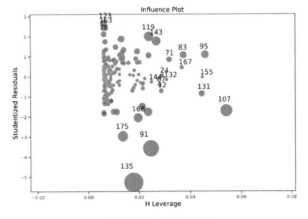

图 1-3-7 识别杠杆点

图 1-3-7 中的点表示记录，横坐标表示杠杆影响，纵坐标表示学生化残差。从图中可知 91 号和 135 号样本存在明显的异常，现将这两个点在销量—近 12 月_销量对应的散点图中标记出来，代码如下：

```
 1 """
 2 从图中可知 91 号 和 135 号 样本存在明显的异常
 3 现将这两个点在 销量—近 12 月_销量 对应的散点图中标记出来
 4 """
 5 abnormal_points = wine_ind.loc[[91, 135], ]
 6 plt.figure(figsize=(8, 5))
 7 plt.plot(wine_ind.近12月_销量, wine_ind.销量, 'o', c='black')
 8 plt.scatter(abnormal_points.近12月_销量, abnormal_points.销量, marker='o', c='white', edgecolors='k', s=200)
 9 plt.xlabel("近12月_销量")
10 plt.ylabel("销量")
11 plt.show()
```

效果如图 1-3-8 所示。

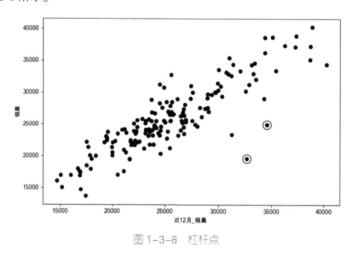

图 1-3-8　杠杆点

由图 1-3-8 可知，91 号和 135 号的点正是我们通过散点矩阵图发现的杠杆点（已从图中圈出）。现将这两个样本从 wine_ind 中去掉，代码如下：

```
1 """
2 91 号和 135 号的点正是我们通过散点矩阵图发现的杠杆点。现将这两个样本从 pdata 中去掉
3 """
4
5 wine_ind = wine_ind.drop(index=[91, 135])
```

1.3.2　建立模型

根据上一步得到的基础数据 wine_ind，提取其前 150 行数据作为训练集，余下的部分作为测试

集。数据分区及建模的代码如下：

```
1 """
2   根据上一步得到的基础数据 wine_ind，提取其前 150 行数据作为训练集，余下的部分作为测试集，进行分区
3 """
4 wine_ind = wine_ind.reset_index().drop(columns='index')
5 train_set = wine_ind.loc[0:149, ]
6 test_set = wine_ind.loc[149:, ]
7 X = np.column_stack((train_set.月份, train_set.近 1 月_销量, train_set.近 4 月_销量,
8                      train_set.近 6 月_销量, train_set.近 8 月_销量, train_set.近 12 月_销量))
9 X = sm.add_constant(X)
10 model = sm.OLS(train_set.销量, X).fit()
11 print(model.summary())
```

最小二乘法（OLS）回归分析的结果如表 1-3-2 所示。

表 1-3-2　OLS 回归分析结果

Dep.Variable:	value		R-squared:		0.853	
Model:	OLS		Adj.R-squared:		**0.847**	
Method:	LeastSquares		F-statistic:		138.0	
Date:	Sat,10Aug2019		Prob(F-statistic):		6.39e-57	
Time:	02:48:46		Log-Likelihood:		-1354.1	
No.Observations:	150		AIC:		2722.	
DfResiduals:	143		BIC:		2743.	
DfModel:	6					
CovarianceType:	nonrobust					
	coef	stderr	t	P>|t|	[0.025	0.975]
const	2630.7190	1907.483	1.379	**0.170**	-1139.788	6401.226
x1	410.6209	93.913	4.372	0.000	224.984	596.257
x2	-0.0067	0.033	-0.201	**0.841**	-0.072	0.059
x3	0.0730	0.035	2.076	0.040	0.004	0.142
x4	-0.0197	0.037	-0.539	**0.591**	-0.092	0.053
x5	0.1035	0.039	2.654	0.009	0.026	0.181
x6	0.6617	0.060	11.103	0.000	0.544	0.780
Omnibus:	1.331		Durbin-Watson:		1.868	
Prob(Omnibus):	0.514		Jarque-Bera(JB):		1.010	
Skew:	0.190		Prob(JB):		0.604	
Kurtosis:	3.132		Cond.No.		6.48e+05	

可以看到，调整后的 R 平方值达到 0.847，作为模型来讲，基本可以使用。但是看一下截距项（const）的 P 值为 0.17，不显著。所以，目前的模型还需要进一步调整，使得截距项（const）的 P 值低于 0.05 或 0.01 为止。另外，变量 x2(近 1 月_销量)和 x4(近 6 月_销量)的 P 值都较大，明显不显著，可将这两个变量移除。重新构建模型，代码如下：

```
1 """
2 重新构建模型，代码如下
3 """
4
5 X = np.column_stack((train_set.月份, train_set.近 4 月_销量, train_set.近 8 月_销量, train_set.近 12 月_销量))
6 X = sm.add_constant(X)
7 model = sm.OLS(train_set.销量, X).fit()
8 print(model.summary())
```

OLS 回归分析的结果如表 1-3-3 所示。

表 1-3-3　OLS 回归分析结果

Dep.Variable:	value		R-squared:		0.852	
Model:	OLS		Adj.R-squared:		**0.848**	
Method:	LeastSquares		F-statistic:		209.3	
Date:	Sat,10Aug2019		Prob(F-statistic):		3.65e-59	
Time:	04:26:42		Log-Likelihood:		-1354.3	
No.Observations:	150		AIC:		2719.	
DfResiduals:	145		BIC:		2734.	
DfModel:	4					
CovarianceType:	nonrobust					
	coef	stderr	t	P>|t|	[0.025	0.975]
const	1741.1626	1201.878	1.449	**0.150**	-634.302	4116.627
x1	425.1202	86.591	4.910	0.000	253.978	596.263
x2	0.0770	0.034	2.261	**0.025**	0.010	0.144
x3	0.1085	0.038	2.893	0.004	0.034	0.183
x4	0.6573	0.059	11.222	0.000	0.542	0.773
Omnibus:	1.428		Durbin-Watson:		1.893	
Prob(Omnibus):	0.490		Jarque-Bera(JB):		1.106	
Skew:	0.200		Prob(JB):		0.575	
Kurtosis:	3.128		Cond.No.		3.19e+05	

可以看到，截距项的 P 值仍然较大，但相比 0.17 已经有所下降，另外，x2 对应的 P 值是这些变

量中最大的，可以尝试使用非线性的思路来进一步拟合模型，在模型中加入 x2(近 4 月_销量)对应的二次项、三次项，重新建模，代码如下：

```
1 """
2   尝试使用非线性的思路来进一步拟合模型，在模型中加入 x2(近 4 月_销量) 对应的二次项、三次项，重新建模
3 """
4 X = np.column_stack((train_set.月份, train_set.近 4 月_销量,
5                      train_set.近 4 月_销量**2,
6                      train_set.近 4 月_销量**3,
7                      train_set.近 8 月_销量,
8                      train_set.近 12 月_销量))
9 X = sm.add_constant(X)
10 model = sm.OLS(train_set.销量, X).fit()
11 print(model.summary())
```

OLS 回归分析的结果如表 1-3-4 所示。

表 1-3-4　OLS 回归分析结果

Dep.Variable:	value		R-squared:		0.859	
Model:	OLS		Adj.R-squared:		**0.854**	
Method:	LeastSquares		F-statistic:		175.0	
Date:	Sat,10Aug2019		Prob(F-statistic):		2.42e-59	
Time:	04:30:29		Log-Likelihood:		-1351.0	
No.Observations:	150		AIC:		2714.	
DfResiduals:	144		BIC:		2732.	
DfModel:	5					
CovarianceType:	nonrobust					
	coef	stderr	t	P>|t|	[0.025	0.975]
const	-0.1528	0.030	-5.146	0.000	-0.212	-0.094
x1	438.3667	85.160	5.148	0.000	270.042	606.691
x2	0.5917	0.176	3.371	0.001	0.245	0.939
x3	-3.141e-05	1.07e-05	-2.938	0.004	-5.25e-05	-1.03e-05
x4	5.215e-10	1.8e-10	2.893	0.004	1.65e-10	8.78e-10
x5	0.1065	0.037	2.893	0.004	0.034	0.179
x6	0.6609	0.057	11.503	0.000	0.547	0.774
Omnibus:	0.868		Durbin-Watson:		1.867	
Prob(Omnibus):	0.648		Jarque-Bera(JB):		0.852	
Skew:	0.179		Prob(JB):		0.653	
Kurtosis:	2.913		Cond.No.		1.65e+15	

从以上结果可知，调整后的 R 平方值达到 0.854，同时，对应各变量及截距项的 P 值均低于 0.01，统计显著，可将该模型用于预测。Model 就是我们建立的用于时间序列预测的线性回归模型。

1.3.3 预测及误差分析

将 Model 作为预测模型，对预测数据集 test_set 进行预测，代码如下：

```
1 """
2   将 Model 作为预测模型，对预测数据集 test_set 进行预测
3 """
4
5 X = np.column_stack((test_set.月份,
6                     test_set.近 4 月_销量,
7                     test_set.近 4 月_销量**2,
8                     test_set.近 4 月_销量**3,
9                     test_set.近 8 月_销量,
10                    test_set.近 12 月_销量))
11 X = sm.add_constant(X)
12 y_pred = model.predict(X)
13 diff = np.abs(test_set.销量 - y_pred)/test_set.销量
14 print(diff)
```

预测结果如下：

```
 1 149    0.135699
 2 150    0.132886
 3 151    0.062267
 4 152    0.045839
 5 153    0.019826
 6 154    0.319714
 7 155    0.130967
 8 156    0.042673
 9 157    0.070981
10 158    0.044678
11 159    0.079525
12 160    0.012257
13 161    0.345971
14 Name: value, dtype: float64
```

统计预测结果，代码如下：

```
1 # 统计预测结果
2 print(diff.describe())
```

统计结果如下：

```
1 count      13.000000
2 mean       0.111022
3 std         0.106694
4 min         0.012257
5 25%         0.044678
6 50%         0.070981
7 75%         0.132886
8 max         0.345971
9 Name: value, dtype: float64
```

　　从统计结果中可以看到，预测数据集共 13 条记录进行预测，最小百分误差率为 1.2%，最大百分误差率为 34.6%，平均百分误差率为 11.1%。预测结果还是很不错的，除了最后一条记录，预测值为 31436.49，取整为 31436 与真实结果 23356 差别较大，根据笔者的经验，该月可能遇到了什么特殊情况（如气象灾害导致葡萄收成不好等），导致高估了葡萄酒的销量。当预测不准时，不见得都是模型的问题，也有可能是数据的问题，这时需要从数据中发现问题，并进一步解决问题，预测的目的就是为了改变。有兴趣的读者还可以使用纵横两年的数据关系构建指标体系，有望对模型进一步优化。

第 2 章

预测方法论

预测涉及数据处理、建模等内容，本身具有一定的复杂性。然而，在大数据的推动下，数据基数大、维度多，同时对速度的要求也很高，实现预测的复杂度进一步升级。因此，为了快速、有效地开展预测工作，有必要提出一套方法论作为指导，保障预测工作有条不紊地进行。本章从预测流程讲起，依次介绍开展预测工作的指导原则，以及团队构成。

2.1 预测流程

预测是个复杂的过程，需要不同角色的人参与，因此，制定用于指导预测工作开展的流程至关重要。本书提出的预测基本流程参照了 CRISP-DM 标准过程及数据分析的常见步骤，按照笔者从事预测工作多年的经验整合而成，详见图 2-1-1。从确定预测主题开始，依次进行收集数据、选择方法、分析规律、建立模型、评估效果，发布模型。需要注意的是选择方法和分析规律之间是可逆箭头，如果没找到潜在的规律，则还是要回到选择方法环节重新尝试；如果找到了潜在的规律，则说明我们选择了正确的方法并可进入建模环节。在评估效果时，如果没有达到预期，则需要反思主题的合理性，有必要调整主题再进入循环。若评估效果已经达到预期则直接发布模型，注意发布模型与确定主题之间有一条有向虚线，表示实现主题的内容，结束循环。整个过程都围绕着数据展开。

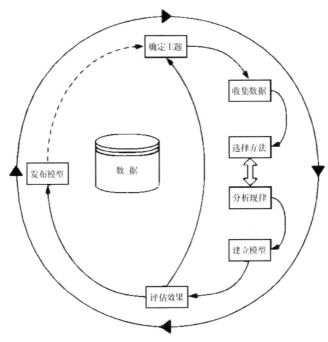

图 2-1-1　预测基本流程

2.1.1　确定主题

　　预测主题规定了预测的方向和主要内容，确定主题是开展预测工作的首要环节，预测主题务必清晰明确。首先要明确预测的**主体**和**指标**，比如进行短期负荷预测，主体是变压器不是馈线，也不是区局，指标是日时点负荷，不是日平均负荷或最高/最低负荷；其次预测的**周期**是多长，需要达到什么样的**精度**，也要很清楚，比如在预测变压器的日时点负荷时，周期是按日的，每天出预测结果，同时期望精度在 95% 以上。此外，还要明确使用预测结果的真实**用户**，以便进一步了解他们对预测的需求，并可了解他们之前进行预测使用的方法及出现的问题。同时，开展预测工作需要一定的**成本**，一定要知道公司或部门对预测工作的成本投入，以便更合理地分配资源。对预测所使用的**数据**范围也要非常清楚，比如进行负荷预测时主要使用天气数据和历史负荷数据等，要确定一个明确的范围，数据在整个预测过程中是非常重要的。确定主题涉及的要素如图 2-1-2 所示。

图 2-1-2　确定主题涉及的要素

　　指标、主体、精度、周期、用户、成本、数据是确定主题需要考虑的七要素，弄清楚这七要素代表的含义，并在具体的预测项目中找出依据和佐证，有助于让预测主题的内容清晰明确，确保预测工作有一个好的开端。

　　（1）指标

　　指标表达的是数量特征，预测的结果也通常是通过指标的取值来体现的。比如员工流失率、门店客流量等这些都是指标。预测的问题无疑是回答下一个周期的员工流失率会达到多少，门店客流量能达到多少等这些基本问题。从研究的指标出发，查找历史相关资料，有助于厘清问题本身。

　　（2）主体

　　主体是预测研究的对象，比如对明年各省的 GDP 进行预测，那么各省份就是主体。主体是预测问题的一部分，它规定了预测的范畴。可以从主体出发，收集资料，设计预测方案。比如，通常可以使用与研究主体近似的对象进行辅助预测。

　　（3）精度

　　精度就是预测能够达到的准确水平，根据业务经验确定可以达到的精度范围是很重要的，因为不是任何一个预测问题都可以达到很高的精度。预测能精确到什么水平，还与数据情况有关，还与收集数据投入的成本有关，这些都是很实际的问题。当然，如果预测模型的精度达不到要求，那么这次预测就会被认为是失败的。在预测工作开始之前，对预测模型能达到的精度区间进行评估，进一步明确预测目标，通常是很有必要的。

　　（4）周期

　　预测系统通常需要经常性地运行，每天都会有大量的建模和预测任务，预测的时间跨度根据业务需求也会有所差别。比如负荷预测系统，对于短期预测，需要每天预测次日的负荷情况，以及预测下一周的负荷情况；对于中期预测，通常是按月预测、按年预测，如此等等。在预测工作开始之前，需要明确预测结果的时间跨度（周期）。通常来讲，时间跨度越长，不确定性越强，精度也就越难保证。所以预测周期的范围大小会影响到预测模型的设计。

（5）用户

预测模型、预测功能、预测系统，这些最终是谁来用，在预测开始之前就要弄清楚。对相关用户进行调研，清楚用户的真实需求，如果是对预测模块进行更新，则进一步了解用户对已有预测结果的意见，包括能够达到的精度范围、预测结果的意义等。从用户入手，可以了解更多关于预测项目的知识，并且从中捕获关键需求、协调相关资源，保障预测工作高效有序地进行。

（6）成本

预测项目不仅需要投入一定的硬件资源、项目资金、人力资源、办公环境，还需要时间。所以针对预测项目而言，要严格地监督整个过程，做好把关，因为预测工作很容易出现一个问题，就是在建模时发现预测方案根本不可行，就私自改动预测方案，等效果变好后，换一批数据，效果马上又不行了，如此反复折腾，不仅耗时耗力，还让整个过程模糊不清，给项目的监督管理造成极大困难。对预测项目的重大环节需要集中讨论，在有限的成本投入下，保证预测目标的达成。需要注意的是，不要把主要精力放在精度上，因为用于验证的数据一旦发生变化，精度立马就没有意义了，我们需要的是预测实现的**方法及流程**。

（7）数据

数据在预测过程中扮演着举足轻重的角色，所以在开展预测工作之前，需要搞清楚数据的方方面面，以制定切实可行的预测方案。通常来讲，缺失太严重或错误太多的数据是不建议使用的，预测需要真实可信的数据，并且可以源源不断地提供，这样才能让预测不断地进行下去。即便是只做一次的预测，对数据的要求也是比较高的。

2.1.2　收集数据

当确定预测主题后，就要根据划定的数据范围收集数据了。数据被作为记录存在于表格、图片或者视频、音频中，还有一些数据存在于数据库或数据仓库中。数据自身带有时间属性、空间属性等。另外，收集来的数据不能直接使用，需要经过整合加工才能进一步用于分析。接下来将从内容划分、收集原则、数据整合 3 个方面介绍收集数据阶段的关注点。

1．内容划分

数据是一种数量的表征，它出现在用户使用产品的各个阶段，出现在设备运行的分分秒秒，出现在营销活动的前后始终。正是由于数据记录着事情的发展、事物的变化、时空的变迁，我们才可能从数据中挖掘潜在的规律，让数据变现。数据按产品生命过程中参与的对象和活动可以分为客户类数据、产品类数据、营销类数据、物流类数据、财务类数据、服务类数据，如图 2-1-3 所示。

图 2-1-3 数据按生产活动分类

当然，这是比较大的类别，数据按事件发生的参与对象和活动又可以分为时间数据、人物信息、地点信息及事件的起因、经过和结果，这些都是数据，如图 2-1-4 所示。

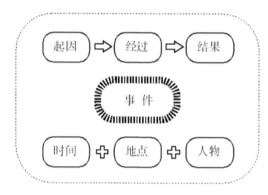

图 2-1-4 数据按事件因素分类

2. 收集原则

数据的收集不是一个箩筐框到底，数据的质量怎么样、数据是否可用等很多问题都需要考虑，若直接将数据收集过来，在模型发布时发现满足不了预测，将会是极大的损失。因此，收集数据要讲究如下 5 项原则。

（1）全面覆盖。收集的数据尽量全面，这会为寻找特征提供便利，越是全面的数据越容易从中找到具有良好表现的特征。如果数据不太全面，比如只有这个指标的历史数据，那么后面分析时能做的事情将很有限。所以应尽量收集全面的数据。

（2）质量较好。质量太差，只会为分析引入噪音，不建议收集质量太差的数据。至于数据的质量，一定要达到分析的基本要求才可以使用。比如数据集的缺失值只有 10%，通过简单统计发现数据中可能含有大量的信息，这样的数据就可以用来分析。反之，当数据中的缺失值达到 50%，并且通过统计发现，数据中也没什么信息量时，这样的数据是不建议用来分析的。

（3）周期一致。收集数据要按周期收集，每一个周期内的数据相对完整。如果周期有太多间断性缺失，这样的数据也是有问题的，因此不建议用于分析。再者，基于同周期收集的数据能够反应该周期内相关事物的作用与关系，有助于挖掘潜在规律。

（4）粒度对称。粒度可以理解为事物的层次，比如地图，省级视图，市级视图，县级视图，这种从省到县的变化就是粒度变小的过程。那么对于收集数据来说，也要注意粒度。数据粒度不对称将导致数据难以使用。比如时点的温度数据与月平均负荷数据，由于粒度不对称，导致数据没法整合到一起，便失去了收集数据的意义。

（5）持续生产。所谓持续生产是指用于建模的数据在预测时仍然可以持续提供，这样就可以将预测工作进行下去。如果用于建模的数据和预测用的数据口径不一致，就会终止预测过程。举例来说，在短期负荷预测时，天气预报的信息用于预测的输入信息，那么在建模时理应用对应口径的天气数据，这样数据是持续生产的，当然可以保证预测工作的顺利开展。如果所用的口径不一致，比如天气预报只有全市的预报值，而历史天气信息使用的是网格的实际值，由于数据不是持续生产的，就会造成预测终止。

3. 数据整合

刚收集来的数据是混乱的，什么周期的都有，什么粒度的都有，什么时间的都有，因此在进行分析之前要对数据进行整合，让数据变得更有条理，逻辑更清楚。通常按时间、周期、粒度、对象这几个维度对数据进行整合。

2.1.3　选择方法

数据是进行预测的基础，在完成数据收集之后，需要采用合适的方法分析数据中表现的规律，进一步提取特征建模。对于不同的数据选择的方法也会有所不同，对于维度单一、数据量少的数据不会采用像深度学习这样的方法，所谓"杀鸡焉用牛刀"就是这个道理。按预测涉及对象的数量以及预测相关指标的数量把预测的数据情况分成简单型、丰富型、多样型、复杂型这 4 类，定义分别如下。

- **简单型**：单对象单指标，比如对一部手机每天使用的网络流量进行预测。
- **丰富型**：单对象多指标，比如给定一部手机，除了每天网络流量的指标，还有每天的星期类型（维度）以及每天上网次数等指标。
- **多样型**：多对象单指标，比如对多部手机每天使用的网络流量进行预测。
- **复杂型**：多对象多指标，比如多部手机，同时具有网络流量、星期类型、上网次数等指标的情况。

笔者根据自己的经验整理了常用的分析方法，可选择性地用来分析如上各种情况，如表 2-1-1 所示。

表 2-1-1　不同类型预测场景选择方法参考

	简单型	丰富型	多样型	复杂型
自相关分析	分析延迟 n 期的影响	无	无	无
偏相关分析	在去除1到 n-1 期效应分析延期 n 期的影响	无	无	无
相关分析	无	分析特征间的相关性进行特征选择	分析对象间的相关性指导预测	无
互相关分析	无	分析对象多个特征间的时序延迟相关性	分析对象间延迟相关性建立预测模型	无
典型相关分析	无	分析多个指标对预测值的综合相关性	寻找与目标对象综合相关性较强的一组对象	基于多指标，寻找与目标对象综合相关较强的一组对象
聚类分析	按区间分段定义样本，寻找潜在模式	在多指标的情况下，细分不同使用场景	以单个对象为样本进行分群	基于多指标，以单对象为样本来分群
关联分析	将预测值状态化对状态进行预测	将预测值及连续指标状态化，对目标状态进行预测	基于多对象，将预测值状态化，对状态进行预测	基于多对象，将预测值及连续指标状态化，对目标状态进行预测

2.1.4　分析规律

针对预测，最关键的是发现可用的规律，只有发现了规律，才可以在规律的基础上进行预测；若没有发现规律，预测工作将无法开展。那么，什么是规律呢？规律就是稳定的关系，规律就是必然，规律就是本质。笔者根据自己的经验，将预测工作中常见的规律分为如下几类。

（1）趋势性

趋势指事物发展的动向，它是时序数据常见的规律之一。比如经济增长，虽然每天增减不一，但是从 1 年的时间窗口来看，总体是呈增长趋势的，在掌握了这个规律之后，就可以估计未来一个月的大致水平，如图 2-1-5 所示。

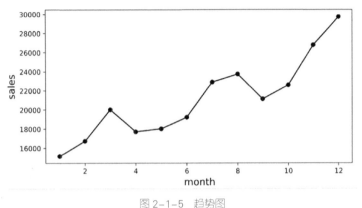

图 2-1-5　趋势图

（2）周期性

事物在发展变化的过程中，某些特征会重复出现，其连续两次出现时所经过的时间长度，称为周期。周期性也是时序数据常见的规律之一。由于受星期工作安排或季节气候变化的影响，导致某些数据按周或年呈现周期性变化。由于各个周期具有相似性，因此可以用来预测未来一个周期的数据。根据"1.3 Python 预测初步"中的例子，葡萄酒每年的销量数据按年呈明显的周期性变化，如图2-1-6 所示。

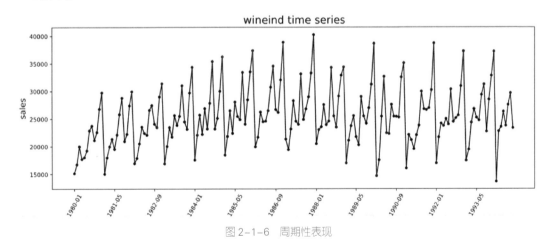

图 2-1-6　周期性表现

（3）波动性

波动就是不稳定，起伏变化较大，在金融领域中极为常见，也是时序数据的常见规律之一。由于股票市场受很多因素影响，股票指数难以预测。通过数据分析的手段，提取波动信息，可以看到很多波动都是随机出现的，如果波动信息表现出一定的规律性，则可以基于波动信息再次建模，有助于准确率的提升。波动信息经常使用原数据减去趋势数据和周期数据而得到，有时使用小波分析的方法得到不同频率的波动信息，常见的波动信号如图 2-1-7 所示。

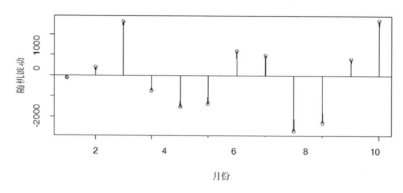

图 2-1-7 数据的随机波动

（4）相关性

变量与变量的关系通常有两种：一种是函数关系，表示确定的非随机变量之间的关系，可以用表达式具体地定义；另一种是相关关系，表示非随机变量与随机变量的关系，也就是说当给定一个变量时，另一个变量是随机的，它不能由具体的表达式来定义。比如位移与速度就是确定的函数关系，而身高和体重就无法用一个确定的函数关系来表达，但是根据经验，身高比较高的人，其体重也比较重，说明两者是相关关系。

相关关系通常用相关系数来定量表示，取值在–1 和 1 之间，大于 0 为正相关，越趋近于 1，正相关性越强；小于 0 为负相关，越趋近于–1，负相关性越强。在实际分析时，相关关系通常被理解为相随变动的方向和程度，即给定一个变量，在其增加时，另外一个变量增加或减少的可能性程度。对于两个变量的相关性分析，通常使用散点图来表示，如图 2-1-8 所示。

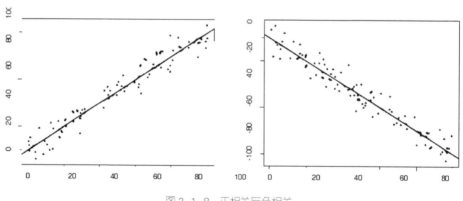

图 2-1-8 正相关与负相关

（5）相似性

在数学上相似性是指形状一样、大小不同的两个物体之间的关系，比较相似三角形就是这样的概念。而在数据分析领域，相似通常被理解为对象与对象之间具有一样或接近的特征，通过相似度来量化表示，它是一个位于 0 和 1 之间的值，0 表示一点不相似，1 表示特征一样。相似性的计算通常使用欧氏距离、马氏距离、余弦距离等方法。比如要预测明天的负荷，可以建立特征<最高气温，平均气温,最低气温,湿度,星期类别,…>，从历史数据中找出与明天该特征相似的样本，简单地计算加权平均值就可以得出明天负荷水平的估计值。所以相似性是预测分析中的常见规律之一。这里有个假设，即特征 $F_1 = <A_1, A_2, \cdots, A_n, B>$ 与 $F_2 = <M_1, M_2, \cdots, M_n, K>$ 进行比较，当子特征 $<A_1, A_2, \cdots, A_n,>$ 与 $<M_1, M_2, \cdots, M_n>$ 相似时，可以认为特征 F_1 与 F_2 是相似的，因此可以进一步推导出 B 与 K 也应该是相似的,可根据此原理对预测值进行估计。常见的相似性特征的示意图如图 2-1-9 所示。

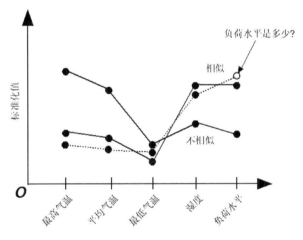

图 2-1-9　相似性特征示意图

（6）项关联性

相信各位读者都听说过"啤酒与尿布"的故事，这说明通过使用关联规则算法，可以从事务数据库中挖掘出知识，用于营销决策。同样，对于预测，仍然可以使用关联规则算法，从时间序列数据中挖掘出知识，服务于预测。对于状态预测，直接可使用状态类型建立关联规则。如果是对数值的预测，则可以先进行离散化处理，再建立关联规则。对于时间序列的项关联，通常可以分为 3 种情况（见图 2-1-10）。

①同一对象不同时刻的状态（或类别）关联。比如规则：基金 A 昨天涨，基金 A 今天跌→基金 A 明天涨（10%，80%），如图 2-1-10(a)所示。

②不同对象同一时刻的状态（或类别）关联。比如规则：基金 A 涨，基金 B 涨→基金 C 跌（20%,90%），如图 2-1-10(b)所示。

③不同对象不同时刻的状态（或类别）关联。比如规则：基金 A 昨天涨，基金 B 今天跌→基金 C 明天涨（25%,85%），如图 2-1-10(c)所示。

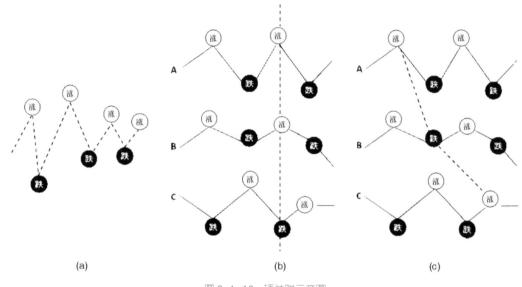

图 2-1-10　项关联示意图

注意：百分数（support 和 confidence）分别表示支持度和置信度，比如（25%,85%），表示该条关联规则的支持度是 25%，对应的置信度为 85%。

（7）段关联性

与项关联性不同，段关联性不是状态值或类别值，也不是连续值离散化后的值，它是一个重复出现的连续片段，也可叫作模式。由于连续片段可长可短，每个时间序列对象的取法也不一样，所以它不存在时刻的概念，只有先后次序。对于时间序列预测而言，段关联性是一种重要的规律，它揭示了时间序列数据中的潜在模式，基于段关联，可以发现更多难以发现的规律。通常将时间序列的段关联分为两种情况（见图 2-1-11）。

①同一对象不同段的关联。比如将出现在时间序列中重复出现过多次的 3 个段，分别叫作模式 A、模式 B 和模式 C，那么规则"基金 M 的模式 A 出现，同时，基金 M 的模式 B 出现→基金 M 的模式 C 出现（45%,75%）"就是这种情况，见图 2-1-11(a)。

②不同对象不同段的关联。比如规则 "基金 A 的上周走势是模式 1，基金 B 的本周走势是模式 2→基金 C 的下周走势是模式 3（20%,90%）"，如图 2-1-11(b)所示。

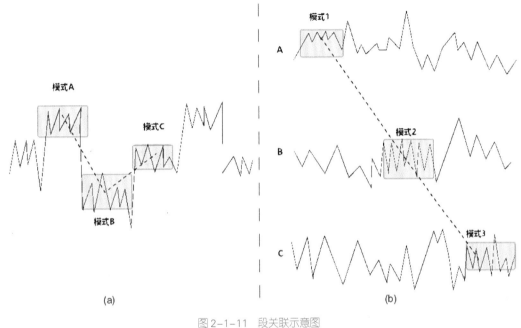

图 2-1-11　段关联示意图

2.1.5　建立模型

　　所谓模型就是指一个公式或一套规则，抑或是一个黑箱的工具，它是针对具体问题的，换成是其他问题，模型也会变化，虽然可能都是用线性回归算法。建立模型是进行预测的重中之重，预测工作的目标就是得到一个可用的模型，使用该模型可以在业务环节或应用中发挥作用。建立模型是一个复杂的过程，在第 1.3 节中，我们已经可以使用基础数据，结合业务经验和实验探索得到可以用于预测的模式或规则，然而如何将这种模式转化成模型呢？图 2-1-12 说明了建立模型的过程。

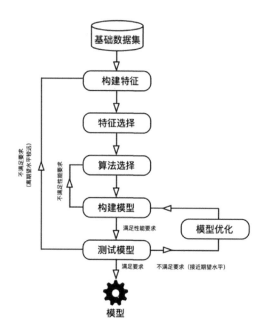

图 2-1-12　建模过程

如图 2-1-12 所示，从基础数据集出发，首先构建特征，通常特征集中会出现一些相关性较强的特征或一些相对较弱的特征，因此需要对特征进行选择。当确定了最终的特征时，我们就可以选择建模算法了，较为简单的问题通过线性回归就可以处理，如果问题的复杂度较高，则可以考虑使用支持向量机、神经网络甚至深度学习的算法。使用训练集并基于给定的算法进行训练可以得到模型，如果训练模型的计算成本太高，不能满足要求就需要另外选择算法。当然，即便能满足计算成本的要求，也不能直接使用模型。得到的模型经过初步测试之后，才能进一步使用。如果经过测试，发现模型并不能满足要求，当模型精度与预期较为接近时，则可以考虑对模型进行优化，以进一步达到要求。如果模型精度离预期较远，则很有可能是特征的问题，需要回到构建特征阶段，以获得更有表现力的特征，再一步一步地生成模型。建立模型的各环节，环环相扣，相辅相成，它们的具体内容如下。

（1）构建特征

构建特征就是将已发现的模式或规律作为基础，将基础数据进行重构，以得到满足使用各种预测算法的使用要求。不过，有时为了提炼更有表现力的特征，除引入新的特征外，还经常基于已有的数据集使用特征构建技术对特征进行组合衍生。可以说特征是预测的关键，如果没有好的特征，就很难保证预测的准确率。从业务意义上构建特征通常基于相关的业务经验分析预测对象的因果关系，从中得到启发，并使用数据进行验证，这样才能确保特征具有有效性。而使用特征构建技术主要是基于已有的特征集，通过技术手段再次进行重组，理论上可以无限制地进行下去，直到获得表现力强的特征。

（2）特征选择

特征选择是指从特征集中根据特征的重要性或组合效果选择出一个特征子集的过程。如果用于预测的特征很多，比如成千上万个，那么显然，如果算法要同时使用这些特征，则不仅计算成本会很高，特征本身的稳定性，以及特征间的相互影响也会使得预测的成本增加。为了提高计算效率和保证预测算法的可理解性、稳定性，通过建立特征重要性评估体系，选择能够达到相同效果或接近相同效果的特征子集。这对海量维度的预测，通常是很有必要的。

（3）算法选择

在预测了用于建模的特征集以后，我们需要选择对应的预测算法，在训练集上得到初步的模型。可以用于预测的算法有很多种，常见的有线性回归、决策树、时间序列、神经网络、随机森林、支持向量机等，另外像一些状态空间模型也常用于预测，比如卡尔曼滤波、高斯回归过程、小波分析等，可以用于预测的方法不胜枚举。通常根据算法的可理解性、算法的性能及算法对数据的要求这三点来选择合适的算法。比如线性回归、逻辑回归、决策树等这类算法，理解起来很形象直观，拿出来讲肯定很容易懂，所以前期一般选择这样的算法来说明可实现性，以及实现的大致过程。又比如神经网络、支持向量机等算法，一般当成黑箱来看，它里面的逻辑不能够直观地来理解，但是这类算法如果驾驭得好，在精度上有很大空间可以发挥，同时计算成本也会很高，所以一般在算法改进的后期会选择这类算法。另外，一些预测算法要求在线输入，增量建模，比如卡尔曼滤波，这种算法特别适合用于在线预测的场景。算法的选择其实是一个反复尝试的过程，需要各位读者从实战中汲取经验，总结规律。

（4）构建模型

通常将得到的特征集按照一定比例，分割为训练集和测试集。在训练集上使用选择的算法，训练模型。在测试集上使用得到的模型来检验模型。一般按 2∶1 的比例来获得训练集和测试集。但在有的情况下，会使用交叉验证的方法，从所有 N 份特征样本中，抽取 $N\text{-}1$ 份来训练模型，用剩下的一份来检验模型。通过 N 个误差的分析，可以有效评估模型的误差水平，同时可以获得相对较好的模型。另外，构建模型也需要运算成本，如果消耗太高，那么在有的场景下是不能接受的，需要另外更换运算成本较低的算法。比如针对 1 万个对象同时建模，如果每个对象的运算时间为 T，则 1 万个对象串行建模的时间就是 $10000T$，假如 T 表示 10s，则 $10000T$ 相当于 27.8 个小时。虽然现在有一些并行化手段，但是机器的整体性能是确定的，再怎么并行也很难有本质上的提升。所以，通常在选择算法时，还会考虑到工程上的优化问题。

（5）测试模型

测试模型的目的在于及时发现模型的问题，这里通常使用的测试集是与训练集有着类似结构的特殊数据集。如果模型在测试集上的精度都达不到要求，那么就可以及早地发现问题，并进一步处理。但是，即便是在测试集上有很好的精度，也不代表没有问题。因为，有时模型会出现过拟合现象，使得模型的泛化能力降低。举一个极端的例子，就是模型记住了训练集中的每个点，由于训练集和测试集都是从特征集中随机选择的样本，所以测试集与训练集有着一定的相似性，这就会导致在测试集上的精度很高。但是反观一下模型呢？由于只是记住了所有点，对于新样本，没有任何的泛化能力，精度一下子被拉下来。常见的处理方法是选择另外的数据集来测试，或者使用交叉验证的方法。

（6）模型优化

模型优化指的是在已有模型的基础上进行调优，主要包括选用更优的参数（即参数优化）、调整建模特征两种方法。一般来讲，对特征的调整，通常是对已有特征进行变换或概念分层等一些简单的操作，如果要引入新的特征或进行特征组合，则需要在构建特征阶段来完成。常见的特征变换方法是进行标准化，让各个特征的权重相对均衡。另外，进行对数变换会改变特征的分布，使用一些对分布有要求的算法会比较好。而所谓的概念分层就是把连续变量离散化，或将离散变量进一步合并组合，虽然这个过程会损失信息，但是也保留了更加特异性的信息。此外，对参数的优化，通常使用专门的优化算法来实现，比如遗传算法，在参数空间内搜索到最优或最接近的解，使得算法进一步优化。比如通常将神经网络与遗传算法结合，或将支持向量机与遗传算法结合，这都是为了得到最优的参数。需要注意的是，模型优化只是后期的改进方法，模型是否有效，主要还是依赖于特征。

2.1.6　评估效果

只有经过实践验证的模型，才能投入使用。因此，要使用真实的数据评估模型的效果。所谓模型效果的好与坏，可以通过预测值与真实值的接近程度来体现。根据预测的问题，将评估的方法分为两大类：一类是针对概率性预测的评估方法，这个与分类问题的评估方法一致；另一类是针对数值预测的评估方法。它们的区别如表 2-1-2 所示。

表 2-1-2　概率性预测与数值预测的区别

预测问题举例	真实值	概率性预测	数值预测
1. 预测明日降雨量	16.5mm	明日降雨量大于 15mm 的概率为 80%	明日降雨量估计值为 17.6mm
2. 预测 8 月份销售额	23 万元	销售额超过 20 万元的概率为 95%	8 月份销售额估计值为 22.7 万元

由表 2-1-2 可知，概率性预测实质上是预测某分类出现的概率，本质上是分类问题。对于分类问题，通常考虑预测的类别与真实类别的一致性，越一致，预测效果越好，反之，预测效果越差。而对于数值预测，主要是分析真实值与预测值之间的误差，如果误差较小，甚至趋近于 0，则预测效果较好，反之，误差越大，效果越差。

通常来讲，只进行一次评估是不够的，只要预测系统在运行，就要不断地进行评估。若通过评估发现模型的精度不能达到要求，则需要对模型进行更新，甚至重新设计预测方案。在历史的多次预测中，如果模型的评估效果为好的次数越多，模型的可信度也就越高。倘若模型的评估结果时好时坏，也就是不稳定，这也是有问题的，需要拿出来专门研究讨论。

模型评估的环节至关重要，它就像一道关口，只有通过评估的模型，才能给予被用于真实环境的机会；只有不断通过评估的模型，才能被认为是稳定可靠的。模型是否能通过评估，通常是由在预测开始时确定的精度范围决定的。另外，需要谨慎评估数据的选取，不同的数据集得到的评估结果很可能有较大差别，需要非常注意用于评估的数据集的科学性。

2.1.7　发布模型

对当初提出的预测问题，经过了这么复杂的建模分析过程之后，始终要运用起来，才会发挥预测分析的真正价值。然而，回想一下，我们从确定主题开始，到收集数据、选择方法、分析规律、建立模型、评估效果，经历了这些过程，我们最终想要的就是一个好看的准确率或评估精度吗？当然不是的，预测效果固然重要，但是预测实现的过程比效果更重要。预测效果依赖于数据，一旦数据发生变化，涉及的模型参数、方法甚至挖掘算法都可能会调整，但是只要掌握了预测实现的过程，这一切都还是可以把握的。所以无论最终的效果是好还是不好，都需要将预测实现的过程拿出来看，这样才有助于找出问题，改进方法，最终向好的方法发展。发布模型可以按大致的先后顺序分为总结过程、分析结果、知识传递、监督维护这 4 个过程，关系如图 2-1-13 所示。

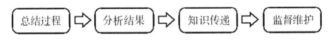

图 2-1-13　发布模型过程

其中，总结过程就是把得到当前预测效果的做法梳理出来，这样有利于发现、改进问题，更有利于向客户说明大致的思路；分析结果就是根据已有的模型效果，思考如何应用到相关的业务领域，以及可能出现的问题等；知识传递就是将现在的预测模型的实现过程和效果有效地进行组织和呈现，以便让客户能够了解和使用；监督维护就是要将最终的模型应用起来，什么时候更新模型、什么时候可以使用模型，还有出现了状况如何处理等这些都是要考虑的问题。

2.2 指导原则

在开展预测的各个环节，我们可能会遇到各种各样的问题，那么如何应对这些问题将会影响到预测工作开展的效率，甚至是预测精度。本节将介绍开展预测的指导原则，这些原则以保守为主，在降低预测风险的情况下，保障预测精度，同时介绍一些技巧，有助于指导工作，并提升预测的准确率。

2.2.1 界定问题

开展预测的首要环节是确定主题，并对要预测的具体问题进行界定。比如该类问题常见的解决方法有哪些？同时存在哪些问题和风险？等等。同时总结与该问题相关的经过实证的预测方法，并有针对性地做出选择。

1. 抓住重点

选择与问题相关的、可靠的重要信息或变量，排除不重要的和可疑的变量，因为使用这些变量会降低预测的准确性。虽然这是复杂统计技术或大数据分析应用所反对的，但是为了提供可靠的模型，不妨保守一些。为了确保找到重要的信息或变量，应该咨询业务专家，或由具有不同想法的业务专家组成小组进行讨论，并弄清楚数据源、因果关系、相关变量、变量特点以及对预测影响的大小等。同时，让专家或专家们证明他们的判断，可以通过上网或查找相关文献得到佐证，并可进行荟萃分析进一步得到更具说服力的结论。另外，对于非实验数据应该少使用，虽然在实验数据缺乏时可能很有用。

（1）使用经过验证的预测方法

进行预测时应该尽量选择那些与当前预测问题很接近并且经过验证的预测方法，这样做虽然很保守，但是从效率和可靠性角度来讲，却也是不错的选择。千万不要以为一些论文中发表的预测方法都是经过验证的，便索性直接拿过来用。笔者也参考过许多论文，但是大部分论文只是为了说明使用方法的可行性，很多时候都是让数据来满足模型，即便是有所差池，也可以通过调整数据来得到不错的效果。同时，很多统计预测程序或方法都是在缺乏足够验证研究的情况下提出来的，只是基于专家们的意见而已。

（2）对预测问题进行分解

通常情况下，将预测问题分解，有利于预测者找到更合适的预测方法。比如，通过使用因果模型来预测市场规模，通过使用类似地域的数据来推断市场占有率，以及通过使用近期因果因素的变动来辅助预测趋势。通过分解来进行预测往往是可行的，但是当数据缺乏时，对一些问题就不能进行分解预测了。常用的有两种分解方法：加法分解和乘法分解。加法分解指的是首先对分解的各分部单独预测，然后求和，作为整体的预测结果。这一过程通常叫作细分、树分析、自底向上的预测等。被分解的各个部分也可以表示公司的不同产品、不同地域或不同群体的销量。乘法分解指的是首先对划分的不同要素分别预测，然后相乘，得到整体的预测值。比如，使用乘法分解来预测一家公司的销量，可以通过将市场占有率的预测值乘以总市场销量的预测值来得到整体的预测值。

2．避免偏见

所谓偏见是指由于认识不正确或信息不充分而形成的片面甚至错误的观点、看法以及影响。预测者有时会因为无意识的偏见，比如乐观，而背离经验知识。经济等其他方面的激励，顺从权威以及令人困惑的预测计划，这些都能让预测者忽略先验知识甚至选择那些没有被验证的预测方法。显然，偏见就意味着高风险，那么如何有效地避免偏见呢？

（1）隐瞒预测目标

在一些大的公司或机关单位，做出一些重大决策时，可能会考虑预测的结论。如果预测者知道预测的目标就是为了确认预算分配方案，那么各部门都可能会打主意，直接影响预测的科学性，这就引入了偏见。在保证预测者不知道预测目标的情况下隐瞒预测目标，可有效消除蓄意的偏见。为了达到这个目的，可以将预测任务分配给独立的预测者，而他们对预测目标并不知情。

（2）提出多个假设和方法

在进行预测时，可以尝试提出多个合理的假设和方法通过实证的方式进行验证，这不失为一种理想的避免偏见的方法。这样做可以有效克服无意识的偏见，比如选择偏见，即通过鼓励预测者对多个合理的选择进行测试，并选出最好的一个。

（3）签署道德规范

为有效减少蓄意的偏见，可以尝试让预测者在预测工作前后分别签署道德规范。正常情况下，这份规范会声明预测者理解并将遵守基于实证的预测流程，并且会包括任何实际的或潜在的利益冲突的声明。实验研究表明，当人们在思考自己的道德标准时，他们的行为也会更加具有道德操守。

3．完全公开

预测涉及的累积经验、预测数据和方法，甚至预测过程的审计环节都需要公开。审计在政府和商业中一直是好的实践，并且在法律赔偿案例中可以提供有价值的证据。在预测工作的开展过程中，一个预测过程被审计或研究的可能性使得预测者更加遵守基于实证的程序。为便于配合，预测者应该充分公开用于预测的数据和方法，并且描述它们是如何确定的。

2.2.2 判断预测法

判断预测法是指预测者依据自己的主观经验、直觉、知识和综合判断能力，对某预测对象未来的发展趋势或状态做出判断的预测方法。它通常用于重要的决定，比如是否开战、是否推出新产品、是否收购一家公司、是否买房、是否选择一位 CEO、是否结婚或者是否刺激经济，等等。使用判断预测法时，应该注意以下 6 点。

1．避免独立判断

独立判断显然并不保守，因为它有记忆缺陷，其思维模式不充分，甚至心理过程也是不可靠的。因此，当情况变得复杂时，由专家经过自己独立判断做出的预测并不比那些非专家的人做出的预测更准确。独立判断趋向于发现过去的模式，并且习惯性地按照这些模式持续性地做预测，尽管缺乏这些模式存在性和有效性的理由。

2．使用选择性的用语并预先测试问题

比如在预测选票时，针对各个问题都会统计各方得到支持的数量，问题应该如何措辞显然很关键。首先问题里不要有生僻词，保证大家都能够理解。其次，问题的回答要尽量简单，比如只通过是和否就可以简单作答。每个问题在提出前，都要经过多种角色的测试，保证没有问题后才正式使用。问题的组织方式其实会对答案产生很大的影响。

3．分析预测结果的反对意见

对一个问题的预测结果，总会有人持反对意见。这时，不妨让持反对意见的人写出反对的原因。这样有助于发现预测过程中没有考虑到的问题，以便进一步优化预测结果。

4．使用判断自助法

人们在运用自己的知识方面通常是不一致的，比如他们可能遭受信息过载、无聊、疲劳、注意力分散或健忘。判断自助法可以通过应用预测者的隐式规则来防止这些问题。此外，自助法回归模式是保守的，因为当不确定性很高时，它给变量更少的权重。为了使用判断自助法，我们可以开发一个定量模型来推断一个专家或专家组做预测的过程。首先邀请一位专家为人造的案例做预测，在这些案例中，因果因素的值彼此独立变化。接着，我们可以根据专家对变量的预测结果估计出一个回归模型。这里的关键条件是，最终的模型应该排除那些影响预测的变量，而这种方式与已知的来自先验的尤其是验证数据的因果关系相反。

5．使用结构化类推

一个感兴趣的情形或目标情形，很可能会像那些出现过的类似情形。基于结构化类推的研究还

处在初始阶段，但是它在复杂不确定性的情况下对精度的实质性改善是振奋人心的。结构化类推对于复杂的项目能够提供容易理解的预测。

6．组合独立预测

为了在增加信息量的同时减少偏见的影响，有时需要对匿名独立判断者的预测结果进行组合。尽量避免使用传统的小组会议来组合专家们的预测。因为在面对面的会议中，偏见的风险是很高的。通常人们为了避免冲突或非议而勉强地分享他们自己的观点。管理者们通常不会将由小会议产生的独立判断得出的预测结果用于重要决定。实验证明，找到结构化的组合方法并根据专家的判断产生预测是很容易的，并且会比传统小组会议的结果更准确。Delphi 技术就是一种组合专家预测结果的经过验证的结构化判断预测方法。

2.2.3　外推预测法

外推预测法是根据过去和现在的发展趋势推断未来的一类方法的总称。因为外推预测法基于过去的行为数据，所以它是保守的。通常可以使用时间序列数据或横截面数据进行外推预测。对于横截面数据进行外推的情况，比如当国家出台新的政策时，可以用一些省份的行为反应来预测其他省份的反应。当外推的结果与真实的结果不一致时，外推就不再保守了。此时，可以考虑加入判断，将其合并到外推的结果中。那么有哪些方法可以合并一些知识到外推的结果中呢？

1．使用最长时间序列

为构建一个时间序列预测模型，需要选择一个特定的起点或者横截面数据的一个特定子集，这种构建方法的选择将会对预测的结果产生很大影响。通过使用最长可获取的时间序列或所有可获得的横截面数据，可以减小产生预测偏差的风险。

2．分解因果关系

通常可能会影响时间序列的因果关系，包括增长、衰减、支持、反对、回归和未知。增长就是指在不考虑历史趋势的情况下，因果关系会导致时间序列的增加。当预测的时间序列是由对立的因果因素（比如增长和衰减）生成时，可以将时间序列分解成为受这些因素影响的各个部分，然后分别对每部分进行外推。

3．调整趋势

通常可以使用有关趋势的累积知识谨慎地进行外推预测。多数情况下，较为保守的做法是减小趋势，这也就是常说的衰减。衰减通常会使预测更接近当前情况的估计。如果衰减的结果偏离了具有持久因果关系的长期趋势，那么衰减也就不再保守了。应该如何识别在哪些情况下调整趋势是保守的呢？

（1）时间序列多变或不稳定

可变性和稳定性可以通过统计标准来评估。到目前为止大多数的研究都使用统计标准。资料显示，对多变的历史数据的趋势进行衰减会在一定程度上降低误差。

（2）历史趋势与因果关系冲突

如果作用在一个时间序列上的因果关系与时间序列观察到的趋势相冲突，那么这里存在的因果关系将严重地减弱这种趋势向无变化预测的方向发展。为了识别这种因果关系，我们可以邀请一个专家组（3 人以上）来做评估，并采纳大多数人的判断。专家们通常需要一分钟左右的时间来评估给定时间序列（或一组相关的序列）的因果关系，如果因果关系足够强劲，则可能会扭转长期趋势。

（3）预测时间跨度比历史时间序列更长

预测的时间跨度越长，不确定性也就越强。如果在这种情况下做预测不可避免，那么可以考虑将趋势衰减至 0 作为预测时间跨度的增加，或者从相似的时间序列中取趋势的平均值作为预测值。

（4）短期趋势和长期趋势方向不一致

如果短期趋势和长期趋势的方向不一致，那么短期的趋势应该在预测时间跨度延长时朝着长期趋势的方向进行衰减。如果因果关系没有发生重大变化，那么长期趋势将比短期趋势代表更多的时间序列行为的知识。

4．调整季节因素

当预测情形不确定时，调整季节因素可能会降低准确率。另外，数据太少，对每年季节因素的估计差别太大，并且对引起季节性的原因一无所知，这些都会导致不确定性。比较保守的应对方法是减弱季节因素的影响到 1.0，这是迄今为止最成功的一种方法。同时，可以考虑那些与目标时间序列类似的时间序列对应季节因素的估计值来改进对季节因素进行衰减的方法。季节因素的调整方法主要有 3 种，具体如下。

（1）跨年估计变化明显

如果季节因素的大小每年都有大幅度变化，那么这正表明了季节因素的不确定性。这些改变可能是由于重大节假日的日期改变引起的，也可能是自然灾害、不规则的市场行为，比如广告或降价等原因引起的。应对这种情况，通常减弱季节因素的估计值或使用每季节因素的平均值。

（2）只有少数几年的数据是可用的

除非有充足年份的历史数据，可以从这些数据出发进行有效估计，一般会大力地减弱季节因素或者避免使用它们。有资料显示，当使用不到 3 年的数据进行估计时，季节因素会降低准确率。

（3）因果知识薄弱

如果没有充足的证据说明时间序列的季节性，那么季节因素的存在可能会增加预测误差。也就是说，由于因果知识薄弱，季节性累积知识的作用减少了。如果没有为季节性建立起因果关系基础，就不要使用季节性因素。

5．选择合适的外推方法和数据进行组合预测

相似的时间序列能够为外推模型提供有用的信息。该信息和水平相关，或与横截面数据的基准率相关，或和趋势相关。比如，某人想要预测现代 Genesis 汽车的销量，除了依靠 Genesis 的销量趋势数据，还可以使用所有豪华汽车的数据预测趋势，通常将两种预测结合起来进行组合预测。

2.2.4　因果预测法

回归分析是当前最通用的用于开发和估计因果模型的方法之一。该方法是保守的，因为它回归到时间序列的均值来响应数据的变动性，所以，使用回归分析预测是有限制的。但是，回归分析并不是充分保守的，因为在模型中的变量与估计期间被斥的重要变量有关的情况下，它没有反映由遗漏变量、预测因果变量、改变因果关系以及推断因果关系引起的因果效应的不确定性。此外，在大数据情况下，使用统计显著性检验和复杂的统计方法来辅助选择预测变量仍然是个问题。那是因为复杂的统计技术和大量的观测趋向于引导预测者和他们的客户远离使用累积经验和基于实证的预测过程。

1．使用先验知识来确定变量、关系和对目标变量的效果

通常先验知识来自理论、专家判断和实验验证数据。预期效果应该来自累积先验知识，而不仅从手上的数据估计而来。

2．调整效果评估

可以使用不同的策略来评估效果，这样更加保守。一种做法是减少每个变量的系数（权重）大小，另一种做法是调整变量的权重大小，使得变量之间权重更均衡。比如可以将变量减去均值并除以标准差来进行标准化，并用转换后的变量来估计系数。

3．使用所有重要的变量

一般而言，当使用非实验数据时，无论样本大小，回归分析仅用一部分变量（通常是 3 个）就可以适当地估计出影响的大小。然而，重要的实际问题通常多于 3 个重要变量，并且缺乏实验数据，比如，国家的长期经济增长率可能受到很多重要变量的影响。此外，原因变量对于可用的数据也许不会在周期内变化，这样回归模型便不能提供这些变量的因果关系的估计了。指数模型允许将关于

重要因果关系的所有知识包含进一个单一模型。指数模型也许可以叫作知识模型，因为它们可以代表关于影响预测事物所有因素的知识。

4．使用不同的模型进行组合预测

这些模型是使用不同的变量构建的。使用这些模型的预测平均值可以有效降低预测误差，提高精度。

2.3 团队构成

预测工作涉及具体的业务、数据及算法，工作中很难找到一个人能够精通这 3 个方面，因此团队显得特别重要。就比如音乐会的演奏团队，通常会有一个总指挥，在最引人注目的地方挥舞着指挥棒，持各乐器的表演者根据总指挥的动作演奏相应的曲目，在各团队成员的有效沟通下，一首气势恢宏的乐章才能一气呵成。同样，对于预测工作，也要按分工的不同配备不同角色的成员。成员之间要靠良好的数据氛围，达成有效沟通。就像演奏团队，任意一个音调的起伏都是沟通信号，预测从始至终都是数据，因此打造良好的数据氛围非常重要。本节主要从成员分类、数据氛围、团队合作 3 方面阐述预测团队的构成。

2.3.1 成员分类

通常来讲，预测分析团队需要一名数据分析经理、一名业务专家，以及至少一名机器学习专家和一名数据工程师。在有条件的情况下，还可以配备至少一名可视化工程师负责对预测分析的结果进行可视化，增加使用体验。他们各司其职，在数据分析经理的带领下完成预测分析专题，如表 2-3-1所示。

表 2-3-1 预测分析团队成员分类及主要职能

职位名称	主要职能
数据分析经理	1．负责管理整个预测分析团队，跟踪各类预测项目的执行情况
	2．负责开发并持续完善各项业务的预测分析模型，确保其准确性、实用性及可衡量性
	3．理解同行业最新模型及分析技术，结合业务现状进行模型优化
	4．审核预测分析结果及优化解决方案
	5．编写并完善数据分析报告，并根据预测分析结果制定行动方案
业务专家	1．负责一个或多个业务领域的研究工作，跟踪业务领域的管理创新和技术创新，总结提炼业务管理、信息化规划、项目建设等方面的前沿管理思想和最佳实践

续表

职位名称	主要职能
	2. 参与负责预测分析的业务环节，结合行业最佳实践经验和客户实际情况，制定业务层面的解决方案
	3. 擅长挖掘行业需求，数据分析，实现产品创新
	4. 整合资源，多个部门协作，快速达成既定任务目标
	5. 挖掘客户需求，通过开发有竞争力、客户化的预测服务解决方案引导客户
机器学习专家	1. 使用机器学习方法，从大规模数据中分析与挖掘各种潜在关联，深入挖掘预测的潜在价值
	2. 预测相关算法的研发与实现
	3. 通过对预测技术的不断完善，推动预测产品的深化
数据工程师	1. 负责预测平台搭建及数据仓库建模
	2. 利用分布式计算集群实现对数据的分析、挖掘、处理、生成报表等
	3. 进行测试、部署、现场调试、维护分布式计算集群，并能解决相关问题，保障系统正常运行
	4. 制定数据采集方案、负责预测建模及算法优化
	5. 预测技术前瞻性研究与实现
可视化工程师	1. 参与建立企业整体数据可视化方案
	2. 负责数据产品前端可视化设计与实现
	3. 与其他成员配合，参与规划与前台交互
	4. 调研数据可视化的前沿技术和开源工具
	5. 提升整个团队的数据可视化能力，增强现有数据产品的可视化展现与分析能力

在人力资源非常有限的情况下，至少需要有一名业务专家、一名机器学习专家和一名数据工程师。

如图 2-3-1 所示，预测团队在数据分析经理的带领下，实现预测需求。首先由业务专家从业务侧出发，深挖预测价值，厘清业务脉络及预测环节。前期由业务专家和机器学习专家共同讨论需求，哪些可以实现、哪些不能实现，以及大致的预测方案框架。然后，由机器学习专家和数据工程师在具体方案的基础上，讨论如何实现预测的细节。在确定数据的环节上，需要数据工程师的参与。最后，由可视化工程师进行预测结果的交互式设计，如在动态地图上呈现预测结果，并实现良好的交互体验等。整个过程都在数据分析经理的管理和带领下完成。

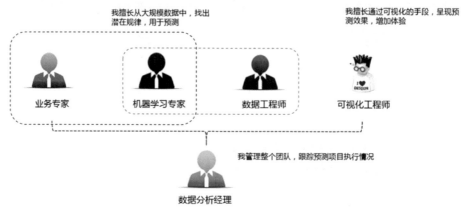

图 2-3-1 团队构成

2.3.2 数据氛围

数据氛围是指在团队中大家对一些统计学常见概念、业务中涉及的数据口径及预测分析的大致过程等方面达成共识，以便在后续的工作开展中形成默契。在预测团队中，数据氛围是很重要的。业务专家不懂数据就很难与机器学习专家沟通，数据不规范就会给机器学习专家和数据工程师的交流造成障碍，可视化工程师对数据不理解就很难设计出良好的可视化作品，同样，数据分析经理不在团队中培养出良好的数据氛围更会增加团队的沟通成本。因此，数据氛围必须经常培养、深化，直到成为一种文化，这样的预测团队才可能是高效的，就像演奏团队中，所有成员对音调起伏的理解都是一样的，这是有效沟通的基础，也是发挥团队创造力的前提。

但是，很多团队（不只是预测团队，包括所有的数据分析团队）的实际情况却是，业务分析人员没有统计学基础，数据库维护人员不理解数据质量对数据分析的重要性，甚至是团队的领导者对数据分析的价值都感到相当茫然。如果你在这样的团队，那开展工作会有很多障碍。有时候不是人家不愿意配合，而是不知道怎么配合，这就是问题。那么针对这些问题，如何有效地建立好的数据氛围呢？

1. 普及数据分析基础知识

数据分析基础包括统计学基础、数据分析流程、数据挖掘基础、数据分析常见图表及对应的案例。普及数据分析基础不仅可以帮助业务人员了解数据分析的价值，更多地为预测团队创造机会，而且可以让其他岗位的成员更好地配合预测团队工作的开展，降低沟通成本。最可怕的是由于业务人员不了解数据分析，所以找不到合适的预测价值点。而机器学习专家虽然具备很强的专业素养，但由于没有合适的预测方向指引，往往难以做出成绩，事倍功半。普及数据分析基础知识可以缓解这种局面。

2. 建立数据规范及数据看板

数据规范就像音调一样，什么时候应该高？什么时候应该低？音调的变化又暗示着什么？这些之于数据规范就如什么业务的数据放在什么样的库内？都有什么样的命名规范？哪些是原始数据？哪些是处理后的数据？又有哪些是分析结果？不同的数据其周期又如何？规范都是大家讨论确定的，当然也由大家遵守。考虑到数据的权限，可以向不同权限的人展示不同的规范内容。对数据的规范还可以更细，比如某某指标不能为 0，或超出 500 就意味着异常，等等。数据规范是有效沟通的基础，缺少这个会额外增加很多沟通成本。除此之外，将工作中大家都关注的数据贴出来，建立数据看板，当大家看到看板上的内容时，都会有一种默契，这有助于提高工作效率。比如某某业务的数据在线率达到 80%，或者某预测项目的精准度超过 90%，如此等等。通过建立数据规范和数据看板，有助于让团队在数据的氛围中慢慢向好的方向发展。

3. 让业务人员与数据分析人员搭档

业务人员有着丰富的业务经验，熟悉业务的各个方面，而相对来说，数据分析人员的业务经验欠缺，但是数据分析人员知道如何从业务数据中通过数据分析发现问题进一步找到解决方案。因此，可以尝试让业务人员与数据分析人员搭档。在此过程中，数据分析人员可以学到更多的业务知识和了解更多的业务细节，有助于从中找到灵感；而业务人员通过与数据分析人员有针对性地交流，会更加理解数据分析的作用，以及如何从业务中找到价值点。长久地搭档合作既利于实现业务人员与数据分析人员的双赢，也为工作的开展提高了灵活度。

4. 例行开展讨论及举办分享活动

针对工作中有争议的问题，如果问题比较重要，比较好的方法就是召集大家一起讨论。业务人员可以向数据分析人员询问实现的过程，数据分析人员可以向业务人员讨教业务的流程，数据管理人员可以向大家反映数据中存在的问题，如此等等。讨论就是把问题抛出来，听听大家的声音，业务人员遇到数据分析的问题，可以在讨论过程中建立起对数据分析的印象，认清楚自己的工作对分析的影响；数据分析人员遇到业务问题，也可以在讨论过程中了解自己的工作对业务的影响。经过这样一个过程，有助于所有成员对彼此工作相互了解，为后续的高效沟通奠定基础。此外，举办分享活动，有针对性地把大家关注的焦点问题做一个完整的梳理，使得大家对同一件事物的认识有一个共同的基础。比如笔者在工作中做了一次关于数据处理的分享，业务人员知道了数据处理的必要性，因为业务开展中存在垃圾数据；数据管理员知道了数据处理的意义，因为他们经常接触底层数据，深有感触；数据分析员知道了数据处理的新思路，因为数据处理的复杂性始终困扰着他们。所以，例行开展讨论及举办分享活动确实有助于提升数据氛围，并且间接降低沟通成本。

2.3.3　团队合作

合作指两人或多人一起工作以达成共同目的。团队合作是目前大多数公司的具体工作形式。一个大的预测专题，涉及业务、算法、平台、管理、技术等多方面，一个人单打独斗，很难成事。团队合作提供了另外一种可能性，它集合团队里所有成员的力量，扬长避短，发挥 1+1 大于 2 的价值。"三个臭皮匠顶一个诸葛亮"就是这个道理。然而，打造一支氛围融洽、高效卓越的团队谈何容易。不同团队有不同的文化，有的团队比较严谨，做事认真，但氛围沉闷；有的团队比较活跃，做事不拘陈规，经常出现好想法，但是冲突明显，矛盾多；有的团队所有员工跟领导一个步调，不敢越雷池一步，虽然很多工作没有太大的问题，但也没有好想法出现，如此等等，不胜枚举。不过这些团队工作都有共同点，即是在团队合作中需符合图 2-3-2 所示的 6 项原则。

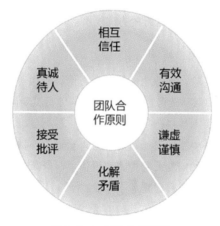

图 2-3-2　团队合作原则

1. 真诚待人

在团队合作的过程中少不了会与不同的同事打交道。比如数据分析师，既要找业务人员了解业务细节，又要找数据管理员提取数据，甚至找美工做一个分析界面，至于分析的结果当然得向直属领导或 CEO 汇报。如果不抱着真诚待人的心态，与人打交道时必然会引起误会甚至一些不必要的麻烦，严重时甚至会因人家设置障碍而导致工作难以完成，最后只有卷铺盖走人。真诚就是真心实意，有问题或对部门公司利益有害的一定要提出来纠正，不会的或者需要对方协助的都要表达清楚，不要因为信息表达不到位或刻意隐瞒给部门公司造成伤害。这个方案能做什么？能做到什么程度？是通过哪几步实现的？也要原原本本地讲出来，不掺假，不增加，不遗漏，这就是真诚。可想而知，如果在这些地方不真诚，大家理解得不一样，后果是多么严重。

2．相互信任

信任就是相信并敢于托付。一个团队如果彼此不信任，相互猜忌，都捏着自己那一块，不敢拿出来讨论，甚至分享，那么这个团队的问题就会比较大。在工作中缺少信任，你压力会很大，觉得其他同事做不好，不敢尝试，这样下去很难出成果。特别是预测，这么多环节，任意一个环节出差错都会导致整个专题的失败。所以，你只能选择信任，承认每一位同事付出的努力，并敢于分配不同的工作任务。如果遇到什么问题，再提出来单独解决。

3．有效沟通

其实，团队中的很多问题都是沟通问题，沟通不好会引起误解，传递信息不全可能会使工作背道而驰。沟通就是把消息传递给对方，对方再进行反馈，如果反馈与原消息表达得一致，那么这次沟通就是成功的。在预测工作中，当精度达不到预期时怎么办？一个人或几个人在那里反复尝试直到精度达成要求为止吗？不。遇到这种情况要注意沟通，把与预测相关的人拉过来，讲清楚自己是怎么做的？尝试过几次？每次改动对结果的影响如何？告诉大家："现在情况就是这样，各位都清楚了吗？不知道大家有何想法，我想听听大家的看法。"然后业务人员站出来说某某指标在 10~200 之间，除此之外的数据都是错的，需要删除。这样，又可以按这条建议修改一下数据处理的代码。沟通无处不在，要确保自己传递的信息准确，并且对方已经正确理解。

4．谦虚谨慎

低调做人，高调做事。你能力再强都有比你更强的，你能力再强也离不开其他同事的支持，多看到别人的优点，学会欣赏别人。比如在预测工作中，小王提出了 ARMA 模型来进行时间序列预测，你知道在这种数据条件下用非线性的模型会更胜一筹，但不要不留情面地批评小王。这可能是他考虑到实现的难易程度提出的折中方案。要学会换位思考，谦虚谨慎，可以得到更多人的支持和认可。

5．化解矛盾

矛盾的存在不见得是坏事，但凡事要有一个度。发生矛盾说明有两种对立的观点，拿出来大家讨论，总能有一个结果。在原则范围内，适当退步，多关怀，有助于化解矛盾。

6．接受批评

批评是指对你做错的事情提出意见。接受批评，接受自己所犯错误的事实，客观地分析原因，并改正。须知，对你提出意见的人也是经过考虑的，如果你对人家的批评不服，或另有隐情，一定要沟通到位。不要无故抨击批评你的人，甚至造成语言敌对场面。

第 3 章

探索规律

　　针对特定的预测问题，只拥有数据还不够，想要从纷繁复杂的数据关系中挖掘出可用于预测的规律或模式，就需要运用恰当的分析方法。比如聚类分析，恰当地选择聚类算法，可以按维度将数据适当地分群，根据各类的特征制订营销计划或决策，抑或是根据各类不同规律建立起更有针对性的预测模型；还有常用的关联分析，可以从事物的历史数据中挖掘出变化规律，有指导性地对未来进行预测，如此等等。本章将从基本概念、原理、Python 案例等角度，介绍使用常见的分析方法来探索数据中潜在的规律。

3.1　相关分析

　　相关关系是一种与函数关系相区别的非确定性关系，而相关分析就是研究事物或现象之间是否存在这种非确定性关系的统计方法。相关分析按处理问题的不同，通常可分为自相关分析、偏相关分析、简单相关分析、互相关分析以及典型相关分析。其中自相关分析、偏相关分析适用于分析变量自身的规律；简单相关分析通常可分析任意两个等长数列间的相关性；而互相关分析则允许在一定的间隔下进行简单相关分析；典型相关分析适用于分析两组变量的相关性。本节将依次介绍这些分析方法。

3.1.1　自相关分析

　　自相关是指同一时间序列在不同时刻取值的相关程度，假设有时间序列 $X_t, t = 1,2,3,\cdots$，则在时

刻 t 和 $t+n$ 之间的相关即为 n 阶自相关，其定义如下：

$$\mathrm{acf}_n = f(X_t, X_{t+n}) = r_{X_t X_{t+n}} = \frac{\sum(X_t - \overline{X}_t)(X_{t+n} - \overline{X}_{t+n})}{\sqrt{\sum(X_t - \overline{X}_t)^2 \sum(X_{t+n} - \overline{X}_{t+n})^2}} \tag{3.1}$$

其中，函数 f 为计算相关系数的函数，可通过（式 3.1）计算滞后 n 阶自相关系数的值。这里使用 air_miles 时序数据来分析时间序列的自相关性，该数据集记录的是从 1937 到 1960 年美国商业航空公司飞机里程（miles）数据，如图 3-1-1 所示。

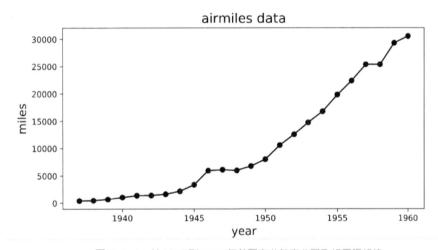

图 3-1-1　从 1937 到 1960 年美国商业航空公司飞机里程趋势

在 Python 中，可使用 statsmodels.graphics.tsaplots 模块下的 plot_acf 函数来分析时间序列的自相关性，该函数定义及参数说明如表 3-1-1 所示

表 3-1-1　plot_acf 函数定义及参数说明

函数定义	
plot_acf(x,ax=None,lags=None,alpha=0.05,use_vlines=True,unbiased=False,fft=False,title='Autocorrelation',zero=True,vlines_kwargs=None,**kwargs)	
参数说明	
x	时间序列值组成的数组对象
ax	可选项，Matplotlib AxesSubplot 实例，当提供时，则直接基于 ax 来绘图，而不需要重新创建一个新画布来绘图
lags	可选项，表示延迟期数（横坐标），一般需要提供一个整数值或一个数值，当提供一个整数值时，它会按 np.arange(lags) 进行转换；默认情况下，它是 np.arange(len(corr))

续表

参数说明	
alpha	可选项，标量值，当设定该值时，对应函数会返回对应的置信区间，比如当设置 alpha=0.05 时，将返回 95%的置信区间。若将该值设定为 None，则函数不返回置信区间
use_vlines	可选项，逻辑值。若为 True，则绘制垂直线和标记。若为 False，则只会绘制标记。默认为 marker 是'o'，可以通过设置"marker"参数来修改
unbiased	逻辑值，如果是 True，则自协方差的分母是 $n-k$，否则为 n
fft	逻辑值，如果是 True，则使用 FFT 来计算 ACF
title	自相关图的标题，默认为 Autocorrelation
zero	逻辑值，是否包含 0-lag 的自相关，默认为 True
vlines_kwargs	可选项，字典对象，包含传递给 vlines 的关键参数
**kwargs	可选项，直接传递给 Matplotlib 中的 plot 和 axhline 函数的可选参数

对 air_miles 数据进行自相关分析的代码如下：

```
1 from utils import *
2
3 air_miles = pd.read_csv(AIR_MILES)
4 plot_acf(air_miles.miles, lags=10, title="air_miles 自相关性")
5 plt.show()
```

效果如图 3-1-2 所示，当滞后阶数为 0 时，相关系数为 1，随着滞后阶数的增加，相关系数逐渐减弱，并趋于稳定。

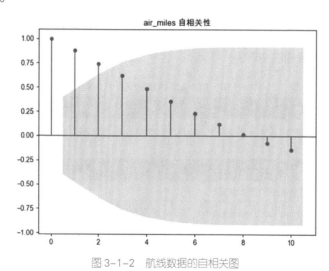

图 3-1-2　航线数据的自相关图

3.1.2 偏相关分析

由于自相关性分析的是时间序列$X_t, t = 1,2,3,\cdots$，在时刻t和$t + n$之间取值的相关性程度，其值是未在限定$X_{t+1} \sim X_{t+n-1}$取值的情况下进行计算的，所得的自相关系数多少会受$X_{t+1} \sim X_{t+n-1}$取值的影响。为了更加真实地计算自相关系数值，需要在限定其他值的情况下进行计算，这就是所谓的偏相关，其定义如下：

$$\text{pacf}_n = \text{pf}(X_t, X_{t+n}) = r_{X_t X_{t+n} \cdot X_{t+1} X_{t+2} \ldots X_{t+n-1}}$$

其中pf函数是求解X_t与X_{t+n}在排除$X_{t+1}X_{t+2}\cdots X_{t+n-1}$因素影响的情况下的偏相关系数。同时，对$X_s$和$X_t$在限定$X_k$的情况下，其偏相关系数的定义如下：

$$r_{X_s X_t \cdot X_k} = \frac{r_{X_s X_t} - r_{X_s X_k} \cdot r_{X_t X_k}}{\sqrt{\left(1 - r_{X_s X_k}{}^2\right) \cdot \left(1 - r_{X_t X_k}{}^2\right)}}$$

其中，$r_{X_s X_t}$等值的求解可参见（式3.1），通常偏相关系数会小于对应的相关系数。

在 Python 中，可使用 statsmodels.graphics.tsaplots 模块下的 plot_pacf 函数来分析时间序列的偏相关性，该函数的定义及参数说明如表 3-1-2 所示

表 3-1-2 plot_pacf 函数定义参数说明

函数定义	
plot_pacf(x,ax=None,lags=None,alpha=0.05,method='ywunbiased',use_vlines=True,title='Partial Autocorrelation',zero=True,vlines_kwargs=None,**kwargs)	
参数说明	
x	时间序列值组成的数组对象
ax	可选项，Matplotlib AxesSubplot 实例，当提供时，则直接基于 ax 来绘图，而不需要重新创建一个新画布来绘图
lags	可选项，表示延迟期数（横坐标），一般需要提供一个整数值或一个数值，当提供一个整数值时，它会按 np.arange(lags)进行转换；默认情况下，它是 np.arange(len(corr))
alpha	可选项，标量值，当设定该值时，对应函数会返回对应的置信区间，比如当设置 alpha=0.05 时，将返回 95%的置信区间。若将该值设定为 None，则函数不返回置信区间
method	可取的值包括'ywunbiased','ywmle'和'ols'，可按如下方法来选择使用。 -yw or ywunbiased：默认项，在 acovf 的分母中进行偏差纠正的 yule walker -ywm or ywmle：没有偏差纠正的 yule walker -ols：基于时间序列延迟和常数项构建的回归 -ld or ldunbiased：进行偏差纠正的 Levinson-Durbin 递归 -ldb or ldbiased：没有偏差纠正的 Levinson-Durbin 递归

续表

参数说明	
use_lines	可选项，逻辑值。若为 True，则绘制垂直线和标记。若为 False，则只会绘制标记。默认为 marker 是'o'，可以通过设置"marker"参数来修改
title	自相关图的标题，默认为 Partial Autocorrelation
zero	逻辑值，是否包含 0-lag 的自相关，默认为 True
vlines_kwargs	可选项，字典对象，包含传递给 vlines 的关键参数
**kwargs	可选项，直接传递给 Matplotlib 中的 plot 和 axhline 函数的可选参数

对 air_miles 数据进行偏相关分析的代码如下：

```
1 plot_pacf(air_miles.miles, lags=10, title="air_miles 偏相关性")
2 plt.show()
```

效果如图 3-1-3 所示，最小为 1 阶滞后，对应值为 0.876，与对应的 1 阶自相关系数相等，随着滞后阶数的增加（大于 2 阶），偏相关系数一直较小并且稳定。

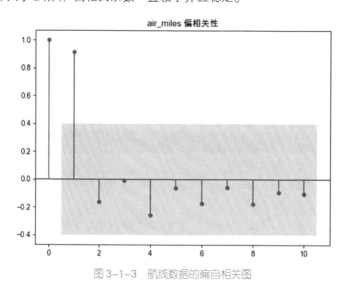

图 3-1-3　航线数据的偏自相关图

3.1.3　简单相关分析

相关关系是一种非确定的关系，就好像身高与体重的关系一样，它们之间不能用一个固定的函数关系来表示。而相关分析就是研究这种随机变量间相关关系的统计方法。此处，主要探讨不同特征对研究对象的相关性影响。常见的相关分析的方法主要有散点图和相关图。

1. 散点图

散点图就是数据点在直角坐标系上的分布图，通常分为散点图矩阵和三维散点图。其中散点矩阵是变量两两组合，由数据点分布图构成的矩阵，而三维散点图就是从所有变量中选择 3 个变量进行绘制，进一步在三维空间里观察数据的形态。

（1）散点图矩阵

Pandas 是 Python 数据分析中非常重要的一个库，它自带了很多统计分析及绘图的功能，这其中就包含散点图矩阵的绘制方法，即在 Pandas.plotting 模块下的 scatter_matrix 函数。使用该函数可快速绘制散点图矩阵。这里，我们以 iris 数据集为例，分析鸢尾花的 Sepal.Length、Sepal.Width、Petal.Length、Petal.Width 这 4 个指标的相关关系。并用 scatter_matrix 绘制散点图矩阵，代码如下：

```
1 iris = pd.read_csv(IRIS)
2
3 # 参数说明
4 #      figsize=(10,10)，设置画布大小为 10x10
5 #      alpha=1，设置透明度，此处设置为不透明
6 #      hist_kwds={"bins":20} 设置对角线上直方图参数
7 #      可通过设置 diagonal 参数为 kde 将对角图像设置为密度图
8 pd.plotting.scatter_matrix(iris, figsize=(10, 10), alpha=1, hist_kwds={"bins": 20})
9 plt.show()
```

效果如图 3-1-4 所示，这是所有变量两两组合的散点图矩阵，每个散点图中呈现的是任意两个变量的数据点，可通过数据点的分布，了解变量之间的相关性，对角线上为单变量的直方分布图。此图中 Petal.Length 与 Petal.Width 对应的散点图比较接近线性，说明这两个变量之间的相关性较强。

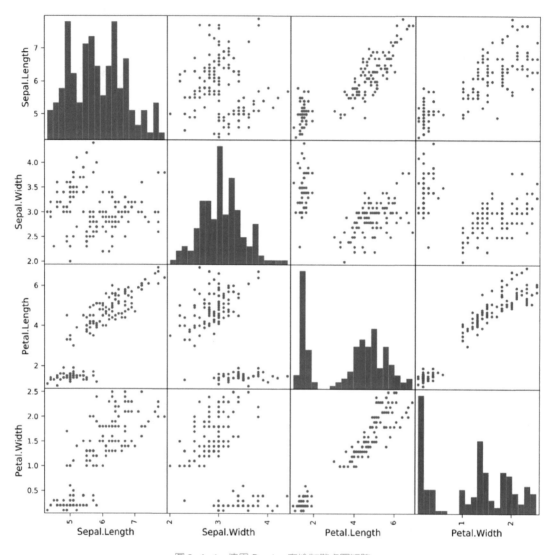

图 3-1-4　使用 Pandas 库绘制散点图矩阵

　　此外，我们还可以使用 Seaborn 库中的 pair_plot 函数来绘制散点图矩阵。针对鸢尾花的 Sepal.Length、Sepal.Width、Petal.Length、Petal.Width 这 4 个指标，使用 pairplot 函数绘制散点图，代码如下：

```
1 sns.pair_plot(iris, hue="Species")
2 plt.show()
```

如上述代码所示，通过 hue 参数指定了分组的变量，这里使用鸢尾花的种类进行分组。效果如图 3-1-5 所示，对角线上的图形表示各个变量在不同鸢尾花类型下的分布情况；其他图形分别用不同颜色为数据点着色。根据该图可以更进一步地知道不同类型鸢尾花各变量的相关关系，以及线性、非线性的变化规律。

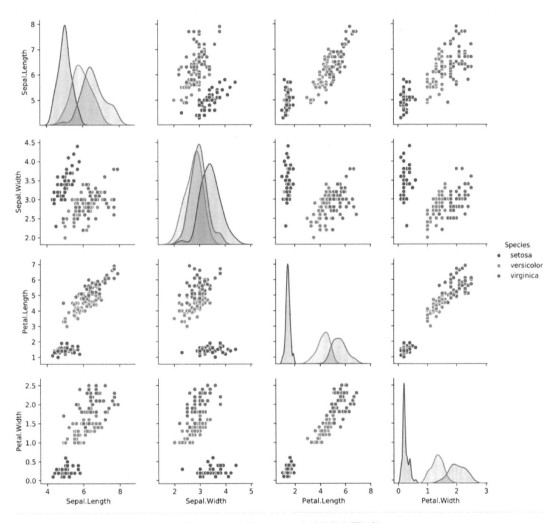

图 3-1-5　使用 Seaborn 库绘制散点图矩阵

然而，使用 Seaborn 库来绘制散点图矩阵有一个问题，就是不能同时用颜色和形状来表示分类。在数据分析中，我们经常会有这样的需求，即用颜色来表示真实的类别，用形状来表示预测的类别，这样通过一个图就可以直观地看到预测建模的效果。既然 Seaborn 不能直接支持，那该如何实现呢？我们可以基于 Matplotlib 库自己实现，自定义函数 pair_plot，代码如下：

```
1 def pair_plot(df,plot_vars,colors,target_types,markers,color_col,marker_col,fig_size=(15,15)):
2      # 设置画布大小
3      plt.figure(figsize=fig_size)
4      plot_len = len(plot_vars)
5      index = 0
6      for p_col in range(plot_len):
7          col_index = 1
8          for p_row in range(plot_len):
9              index = index + 1
10             plt.subplot(plot_len, plot_len, index)
11             if p_row != p_col:
12                 # 非对角位置，绘制散点图
13                 df.apply(lambda row:plt.plot(row[plot_vars[p_row]],row[plot_vars[p_col]],
14                                             color=colors[int(row[color_col])],
15                                             marker=markers[int(row[marker_col])],linestyle=''),axis=1)
16             else:
17                 # 对角位置，绘制密度图
18                 for ci in range(len(colors)):
19                     sns.kdeplot(df.iloc[np.where(df[color_col]==ci)[0],p_row],
20                                shade=True, color=colors[ci],label=target_types[ci])
21             # 添加横纵坐标轴标签
22             if col_index == 1:
23                 plt.ylabel(plot_vars[p_col])
24                 col_index = col_index + 1
25             if p_col == plot_len - 1:
26                 plt.xlabel(plot_vars[p_row])
27     plt.show()
```

如上述代码所示，该函数主要使用 subplot 机制来绘制子图，通过 $n \times n$（n 为变量个数）个子图的布局来实现散点图矩阵。进一步，我们使用 iris 数据集，基于 pair_plot 函数来绘制散点图矩阵，代码如下：

```
1 # 重置变量名称
2 features = ['sepal_length', 'sepal_width', 'petal_length', 'petal_width']
3 iris_df = iris.drop(columns='Species')
4 iris_df.columns = features
5
6 # 此处，我们建立两个新变量，都存储花色分类值，其中 type 对应真实类别，cluster 对应预测类别
```

```
 7 iris_df['type'] = iris.Species
 8 iris_df['cluster'] = iris.Species
 9
10 # 将 cluster 变量转化为整数编码
11 iris_df.cluster = iris_df.cluster.astype('category')
12 iris_df.cluster = iris_df.cluster.cat.codes
13
14 # 将 type 变量转化为整数编码
15 iris_df.type = iris_df.type.astype('category')
16 iris_df.type = iris_df.type.cat.codes
17
18 # 获得花色类别列表
19 types = iris.Species.value_counts().index.tolist()
20
21 pair_plot(df=iris_df,
22             plot_vars=features,
23             colors=['#50B131', '#F77189', '#3BA3EC'],   # 指定描述三种花对应的颜色
24             target_types=types,
25             markers=['*', 'o', '^'],   # 指定预测类别 cluster 对应的形状
26             color_col='type',   # 对应真实类别变量
27             marker_col='cluster')   # 对应预测类别变量
```

效果如图 3-1-6 所示，散点图中使用到了颜色和形状来区别不同的样本，在真实的应用场景中，可以将颜色和形状对应不同的类别，比如真实分类与预测分类，然后巧妙地使用散点图矩阵，直观地分析预测效果。

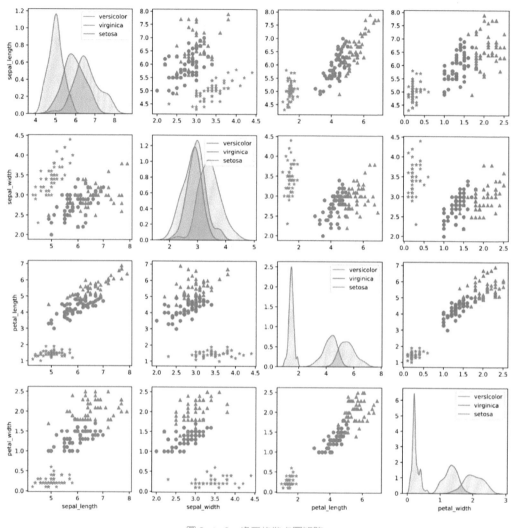

图 3-1-6　修正的散点图矩阵

（2）三维散点图

常用于绘制三维散点图的方法是使用 mpl_toolkits 库，该库中的 mplot3d 模块可以帮助我们绘制三维图形。主要使用的是 Axes3D 类。这里，仍然使用 iris 数据集，通过使用 Axes3D 类对应实例中的函数绘制鸢尾花的 Sepal.Length、Petal.Length、Petal.Width 这 3 个指标在三维空间的散点图，代码如下：

```
1 dims = {'x': 'Sepal.Length', 'y': 'Petal.Length', 'z': 'Petal.Width'}
2 types = iris.Species.value_counts().index.tolist()
```

```
3
4 # 绘制散点图
5 fig = plt.figure()
6 ax = Axes3D(fig)
7 for iris_type in types:
8     tmp_data = iris[iris.Species == iris_type]
9     x, y, z = tmp_data[dims['x']], tmp_data[dims['x']], tmp_data[dims['z']]
10    ax.scatter(x, y, z, label=iris_type)
11
12 # 绘制图例
13 ax.legend(loc='upper left')
14
15 # 添加坐标轴（顺序是 Z, Y, X）
16 ax.set_zlabel(dims['z'])
17 ax.set_ylabel(dims['y'])
18 ax.set_xlabel(dims['x'])
19 # 替换 plt.show()
20 plt.savefig('../tmp/三维散点图.png', bbox_inches='tight')
```

效果如图 3-1-7 所示，该函数为三维空间中的点拟合了线性平面，通过切换坐标轴可以更直观地观察数据的分布规律。

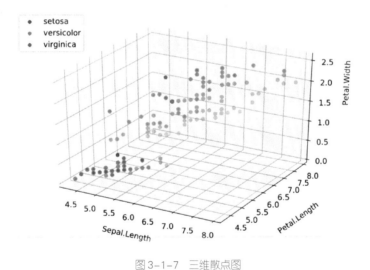

图 3-1-7　三维散点图

2. 相关图

所谓相关图是基于变量间的相关关系大小，通过可视化方式反应不同变量组合间相关关系的差异的图形。可以把相关图分为相关矩阵图、相关层次图。

（1）相关矩阵图

在 Python 中绘制相关矩阵图可以使用 Seaborn 库的 heatmap 方法，但笔者觉得不太美观，于是想自己实现一个。在绘制相关矩阵图时，需要两两变量相关系数矩阵的数据，该数据中可以看到对应不同变量间的相关系数大小。在 Python 中，可以使用 pandas.corr 函数来实现。这里，我们以 iris 数据集为例，说明获取相关系数矩阵的用法，代码如下：

```
1 df=iris.drop(columns='Species')
2 corr = df.corr()
3 corr
```

如表 3-1-3 所示，对角线上的值都为 1，表示变量与自己的相关系数为 1。相关系数介于-1 到 1 之间，绝对值越大，相关性越强，大于 0 时表示正相关，小于 0 时表示负相关，为 0 时，表示没有相关性。

表 3-1-3　iris 数据集相关系数矩阵表

	Sepal.Length	Sepal.Width	Petal.Length	Petal.Width
Sepal.Length	1.000000	-0.117570	0.871754	0.817941
Sepal.Width	-0.117570	1.000000	-0.428440	-0.366126
Petal.Length	0.871754	-0.428440	1.000000	0.962865
Petal.Width	0.817941	-0.366126	0.962865	1.000000

进一步，编写自定义函数 corr_plot 来实现相关矩阵图的绘制功能，代码如下：

```
1 def corr_plot(corr,cmap,s):
2     #使用 x,y,z 来存储变量对应矩阵中的位置信息，以及相关系数
3     x,y,z = [],[],[]
4     N = corr.shape[0]
5     for row in range(N):
6         for column in range(N):
7             x.append(row)
8             y.append(N - 1 - column)
9             z.append(round(corr.iloc[row,column],2))
10    # 使用 scatter 函数绘制圆圈矩阵
11    sc = plt.scatter(x, y, c=z, vmin=-1, vmax=1, s=s*np.abs(z), cmap=plt.cm.get_cmap(cmap))
12    # 添加颜色板
13    plt.colorbar(sc)
14    # 设置横纵坐标轴的区间范围
15    plt.xlim((-0.5,N-0.5))
16    plt.ylim((-0.5,N-0.5))
17    # 设置横纵坐标轴值标签
18    plt.xticks(range(N),corr.columns,rotation=90)
```

```
19    plt.yticks(range(N)[::-1],corr.columns)
20    # 去掉默认网格
21    plt.grid(False)
22    # 使用顶部的轴作为横轴
23    ax = plt.gca()
24    ax.xaxis.set_ticks_position('top')
25    # 重新绘制网格线
26    internal_space = [0.5 + k for k in range(4)]
27    [plt.plot([m,m],[-0.5,N-0.5],c='lightgray') for m in internal_space]
28    [plt.plot([-0.5,N-0.5],[m,m],c='lightgray') for m in internal_space]
29    # 显示图形
30    plt.show()
```

上述代码中，我们主要使用了 **plt.scatter** 函数来绘制圆圈，圆圈的大小表示相关性程度，圆圈的颜色表示相关性大小（有方向），通过横纵向等间距摆放这些圆圈的方式来展示相关矩阵图。然后，我们基于已经得到的 corr 数据，绘制相关矩阵图，代码如下：

```
1 corr_plot(corr,cmap="Spectral",s=2000)
```

效果如图 3-1-8 所示，左侧是由圆圈组成的相关矩阵，右侧是颜色板，可以看到 Petal.Length 与 Petal.Width 具有较强的正相关性，而 Sepal.Length 与 Sepal.Width 的相关性则较弱。

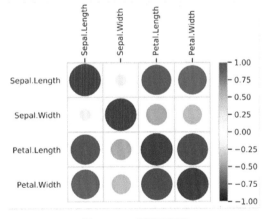

图 3-1-8　相关矩阵图

（2）相关层次图

相关层次图是通过计算变量间的距离来判断各变量是否属于同一类的方法，体现的是变量之间的相关性。此处，通过将相关系数转化为距离度量进行系统聚类，旨在分析各变量的相关关系及组合影响情况。通常有如下 4 种方法将相关系数转化为相异性度量。

①$d = 1 - r$，r 为相关系数；②$d = (1 - r)/2$；③$d = 1 - |r|$；④$d = \sqrt{1 - r^2}$。

现选用第 4 种方法相异性度量，使用 mtcars 数据集，进行系统聚类，代码如下：

```
1 mt_cars = pd.read_csv(MT_CARS)
2 mt_cars.drop(columns="_", inplace=True)
3
4 # 计算第 4 种相异性度量
5 distance = np.sqrt(1 - mt_cars.corr() * mt_cars.corr())
6 row_clusters = linkage(pdist(distance, metric='euclidean'), method='ward')
7 dendrogram(row_clusters, labels=distance.index)
8 plt.tight_layout()
9 plt.ylabel('欧氏距离')
10 plt.plot([0, 2000], [1.5, 1.5], c='gray', linestyle='--')
11 plt.show()
```

效果如图 3-1-9 所示，变量 drat、am、gear 相关性较强，cyl、disp、mpg、wt 相关性较强，并且 hp、vs、qsec、carb 具有较强的相关性，因为它们分属于三个不同的大类。

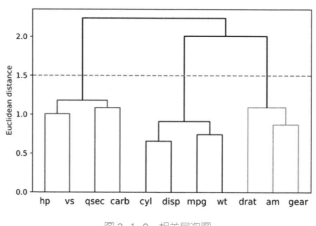

图 3-1-9　相关层次图

3.1.4　互相关分析

与自相关不同，互相关是指两个时间序列在任意两个不同时刻的相关程度，假设有时间序列 $X_t, t = 1,2,3,\cdots$，$Y_t, t = 1,2,3\cdots$，则在时刻 t 和时刻 $t+n$ 之间的相关即为 n 阶互相关，其定义如下：

$$\text{ccf}_n = f(X_t, X_{t+n}) = r_{X_t X_{t+n}} = \frac{\sum (x_t - \overline{x}_t)(Y_{t+n} - \overline{Y}_{t+n})}{\sqrt{\sum (x_t - \overline{x}_t)^2 \sum (Y_{t+n} - \overline{Y}_{t+n})^2}} \tag{3.2}$$

其中，函数 f 为计算相关系数的函数，可通过（式 3.2）计算滞后 n 阶互相关系数的值。这里使用 air_miles 和 LakeHuron 数据集来说明互相关分析的方法。air_miles 数据集记录了从 1937 年到 1960 年美国商业航空公司每年的飞机里程数据，而 LakeHuron 数据集记录了从 1875 年到 1972 年休伦湖每年的湖平面的测量数据。将它们的时间限制在 1937—1960 年，并绘制各自的时间序列曲线，如图 3-1-10 所示。

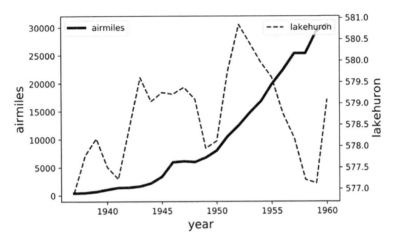

图 3-1-10　airmiles 和 LakeHuron 数据集的趋势线

由图 3-1-10 可以大致判断，1948—1960 年，两个时间序列大致呈负相关变化。

在 Python 中，我们可以使用 scipy.signal 模块中的 correlate 函数来计算两个 N 维数组间的互相关关系。但该函数不便直接使用，首先需要封装成 ccf 函数，代码如下：

```
1 def ccf(x, y, lag_max = 100):
2     result = sg.correlate(y - np.mean(y), x - np.mean(x), method='direct') / (np.std(y) * np.std(x) * len(x))
3     length = int((len(result) - 1) / 2)
4     low = length - lag_max
5     high = length + (lag_max + 1)
6     return result[low:high]
```

然后，分别将 air_miles 和 LakeHuron 在 1937 年到 1960 年间的数据设置为 x 和 y，调用 ccf 函数，绘制互相关图表，代码如下：

```
1 lake_huron = pd.read_csv(LAKE_HURON)
2 lh_data = lake_huron.query("1937 <= year <= 1960")
3 X, Y = air_miles.miles, lh_data.level
4 out = ccf(X, Y, lag_max=10)
5 for i in range(len(out)):
6     plt.plot([i, i], [0, out[i]], 'k-')
7     plt.plot(i, out[i], 'ko')
8
9 plt.xlabel("lag", fontsize=14)
10 plt.xticks(range(21), range(-10, 11, 1))
```

```
11 plt.ylabel("ccf", fontsize=14)
12 plt.show()
```

效果如图 3-1-11 所示，当没有延迟（即 Lag=0）时，互相关系数较小，将近 0.07，基本没有相关性。当 Lag=-5 时，即 LakeHuro 比 air_miles 数据整体延迟 5 年时，LakeHuro 曲线没有出现下降段，两组数据呈现较强的正相关关系，互相关系数为 0.57，将近 0.6，反之，当 Lag=5 时，即 air_miles 比 LakeHuro 数据整体延迟 5 年时，互相关系数为–0.25，两组数据呈现较弱的负相关关系。对于预测建模而言，可通过互相关性的分析，构建用于预测的合适指标。

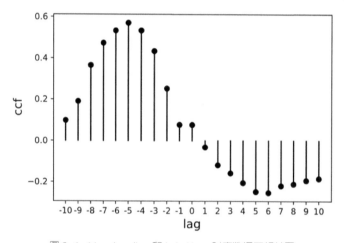

图 3-1-11　air_miles 和 LakeHuro 时序数据互相关图

3.1.5　典型相关分析

典型相关是指两组变量间的相关关系，当然，它不是指对两组变量进行两两组合的简单相关，而是反应两组变量作为两个整体之间的相关性。所以典型相关的问题就是如何构建综合指标，使其相关性最大。常见的做法是，首先，从两组变量中提取一对线性组合，使其相关性最大；然后，从剩余的且与前面不相关的线性组合中再提取一对，使其具有最大的相关性，这样依次进行下去。所提取的线性组合就是典型变量，两组典型变量对应的相关系数就是典型相关系数。

假设两组变量，分别为 $\boldsymbol{x} = (x_1, x_2, \cdots, x_p)'$ 和 $\boldsymbol{y} = (y_1, y_2, \cdots, y_q)'$，且 $p \leqslant q$，用变量 u 和 v 分别表示 $\boldsymbol{x}$ 和 $\boldsymbol{y}$ 的一对线性组合，$\boldsymbol{a} = (a_1, a_2, \cdots, a_p)'$ 和 $\boldsymbol{b} = (b_1, b_2, \cdots, b_q)'$ 分别表示线性组合的系数向量，则可得方程组：

$$\begin{cases} u = a_1 x_1 + a_1 x_2 \cdots + a_p x_p = \boldsymbol{a}' \boldsymbol{x} \\ v = b_1 y_1 + b_2 y_2 \cdots + b_q y_q = \boldsymbol{b}' \boldsymbol{y} \end{cases}$$

现在的问题是求解变量 u 和 v 的相关系数 ρ，并使其最大。根据相关系数的定义，ρ 可表示为：

$$\rho = \mathrm{Corr}(u, v) = \frac{\mathrm{Cov}(u,v)}{\sqrt{\mathrm{Var}(u)}\sqrt{\mathrm{Var}(v)}} = \frac{\mathrm{Cov}(\boldsymbol{a}'\boldsymbol{x},\boldsymbol{b}'\boldsymbol{y})}{\sqrt{\mathrm{Var}(\boldsymbol{a}'\boldsymbol{x})}\sqrt{\mathrm{Var}(\boldsymbol{b}'\boldsymbol{y})}} = \frac{\boldsymbol{a}'\mathrm{Cov}(\boldsymbol{x},\boldsymbol{y})\boldsymbol{b}}{\sqrt{\boldsymbol{a}'\mathrm{Var}(\boldsymbol{x})\boldsymbol{a}}\sqrt{\boldsymbol{b}'\mathrm{Var}(\boldsymbol{y})\boldsymbol{b}}}$$

其中，$\mathrm{Cov}(\boldsymbol{x},\boldsymbol{y})$、$\mathrm{Var}(\boldsymbol{x})$、$\mathrm{Var}(\boldsymbol{y})$通常表示为$\boldsymbol{\Sigma}_{12}$、$\boldsymbol{\Sigma}_{11}$、$\boldsymbol{\Sigma}_{22}$，且$\boldsymbol{\Sigma}_{12}' = \boldsymbol{\Sigma}_{21}$，进一步可表示为：

$$\rho = \frac{\boldsymbol{a}'\boldsymbol{\Sigma}_{12}\boldsymbol{b}}{\sqrt{\boldsymbol{a}'\boldsymbol{\Sigma}_{11}\boldsymbol{a} \cdot \boldsymbol{b}'\boldsymbol{\Sigma}_{22}\boldsymbol{b}}}$$

由于是与量纲无关的量，为了方便起见，对变量u和v进行标准化处理，即$\mathrm{Var}(u) = \mathrm{Var}(v) = 1$，可进一步得出$\boldsymbol{a}'\boldsymbol{\Sigma}_{11}\boldsymbol{a} = 1$和$\boldsymbol{b}'\boldsymbol{\Sigma}_{22}\boldsymbol{b} = 1$（约束条件），于是我们的问题变成了在约束条件下，求$\rho = \boldsymbol{a}'\boldsymbol{\Sigma}_{12}\boldsymbol{b}$的最大值。现使用拉格朗日乘数法求解最值，首先引入参数λ和μ，则得到拉格朗日函数$L(\boldsymbol{a}, \boldsymbol{b})$，定义如下：

$$L(\boldsymbol{a}, \boldsymbol{b}) = \boldsymbol{a}'\boldsymbol{\Sigma}_{12}\boldsymbol{b} - \frac{\lambda}{2} \cdot (\boldsymbol{a}'\boldsymbol{\Sigma}_{11}\boldsymbol{a} - 1) - \frac{\mu}{2} \cdot (\boldsymbol{b}'\boldsymbol{\Sigma}_{22}\boldsymbol{b} - 1)$$

求$L(\boldsymbol{a}, \boldsymbol{b})$对$\boldsymbol{a}$和$\boldsymbol{b}$的一阶偏导数，并令其等于$\boldsymbol{0}$，结合约束条件，可得方程组：

$$\begin{cases} \dfrac{\partial L(\boldsymbol{a}, \boldsymbol{b})}{\partial \boldsymbol{a}} = \boldsymbol{\Sigma}_{12}\boldsymbol{b} - \lambda \cdot \boldsymbol{\Sigma}_{11}\boldsymbol{a} = \boldsymbol{0} & (3.3) \\[2mm] \dfrac{\partial L(\boldsymbol{a}, \boldsymbol{b})}{\partial \boldsymbol{b}} = \boldsymbol{\Sigma}_{21}\boldsymbol{a} - \mu \cdot \boldsymbol{\Sigma}_{22}\boldsymbol{b} = \boldsymbol{0} & (3.4) \\[2mm] \boldsymbol{a}'\boldsymbol{\Sigma}_{11}\boldsymbol{a} - 1 = \boldsymbol{0} \\[2mm] \boldsymbol{b}'\boldsymbol{\Sigma}_{22}\boldsymbol{b} - 1 = \boldsymbol{0} \end{cases}$$

化简可得：

$$\boldsymbol{a}'\boldsymbol{\Sigma}_{12}\boldsymbol{b} = \lambda \cdot \boldsymbol{a}'\boldsymbol{\Sigma}_{11}\boldsymbol{a} = \lambda$$

$$\boldsymbol{b}'\boldsymbol{\Sigma}_{21}\boldsymbol{a} = \mu \cdot \boldsymbol{b}'\boldsymbol{\Sigma}_{22}\boldsymbol{b} = \mu$$

注意，这里的λ正好是相关系数ρ。由于$(\boldsymbol{a}'\boldsymbol{\Sigma}_{12}\boldsymbol{b})' = \boldsymbol{b}'\boldsymbol{\Sigma}_{21}\boldsymbol{a}$，所以$\lambda = \mu$。由（式3.4）可得：

$$\boldsymbol{b} = \frac{1}{\mu} \cdot \boldsymbol{\Sigma}_{22}^{-1}\boldsymbol{\Sigma}_{21}\boldsymbol{a} = \frac{1}{\lambda} \cdot \boldsymbol{\Sigma}_{22}^{-1}\boldsymbol{\Sigma}_{21}\boldsymbol{a}$$

将其代入（式3.3）可得：

$$\boldsymbol{\Sigma}_{11}^{-1}\boldsymbol{\Sigma}_{12}\boldsymbol{\Sigma}_{22}^{-1}\boldsymbol{\Sigma}_{21}\boldsymbol{a} = \lambda^2 \cdot \boldsymbol{a}$$

同理可得：

$$\boldsymbol{\Sigma}_{22}^{-1}\boldsymbol{\Sigma}_{21}\boldsymbol{\Sigma}_{11}^{-1}\boldsymbol{\Sigma}_{12}\boldsymbol{b} = \lambda^2 \cdot \boldsymbol{b}$$

假设$\boldsymbol{A} = \boldsymbol{\Sigma}_{11}^{-1}\boldsymbol{\Sigma}_{12}\boldsymbol{\Sigma}_{22}^{-1}\boldsymbol{\Sigma}_{21}$，$\boldsymbol{B} = \boldsymbol{\Sigma}_{22}^{-1}\boldsymbol{\Sigma}_{21}\boldsymbol{\Sigma}_{11}^{-1}\boldsymbol{\Sigma}_{12}$，则有$\boldsymbol{A}\boldsymbol{a} = \lambda^2 \cdot \boldsymbol{a}$，$\boldsymbol{B}\boldsymbol{b} = \lambda^2 \cdot \boldsymbol{b}$，说明$\lambda^2$**是$\boldsymbol{A}$和$\boldsymbol{B}$的**一个特征根，$\boldsymbol{a}$、$\boldsymbol{b}$是其对应的特征向量，其中$\boldsymbol{A}$是$p$阶方阵，$\boldsymbol{B}$是$q$阶方阵。在$\boldsymbol{a}$和$\boldsymbol{b}$为非零向量的前提下，可得：

$$(\lambda^2 \cdot \boldsymbol{I} - \boldsymbol{A}) \cdot \boldsymbol{a} = \boldsymbol{0}, \quad (\lambda^2 \cdot \boldsymbol{I} - \boldsymbol{B}) \cdot \boldsymbol{b} = \boldsymbol{0}$$

则a、b分别是方程组

$$\begin{cases} (\lambda^2 \cdot I - A) \cdot X = 0 \\ (\lambda^2 \cdot I - B) \cdot Y = 0 \end{cases}$$ （式 3.5）

的非零解，等价于$|\lambda^2 \cdot I - A| = 0$，$|\lambda^2 \cdot I - B| = 0$，通过求解这两个特征方程，便可得到特征值$\lambda^2$以及对应的特征向量，具体的求解计算过程请参考相关书籍。正常情况下，特征值λ^2至多有p个，假设$\lambda_1^2 \geqslant \lambda_2^2 \geqslant \cdots \geqslant \lambda_p^2 \geqslant 0$，对应的特征向量分别为$x_1, x_2, \cdots, x_p, y_1, y_2, \cdots, y_p$，则方程组（式 3.5）可表示为：

$$Ax_1 = \lambda_1^2 x_1, Ax_2 = \lambda_2^2 x_2, \cdots, Ax_p = \lambda_p^2 x_p, By_1 = \lambda_1^2 y_1, By_2 = \lambda_1^2 y_2, \cdots, By_p = \lambda_p^2 y_p$$

进一步可表示为：

$$A(x_1, x_2, \cdots, x_p) = (\lambda_1^2 x_1, \lambda_2^2 x_2, \cdots, \lambda_p^2 x_p) \Rightarrow AX = X\Lambda \Rightarrow A = X\Lambda X^{-1}$$

$$B(y_1, y_2, \cdots, y_p) = (\lambda_1^2 y_1, \lambda_2^2 y_2, \cdots, \lambda_p^2 y_p) \Rightarrow BY = Y\Lambda \Rightarrow B = Y\Lambda Y^{-1}$$

$$\Lambda = \begin{bmatrix} \lambda_1^2 & 0 & 0 & 0 \\ 0 & \lambda_2^2 & 0 & 0 \\ 0 & 0 & \ddots & 0 \\ 0 & 0 & 0 & \lambda_p^2 \end{bmatrix}$$

所以，求解特征根的过程，就是将A或B分解成$X\Lambda X^{-1}$和$Y\Lambda Y^{-1}$的过程。

现以 iris 数据集为例，使用 Python 说明特征值及特征向量的计算过程，代码如下：

```
1 # 现以 iris 为例，说明 特征值与特征向量的计算过程
2 corr = iris.corr()
3
4 # 将 corr 进行分块，1:2 两个变量一组，3:4 是另外一组，并进行两两组合
5 X11 = corr.iloc[0:2, 0:2].values
6 X12 = corr.iloc[0:2, 2:4].values
7 X21 = corr.iloc[2:4, 0:2].values
8 X22 = corr.iloc[2:4, 2:4].values
9
10 # 按公式求解矩阵 A 和 B
11 A = np.matmul(np.matmul(np.matmul(np.linalg.inv(X11), X12), np.linalg.inv(X22)), X21)
12 B = np.matmul(np.matmul(np.matmul(np.linalg.inv(X22), X21), np.linalg.inv(X11)), X12)
13
14 # 求解典型相关系数
15 A_eig_values, A_eig_vectors = np.linalg.eig(A)
16 B_eig_values, B_eig_vectors = np.linalg.eig(B)
17 print(np.sqrt(A_eig_values))
18 # array([0.940969  , 0.12393688])
```

下面验证A与$X\Lambda X^{-1}$、B与$Y\Lambda Y^{-1}$是否相等，代码如下：

```
1 # 进行验证
2 # 比较 A 与 XΛX^(-1)是否相等
3 print(np.round(A - np.matmul(np.matmul(A_eig_vectors, np.diag(A_eig_values)), np.linalg.inv(A_eig_vectors)), 5))
4 #                  Petal.Length          Petal.Width
5 # Sepal.Length          0.0                  0.0
6 # Sepal.Width           0.0                 -0.0
7
8 # 比较 B 与 YΛY^(-1)是否相等
9 print(np.round(B - np.matmul(np.matmul(B_eig_vectors, np.diag(B_eig_values)), np.linalg.inv(B_eig_vectors)), 5))
10 #                 Sepal.Length          Sepal.Width
11 # Petal.Length         0.0                  0.0
12 # Petal.Width          0.0                  0.0
```

可见A与$X\Lambda X^{-1}$、B与$Y\Lambda Y^{-1}$是相等的。并且 A_eig_values 为特征值，A_eig_vectors 为特征向量。验证A对应的典型变量C_1其标准差是否为 1，若不为 1，则进行伸缩变换，代码如下：

```
1 # 将变量分组，并进行标准化处理
1 iris_g1 = iris.iloc[:, 0:2]
1 iris_g1 = iris_g1.apply(lambda __x: (__x - np.mean(__x)) / np.std(__x))
1 iris_g2 = iris.iloc[:, 2:4]
1 iris_g2 = iris_g2.apply(lambda __x: (__x - np.mean(__x)) / np.std(__x))
1
1 # 求解 A 对应的特征向量并计算典型向量 C1
1 C1 = np.matmul(iris_g1, A_eig_vectors)
1 # 验证 C1 对应各变量的标准差是否为 1，同时查看均值
10 print(C1.apply(np.std))
11 #   Sepal.Length      1.041196
12 #   Sepal.Width       0.951045
13 #   dtype: float64
14
15 print(C1.apply(np.mean))
16 # Sepal.Length     -1.894781e-16
17 # Sepal.Width      -9.000208e-16
18 # dtype: float64
19
20 # 由于均值为 0，标准差不为 1，这里对特征向量进行伸缩变换
21 eA = np.matmul(A_eig_vectors, np.diag(1 / C1.apply(np.std)))
22
23 # 再次验证方差和均值
24 C1 = np.matmul(iris_g1, A_eig_vectors)
25 print(C1.apply(np.std))
26 # Sepal.Length      1.0
27 # Sepal.Width       1.0
28 # dtype: float64
```

```
29
30 print(C1.apply(np.mean))
31 # Sepal.Length    -1.894781e-16
32 # Sepal.Width     -9.000208e-16
33 # dtype: float64
34
35 # 可见，特征向量已经满足要求，同理对 B 可得
36 C2 = np.matmul(iris_g2, B_eig_vectors)
37 print(C2.apply(np.std))
38 # Petal.Length     0.629124
39 # Petal.Width      0.200353
40 # dtype: float64
41
42 print(C2.apply(np.mean))
43 # Petal.Length    -1.421085e-16
44 # Petal.Width     -7.993606e-17
45 # dtype: float64
46
47 eB = np.matmul(B_eig_vectors, np.diag(1 / C2.apply(np.std)))
48 C2 = np.matmul(iris_g2, eB)
49 print(C2.apply(np.std))
50 # Petal.Length     1.0
51 # Petal.Width      1.0
52 # dtype: float64
53
54 print(C2.apply(np.mean))
55 # Petal.Length    -2.842171e-16
56 # Petal.Width     -4.144833e-16
57 # dtype: float64
```

所以，求得的特征值和特征向量分别为 eV、eA、eB。进一步对 C1、C2 的相关性进行验证代码如下：

```
1 round(pd.concat([C1,C2],axis=1).corr(),5)
2 #              Sepal.Length   Sepal.Width   Petal.Length   3 Petal.Width
4 #Sepal.Length   1.00000       -0.00000       0.94097       -0.00000
5 #Sepal.Width   -0.00000        1.00000       0.00000        0.12394
6 #Petal.Length   0.94097        0.00000       1.00000        0.00000
7 #Petal.Width   -0.00000        0.12394       0.00000        1.00000
```

可知变量 1(Sepal.Length)与变量 3(Petal.Length)是一对典型变量，变量 2(Sepal.Width)与变量 4(Petal.Width)是一对典型变量，且 1 与 3 的相关性最高为 0.94097。同时，两组之间的相关系数为 0。

此外，Python 中的 sklearn.cross_decomposition 模块下的 CCA 类已经实现了典型相关分析，我们

可以使用该模块直接求解两组数据的典型相关系数，现基于 iris_g1 与 iris_g2，实现代码如下：

```
1 cca = CCA(n_components=2)
2 cca.fit(iris_g1, iris_g2)
3
4 # X_c 与 Y_c 分别为转换之后的典型变量
5 X_c, Y_c = cca.transform(iris_g1, iris_g2)
6 print(round(pd.concat([pd.DataFrame(X_c, columns=iris_g1.columns),
7                        pd.DataFrame(Y_c, columns=iris_g2.columns)], axis=1).corr(), 5))
8 #                 Sepal.Length   Sepal.Width Petal.Length    Petal.Width
9 #Sepal.Length   1.00000         0.00000      0.94097        -0.00000
10 #Sepal.Width   0.00000         1.00000     -0.00001         0.12394
11 #Petal.Length  0.94097        -0.00001      1.00000        -0.00000
12 #Petal.Width  -0.00000         0.12394     -0.00000         1.00000
```

从代码运行结果可知，典型相关系数有两个，分别为 0.94097 和 0.12394。说明第一组典型变量的相关性很强，第二组典型变量的相关性很弱，这种情况，通常将第一个典型相关系数用于分析。

3.2　因果分析

与相关分析不同，因果分析不再对相关关系感兴趣，而是把研究重点转移到因果关系上。因果分析就是基于事物发展变化的因果关系来进行预测的方法，基于可靠的因果关系来做预测，不仅业务侧能够得到合理的解释和验证，技术实现上也能取得更加可靠的结果。那么，如何从数据中挖掘出潜在的因果关系，以及使用怎样的方法来实现，则是本节重点介绍的内容。

3.2.1　什么是因果推断

所谓因果，就是指因果关系，有其因必有其果，有其果也必有其因。可见，因果关系是一种强的关系。对因果关系的认识、推断、理解可以帮助我们把预测做得更好。而因果推断主要是指从数据中得出因果关系的方法和技术。那如何从数据中得出因果关系呢？

我们知道，相关分析方法可以从数据中找到相关性强的两个变量A和B，亦即，我们可以通过变量A的分布来推断出变量B的分布，但仅仅基于这样的关系，对变量A进行干预后，变量B却并不一定也发生相应的变化，或者相反。比如，曾经就有人分析了冰棋淋和犯罪的相关性，发现它们之间的相关性很高，那么，可以通过禁止售卖冰棋淋来减少犯罪吗？在学校里，通过数据的相关分析发现，是否配戴眼镜和学生成绩之间的相关性很高，即配戴了眼镜的学生，比没有配戴眼镜的学生的平均成绩要高很多，那么，可以通过配戴眼镜来提高成绩吗？

这些问题的答案都是否定的。相关分析可以基于数据分析推断出数据分布的相关程度，是因果关系成立的必要不充分条件，在仅存在相关关系的条件下，因果关系未必一定成立。和相关关系相比，因果关系更强调干预，即通过行动，改变变量A的值，且期望这种改变会直接对变量B造成影响。也就是说，如果对变量A的改变能直接影响变量B，则可以说变量A与变量B之间存在因果关系，A是B的原因，B是A的结果，即能在A与B之间进行因果推断。但问题是如何去评估变量A的改变是否对变量B构成影响呢？

为了研究因果关系，我们把变量A的值设为a_2，通过观察，得到B的值为b_2，注意，这是事实数据，是真实发生的。假如，我们能够知道在未改变A的情况下，B的值b_1，那么就可以通过b_2与b_1之间差异的显著性来判断A与B之间是否存在因果关系。然而b_1的值却无从得知，所以只能是虚拟的，或者叫作反事实的数据。目前，我们可以通过技术手段，在收集尽量多数据的情况下，通过模型算法对b_1的值进行合理估计，进而能够对变量之间的因果关系进行推断。

针对因果推断，Judea Pearl（2011 年图灵奖的获得者，人工智能的先驱，贝叶斯网络之父）提出了因果推断的 3 个理解层次，也叫作"因果之梯"，如图 3-2-1 所示。"因果之梯"对应的每个层次能够回答不同类型的问题，也对因果关系进行了初步的分类，刚好能与我们前面分析的从相关到干预，再到反事实的过程对应上。

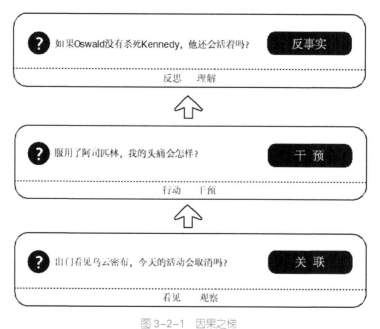

图 3-2-1　因果之梯

由图 3-2-1 可知，将因果关系分成 3 种类别，关联、干预、反事实。其中关联指的是基于现有数据的观察能推断出的数据情况，通常是指相关关系，考虑的是"如果我看到了 X，Y 将会怎样"的问题。例如，购买牙膏的顾客也容易购买牙线，这种关联可以使用条件期望直接从观测数据中推断出来。而干预指的是真操实干，要具体行动起来，考虑的是"如果我做了 X，Y 将会怎样"的问题，企图通过外在干预来控制结果。反事实指的是能够对问题本身进行想象，考虑的是"如果我没有做 X，Y 将会怎样"的问题，即关注采取了不同的行为将会产生的结果，而真实情况下不可能出现，所以只能靠想象。

"因果之梯"有一个特点，就是上一层的问题得到回答了，紧接着下一层的问题便可以得到解决。比如，我们做相关分析，如果缺少因果关系作为支撑，则很可能会犯错。有一份报告指出南方某城市空气清新，气候宜人，基本没有环境污染，负氧离子浓度也较高，然而，通过统计数据发现，这里与其他气候条件更差、污染更严重的城市相比，肺癌病人的比例要高出一大截。这是怎么回事呢？我们可以认为环境太好也会导致人得肺癌吗？当然不能。这个统计数据犯了一个错，它没有考虑用于比较的城市间样本的构成情况。真实的原因是，由于该城市气候好，很多得了肺癌的人都到这里来调养，这就导致了该城市肺癌人数急剧增加，从而引起了统计结果的反常。如果没有因果关系作为支撑，以发现逻辑上的错误，那么我们可能真的会相信数据得出的错误结论。针对此种情况，我们可以增加肺癌人口的维度，来保证分析结果的正确性。此外，有人在分析铀矿对人体健康的影响时，对铀矿工人收集数据并进行分析，发现铀矿工人的平均寿命并不比正常人短，那么，可以说在铀矿中工作对人体健康没有影响吗？答案是否定的。实际上，这些在铀矿工作的工人们，身体素质都很高，正是由于在铀矿工作，导致他们的寿命降低，不然他们会有更长的寿命。针对此种情况，我们可以增加研究对象身体素质的维度，来保证分析结果的正确性。从以上两个例子中，我们知道，基于因果关系，确实可以帮助我们把相关分析做得更好，比如通过增加合适的维度来保证分析结果的正确性，以规避错误的发生。那么，是不是说我们使用更多维度的数据就一定能保证相关分析的正确性，甚至进一步可以用来推导因果关系呢？

下面来看一个案例，小王得了慢粒白血病，他的好朋友找了当地比较好的两家医院 A、B 让小王选择。从掌握的统计数据来看，医院 A 近期接收的 1000 个病人里，存活率为 90%，而医院 B 近期接收的 1000 个病人里，存活率只为 80%。那么，该怎么选？如果我们相信直观的数字，应该相信医院 A 吧，毕竟存活率是最高的。然而，实际情况远不止这样简单。我们把这些接收的病人按病情的严重程度进行分类，再看一下统计数据，如表 3-2-1 和表 3-2-2 所示。

表 3-2-1　医院 A 的统计数据

病情	死亡（人）	存活（人）	总数（人）	存活率
严重	70	30	100	30%
不严重	30	870	900	96.7%
合计	100	900	1000	90%

表 3-2-2　医院B的统计数据

病情	死亡（人）	存活（人）	总数（人）	存活率
严重	190	210	400	52.5%
不严重	10	590	600	98.3%
合计	200	800	1000	80%

从统计数据中，我们知道，医院A虽然总体的存活率达到90%，是最高的，然而病情严重的病人的存活率只有30%，明显低于医院B的52.5%。因此，小王选择医院B就医才是明智的。那么，问题来了。为啥总体数据表现出来的结论，在加入一个新的维度之后，得出的结论却完全相反呢？这其实就是统计学里面著名的辛普森悖论（Simpson's paradox），最初是英国数学家爱德华·H·辛普森（Edward H.Simpson）在1951年发现的。

辛普森悖论揭示了我们进行统计分析时可能遇到的陷阱，我们收集的数据可能存在局限性，而潜在的新维度可能会改变已有的结论，而这点，我们通常一无所知。那么什么情况下会发生辛普森悖论呢，我们又该如何避免？我们将以上小王选医院的案例进行适当的抽象，用变量来表示具体的数值，于是得到表3-2-3和表3-2-4。

表 3-2-3　医院A的抽象数据

病情	死亡	存活	总数	存活率
严重	m_2	m_1	m	m_1/m
不严重	n_2	n_1	n	n_1/n
合计	m_2+n_2	m_1+n_1	$m+n$	$(m_1+n_1)/(m+n)$

表 3-2-4　医院B的抽象数据

病情	死亡	存活	总数	存活率
严重	h_2	h_1	h	h_1/h
不严重	g_2	g_1	g	g_1/g
合计	h_2+g_2	h_1+g_1	$h+g$	$(h_1+g_1)/(h+g)$

由该数据可知，我们并不能由$\frac{m_1}{m}>\frac{h_1}{h}$且$\frac{n_1}{n}>\frac{g_1}{g}$的条件得出$\frac{m_1+n_1}{m+n}>\frac{h_1+g_1}{h+g}$的结论。然而，当$m$接近于（或等于）$n$且$h$接近于（或等于）$g$的时候，该结论却成立。因此，在进行统计分析时，可以通过尝试控制样本在新维度下具有相同的分布或数量，来避免辛普森悖论。

所以，有时不能太相信统计数据，用统计的方法来研究因果关系，应更加谨慎。

3.2.2 因果推断的方法

通过 3.2.1 节的介绍，我们已经知道因果推断是指从数据中挖掘出因果关系的手段。但针对具体的业务场景，又该使用什么样的方法呢？本节将针对该问题展开讨论。我们这里所说的因果推断是基于数据科学来实现的。主要考虑已有数据，来评价变量之间的因果作用，进一步挖掘出多个变量之间的因果关系。有些方法基于随机试验以及反事实的思路对因果推断进行研究，还有些方法基于贝叶斯的思想研究因果关系的网络结构，并针对具体问题展开因果推断，如此等等。大致可以将这些方法分成两类，即潜在结果模型和因果网络模型。其中，潜在结果模型主要用于原因和结果变量都知道的情况，给出因果作用的数学定义，可以定量地评价原因变量与结果变量的因果作用。而因果网络模型则基于贝叶斯网络的外部干预来定义因果作用，并且描述多个变量之间的因果关系。这两类方法都可以从数据中挖掘因果关系。下面分别介绍一下这两类方法。

1. 潜在结果模型

在因果关系分析中，我们通过关注行为 X 的发生是否会导致 Y 的结果，这里 X 通常是一个二值变量，用 $X = 1$ 表示处理组，$X = 0$ 表示对照组，接受行为 $X = x$ 后的结果为变量 Y_x，表示潜在结果，而因果作用被定义为相同个体的潜在结果之差，即个体 i 的因果作用（ICE，Individual Causal Effect），其定义如下：

$$ICE(i) = Y_1(i) - Y_0(i)$$

然而，对于个体 i 而言，通常不能同时观测到 $Y_1(i)$ 和 $Y_0(i)$，所以，其因果作用不能直接从观测数据中推断。但仍然有一些学者在研究个体因果作用的统计推断方法，为使得方法可行，通常需要对模型进行较强的假定。进一步，可由个体的潜在结果来定义总体的平均因果作用（ACE，Average Causal Effect），其定义如下：

$$ACE(X \rightarrow Y) = E(ICE) = E(Y_1 - Y_0) = E(Y_1) - E(Y_0)$$

由该公式可知，总体的平均因果作用等于 $E(Y_1)$ 与 $E(Y_0)$ 之差，其中 $E(Y_1)$ 表示所有个体接受 $X = 1$ 的平均结果，而 $E(Y_0)$ 表示所有个体接受 $X = 0$ 的平均结果。然而，在实际情况中，很难使得所有个体同时接受某一种 X 的行为，即便是针对某一个个体 i，先接受处理 $X = x$ 和后接受相比，其潜在结果也可能不同。为了更好地识别因果关系，通常可考虑使用随机实验的方法来实现。

在开展随机实验时，需要将 X 随机地分配给个体 i，以保证潜在结果 (Y_1, Y_0) 与 X 是独立的，所以：

$$E(Y_x) = E(Y|X = x)$$

$$ACE(X \rightarrow Y) = E(Y|X = 1) - E(Y|X = 0)$$

因此，总体的平均因果作用表现为结果变量 Y 在处理组（$X = 1$）与对照组（$X = 0$）的期望之差。

由于公式中没有了Y_1和Y_0，这种因果作用是可以被识别的。通过计算$E(Y|X=1)$和$E(Y|X=0)$，可以使用统计推断方法对总体的平均因果作用进行推断，比如使用t检验来推断平均因果作用是否为零，等等。然而，在真实的业务领域，随机化实验通常会失去可操作性，比如在研究吸烟对健康的影响时，不能随机分配一个人吸烟或者不吸烟，此外，还可能有代价、道德等其他问题限制随机化实验发挥作用。

3.2.3 节我们将会介绍一种方法，针对某个研究对象，可基于对反事实数据的估计来进行因果推断。即正常情况下，由于不能同时知道研究对象"接受处理"与"不接受处理"的结果，因此不能直接进行因果推断。但是，如果我们能比较好地对另一种没发生的情况数据进行估计，那么就可以基于此来进行因果推断了。

2. 因果网络模型

因果网络模型是 Pearl 教授提出的，他于 2011 年获得了图灵奖，在人工智能不确定性推理方面贡献很大。基于贝叶斯网络的基本框架，Pearl 教授提出了外部干预的思想，进而建立了因果网络模型。该模型是一个有向无环图（DAG，directed acyclic graph），它使用节点来表示变量，使用节点之间的有向边表示因果作用，从而可以比较好地用来描述多个变量相互之间的因果关系，如图 3-2-2 所示。这里，令pa_i表示变量X_i的父节点变量的集合，每个节点的取值由它的父节点函数来定义，即：

$$X_i = f_i(pa_i, \varepsilon_i)$$

其中，ε_i为不影响网络内部其他节点的残差项。一般给定一个DAG，随机向量$(X_1, X_2, \cdots, X_n)$的联合概率分布为：

$$\mathrm{pr}(x_1, x_2, \cdots, x_n) = \prod_{i=1}^{n} \mathrm{pr}(x_i | pa_i)$$

其中，$\mathrm{pr}(\cdot | \cdot)$表示条件概率。图 3-2-2 给出了一个因果网络的例子，X_4的父节点为$\{X_2, X_3\}$，每个变量由它的父节点函数确定，即：

$$X_1 = f_1(\varepsilon_1), X_2 = f_2(X_1, \varepsilon_2), X_3 = f_3(X_1, \varepsilon_3), X_4 = f_4(X_2, X_3, \varepsilon_4), X_5 = f_5(X_4, \varepsilon_5)$$

则联合概率分布为：

$$\mathrm{pr}(x_1, x_2, x_3, x_4, x_5) = \mathrm{pr}(x_1)\mathrm{pr}(x_2|x_1)\mathrm{pr}(x_3|x_1)\mathrm{pr}(x_4|x_2, x_3)\mathrm{pr}(x_5|x_4)$$

令变量X_j的外部干预为$x_j = x_j'$，即将X_j从$f_j(pa_j, \varepsilon_j)$变换为x_j'，即变量X_j的取值不再受其父节点pa_i和ε_j的影响，而强制使其值发生变化。则干预之后的联合分布为：

$$\mathrm{pr}_{x_j'}(x_1, x_2, \cdots, x_n) = \delta(x_j = x_j') \prod_{i \neq j} \mathrm{pr}(x_i | pa_i)$$

其中，$\delta(\cdot)$ 为示性函数。我们可以通过干预前后联合分布的差异程度来进行因果推断。

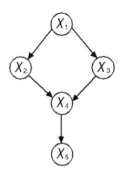

图 3-2-2　有向无环图（DAG）

因果网络模型是多变量间因果关系研究的重要的形式化方法，被广泛应用于各个领域。在大数据时代，数据的收集、处理、分析和可视化在各个领域的重要性越来越大。而基于大数据来推导因果关系将成为推动各个领域发展的重要力量，因果推断方法必将大显身手。

3.2.3　时序因果推断

时序因果推断是基于时间序列对因果关系进行推断的方法，属于潜在结果模型，它需要对反事实数据进行估计，从而做出因果推断。在业务运营环节，通常为了提升 KPI，我们会对业务本身进行干预，那么应该如何评估干预的效果呢？

一种方法是使用 A/B 测试，通过创建控制组和测试组来度量增益或损失。然而，在实际很多场景中，A/B 测试却不可用，比如电视广告、APP 程序发布等场景。在这种情况下，经常需要查看干预前后的 KPI 图表数据来进行对比。例如，某电视广告已在 2019 年 4 月播出，人们可以查看从 2019 年 3 月到 4 月的销售增长数据。为了把握季节性，可以将这些数据与 2017 年及 2018 年的 3 月至 4 月的销售增长数据进行比较。但问题是，这没有考虑到可能导致 3 月份销量和绝对水平差异的因素。例如，由于成功的产品发布，2018 年 3 月的销售额处于较高水平，而 2018 年 4 月的销售额下降了 −a%。如果从 2019 年 3 月到 4 月，销售额略微增长了 b%，那么人们很容易会说，绝对效应是(a+b)%，这当然是错误的。

另一种方法是进行时间序列分析，并试图预测在没有干预的情况下的销售情况。预测的时间序列可以被看作是一种综合控制，一旦与实际的销售数量进行比较，就能估计出干预所产生的销售影响。当然，这种方法的有效性在很大程度上取决于时间序列分析的质量和预测的精度。但是，如果有一个足够精确的预测模型，这种方法比上面的 A/B 测试更可取。

2014 年 9 月，Google 发布了 CausalImpact 包，这是一个用于时序因果推断的开源 R 包，它是基于贝叶斯结构时间序列模型实现的，并且使用了马尔可夫链蒙特卡罗算法进行模型反演，当然，我们可以在 Python 里调用它来实现数据分析需求。该软件包的目的是解决无法使用 A/B 测试时如何去有效评估干预效果的问题。此外，它还包含了控制时间序列，可以在干预前预测时间序列的结果。例如，如果上述电视广告仅于 2019 年 4 月在德国播出过，那么在美国或日本等其他国家的播放量就可以作为控制时间序列。

如图 3-2-3 所示，它是 CausalImpact 包的输出结果，图 3-2-3（a）中的 X_1 和 X_2 就是控制时间序列，它们是不受干预影响的数据；Y 表示真实的目标时间序列，也是我们关心的时间序列，我们对它进行干预，期望能够提升 KPI；Model fit 是分割点 2014-01 左侧拟合的曲线；Prediction 表示目标时间序列预测的数据。在分割点 2014-01 左侧，我们没有实施干预，右侧是我们实施干预后的情况。图 3-2-3（b）中的曲线表示真实值 Y 减去拟合值 Model fit 及预测值 Prediction 的情况，可以看到，曲线在分割点之前，基本围绕 0 值波动，说明我们的模型在历史数据上拟合得很好，同时，曲线在分割点之后，则起伏得非常厉害，说明我们的干预有作用，使得原本应该平均的曲线出现了大幅波动。图 3-2-3（c）中的曲线表示累积效应，曲线上的点表示从开始到当前位置的时序值的累积值，可以看到，分割点之后，该曲线上升得很明显，虽然后面又下降了。我们可以通过这个图定性地看出干预的影响程度。

然而，要使得模型更为准确可信，选择那些不受干预影响的控制变量就很重要，比如播放电视广告的那个例子，如果仅在德国于 2019 年 4 月播出，而我们选择了瑞士和奥地利这些地方的销量数据，则不太理想，因为这些地方容易受到德国的影响，从而导致无效估计。

在做这种因果分析时，对假设进行验证是很重要的。首先，重要的是检查合并控制时间序列不受干预的影响。其次，我们应该了解这种方法在干预前对目标序列的预测效果，例如在 2019 年 4 月之前德国的电视广告的销售数量。如果在 2019 年 3 月进行虚假干预，则预计人们在这段时间内不会发现明显的效果，因为实际上没有干预。

下面我们来看一下 CausalImpact 包的用法，CausalImpact 包是通过使用贝叶斯结构时间序列模型执行因果推断的，特别地，该模型假设控制组的时间序列能够通过一组不受干预影响的协变量来解释。进行因果分析的一种方式是直接调用 CausalImpact 函数来实现，该函数的参数是 data、pre.peroid、post.peroid、model.args（可选）和 alpha（可选），在这种情况下，该模型会自动构建一个时间序列并对其进行估计，model.args 参数能够对模型进行控制。另一种可选的方式是提供一个定制化的模型，在这种情况下，CausalImpact 函数会使用 bsts.model、post.period.response、和 alpha（可选）这些参数。CausalImpact 函数的定义及参数说明如表 3-2-5 所示。

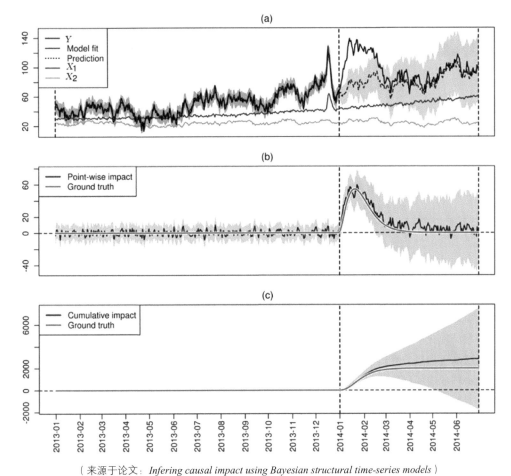

（来源于论文：*Infering causal impact using Bayesian structural time-series models*）

图 3-2-3　通过反事实预测推断因果效应

表 3-2-5　CausalImpact 函数定义及参数说明

函数定义（注意：这里介绍的是 R 语言接口）	
CausalImpact(data=NULL,pre.period=NULL,post.period=NULL,model.args=NULL, bsts.model=NULL,post.period.response=NULL,alpha=0.05)	
参数说明	
data	响应变量与任何协变量的时间序列数据。可以是一个 zoo 对象、vector、matrix 或 data.frame，在所有这些情况下，响应变量应该放在首列，协变量应该放在之后的列里面。这里建议使用 zoo 对象，因为它的时间索引方便用于绘图中

参数说明	
pre.peroid	在响应变量 y 中，干预之前开始和结束时间点的向量。该时间段可以认为是训练时段，用来确定响应变量与协变量之间的关系
post.peroid	在响应变量 y 中，干预之后开始和结束时间点的向量，从该干预后的时间点开始，我们开始关注干预的效果。基于响应变量与协变量在干预前确定的关系，模型将用来预测响应变量在干预后的时间段内，且在没有干预的情况下将如何变化
model.args	该参数用来调整状态空间模型的默认构建，一个特别重要的参数是 prior.level.sd，它可以用来确定数据变异的先验知识。若想对模型进行更多的控制，则可以使用 bsts 包来构建模型。然后将模型作为参数，传入 CausalImpact 函数中
bsts.model	与传入 data 通过 CausalImpact 函数来构建模型不同，该参数表示使用 bsts 包创建的模型，在这种情况下，CausalImpact 函数会忽略 data,pre.period 和 post.period 参数
post.peroid.response	干预后的时间段，实际观察的数据。当 bsts.model 参数非空时，需设置该参数
alpha	用于后验区间的期望尾部面积概率，默认是 0.05，对应 95% 的置信区间

　　下面将通过一个真实的业务案例来说明 CausalImpact 包在 Python 中的用法。某游戏公司为了降低游戏玩家的流失率，通过数据分析手段，发现了游戏内部存在的一些问题，然后针对性地进行了优化。新版本上线后，经过一段时间的运营，该公司收集到足够的数据了，那么该如何来验证这些通过数据分析给出的优化建议是否真实有效呢？如果直接看流失率，则可能真的降低了，但真的是经过修改这些优化点带来的效果吗？带着这些疑惑，我们基于 CausalImpact 包来开展时序因果推断的工作。

　　这里的响应变量实际上指的是游戏流失率，更确切地讲，由于我们修改的是游戏内的H模块，所以，这里的响应变量实际上指的是H模块的流失率，那么，为了更好地拟合模型和估计，我们需要引入一些协变量，但是，需要注意，我们引入的协变量必须是不受干预影响的。结合数据分析经验并通过数据反复验证，我们最终决定引入oRent和CPI两个协变量。其中，oRent指的是游戏中的所有模块，除去受H模块影响的模块后，得到的其他模块是经过统计计算得到的留存率；而CPI指的是在游戏安装之前，推广侧的安装成本，显然这两个指标都是不直接受干预影响的。现编写 Python 代码，对游戏优化的数据进行因果推断，首先，引用 R 包的接口，代码如下：

```
1 """
2 :: 安装 R 包 => Python 代码
3
4 import rpy2.robjects.packages as rpackages
5 utils = rpackages.importr('utils')
6 utils.chooseCRANmirror(ind=20)
7 utils.install_packages('CausalImpact')
```

```
 8 utils.install_packages('zoo')
 9
10 """
11 ci = importr("CausalImpact")
12 zoo = importr("zoo")
13 base = importr("base")
```

上述代码中，rpy2 是个关键的包，它可以让 Python 调用 R 语言的对象，可通过 conda 或 pip 进行安装。ci 对应 R 语言中的 CausalImpact 包，它是 Python 中调用 CausalImpact 包的接口，zoo 用于处理时间序列数据，而 base 包含了 R 语言中的基础调用函数。进一步，我们加载 game_churn 的数据，并进行初步转换，代码如下：

```
1 gc_data = pd.read_csv(GAME_CHURN)
2 gc_data.y = [x.split('%')[0] for x in gc_data.y]
3 gc_data.orent = [x.split('%')[0] for x in gc_data.orent]
4 time_points = base.seq_Date(base.as_Date('2019-04-01'), by=1, length_out=25)
5 data = zoo.zoo(base.cbind(FloatVector(gc_data.y),
6                           FloatVector(gc_data.cpi),
7                           FloatVector(gc_data.orent)), time_points)
8 pre_period = base.as_Date(StrVector(['2019-04-01', '2019-04-15']))
9 post_period = base.as_Date(StrVector(['2019-04-16', '2019-04-25']))
```

上述代码中，我们首先加载了数据，然后对 y 和 orent 列去掉了%，接着使用 zoo 对时序数据进行合并处理，在代码结束的地方申明了干预前后的时间段。接着，建立时序因果推断模型，并得出分析图表，代码如下：

```
1 model_args = r("list(niter = 10000, nseasons = 7, season.duration = 1)")
2 impact = ci.CausalImpact(data, pre_period, post_period, model_args=model_args)
3 r('pdf("../tmp/causal_impact.pdf")')
4 print(ci.plot_CausalImpact(impact))
5 r('dev.off()')
```

上述代码中指定了模型参数，主要有 3 个：niter 表示最大迭代次数；nseasons 表示我们使用 7 个单位表示 1 个周期，即使用的是周周期；season.duration 设置为 1，表示用 1 条记录作为 1 个周期统计的基本单位。ci.plot_CausalImpact 函数将绘制因果推断图表，通过 print 导出 PDF 文件，代码结束处关掉了绘图设备，接着，在代码目录中会出现 Rplots.pdf 文件，图表如图 3-2-4 所示。

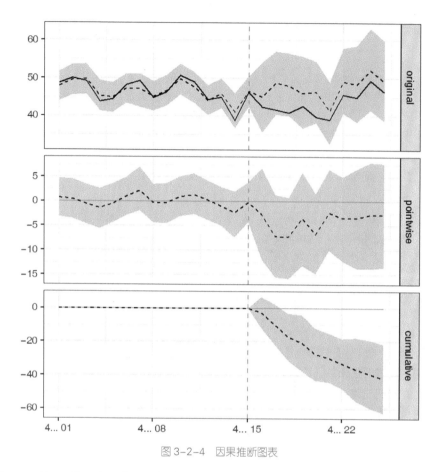

图 3-2-4 因果推断图表

如图 3-2-4 所示，第 1 张图中的左侧虚线表示基于历史数据的拟合情况，右侧虚线表示对未干预情况的预测；第 2 张图是真实值与拟合值之差；第 3 张图是差的累积。通过第 3 张图，我们可以清晰地看到，在干预后，累积值越来越小，说明我们的干预确实使流失率明显降低了。为了获得定量描述指标，我们可以查看因果推断的报告，代码如下：

```
1 ci.PrintReport(impact)
```

结果如下：

```
1 Analysis report {CausalImpact}
2     During the post-intervention period, the response variable had an average value of
3 approx. 43.18. By contrast, in the absence of an intervention, we would have
4 expected an average response of 47.39. The 95% interval of this counterfactual
5 prediction is [45.33, 49.45]. Subtracting this prediction from the observed
6 response yields an estimate of the causal effect the intervention had on the
7 response variable. This effect is -4.20 with a 95% interval of [-6.27, -2.14].
```

```
8       For a discussion of the significance of this effect, see below.
9       Summing up the individual data points during the post-intervention period
10 (which can only sometimes be meaningfully interpreted), the response variable
11 had an overall value of 431.84. By contrast, had the intervention not taken place,
12 we would have expected a sum of 473.86. The 95% interval of this prediction is
13 [453.28, 494.51].
14      The above results are given in terms of absolute numbers. In relative terms, the
15 response variable showed a decrease of-9%. The 95% interval of this percentage is
16 [-13%, -5%].
17      This means that the negative effect observed during the intervention period is
18 statistically significant. If the experimenter had expected a positive effect,
19 it is recommended to double-check whether anomalies in the control variables may
20 have caused an overly optimistic expectation of what should have happened in the
21 response variable in the absence of the intervention.
22      The probability of obtaining this effect by chance is very small
23 (Bayesian one-sided tail-area probability p = 0). This means the causal effect can
24 be considered statistically significant.
```

如上述结果所示，我们知道最终的 p 值是 0，明显小于 0.01 或 0.05，因此我们拒绝原假设，即认为数据中存在因果效应。

3.3 聚类分析

聚类分析就是对数据分群，它以相似性为基础，相同类中的样本比不同类中的样本更具相似性。在商业应用中，聚类通常用来划分用户群，然后分别加以研究；另外，它还可以挖掘数据中潜在的模式，基于此改进业务流程或设计新产品等。常见的聚类算法有 K-Means 算法、系统聚类算法，下面将依次介绍。

3.3.1 K-Means 算法

K-Means（K 均值聚类）算法是一种基于划分的经典聚类算法，对于给定的含有 N 条记录的数据集，算法把数据集分成 k 组（$k<N$），使得每一分组至少包含一条数据记录，每条记录属于且仅属于一个分组。算法首先会给出一个随机初始的分组，再通过反复迭代改变分组，使每一次改进的分组比上一次好，用于衡量好的标准通常是同一分组中的记录越近越好，而不同分组中的记录越远越好，通常使用欧氏距离作为相异性度量。K-Means 算法实现的基本流程如图 3-3-1 所示。

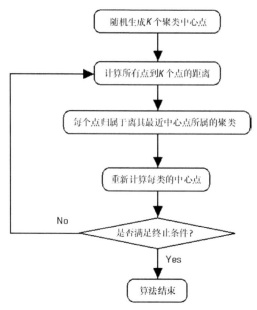

图 3-3-1　K-Means 算法实现的基本流程

其基本步骤如下：

①从数据中随机抽取 K 个点作为初始聚类的 K 个中心，分别代表 K 个聚类；

②计算数据中所有的点到这 K 个中心点的距离，通常是欧氏距离；

③将每个点归属到离其最近的聚类里，生成 K 个聚类；

④重新计算每类的中心点，即计算每类中所有点的几何中心（即平均值）；

⑤如果满足终止条件，算法将结束；否则，进入第②步。

终止条件通常有如下 3 种：

①聚类的中心点不再移动；

②聚类的中心点移动的大小在给定的阈值范围内；

③迭次次数达到上限。

K-Means 算法从随机生成聚类中心到聚类稳定的过程，如图 3-3-2 所示。

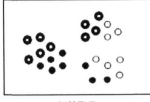
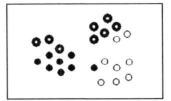
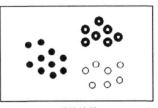

初始聚类　　　　　　　　　迭代中　　　　　　　　　最终结果

图 3-3-2　k-Means 算法作用过程图

Scikit-learn 是一个基于 Python 的机器学习（Machine Learning）模块，里面给出了很多机器学习相关的算法实现，其中包括 K-Means 算法。该算法封装在 sklearn.cluster 模块下的 KMeans 类中，其原型定义及参数说明如表 3-3-1 所示。

表 3-3-1　KMeans 函数定义及参数说明

函数定义
KMeans(n_clusters=8,init='k-means++',n_init=10,max_iter=300,tol=0.0001, precompute_distances='auto',verbose=0,random_state=None,copy_x=True,n_jobs=1, algorithm='auto')

参数说明	
n_clusters	指定聚类的数目
init	初始簇中心的获取方法。可取'k-means++'、'random'或一个 ndarray 对象，默认使用'k-means++'。当设置为'k-means++'时，算法会以一种更优的方式选择 K 均值聚类初始中心点，加速收敛；当设置为'random'时，算法会从数据中随机选择 k 个样本作为初始中心点；如果传入一个 ndarray 对象，那么它应该以(n_clusters,n_features)形式来设置初始中心
n_init	获取初始簇中心的更迭次数，为了弥补初始质心的影响，算法默认会初始 10 次质心，实现算法，然后返回最好的结果
max_iter	最大迭代次数
tol	关于声明收敛标准的相对容忍度
precompute_distances	预计算距离，可设置为'auto'、True 和 False，设置为 True，则算法总是预计算距离，相反，False 则不会预计算距离，当设置为'auto'时，如果 n_samples*n_clusters 大于 1.2×10^7 时（对应每个使用双精度的作业超过 100MB 数据的情况），算法不会预计算距离，否则会预计算距离
verbose	冗长模式，整数，默认为 0
random_state	整数，随机种子
copy_x	是否修改数据的一个标记，如果为 True，则复制了就不会修改数据
n_jobs	并行设置，整数，表示用于计算的作业数量

续表

参数说明	
algorithm	可设置为'auto'、'full'或者'elkan'，默认为'auto'，K-Means 使用的算法，'full'对应的是经典的 EM-style 算法, 'elkan'则使用三角不等式效率更高, 但目前不支持稀疏数据, 'auto' 会对稠密数据选用'elkan'，稀疏数据选用'full'

这里使用 K-Means 算法对 AirPassengers 的年度标准曲线进行聚类，旨在发现乘客数量的年度变化模式，代码如下：

```
 1 from utils import *
 2
 3 # 加载数据、转换并进行标准化处理
 4 passengers = pd.read_csv(AIR_PASSENGERS)
 5 data = list()
 6 tmp = passengers.groupby('year').filter(
 7     lambda block: data.append([block.iloc[0, 0]] + block.passengers.values.tolist()))
 8 )
 9 data = pd.DataFrame(data)
10 data.set_index(data[0], inplace=True)
11 data.drop(columns=0, inplace=True)
12
13 # 标准化时，采取按行标准化的方法，即每行中都是 0 和 1，分别表示最大和最小，以此方式来分析曲线模式
14 data = data.apply(lambda x: (x - np.min(x)) / (np.max(x) - np.min(x)), axis=1)
15
16 # 假如我要构造一个聚类数为 2 的聚类器
17 km_cluster = KMeans(n_clusters=2, max_iter=300, n_init=40, init='k-means++')
18 km_cluster.fit(data)
19 data['cluster'] = km_cluster.labels_
20
21 # 绘制聚类结果曲线（两个类别）
22 styles = ['co-', 'ro-']
23 data.apply(lambda row: plt.plot(np.arange(1, 13), row[np.arange(1, 13)], styles[int(row.cluster)], alpha=0.3), axis=1)
24 plt.xlabel("月份")
25 plt.ylabel("乘客数量(标准化)")
26 plt.show()
```

效果如图 3-3-3 所示，12 条年度曲线被分成了两类，分别着青绿色和红色，可以看到，各类里面曲线彼此接近，而类间的差异较大。通过细致观察可以看出，在 6、7、8 及 10 月份乘客数量比较稳定，这或许与季节相关，具体如何还需进一步考察。

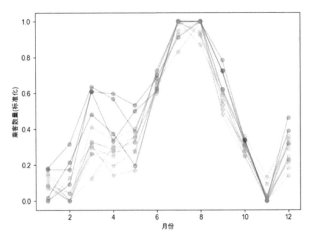

图 3-3-3　模式聚类图

3.3.2　系统聚类算法

系统聚类算法是使用比较多的一种聚类方法，它首先将每个样本单独看成一类，在规定类间距离的条件下，选择距离最小的一对合并成一个新类，并计算新类与其他类之间的距离，再将距离最近的两类合并，这样每次会减少一个类，直到所有样本合为一类为止。常用的距离包括绝对值距离、欧氏距离、明氏距离、切比雪夫距离、马氏距离、兰氏距离、余弦距离。同时，类间距离也有很多定义方法，主要有类平均法、可变类平均法、可变法、重心法、中间距离法、最长距离法、最短距离法、离差平方法。假设原始数据表示成矩阵 $X = (x_{ij})_{n \times m}$，其中 n 为样本数量，m 为变量数，$i \in [1, n]$ 表示行，$j \in [1, m]$ 表示列，那么这些距离的定义如下所示。

绝对值距离

$$d_{ij} = \sum_{k=1}^{m} |x_{ik} - x_{jk}|$$

欧氏距离

$$d_{ij} = \sqrt{\sum_{k=1}^{m} (x_{ik} - x_{jk})^2}$$

明氏距离

$$d_{ij} = \left[\sum_{k=1}^{m} |x_{ik} - x_{jk}|^q \right]^{\frac{1}{q}}$$

其中，q为已知正实数。

切比雪夫距离

$$d_{ij} = \max_{1 \leqslant k \leqslant m} |x_{ik} - x_{jk}|$$

马氏距离

$$D^2 = (\boldsymbol{X} - \mu)' \boldsymbol{S}^{-1} (\boldsymbol{X} - \mu)$$

其中，μ为样本均值，$\boldsymbol{S}$为原始数据协方差矩阵，D^2为每样本到中心点的距离。对于两样本的距离，也可以用如下公式：

$$d_{ij} = (x_i - x_j)' \boldsymbol{S}^{-1} (x_i - x_j)$$

兰氏距离

$$d_{ij} = \frac{1}{m} \sum_{k=1}^{m} \frac{|x_{ik} - x_{jk}|}{x_{ik} + x_{jk}} (x > 0)$$

余弦距离

$$d_{ij} = \frac{\sum_{k=1}^{m} x_{ik} \cdot x_{jk}}{\|x_i\| \cdot \|x_j\|}$$

我们可以根据距离公式计算每样本与其他所有样本之间的距离，将距离数据放在一个对称矩阵中，记为$\boldsymbol{D}_{(0)}$，从$\boldsymbol{D}_{(0)}$中选择最小值，即最小距离，记为$d_{pq}, p, q \in [1, n]$，于是可以将G_p和G_q合并成一个新类，可记为$G_r = \{G_p, G_q\}$，根据这些定义，我们梳理一下常用来衡量类间距离的方法，如下所示。

类平均法

两类中每个元素两两间的距离平方和的平均值：

$$D_{pq}^2 = \frac{\sum_{x_i \in G_p, x_j \in G_q} d_{ij}^2}{N_p \cdot N_q}$$

其中，N_p、N_q 分别表示 G_p、G_q 的样本数。

当 G_p 和 G_q 合并成一个新类 G_r 后，G_r 与其余类 G_k 间的类间距离，递推公式如下：

$$D_{rk}^2 = \frac{\sum_{x_i \in G_r, x_j \in G_k} d_{ij}^2}{N_r \cdot N_k} = \frac{\sum_{x_i \in G_p, x_j \in G_k} d_{ij}^2 + \sum_{x_i \in G_q, x_j \in G_k} d_{ij}^2}{N_r \cdot N_k} = \frac{N_p}{N_r} \cdot D_{pk}^2 + \frac{N_q}{N_r} \cdot D_{qk}^2$$

可变类平均法

当 G_p 和 G_p 合并成一个新类 G_r 后，G_r 与其余类 G_k 间的类间距离，递推公式如下：

$$D_{rk}^2 = (1 - \beta) \cdot \left(\frac{N_p}{N_r} \cdot D_{pk}^2 + \frac{N_q}{N_r} \cdot D_{qk}^2 \right) + \beta \cdot D_{pq}^2, \quad \beta < 1$$

可变法

当 G_p 和 G_q 合并成一个新类 G_r 后，G_r 与其余类 G_k 间的类间距离，递推公式如下：

$$D_{rk}^2 = \frac{1 - \beta}{2} \cdot \left(D_{pk}^2 + D_{qk}^2 \right) + \beta \cdot D_{pq}^2, \quad \beta < 1$$

重心法

两类之间的距离以重心之间的距离来表示：

假设 G_p、G_q 两类的重心分别为 $\overline{x}_p$、$\overline{x}_q$，则两类间的距离（这里使用欧氏距离）定义为：

$$D_{pq} = \sqrt{(\overline{x}_p - \overline{x}_q)'(\overline{x}_p - \overline{x}_q)}$$

中间距离法

两类之间的距离以介于最长和最短样本之间的距离来表示：

当 G_p 和 G_q 合并成一个新类 G_r 后，G_r 与其余类 G_k 间的类间距离，递推公式如下：

$$D_{rk}^2 = \frac{1}{2} \cdot \left(D_{pk}^2 + D_{qk}^2 \right) + \beta \cdot D_{pq}^2, \quad \left(-\frac{1}{4} \leqslant \beta \leqslant 0; k \neq p, q \right)$$

最长距离法

以两类中相距最远的两样本距离来表示：

$$D_{pq} = \max_{x_i \in G_p, x_j \in G_q} d_{ij}$$

最短距离法

以两类中相距最近的两样本距离来表示：

$$D_{pq} = \min_{x_i \in G_p, x_j \in G_q} d_{ij}$$

离差平方法（Ward 方法）

假设原样本分为 q 类，则第 i 类的离差平方和定义如下：

$$S_i = \sum_{j=1}^{N_i} (x_{ij} - \overline{x}_i)'(x_{ij} - \overline{x}_i))$$

其中，$\overline{x}_i$ 为第 i 类样本均值，N_i 为第 i 类样本数量。假设将 G_p 和 G_q 合并成一个新类 G_r，则定义 G_p 和 G_q 的平方距离为：

$$D_{pq}^2 = S_r - (S_p + S_q)$$

其中，S_p 和 S_q 分别为 G_p 和 G_q 类的离差平方和，S_r 为新类 G_r 的离差平方和。

根据列表内容可选择适当的样本距离和类间距离的计算方法，便可从每样本作为单独类开始逐渐合并，最终合为一类。这里，使用表 3-3-2 的数据，以欧氏距离作为衡量样本间距离的标准，以最短距离法作为衡量类间距离的标准，来说明系统聚类的手动计算过程。

表 3-3-2　系统聚类初始数据表

样本	V1	V2	V3	V4	V5
x_1	1	5	6	5	7
x_2	9	4	4	6	10
x_3	7	5	5	2	9
x_4	1	3	2	7	7
x_5	1	5	4	2	6
x_6	6	3	4	8	9

主要步骤如下：

（1）将每个样本单独看成一类：

$$G_1^{(0)} = x_1, G_2^{(0)} = x_2, G_3^{(0)} = x_3, G_4^{(0)} = x_4, G_5^{(0)} = x_5, G_6^{(0)} = x_6$$

（2）计算各类之间的距离，得距离矩阵 $\boldsymbol{D}^{(0)}$：

$$\boldsymbol{D}^{(0)} = \begin{bmatrix} 0 & 8.888 & 7.071 & 4.899 & 3.742 & 6.782 \\ 8.888 & 0 & 4.796 & 8.888 & 9.849 & 3.873 \\ 7.071 & 4.796 & 0 & 8.832 & 6.782 & 6.481 \\ 4.899 & 8.888 & 8.832 & 0 & 5.831 & 5.831 \\ 3.742 & 9.849 & 6.782 & 5.831 & 0 & 8.602 \\ 6.782 & 3.873 & 6.481 & 5.831 & 8.602 & 0 \end{bmatrix}$$

（3）矩阵 $\boldsymbol{D}^{(0)}$ 中的最小元素是 3.742，它是 $G_1^{(0)}$ 与 $G_5^{(0)}$ 之间的距离，将它们合并，得到新类：

$$G_1^{(1)} = \{x_1, x_5\}, G_2^{(1)} = \{x_2\}, G_3^{(1)} = \{x_3\}, G_4^{(1)} = \{x_4\}, G_5^{(1)} = \{x_6\}$$

（4）计算各类之间的距离，得距离矩阵 $\boldsymbol{D}^{(1)}$，因 $G_1^{(1)}$ 由 $G_1^{(0)}$ 与 $G_5^{(0)}$ 合并而成，按最短距离方法，分别计算 $G_1^{(0)}$ 与 $G_2^{(1)} \sim G_5^{(1)}$ 之间以及 $G_5^{(0)}$ 与 $G_2^{(1)} \sim G_5^{(1)}$ 之间的两两距离，并选其最小者作为两类间的距离：

$$\boldsymbol{D}^{(1)} = \begin{bmatrix} 0 & 8.888 & 6.782 & 4.899 & 6.782 \\ 8.888 & 0 & 4.796 & 8.888 & 3.873 \\ 6.782 & 4.796 & 0 & 8.832 & 6.481 \\ 4.899 & 8.888 & 8.832 & 0 & 5.832 \\ 6.782 & 3.873 & 6.481 & 5.831 & 0 \end{bmatrix}$$

（5）矩阵 $\boldsymbol{D}^{(1)}$ 中的最小元素是 3.873，它是 $G_5^{(1)}$ 与 $G_2^{(1)}$ 之间的距离，将它们合并，得到新类：

$$G_1^{(2)} = \{x_1, x_5\}, G_2^{(2)} = \{x_2, x_6\}, G_3^{(2)} = \{x_3\}, G_4^{(2)} = \{x_4\}$$

（6）计算各类之间的距离，得到距离矩阵 $\boldsymbol{D}^{(2)}$，同理，计算类间距离：

$$\boldsymbol{D}^{(2)} = \begin{bmatrix} 0 & 6.782 & 6.782 & 4.899 \\ 6.782 & 0 & 4.796 & 5.831 \\ 6.872 & 4.796 & 0 & 8.832 \\ 4.899 & 5.831 & 8.832 & 0 \end{bmatrix}$$

（7）矩阵 $\boldsymbol{D}^{(2)}$ 中的最小元素是 4.899，它是 $G_4^{(2)}$ 与 $G_1^{(2)}$ 之间的距离，将它们合并，得到新类：

$$G_1^{(3)} = \{x_1, x_4, x_5\}, G_2^{(3)} = \{x_2, x_6\}, G_3^{(3)} = \{x_3\}$$

（8）计算各类之间的距离，得到距离矩阵 $\boldsymbol{D}^{(3)}$，同理，计算类间距离：

$$\boldsymbol{D}^{(3)} = \begin{bmatrix} 0 & 5.831 & 6.782 \\ 5.831 & 0 & 4.796 \\ 6.782 & 4.796 & 0 \end{bmatrix}$$

（9）矩阵 $\boldsymbol{D}^{(3)}$ 中的最小元素是 4.796，它是 $G_2^{(3)}$ 与 $G_3^{(3)}$ 之间的距离，将它们合并，得到新类：

$$G_1^{(4)} = \{x_1, x_4, x_5\}, G_2^{(4)} = \{x_2, x_3, x_6\}$$

（10）此时有两类，最终可直接归为一类，并得到聚类树状图，如图 3-3-4 所示。

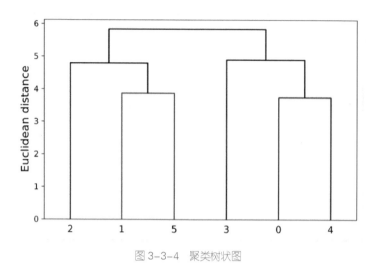

图 3-3-4　聚类树状图

根据系统聚类的原理及以上案例，可得到系统聚类的算法流程图，如图 3-3-5 所示。

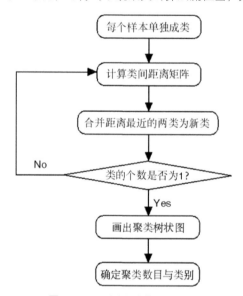

图 3-3-5　系统聚类算法流程图

系统聚类实现的一般步骤如下：

①将每个样品看成一类；

②计算类间距离矩阵，并将距离最近的两类合并成为一个新类；

③计算新类与当前各类之间的距离。若类的个数等于 1，则转下一步，否则转第②步；

④画聚类图；

⑤决定聚类数目和类别。

在 Python 中，通常使用 scipy.cluster.hierarchy 模块下面的 linkage 和 dendrogram 函数来绘制聚类树状图，使用 scipy.spatial.distance 模块下的 pdist 和 squareform 函数来计算样本的距离。sklearn.cluster 模块下的 AgglomerativeClustering 类封装了系统聚类算法，可直接使用。这里使用系统聚类算法对 AirPassengers 的年度标准曲线进行聚类，旨在发现乘客数量的年度变化模式，代码如下：

```
1 # 绘制聚类树状图，发现适合聚成两类，并添加辅助线标记
2 row_clusters = linkage(pdist(data, metric='euclidean'), method='ward')
3 dendrogram(row_clusters)
4 plt.tight_layout()
5 plt.ylabel('欧氏距离')
6 plt.axhline(0.6, c='red', linestyle='--')
7 plt.show()
```

效果如图 3-3-6 所示。

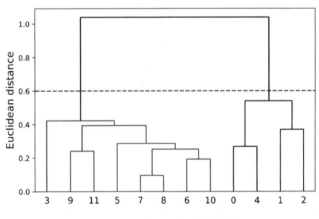

图 3-3-6　标记后的聚类树状图

根据划分的类别，画出对应的年度曲线，代码如下：

```
1 ac = AgglomerativeClustering(n_clusters=2, affinity='euclidean', linkage='complete')
2 data['cluster'] = ac.fit_predict(data)
3 data.apply(lambda row: plt.plot(np.arange(1, 13), row[np.arange(1, 13)], styles[int(row.cluster)], alpha=0.3), axis=1)
4 plt.xlabel("月份")
5 plt.ylabel("乘客数量(标准化)")
6 plt.show()
```

效果如图 3-3-7 所示。

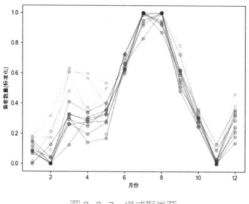

图 3-3-7　模式聚类图

可以看到图 3-3-7 中使用 Ward 方法的系统聚类算法得到的结果与 K-Means 算法很类似。

3.4　关联分析

我们把某种事物发生时其他事物也会发生的联系叫作关联。所谓关联分析，就是指在交易数据、关系数据或其他信息载体中挖掘对象集合间的规律或模式的过程。关联分析的典型案例就是购物篮分析。该过程通过挖掘购物篮中各商品之间的联系，分析顾客的购买习惯，以针对性地制定营销策略。关联分析又叫关联挖掘，通常按挖掘目标的不同，可以分为关联规则挖掘和序列模式挖掘。关联规则挖掘比较关注单项间在同一事务内的关系，而序列模式挖掘比较关注单项间在同一事务内以及事务间的关系。下面将分别详述。

3.4.1　关联规则挖掘

关联规则是指形如$X \Rightarrow Y$的蕴含式，其中，X和Y分别称为关联规则的前项（LHS）和后项（RHS）。关联规则挖掘所发现的模式通常用关联规则或频繁项集的形式来表示。用于关联规则挖掘的数据是事务数据集，它包括事务 ID 和项的子集两个属性，示例数据如表 3-4-1 所示。

表 3-4-1　关联规则基础数据表

事务 ID	项目集
1	A,B,C
2	A,B
3	A,D
4	B,E,F

基于该示例数据，我们梳理一下关联规则挖掘涉及的基本概念及定义具体如下。

项集（itemset）：包含 0 个或多个项的集合，比如$\{A, B, D\}$；如果一个项集包含k项，就叫作k项集。

关联规则：形如$A \Rightarrow B$的蕴含表达式，其中A和B是不相交的项集，即$A \cap B = \varnothing$。

支持度计数（support count）：包含特定项集的事务个数。关联规则$A \Rightarrow B$的支持度计数可表示为

$$\sigma(A \Rightarrow B) = \|T \in D | A \cup B \subseteq T\|$$

其中T表示事务，D表示所有事务。由示例数据可知$\sigma(A \Rightarrow B) = 2$，即所有事务中出现项集$\{A, B\}$的事务共有两个。

支持度（support）：包含特定项集的事务数与总事务数的比值。关联规则$A \Rightarrow B$的支持度可表示为

$$s(A \Rightarrow B) = \frac{\sigma(A \Rightarrow B)}{\|D\|}$$

由示例数据可知$s(A \Rightarrow B) = \frac{2}{4}$，即项集$\{A, B\}$对应的事务数占总事务数的比值为$\frac{2}{4}$。

频繁项集（frequent itemset）：满足最小支持度阈值（minsup）的所有项集。

置信度（confidence）：关联规则$A \Rightarrow B$的置信度表示D中同时包含A和B的事务数占只包含A的事务数的比值，定义为

$$c(A \Rightarrow B) = \frac{\sigma(A \Rightarrow B)}{\|T \in D | A \subseteq T\|}$$

也可用条件概率表示为$c(A \Rightarrow B) = P(B|A)$，即在$A$发生的条件下$B$也发生的概率。

期望置信度（expected confidence）：期望置信度表示在没有任何条件影响下，项集A出现的概率可表示为

$$e(A) = \frac{\|T \in D | A \subseteq T\|}{\|D\|}$$

提升度（lift）：关联规则$A \Rightarrow B$的提升度表示项集A的出现对项集B出现概率的影响程度有多大，可表示为

$$l(A \Rightarrow B) = \frac{c(A \Rightarrow B)}{e(B)}$$

常用的关联规则挖掘算法包括 Apriori 算法和 Eclat 算法，其中 Apriori 算法是一种最有影响的挖掘布尔关联规则频繁项集的算法，其核心是基于两阶段频繁项集思想的递推算法，Apriori 算法可挖掘出规则；而 Eclat 算法是首个采用垂直数据表示的经典的关联挖掘算法，以深度优先搜索为策略，

以概念格理论为基础，利用前缀等价关系划分搜索空间，Eclat 算法不能直接得出规则，只能得出频繁项集。

3.4.2 Apriori 算法

该算法将发现关联规则的过程分为两个步骤。首先，通过迭代搜索出事务数据集中所有频繁项集，即支持度不低于设定阈值的项集，其次，利用频繁项集构造出满足用户最小置信度的关联规则。在发现频繁项集的过程中，该算法首先从事务数据集中找出所有的候选 1 项集，记作 C_1，通过剪枝频繁 1 项集，记作 L_1，然后从 L_1 通过自连接生成候选 2 项集 C_2，再进行剪枝得到频繁 2 项集 L_2，这样依次循环下去，直到不能再找到任何频繁 k 项集为止。所谓自连接，就是由 L_k 与 L_k 按照一定的要求进行两两组合，生成 C_{k+1} 的过程。参与组合的两个集合，必须有一个项目不一样，其他的完全相同。而剪枝时，通过判断 C_{k+1} 中的每一个组合，其 k 项子集是否都在 L_k 中，若有不存在的，则该组合不频繁，需要剪掉，同时不满足最小支持度的组合也要剪掉。挖掘或识别出所有频繁项集是该算法的核心所在，因此，在处理过程中，Apriori 算法主要是为了提高数据访问效率，提升发现频繁项集的速度。

为了更清楚地说明 Apriori 算法发现频繁项集的过程，这里用如下示例事务数据集来演示手动计算的过程。示例数据如表 3-4-2 所示。

表 3-4-2　关联挖掘示例事务数据集

事务 ID	项目集
1	A,C,D
2	B,C,E
3	A,B,C,E
4	B,E

基于该数据集，设置最小支持度阈值 minsup = 0.3（对应支持度计数为 > 1 或 ≥2）。那么从生成 C_1 开始，到不能再找到任何频繁 k 项集为止，发现频繁项集的过程如表 3-4-3 所示。

表 3-4-3　频繁项集的发现过程

执行操作	输出	
1. 扫描数据集所有事务，生成候选 1 项集	候选 1 项集	支持度计数
	{A}	2
	{B}	3
	{C}	3
	{D}	1
	{E}	3

执行操作	输出	
2.　由于最小支持度计数为 1，{D}不满足要求，因此剪掉，生成频繁 1 项集	频繁 1 项集	支持度计数
	{A}	2
	{B}	3
	{C}	3
	{E}	3
3.　自连接生成候选 2 项集。此处各集合中都只有一个项，因此两两直接组合即可。	候选 2 项集	支持度计数
	{A,B}	1
	{A,C}	2
	{A,E}	1
	{B,C}	2
	{B,E}	3
	{C,E}	2
4.　{A,B}和{A,E}不满足最小支持度要求，因此剪掉，生成频繁 2 项集	频繁 2 项集	支持度计数
	{A,C}	2
	{B,C}	2
	{B,E}	3
	{C,E}	2
5.　自连接生成候选 3 项集。此处各集合中只有一个项不同其余项都相同的进行两两组合	候选 3 项集	支持度计数
	{A,B,C}	1
	{A,C,E}	1
	{B,C,E}	2
6.　{A,B,C}与{A,C,E}不满足最小支持度要求，因此剪掉。同时，{A,B,C}的 2 项子集{A,B}与{A,C,E}的 2 项子集{A,E}都不在中，因此也是不频繁的，应该去掉。生成频繁 3 项集	频繁 3 项集	支持度计数
	{B,C,E}	2

最终得到频繁项集{B,C,E}，注意到它的任何 2 项子集都是频繁的。在得到频繁项集之后，需要构造出满足用户最小置信度的关联规则，对每个频繁项集 L，产生 L 的非空真子集，对 L 的每个非空真子集 S，在给定最小置信度 min_conf 的情况下，如果满足 $c(S \Rightarrow G_L S) \geqslant$ min_conf，那么输出规则 $S \Rightarrow G_L S$，其中 $G_L S$ 表示 S 在 L 中的补集。对于，它的非空子集为{B}、{C}、{E}、{B,C}、{B,E}、{C,E}，假设最小置信度 min_conf = 0.5，则据此获得的关联规则及置信度如表 3-4-4 所示。

表 3-4-4　关联规则及置信度

关联规则	置信度
$B \Rightarrow CE$	0.67
$C \Rightarrow BE$	0.67
$E \Rightarrow BC$	0.67
$BC \Rightarrow E$	1.00
$BE \Rightarrow C$	0.67
$CE \Rightarrow B$	1.00

可见，置信度都大于min_conf = 0.5，说明得到的关联规则都是强关联规则。

根据 Apriori 算法原理及案例，我们梳理一下 Apriori 算法的流程图，如图 3-4-1 所示。

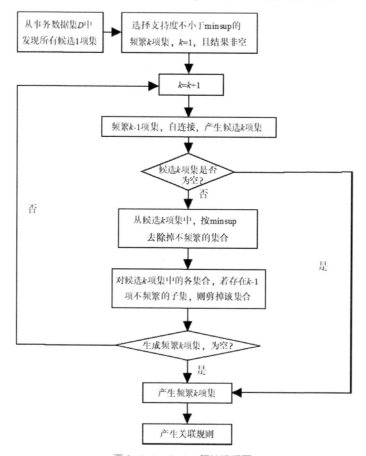

图 3-4-1　Apriori 算法流程图

Apriori 算法实现的主要步骤如下：

①从事务数据集 D 中发现所有候选 1 项集 C_1，即各项单独成集合，并分别计算各项对应的支持度；

②根据最小支持度 minsup 去除不频繁的集合，得到频繁 1 项集 L_1，如果 L_1 为空，则不需要进行关联规则挖掘了，只有当 L_1 非空时，才有进行下去的意义；

③k 增加一个单位，并让 L_{k-1} 自连接，生成 C_k；

④如果 C_k 为空，则进入第⑧步，否则进入下一步；

⑤根据最小支持度 minsup 去除 C_k 中不频繁的集合；

⑥对 C_k 中的各集合，若存在 k-1 项子集不频繁的，则剪掉，并生成 L_k；

⑦如果 L_k 为空，则直接进入下一步，否则回到第③步；

⑧将最新的非空频繁项集作为最终产生频繁项集的输出；

⑨根据设定的最小置信度 min_conf，产生对应的关联规则；

Python 的 Apyori 库中的 apriori 函数提供了 Apriori 算法的简单实现，并开放了 API 和命令行接口。apriori 的函数定义及参数说明如表 3-4-5 所示。

表 3-4-5　apriori 函数定义及参数说明

函数定义	
apriori(transactions,**kwargs)	
参数说明	
transactions	一个可迭代的事务对象（比如.[['A','B'],['B','C']]）
min_support	最小支持度
min_confidence	最小置信度
min_lift	最小提升度
max_length	最大规则长度

这里使用 AirPassengers 数据集，将对应的乘客数据转换成环比值，然后进行离散化处理，对离散之后的数据进行关联挖掘，并分析预测效果。代码如下：

```
1 from utils import *
2
3 # 将 AirPassengers 数据转换成环比值
4 ap = pd.read_csv(AIR_PASSENGERS)
5 ap['月份'] = ap.apply(lambda x: str(x['year']) + '-' + str(x['month']).rjust(2, '0'), axis=1)
6 ap_rows = len(ap)
```

```
 7 ap_chain = ap.passengers[1:].values / ap.passengers[:(ap_rows - 1)].values
 8 plt.figure(figsize=(15, 3))
 9 plt.plot(range(ap_rows-1), ap_chain, 'ko-')
10 plt.plot([0, ap_rows-2], [1, 1], '--', c='gray')
11 x_index = np.arange(1, ap_rows, 20)
12 plt.xticks(x_index-1, ap.loc[x_index, '月份'], rotation=45)
13 plt.xlabel("月份")
14 plt.ylabel("乘客数量环比值")
15 plt.show()
```

效果如图 3-4-2 所示，乘客数量的环比值围绕着 1.0 上下波动，并且呈现出一定周期性。

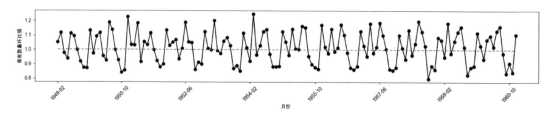

图 3-4-2 AirPassengers 数据集趋势概貌

将环比值按分布区间等分成 4 份，进行离散化处理，代码如下：

```
1 ap_chain_dez = pd.cut(ap_chain,bins=4,include_lowest=True)
2 ap_chain_lab = pd.cut(ap_chain,bins=4,include_lowest=True,labels=["A","B","C","D"])
3 out = pd.DataFrame({"dez":ap_chain_dez, "lab":ap_chain_lab, "chain": ap_chain})
4 out.head()
```

结果如表 3-4-6 所示。

表 3-4-6 乘客数量环比值离散化处理结果

	dez	lab	chain
0	(1.025,1.138]	C	1.053571
1	(1.025,1.138]	C	1.118644
2	(0.913,1.025]	B	0.977273
3	(0.913,1.025]	B	0.937984
4	(1.025,1.138]	C	1.115702

如上述代码所示，环比值最终由 A、B、C、D 这 4 个类别来代替了。这 4 个类别对应的环比值区间，如表 3-4-7 所示。

表 3-4-7　类别与区间对应关系

类别	区间
A	(0.799,0.913]
B	(0.913,1.025]
C	(1.025,1.138]
D	(1.138,1.250]

在对下一周期的环比进行预测时，假设考虑近 10 期的环比情况，则需要按 10 个月的窗口周期，重新构建数据集。根据该数据集，使用 Apriori 算法，从中提取可用的规则，以指导预测。代码如下：

```
1 tmp_array = np.array([ap_chain_lab[i:(i + 10)] for i in range(len(ap_chain_lab) - 10 + 1)])
2
3 # 构建数据集
4 win_size = 10
5 con_df = pd.DataFrame(tmp_array, columns=["X%s" % x for x in range(1, win_size + 1)])
6
7 # 由于数据都是按时间先后顺序整理的，因此可用前 80% 提取规则，用后 20% 验证规则
8 con_train = con_df.loc[:int(len(con_df) * 0.8), :]
9 con_test = con_df.loc[len(con_train):len(con_df), :]
10
11 transactions = con_train.apply(lambda x: (x.index + '=' + x.values).tolist(), axis=1).values
12 association_rules = apriori(transactions, min_support=0.1, min_confidence=0.5, min_lift=1, min_length=2)
13 arules_out = arules_parse(list(association_rules))
14 print(arules_out['rules'].sort_values('conf', ascending=False).head())
```

结果如表 3-4-8 所示。

表 3-4-8　关联规则挖掘

	left	right	support	conf	lift
79	X9=A,X4=B	X10=A	0.111111	0.923077	4.153846
86	X8=A,X3=B	X9=A	0.101852	0.916667	4.125000
80	X6=A,X1=B	X7=A	0.101852	0.916667	4.304348
83	X2=B,X7=A	X8=A	0.101852	0.916667	4.304348
78	X9=A,X10=A	X4=B	0.111111	0.857143	2.436090

如上述代码所示，可以使用自定义函数 arules_parse 解析 apriori 算法的返回结果，关于 arules_parse 的具体实现，可参见如下代码：

```
1 def arules_parse(association_results):
2     freq_items = list()
3     freq_items_support = list()
4     left_items = list()
```

```
 5        right_items = list()
 6        conf = list()
 7        lift = list()
 8        rule_support = list()
 9        for item in association_results:
10            freq_items.append(",".join(item[0]))
11            freq_items_support.append(item[1])
12            for e in item[2]:
13                left_items.append(",".join(e[0]))
14                right_items.append(",".join(e[1]))
15                conf.append(e[2])
16                lift.append(e[3])
17                rule_support.append(item[1])
18        return {
19            "freq_items":pd.DataFrame({'items':freq_items, 'support':freq_items_support}),
20            "rules":pd.DataFrame({'left':left_items, 'right':right_items,'support':rule_support,'conf':conf,'lift':lift})
21        }
```

通过 apriori 建模，我们得到一条最强的规则，即{X9=A,X4=B}=>{X10=A}，对应的置信度为 0.923，提升度为 4.153846，算是很高了。现在使用该规则在验证集 con_test 中进行验证，代码如下：

```
1 tmp = con_test.query("X4=='B' and X9=='A'")
2 print("%d%%'%(100*sum(tmp["X10"]=='A')/tmp.shape[0]))
3 # 100%
```

可见，这条规则在未来 20 个月中，全部命中。比如要预测 1960 年 11 月的环比值，根据规则，当同年 5 月环比值 1.02 位于(0.913,1.025]（对应 B 分类）区间，并且同年 10 月环比值 0.91 位于 [0.799,0.913]（对应 A 分类）区间时，则可以有效预测 11 月的环比值介于 0.799~0.913 之间。

为更加直观地观察挖掘出来的关联规则，可使用 Python 中的 networkx 库来绘制关系网络图，代码如下：

```
 1 # 声明变量，tuple_list 用于存放所有的边，nodes_color、nodes_size 分别存放节点的颜色和大小
 2 # edges_size 存放边的大小
 3 tuple_list, nodes_color, nodes_size, edges_size = [], {}, {}, {}
 4
 5
 6 # 自定义行处理函数
 7 def row_proc(row):
 8     tmp_edges = []
 9     [tmp_edges.append((x, str(row.name))) for x in row['left'].split(",")]
10     [tmp_edges.append((str(row.name), x)) for x in row['right'].split(",")]
11     for e in row['left'].split(",") + row['right'].split(","):
12         if e not in nodes_color:
13             nodes_color[e] = 0
14             nodes_size[e] = 600
```

```
15      # 使用提升度来表示节点的颜色, 颜色越深, 提升度越大
16      nodes_color[str(row.name)] = row['lift']
17      # 使用置信度来表示节点的大小, 节点越大, 置信度也就越大
18      nodes_size[str(row.name)] = 2 ** (row['conf'] * 10) * 3
19      # 使用边的大小来表示规则的支持度, 边越粗, 支持度越大
20      for k in tmp_edges:
21          edges_size[k] = row['support'] * 20
22          tuple_list.extend(tmp_edges)
23
24 arules_out['rules'].apply(row_proc, axis=1)
25 plt.figure(figsize=(10, 10))
26 # 建立有向图
27 G = nx.DiGraph()
28 G.add_edges_from(tuple_list)
29 pos = nx.kamada_kawai_layout(G)
30 colors = [nodes_color.get(node) for node in G.nodes()]
31 sizes = [nodes_size.get(node) for node in G.nodes()]
32 widths = [edges_size.get(edge) for edge in G.edges()]
33 nx.draw(G, pos, cmap=plt.get_cmap('Greys'), with_labels=True, width=widths,
34          node_color=colors, node_size=sizes, edge_color='lightgray', font_color="lightgray")
35 plt.savefig('../tmp/网络图.png', bbox_inches='tight')
```

效果如图 3-4-3 所示。

图 3-4-3 网络图

非圆型节点表示项（比如{X1=C}），圆型节点表示规则，分别按数字进行编号（数字编号为 0 就是 arules_out['rules']结果中的第一条规则，依此类推）。规则节点颜色越深，表示提升度越大，面积越大表示置信度越高，规则节点的输入节点表示规则的左侧项，输出节点表示规则的右侧项。从图 3-4-3 中可以直接选出颜色深、面积大的节点 80、83、86、77、79，通过编号可以继续在 arules_out['rules']中筛选，并提炼具体规则加以分析。

3.4.3 Eclat 算法

与 Apriori 算法不同，Eclat 算法把数据集中的事务划归到每个项下，采用垂直数据表示，并以此为基础挖掘事务集的频繁项集。这种数据结构又叫作 Tidset 垂直数据集，示例数据如表 3-4-9 所示。

表 3-4-9　数据集转换表

常见事务数据集			Tidset 垂直数据集	
事务 ID	项目集		项 ID	事务集
1	A,D		A	1,2,3,5,6
2	A,E,F	⟶	B	3,4,6
3	A,B,C,E,F		C	3,4,5
4	B,C,D		D	1,4,5,6
5	A,C,D,E,F		E	2,3,5
6	A,B,D,F		F	2,3,5,6

Eclat 算法使用这种数据表示，在计算支持度时，只需要一次读取数据集，首先得到每个 1 项集的支持度，然后对 $k-1$ 项集进行事务项交集操作来计算候选 k 项集的支持度，这确实比 Apriori 算法 n 次读取数据集有了改进，只是将效率花费在交集操作上。现以示例数据为例，假设最小支持度 minsup=0.5（对应支持度计数为 3），候选项集、频繁项集、自连接、剪枝仍然使用 Apriori 算法中的表示及做法，说明 Eclat 算法的手动实现过程，如表 3-4-10 所示。

表 3-4-10　Eclat 算法的手动实现步骤

执行操作	输出		
1. 扫描 Tidset 垂直数据集，根据最小支持度 minsup 生成频繁 1 项集	频繁 1 项集	事务集	支持度计数
	A	1,2,3,5,6	5
	B	3,4,6	3
	C	3,4,5	3
	D	1,4,5,6	4
	E	2,3,5	3
	F	2,3,5,6	4

续表

执行操作	输出		
2. 自连接生成候选 2 项集。此处各集合中都只有 1 个项，因此两两直接组合即可	候选 2 项集	事务集	支持度计数
	A,B	3,6	2
	A,C	3,5	2
	A,D	1,5,6	3
	A,E	2,3,5	3
	A,F	2,3,5,6	4
	B,C	3,4	2
	B,D	4,6	2
	B,E	3	1
	B,F	3,6	2
	C,D	4	1
	C,E	3,5	2
	C,F	3,5	2
	D,E	5	1
	D,F	5,6	2
	E,F	2,3,5	3
3. 由于$\{A,B\}$、$\{A,C\}$、$\{B,C\}$、$\{B,D\}$、$\{B,E\}$、$\{B,F\}$、$\{C,D\}$、$\{C,E\}$、$\{C,F\}$、$\{D,E\}$、$\{D,F\}$不满足最小支持度要求，因此剪掉，生成频繁 2 项集	频繁 2 项集	事务集	支持度计数
	A,E	2,3,5	3
	A,F	2,3,5,6	4
	E,F	2,3,5	3
4. 自连接生成候选 3 项集。此处各集合中只有 1 个项不同，其余项都相同，进行两两组合	候选 3 项集	事务集	支持度计数
	A,E,F	2,3,5	3
5. 由于候选 3 项集中只有 1 个项集，并且满足最小支持度要求，同时，它的所有子集也都是频繁项集，因此生成频繁 3 项集，结束算法	频繁 3 项集	事务集	支持度计数
	A,E,F	2,3,5	3

Eclat 算法的算法流程及实现步骤与 Apriori 类似，这里就不细说了。在 Python 中，我们可以使用 fim 库中的 eclat 函数来使用 Eclat 算法，它的函数定义及参数说明如表 3-4-11 所示。

表 3-4-11　eclat 函数定义及参数说明

函数定义	
eclat(tracts,target='s',supp=10,zmin=1,zmax=None,...)	
参数说明	
tracts	事务数据，可以用 item 数组的列表或字典来表示
target	挖掘目标，默认为's'表示挖掘所有的频繁项集，'m'表示挖掘最大的频繁项集，'r'表示挖掘出关联规则等
supp	最小支持度，默认为 10，表示 10%，即 0.1
zmin	每个项集，包含项目的最小数量，默认为 1
zmax	每个项集，包含项目的最大数量，默认无上限

基于示例数据，首先构造 list 对象，每个元素就是一个事务，然后强制将其转换成 tracts 对象，使用 eclat 函数挖掘频繁项集，并对挖掘的结果进行可视化展现，代码如下：

```
1 # 根据示例数据，手动输入构建包含事务信息的 list 对象
2 transactions = [['A', 'D'], ['A', 'E', 'F'], ['A', 'B', 'C', 'E', 'F'],
3                  ['B', 'C', 'D'], ['A', 'C', 'D', 'E', 'F'], ['A', 'B', 'D', 'F']]
4 rules = eclat(tracts=transactions, zmin=1, supp=50)
5 plt.close()
6 plt.figure(figsize=(5, 3))
7 tmp = pd.DataFrame(rules).sort_values(1, ascending=True)
8 tmp = tmp.set_index(tmp[0])
9 tmp[1].plot(kind='barh', color='gray')
10 plt.ylabel("频繁项集")
11 plt.xlabel("频率")
12 plt.show()
```

效果如图 3-4-4 所示，各频繁项集的支持度计数与我们在上文中手动计算的结果一致。

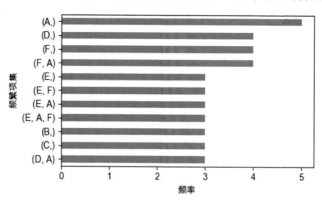

图 3-4-4　频繁项集可视化

3.4.4 序列模式挖掘

与关联规则不同的是，序列模式考虑了事务间的先后顺序，这在一些场景中非常重要，比如顾客买完床之后，可能过一段时间就会买床单。这种挖掘频繁出现的有序事件或序列的过程就是序列模式挖掘。它与关联规则要求的事务数据集相比，增加了事务发生的时间，另外，事务发生的序列归属于对的客户 ID。示例数据如表 3-4-12 所示。

表 3-4-12　序列模式挖掘基础数据

客户 ID	事务发生时间	项的子集
1	2015.12.02	A,B,C
2	2015.12.01	A,B
2	2015.12.04	A,D
3	2015.11.27	B,E,F

该示例数据集就是常见的事务数据集，现在为了方便处理，将其转换为序列数据集。首先把客户 ID 相同的记录合并，并按事务发生时间的先后顺序排列，得到序列数据集。转换结果如表 3-4-13 所示。

表 3-4-13　序列模式挖掘中间数据

客户 ID	序列
1	$<\{A,B,C\}>$
2	$<\{A,B\},\{A,D\}>$
3	$<\{B,E,F\}>$

假设序列数据集记作 S，则基于该数据集，梳理序列模式挖掘涉及的基本概念及定义如下所示。

> **项目（item）**：如示例数据，A、B、C 等这些都是项目。在购物篮分析中，也表示商品。
>
> **项集（item set）**：各种项目组成的集合，比如 $\{A,B\}$ 就是一个项集，默认按字典顺序排列。
>
> **序列（sequence）**：不同项集的有序排列就叫序列，比如 $<\{D\},\{B,F\},\{A\}>$ 就是一个序列。
>
> **序列长度**：一个序列包含的所有项目的个数就是序列的长度，长度为 R 的序列记为 k 序列。
>
> **子序列**：假设序列 $\alpha=<a_1,a_2,\cdots,a_n>$，序列 $\beta=<b_1,b_2,\cdots,b_m>$，如果存在整数，$1 \leqslant j_1 \leqslant j_2 \leqslant \cdots \leqslant j_n \leqslant m$，使得 $a_1 \subseteq b_{j_1}, a_2 \subseteq b_{j_2}, \cdots, a_n \subseteq b_{j_n}$，则称序列 $a_1 \subseteq b_{j_1}, a_2 \subseteq b_{j_2}, \cdots, a_n \subseteq b_{j_n}$ 是 β 的子序列，记作 $\alpha \subseteq \beta$。比如 $<\{D\},\{A\}> \subseteq <\{D\},\{B,F\},\{A\}>$。
>
> **支持度计数**：序列 α 在 S 中的支持度计数是指 S 中包含序列 α 的个数，记作 $\sigma(\alpha)$。比如该示例数据中 $\sigma(<\{A,B,C\}>)=1$。

> **支持度：** 序列α在S中的支持度是指S中包含序列α的个数占S中所有序列数的比值，记作$s(\alpha)$。比如，示例数据中$s(<\{A,B,C\}>) = \frac{1}{3}$。
>
> **频繁序列：** 满足最小支持度阈值（minsup）的所有序列，也叫序列模式。长度为minsup的频繁序列，叫作频繁k序列，也叫k模式。

3.4.5 SPADE 算法

用于序列模式挖掘的算法主要分为两类：一类是类 Apriori 算法，这些算法基于 Apriori 的理论，认为频繁序列的任一子序列也应该是频繁序列，相应的任一非频繁序列的超序列也应该是非频繁的，这种性质，可以裁剪搜索空间，更加有效地发现频繁序列；另一类是基于划分的模式生长算法，首先基于分治的思想，迭代地将原始数据集进行划分，减少数据规模，同时在划分的过程中动态地挖掘序列模式，并将新发现的序列模式作为新的划分元。类 Apriori 算法的代表算法有 GSP 算法、SPADE 算法等，第二类代表算法有 FreeSpan 算法和 prefixSpan 算法等。由于 SPADE 算法是基于垂直数据格式的，并且在产生频繁序列时，只需要对项目集各自的垂直数据进行交叉操作，从而避免了对原始数据进行扫描，序列越长，处理速度越快，同时引入了等价类方法提高算法的效率，因此了解 SPADE 算法的实现对研究序列模式挖掘具有代表意义。这里将基于如下示例数据集，模拟 SPADE 算法的实现过程。示例数据集如表 3-4-14 所示。

表 3-4-14　SPADE 算法基础数据

客户 ID	事务发生时间	项目集
1	10	C,D
1	15	A,B,C
1	20	A,B,F
1	25	A,C,D,F
2	15	A,B,F
2	20	E
3	10	A,B,F
4	10	D,G,H
4	20	B,F
4	25	A,G,H

假设最小支持度 minsup=0.5，即最小支持度计数为 2，则 SPADE 算法实现的主要过程如下。

（1）产生所有的 1-序列，并将数据转换成垂直的存储方式，图 3-4-5 统计了各单项发生时对应的 CID 和 TID 信息，其中 CID 表示客户 ID，TID 表示事务发生时间，对应的列表也叫作 CID 列表。

A	
CID	TID
1	15
1	20
1	25
2	15
3	10
4	25

B	
CID	TID
1	15
1	20
2	15
3	10
4	20

C	
CID	TID
1	10
1	15
1	25

D	
CID	TID
1	10
4	25
4	10

E	
CID	TID
2	20

F	
CID	TID
1	20
1	25
2	15
3	10
4	20

G	
CID	TID
4	10
4	25

H	
CID	TID
4	25

图 3-4-5　各单项对应的 CID 和 TID 信息表

（2）由各单项构成的序列，叫作 1-序列，现统计<{A}>…<{H}>各序列对应的序列支持度计数，如表 3-4-15 所示，并根据最小支持度，剔除不满足要求的 1-序列，得到频繁 1-序列。

表 3-4-15　各单项的支持度计数

序列	支持度计数	序列	支持度计数
<{A}>	4	<{E}>	1
<{B}>	4	<{F}>	4
<{C}>	1	<{G}>	1
<{D}>	2	<{H}>	1

（3）当前频繁 1-序列构成了 2-序列的原子项，通过频繁 1-序列的自连接操作产生 2-序列的候选序列，并进一步得到频繁 2-序列。<{X}>与>{Y}>序列的连接方式有 3 种，分别为<{X,Y}>、<{X},{Y}>、<{Y},{X}>。其中<{X},{Y}>、<{Y},{X}>在关联时要考虑发生时间的先后顺序，而<{X,Y}>由于是同时发生的，所以不用考虑时间因素。假设频繁 1-序列包含 n 个原子序列，产生 2-序列时，共需要扫描 CID 列表的次数为：

$$\sum_{i=1}^{n} i = \frac{n \cdot (n+1)}{2}$$

这里 $n=4$，故需要扫描 CID 列表 10 次，当 n 很大时，次数还会增加，为了提高效率，考虑将所有单项的垂直 CID 列表整合到一个表中，转换成水平格式，基于这个数据集进行处理，只需要读一次。数据集如表 3-4-16 所示。

表 3-4-16　CID 水平格式表

CID	(Item,TID)
1	(*A*15)(*A*20)(*A*25)(*B*15)(*B*20)(*C*10)(*C*15)(*C*25) (*D*10)(*D*25)(*F*20)(*F*25)
2	(*A*15)(*B*15)(*E*20)(*F*15)
3	(*A*10)(*B*10)(*F*10)
4	(*A*25)(*B*20)(*D*10)(*F*20)(*G*10)(*G*25)(*H*10)(*H*25)

根据此表，按 CID 依次读取二元组，分别构建$\boldsymbol{K}_1 \sim \boldsymbol{K}_4$共 4 个矩阵，如图 3-4-6 所示。

$\boldsymbol{K}_1$ =

	10	15	20	25
A	0	1	1	1
B	0	1	1	0
D	1	0	0	1
F	0	0	1	1

$\boldsymbol{K}_2$ =

	15	20
A	1	0
B	1	0
D	0	0
F	0	1

$\boldsymbol{K}_3$ =

	10
A	1
B	1
D	0
F	1

$\boldsymbol{K}_4$ =

	10	20	25
A	0	0	1
B	0	1	0
D	1	0	0
F	0	1	0

图 3-4-6　中间矩阵

需要注意的是，由于我们已经找到频繁 1-序列，因此只用考虑 A、B、D、F 这 4 个项目。假设用$\boldsymbol{M}_1$表示 2-序列的序列支持度计数矩阵，亦即$\boldsymbol{M}_1[A,B]$表示$A \prec B$的支持度计数；用$\boldsymbol{M}_2$表示 2-序列的项目集支持计数矩阵，即$\boldsymbol{M}_2[A,B]$表示 A、B 的支持度计数（$\boldsymbol{M}_2$对角线除外），则$\boldsymbol{M}_1$、$\boldsymbol{M}_2$的定义如下（本例中 *k*=4）：

$$\boldsymbol{M}_1 = \sum_{i=1}^{k} \mathrm{gl}(\boldsymbol{K}_i) \otimes \mathrm{gr}()(\boldsymbol{K}_i)', \boldsymbol{M}_2 = \sum_{i=1}^{k} ([\boldsymbol{K}_i \cdot \boldsymbol{K}_i'] > 0)$$

其中，函数gl获取矩阵$\boldsymbol{K}_i$的极左元矩阵，gr获取矩阵$\boldsymbol{K}_i$的极右元矩阵。比如对$\boldsymbol{K}_i$分别调用这两个函数，可得到如图 3-4-7 所示结果（注意观察相同行第一个矩阵中 1 的位置不会比第二个矩阵中 1 的位置靠后，这就是极左与极右的概念，表示一种次序）。

$\mathrm{gl}(\boldsymbol{K})_1$ =

	10	15	20	25
A	0	1	1	1
B	0	1	1	0
D	1	0	0	1
F	0	0	1	1

$\mathrm{gr}(\boldsymbol{K})_1$ =

	10	15	20	25
A	0	1	1	1
B	0	1	1	0
D	1	0	0	1
F	0	0	1	1

图 3-4-7　极左元矩阵与极右元矩阵

运算$\boldsymbol{L} \otimes \boldsymbol{R}$定义了矩阵$\boldsymbol{L}$的行向量$\boldsymbol{l}_{i.}$与矩阵$\boldsymbol{R}$的列向量$\boldsymbol{r}_{.j}$的运算规则，其中$\boldsymbol{L}$与$\boldsymbol{R}$都为$n \times m$的二元矩阵，且$i \in [1,n], j \in [1,m]$，若$\boldsymbol{l}_{i.}$与$\boldsymbol{r}_{.j}$都不为零向量，同时$\boldsymbol{l}_{i.}$中元素为 1 的下标明显小于$\boldsymbol{l}_{.j}$中元素为

1 的下标时，则$l_i.\otimes r_{.j}=1$，否则$l_i.\otimes r_{.j}=0$。根据以上公式，可计算得到两个矩阵$\boldsymbol{M}_1$、$\boldsymbol{M}_2$，分别表示如图 3-4-8 所示。

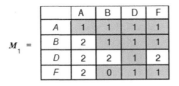 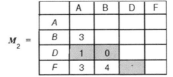

图 3-4-8　两个支持度计数矩阵

其中，$\boldsymbol{M}_1$中的各元素表示序列的支持度计数，其中 a、b 为集合$\{A,B,C,D\}$中的一个元素，$\boldsymbol{M}_2$对角线以外的值表示 a、b 同时出现的支持度计数。根据$\boldsymbol{M}_1$、$\boldsymbol{M}_2$，结合最小支持度可得到频繁 2-序列，如表 3-4-17 所示。

表 3-4-17　频繁 2-序列统计表

序列	支持度计数	序列	支持度计数
<{AB}>	3	<{D},{A}>	2
<{AF}>	3	<{F},{A}>	2
<{BF}>	4	<{D},{B}>	2
<{B},{A}>	2	<{D},{F}>	2

根据频繁 2-序列，可得到相应的 CID 列表（可在计算矩阵的过程中产生），如图 3-4-9 所示（其中$B\prec A$表示 B 在 A 之前发生，也可以表示为$B\rightarrow A$）。

AB		AF		BF		$B\prec A$	
CID	TID	CID	TID	CID	TID	CID	TID
1	15	1	20	1	20	1	20
1	20	1	25	2	15	1	25
2	15	2	15	3	10	4	25
3	10	3	10	4	20		

$D\prec A$		$F\prec A$		$D\prec B$		$D\prec F$	
CID	TID	CID	TID	CID	TID	CID	TID
1	15	1	25	1	15	1	20
1	20	4	25	1	20	1	25
1	25			4	20	4	20
4	25						

图 3-4-9　频繁 2-序列对应的 CID 和 TID 信息表

（4）当前频繁 2-序列构成了 3-序列的原子项，通过频繁 2-序列的自连接操作产生 3-序列的候选序列。为了提高运算效率，SPADE 算法引入了等价类的概念，即拥有相同前缀的序列为一个等价类，同时每个等价类根据相同前缀的大小，还可以进行细分。由于等价类中的序列可以靠自己生成更长的序列，因此在 SPADE 算法中，可通过等价类的方式将序列对象切分成块，也可并行执行，以得到效率上的提高。当前分别以 A、B、D、F 为前缀得到 4 个等价类，对每个等价类的 CID 列表进行自连接操作。这里的连接操作有 3 种可能的方式：

①项目集原子项连接项目集原子项，比如 AB 与 AF 连接，则产生新的项目集原子项 ABF；

②项目集原子项连接序列原子项，比如 BF 连接 $B \prec A$，则产生新的序列原子项 $BF \prec A$；

③序列原子项连接序列原子项，比如 $D \prec B$ 连接 $D \prec F$，则有 3 种输出，分别为 $D \prec BF$（项目集原子项）、$D \prec B \prec F$（序列原子项）、$D \prec F \prec B$（序列原子项）。特殊情况下，比如 $D \prec B$ 自身连接，则只会产生新的序列原子项 $D \prec B \prec B$。根据这些连接规则，分别为各等价类生成 3-序列的候选序列，如图 3-4-10 ~ 图 3-4-13 所示。

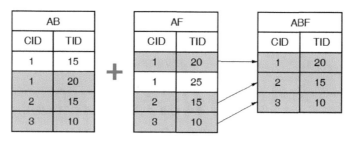

图 3-4-10 以 A 为底的等价类

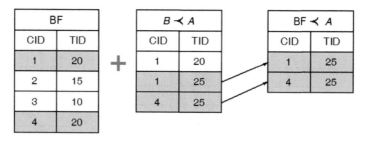

图 3-4-11 以 B 为底的等价类

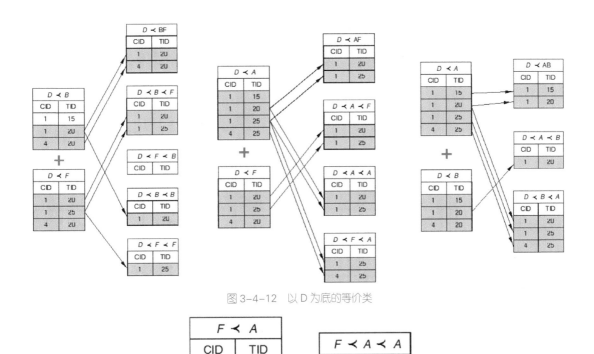

图 3-4-12　以 D 为底的等价类

图 3-4-13　以 F 为底的等价类

统计以上 3-序列，计算支持度计数，可得候选 3-序列，如表 3-4-18 所示。

表 3-4-18　序列支持度计数表

序列	支持度计数	序列	支持度计数	序列	支持度计数
<{ABF}>	3	<{D},{F},{B}>	0	<{D},{AB}>	1
<{BF},{A}>	2	<{D},{AF}>	1	<{D},{A},{B}>	1
<{D},{BF}>	2	<{D},{A},{F}>	1	<{D},{B},{A}>	2
<{D},{B},{F}>	1	<{D},{F},{A}>	2	<{F},{A},{A}>	0
<{D},{A},{A}>	1	<{D},{B},{B}>	1	<{D},{F},{F}>	1

根据最小支持度计数的限制，和序列对应的任意非空子集要求是频繁的，可得频繁 3-序列，如表 3-4-19 所示。

表 3-4-19　频繁 3-序列统计表

序列	支持度计数
<{ABF}>	3
<{BF},{A}>	2
<{D},{BF}>	2
<{D},{F},{A}>	2
<{D},{B},{A}>	2

相应的 CID 列表如图 3-4-14 所示。

ABF	
CID	TID
1	20
2	15
3	10

BF ≺ A	
CID	TID
1	25
4	25

D ≺ BF	
CID	TID
1	20
4	20

D ≺ F ≺ A	
CID	TID
1	25
4	25

D ≺ B ≺ A	
CID	TID
1	20
1	25
4	25

图 3-4-14　频繁 3-序列对应的 CID 和 TID 信息表

（5）当前频繁 3-序列构成了 4-序列的原子项，通过频繁 3-序列的自连接操作产生 4-序列的候选序列。分别为各等价类生成 4-序列的候选序列具体如下。

- 以 A 为底的等价类

以 A 为底的序列，只有<{ABF}>，其对应的项目集原子项 ABF 自身连接没有意义。

- 以 B 为底的等价类

以 B 为底的等价类，有更细的划分，即以 BF 为底的等价类，序列原子项$BF ≺ A$自身连接可得新的序列原子项$BF ≺ A ≺ A$，连接关系图如图 3-4-15 所示。

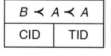

BF ≺ A	
CID	TID
1	25
4	25

B ≺ A ≺ A	
CID	TID

图 3-4-15　连接关系图

- 以 D 为底的等价类

在以 D 为底的等价类中，项目原子集$D ≺ BF$，其自身的连接没有意义，它与$D ≺ B ≺ A$连接的

结果为 $D \prec \mathrm{BF} \prec A$。序列原子项 $D \prec F \prec A$ 与 $D \prec B \prec A$ 各自自连接的结果为 $D \prec F \prec A \prec A$、$D \prec B \prec A \prec A$，连接关系图如图 3-4-16 所示。

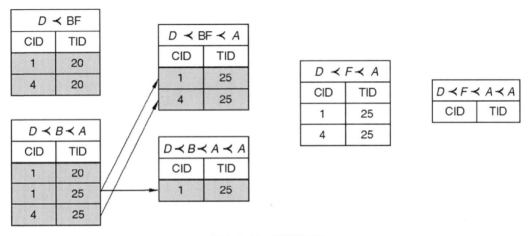

图 3-4-16　连接关系图

统计以上 4-序列，计算支持度计数 σ，可得候选 4-序列，如表 3-4-20 所示。

表 3-4-20　候选 4-序列支持度计数表

序列	支持度计数
$<\{\mathrm{BF}\},\{A\},\{A\}>$	0
$<\{D\},\{\mathrm{BF}\},\{A\}>$	2
$<\{D\},\{B\},\{A\},\{A\}>$	1
$<\{D\},\{F\},\{A\},\{A\}>$	0

根据最小支持度计数的限制，和序列对应的任意非空子集要求是频繁的，可得频繁 4-序列 $<\{D\},\{\mathrm{BF}\},\{A\}>$，支持度计数为 2。对应的 CID 列表如图 3-4-17 所示。

$D \prec \mathrm{BF} \prec A$	
CID	TID
1	25
4	25

图 3-4-17　频繁 4-序列对应的 CID 和 TID 信息表

（6）当前频繁 4-序列构成了 5-序列的原子项，通过频繁 4-序列的自连接操作产生 5-序列的候选序列。$D \prec \mathrm{BF} \prec A$ 自连接的结果为 $D \prec \mathrm{BF} \prec A \prec A$，通过观察可知，由于对应的时间没有连接得上的，因此支持度计数为 0，故不存在频繁 5-序列，算法结束。

基于等价类的连接关系（针对频繁序列），如图 3-4-18 所示。

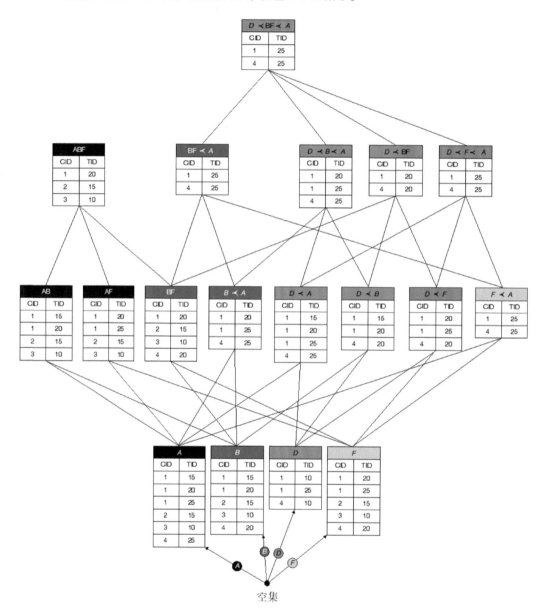

图 3-4-18　基于等价类的连接关系

这里介绍的 SPADE 算法是没有加约束条件的，对加了约束条件的对应算法叫作 cSPADE 算法，主要的约束条件如下：

①最大序列长度与宽度，序列的长度是指序列中事件的个数，宽度是指最长事件的长度；

②最小间隔，即序列中相邻事件间发生时间的最小间隔；

③最大间隔，即序列中相邻事件间发生时间的最大间隔；

④时间窗口，即整个序列的最大时间与最小时间之差；

⑤限定项目，指定某些项目，以生成相应的序列模式。

根据 SPADE 算法的实现原理及案例，我们得到该算法的流程，如图 3-4-19 所示。

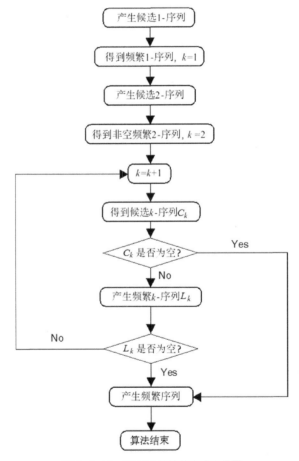

图 3-4-19　SPADE 算法的实现流程图

根据流程图，我们得到实现 SPADE 算法的主要步骤，如下：

①产生候选 1-序列，并以垂直方式存储为 CID 列表；

②根据最小支持度，得到频繁 1-序列，$k=1$；

③转换成水平格式，快速计算候选 2-序列；

④根据最小支持度，得到频繁 2-序列，$k=2$，并生成相应 CID 列表；

⑤k 递增，并以频繁 k-1 序列为原子项，以等价类为基础，通过 CID 列表按时间进行自连接产生候选 k-序列；

⑥如果候选 k-序列为空集，则为最新发现的序列模式，直接转到第⑨步，否则进入下一步；

⑦根据最小支持度，和频繁 k-序列的任意非空子集均为频繁的原则，对候选 k-序列前枝，产生频繁 k-序列；

⑧如果频繁 k-序列为空集，则为最新发现的序列模式，直接进入下一步，否则进入第⑤步；

⑨产生频繁序列，并结束算法。

在 Python 中可使用 pycspade 等库来实现 SPADE 算法，但是这些库都或多或少存在一些缺陷，这里推荐使用 R 语言的 arulesSequences 包，该包封装了 cspade 算法，它是通过调用 C++ 的 cspade 函数来实现的。那么如何在 Python 中使用 R 语言的包呢？rpy2 提供了一个从 Python 到 R 的底层接口，使得 Python 可以很直接调用 R 中的包和函数，进一步对数据进行分析。可通过如下代码，在 Python 中安装 R 语言的 arulesSequences 包，当然也可以直接在 R 环境中安装。

```
 1 """
 2 :: 安装 R 包 => Python 代码
 3
 4 from rpy2.robjects.packages import importr
 5 utils = importr('utils')
 6 utils.chooseCRANmirror(ind=20)
 7 utils.install_packages('arulesSequences')
 8
 9 """
10 vas = importr("arulesSequences")
11 arules = importr("arules")
```

我们首先需要自己安装 rpy2 包，通过 conda 或 pipinstall 的命令就可以实现。然后，我们以 Python 编码的方式来使用 R 语言。如上述代码所示，直接调用 importr 函数，加载 utils 包，调用 utils 包中的 install_packages 函数完成 arulesSequences 包的安装。这里使用 zaki 数据集，这与我们上文的示例数据是一样的，这里我们将 zaki 数据集存成.txt 格式的文件 zaki.txt，内容如下：

```
1 10 2 C D
1 15 3 A B C
1 20 3 A B F
1 25 4 A C D F
2 15 3 A B F
2 20 1 E
3 10 3 A B F
4 10 3 D G H
4 20 2 B F
4 25 3 A G H
```

如上述文件内容所示，第一列表示客户 ID，第二列表示时间，第三列表示篮子大小，后面紧跟由空格间隔的元素表示商品。现编写 Python 代码，对 zaki 数据集中潜在的序列模式进行挖掘，设定最小支持度为 0.5，代码如下：

```
1 s0 = vas.cspade(vas.read_baskets(
2     con=ZAKI,
3     info=StrVector(["sequenceID", "eventID", "SIZE"])),
4     parameter=ListVector({"support": 0.5}))
5 arules.write(s0, '../tmp/zaki_out.txt')
```

如上述代码所示，程序加载了 arulesSequences 包，并调用 cspade 函数建立序列模式挖掘模型，需要注意的是，由于调用的是 R 语言，所以那些在 R 中很自然的写法，全都要改成 Python 可识别的，比如这里的 parameter 参数，需要转换成 StrVector 对象，才能够正常调用。完成建模后，我们将结果写入 zaki_out.txt 文件，sep 设置为空格。我们可以使用 Pandas 库加载该文件，用于后续的进一步处理和分析，代码如下：

```
1 print(pd.read_table('../tmp/zaki_out.txt', sep=" "))
```

代码运行结果如图 3-4-20 所示，得到的序列模式及支持度与上文我们手动计算得到的结果相符。

	sequence	support
1	<{A}>	1.00
2	<{B}>	1.00
3	<{D}>	0.50
4	<{F}>	1.00
5	<{A,F}>	0.75
6	<{B,F}>	1.00
7	<{D},{F}>	0.50
8	<{D},{B,F}>	0.50
9	<{A,B,F}>	0.75
10	<{A,B}>	0.75
11	<{D},{B}>	0.50
12	<{B},{A}>	0.50
13	<{D},{A}>	0.50
14	<{F},{A}>	0.50
15	<{D},{F},{A}>	0.50
16	<{B,F},{A}>	0.50
17	<{D},{B,F},{A}>	0.50
18	<{D},{B},{A}>	0.50

图 3-4-20

第 4 章

特征工程

我们在开展预测工作时，仅有原始特征还不够，有时为了提高模型的精度，还需要在特征上做文章。特征是建模分析阶段能够起重要作用的变量，特征找得好，不仅建模效率高，建模的效果也很不错。基于原始特征，我们可以用变换、组合、评价优选及学习等方法来获得更强区分能力的特征，进一步提升模型效果。我们把针对特征所使用到的各种技术和方法汇总到一起叫作特征工程。本章将从特征工程的方法、原理、Python 案例等角度，介绍常见的特征工程的使用技巧。

4.1　特征变换

特征变换通常是指对原始的某个特征通过一定规则或映射得到新特征的方法，主要方法包括概念分层、标准化、离散化、函数变换以及深入表达。特征变换主要由人工完成，属于比较基础的特征构建方法。特征变换的样例如图 4-1-1 所示（其中 $T_1 \sim T_m$ 是变换方法）。

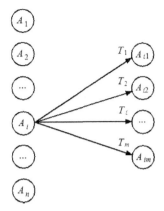

图 4-1-1　特征变换举例

4.1.1　概念分层

在数据分析的过程中，对于类别过多的分类变量通常使用概念分层的方法变换得到类别较少的变量，比如可以将年龄变量，其值为"1 岁""12 岁""38 岁"等，变换成更高概念层次的值，如"儿童""青年""中年"等，其中每个值对应多个年龄，经过这样的处理，类别减少到几类，既避免了程序陷入过拟合，又能提高算法的效率。因此，概念分层是缩减离散变量取值数量的方法。由于取值概念层级更高，这必然会损失一些细节信息，极端情况是取到概念分层的顶层，也就是信息损失最大的取值，在这种情况下，对所有的样本，该变量的值都是一样的，因此就失去概念分层的意义了。假设用 X_1 ◯ X_n 表示原始离散取值，分别用 $A_i \left(i \in \left[L_k^1, L_k^{a_k}\right]\right)$ 表示对应 k 层的各取值，其中 a_k 是第 k 层取值的数量，$k \in [1, m]$，且假设原始取值为第 m 层，$n = L_m^{a_m}$，则概念分层可以表示为图 4-1-2。

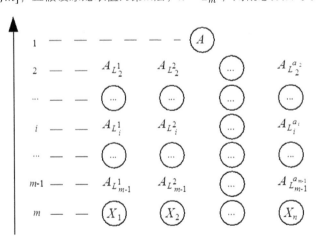

图 4-1-2　概念分层示意图

图 4-1-2 所示第一层为顶层，全部的取值同属于一类，m层为原始层，所包含的值最多，由下至上随着层数的减少，取值数量也跟着减少。通常取值为 2~5 类为宜。在数据分析实践中，通过配置维表或相关数据结构，再进行关联操作可以实现概念分层。这里使用荷兰男孩的身体发育数据 boys，通过编写 Python 代码说明概念分层的使用方法，代码如下：

```
1 from utils import *
2
3 boys = pd.read_csv(BOYS)
4 # 这里根据 BMI 指数，将 bmi 属性泛化成体重类型字段 w_type
5 parts = np.array([0, 18.5, 25, 28, 100])
6 types = ["过轻", "正常", "过重", "肥胖"]
7 boys['w_type'] = [types[np.where(x <= parts)[0][0] - 1] if not np.isnan(x) else "未知" for x in boys.bmi]
8 boys[boys.w_type != "未知"].w_type.value_counts().plot.bar()
9 plt.show()
```

本例中将 BMI 指数通过概念分层转换成包含 4 种类型的体型变量（见图 4-1-3），使得进一步的分析更加直观，用于建模也更能发现上层概念间的潜在规律，由于种类较少，得到的结论更为有说服力。

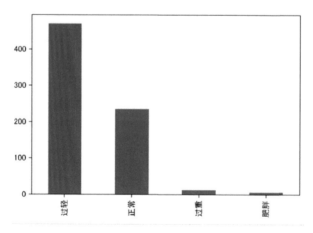

图 4-1-3　体重类型组成

4.1.2　标准化

在数据分析的过程中，通常使用的变量量纲不一致，在确定权重、系数、距离时，也会有所影响，因此要进行数据标准化。标准化对数据进行无量纲处理，使不同量纲的数据可以在同一个数量级上进行横向比较，减少因为数据级的差异带来的误差。常见用于数据标准化的方法，可以简单地分成线性标准化和非线性标准化两类。

（1）线性标准化

所谓线性标准化，即是满足 $y = ax + b$ 的标准化处理过程，其中 a、b 为常数。常见的线性标准化方法包括极差标准化、z-score 标准化、小数定标标准化。

- 极差标准化

假设有一组数据，则极差标准化就是将这组数据使用最大/最小值（极值，且 $x_1, x_2, \cdots, x_n$ 最大值>最小值）转换成范围在[0,1]的数据，极差标准化适合于知道数据最大/最小值的情况。对于正向指标，标准化公式如下：

$$y_i = \frac{x_i - \min(x)}{\max(x) - \min(x)}, i \in [1, n]$$

对于反向指标，标准化公式如下：

$$y_i = \frac{\max(x) - x_i}{\max(x) - \min(x)}$$

- z-score 标准化

所谓 z-score 标准化就是将数据转换成标准正态分布 $N(0,1)$ 的 Z 值得分，对于数据 $x_1, x_2, \cdots, x_n$，假设其均值为 μ，标准差为 σ，则对应标准化的公式如下：

$$y_i = \frac{x_i - \mu}{\sigma}, i \in [1, n]$$

z-score 标准化通常适用于最大值、最小值未知的情况。

- 小数定标标准化

小数定标标准化就是基于等比例缩减数据范围的思路，通过移动小数点实现标准化。对于数据 $x_1, x_2, \cdots, x_n$，在不知其最大绝对值但是知道最大数量级的情况下，可以通过小数定标来实现标准化。通常满足 $\max_{i \in [1,n]} |x_i| \leqslant 10^j$ 的最小值可用来确定数据的最大数量级。标准化公式如下：

$$y_i = \frac{x_i}{10^j}, i \in [1, n]$$

（2）非线性标准化

所谓非线性标准化，就是标准化处理过程是非线性的，常见的包括对数标准化、倒数标准化。

- 对数标准化

对数函数 $\log(x)$ 的曲线随着 x 的增加，其函数取值变缓，根据这种数据特性，在某些场景中适应用于做数据标准化，比如通常用购买次数来分析满意度。对于数据 $x_1, x_2, \cdots, x_n$ 进行对数标准化，正向指标标准化的常见公式如下：

$$y_i = a \cdot \log(x_i) + b$$

其中 a、b 为常数，$i \in [1, n]$。

反向指标标准化的常见公式如下：

$$y_i = a \cdot \log(c - x_i) + b, i \in [1, n]$$

其中 a、b 为常数，c 是比最大值大一点的常数。a、b 可以根据 y_i 的最大值、最小值的限定来求出。

- 倒数标准化

倒数标准化常用于反向指标，对于数据 $x_1, x_2, \cdots, x_n$，若它们都是大于 0 的正实数，则标准化的值为 $(0,1]$；若它们都是小于 0 的负实数，则标准化的值为 $[-1,0)$；若它们是非 0 的实数，则标准化的值为 $[-1,1]$。倒数标准化的公式如下：

$$y_i = \frac{a}{x_i}, i \in [1, n]$$

其中，a 是数据 $x_1, x_2, \cdots, x_n$ 中非零的最小绝对值。现用 Python 编写函数 std_proc 实现常见数据标准化，代码如下：

```python
1 def std_proc(x, is_positive=True):
1     """
1     该函数用于获取数据 x 的各种标准化值
1     is_positive:
1     :param x: 用于标准化的实数数组
1     :param is_positive: 是否是正向指标
1     :return:
1     """
1     x = np.array(x)
10    v_max, v_min, v_std, v_mean = np.max(x), np.min(x), np.std(x), np.mean(x)
11    # 1. 线性标准化
12    # --- 极差标准化
13    if v_max > v_min:
14        y_ext = (x - v_min if is_positive else v_max - x) / (v_max - v_min)
15    else:
16        print("最大值与最小值相等，不能进行极差标准化!")
17        y_ext = None
18
19    # --- z-score 标准化
20    if v_std == 0:
21        print("由于标准差为 0，不能进行 z-score 标准化")
22        y_zsc = None
23    else:
24        y_zsc = (x - v_mean) / v_std
25
26    # --- 小数定标标准化
```

```
27    y_pot = x / (10 ** len(str(np.max(np.abs(x)))))
28
29    # 2. 非线性标准化
30    # --- 对数标准化
31    y = np.log((x - v_min if is_positive else v_max - x) + 1)
32    y_log = y / np.max(y)
33
34    # --- 倒数标准化
35    y_inv = np.min(np.abs(x[x != 0])) / x
36    return {"y_ext": y_ext, "y_zsc": y_zsc, "y_pot": y_pot, "y_log": y_log, "y_inv": y_inv}
```

4.1.3 离散化

离散化通常是对实数而言的，它是将无限的连续值映射到有限分类值中的方法，并且这些分类规定了与无限连续值相同的取值空间。比如我们可以将收入金额的取值范围设为 2000~100000，离散化成 "低等收入" "中等收入" "高等收入" 等分类值，一般对于这种类型的离散化，得到的是有序分类变量。通过离散化处理，可以简化数据，有助于提高算法的执行效率和模型的可解释性。常见用于离散化处理的方法主要包括分箱法、熵离散法、规则离散法等，本节主要介绍这 3 种方法。

（1）分箱法

分箱法是一种将连续数值按照一定规则存放到不同箱中的数据处理方法，箱的宽度表示箱中数值的取值区间，箱的深度表示箱中数值的数量。通常按箱的等宽、等深的差异将分箱法分成两类，一类是等宽分箱，另一类是等比分箱。2、4、7、10、13、24、26、29、30、45、68、89 中一共有 12 个数值，可以按深度 4 将数值等比分成 3 个箱，分别为箱 1：2、4、7、10，箱 2：13、24、26、29，箱 3：30、45、68、89；由于数值介于区间[2,87]，可以按宽度 44 将数值等宽分成两个箱，分别为箱 1：2、4、7、10、13、24、26、29、30、45，箱 2：68、89。样例如图 4-1-4 所示。

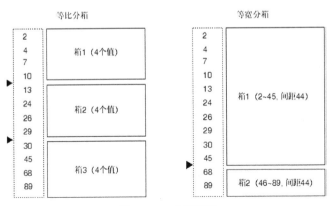

图 4-1-4 分箱举例

当把数值分箱后，问题来了，各分箱分别用什么值来表示呢？除了可以根据取值的范围来定义分类，还可以考虑将其进行平滑处理，通常有以下 3 个方法。

- 使用箱内各值的平均值，则以上数据按等比分箱的方法处理后的结果为 5.75、5.75、5.75、5.75、23、23、23、23、58、58、58、58；按等宽分箱的方法处理后的结果为 19、19、19、19、19、19、19、19、19、19、78.5、78.5。

- 使用箱内各位的中位数，则以上数据按等比分箱的方法处理后的结果为 5.5、5.5、5.5、5.5、25、25、25、25、56.5、56.5、56.5、56.5；按等宽分箱的方法处理后的结果为 18.5、18.5、18.5、18.5、18.5、18.5、18.5、18.5、18.5、18.5、78.5、78.5。

- 使用箱内的最大值或最小值（这里以最大值举例），则以上数据按等比分箱的方法处理后的结果为 10、10、10、10、29、29、29、29、89、89、89、89；按等宽分箱的方法处理后的结果为 45、45、45、45、45、45、45、45、45、45、89、89。

在 Python 中，通常使用 quantile 函数做等比分箱，使用 cut 函数做等宽分箱，示例代码如下：

```
1 # 按均匀分布生成 100 个介于 10 到 100 之间的实数
2 tmp = pd.Series([random.uniform(10, 100) for x in range(100)])
3
4 # 1.使用 pd.Series 下的 quantile 函数进行等比分箱，此处将数据分成 4 份
5 x = tmp.quantile(q=[0.25, 0.5, 0.75, 1])
6 x.index = ['A', 'B', 'C', 'D']
7 tmp_qtl = tmp.apply(lambda m: x[x >= m].index[0]).values
8 print(tmp_qtl)
9
10 # ...另外常可通过均值、中位数、最大/最小值来平滑数值以生成新的特征，这里用均值来举例
11 y = tmp.groupby(tmp_qtl).mean()
12 tmp_qtl_mean = [y[x] for x in tmp_qtl]
13 print(tmp_qtl_mean)
14
15 # 2.使用 cut 函数进行等宽分箱，此处将数据分成 5 份
16 tmp_cut = pd.cut(tmp, bins=5, labels=["B1", "B2", "B3", "B4", "B5"])
17
18 # ...另外可通过设置 labels 为 NULL，并通过 levels 函数查看 cut 的水平
19 # ...进一步确定各分箱的取值区间
20 # ...可通过均值、中位数、最大/最小值来平滑数值以生成新的特征，这里拿均值来举例
21 z = tmp.groupby(tmp_cut).mean()
22 tmp_cut_mean = [z[x] for x in tmp_cut]
23 print(tmp_cut_mean)
```

（2）熵离散法

熵离散法是基于信息熵的一种数据离散方法，通常用在分类问题的预测场景中对数值属性或特

征进行离散化处理。这是一种有指导的离散化方法，并且通常进行二元离散化。大致思路是这样的，首先将待离散化的数值特征进行排序，然后按顺序将对应数值作为分割点，这样可将该特征分为两类，分别记为 V_1 和 V_2，假设该特征为 V，目标变量为 U，则该划分可通过计算相应的熵得到信息增益 $\mathrm{Gains}(U, V) = \mathrm{Ent}(U) - \mathrm{Ent}(U|V)$（对应内容可参见"4.3.2 影响评价>信息增益"部分内容），通过不断地选择分割点，并从得到的所有信息增益中选取最大值，其对应的分割点即为最终用于离散化的分割点。

我们基于 iris 数据集，以 Species 为目标变量，说明特征 Sepal.Length 的离散化过程，代码如下：

```
 1 def get_split_value(u, x):
 2     sorted_x, max_gains, e_split = np.msort(x), 0, min(x)
 3     for e in sorted_x:
 4         tmp = np.zeros(len(x))
 5         tmp[x > e] = 1
 6         tmp_gain = gains(u, tmp)
 7         if tmp_gain > max_gains:
 8             max_gains, e_split = tmp_gain, e
 9     return e_split
10
11 iris = pd.read_csv(IRIS)
12 out = get_split_value(iris.Species, iris['Sepal.Length'].values)
13 print(out)
14 # 5.5
```

如上述代码所示，gains 函数用于计算信息增益，该函数定义请参见"4.3.2 影响评价>信息增益"中部分相关代码，最终求得的分割点为 5.5，即按照 $\mathrm{Sepal.Length} \leqslant 5.5$ 和 $\mathrm{Sepal.Length} > 5.5$ 可以离散化成两类。

（3）规则离散法

所谓规则离散法就是不单纯依赖于数据和算法，而主要靠业务经验设定的规定来离散化数据的方法。比如对于收入数据，一般可分为低收入、中等收入、高收入 3 类，但是在特定场景下，也可以按收入的稳定性分为稳定收入、不稳定收入两类。也就是通过业务规则，甚至在特征中引入非线性变化，对于某些场景的建模可能会有所裨益。

4.1.4　函数变换

函数变换指的是使用函数映射将变量或特征变换成另外一个特征的方法。通过函数变换会改变数据的分布，因此常用于对数据分布比较敏感的模型中。常见的函数变换方法主要包括幂函数变换和对数变换。假设存在一组大于 0 的数据（如果有小于 0 的，则统一加上一个非零的数进行处理）为 $x_1, x_2, \cdots, x_n$，则进行幂函数变换的公式为：

$$y_i = x_i^p (x > 0, i \in [1, n], p \neq 0)$$

当 $0<p<1$ 时，y_i 值越大，数据分布越集中；当 $p>1$ 或 $p<0$ 时，y_i 值越小，数据分布越集中。对于服从均匀分布的数据，对其进行幂函数变换，在 $0<p<1$ 和（$p>1$ 或 $p<0$）的条件下，其数据分布如图 4-1-5 所示。

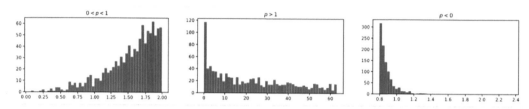

图 4-1-5　幂函数数据分布随 p 的取值而变化

同样，对数据 $x_1, x_2, \cdots, x_n$，进行幂函数变换的公式定义如下：

$$y_i = \ln(x_i), x > 1, i \in [1, n]$$

因为是对数函数，随着 x 的增大，其对数值不会是相应比例地增加，反而增加的速度会越来越慢，这就会造成数据的分布主要集中在数据偏大的地方。对于服从均匀分布的数据，对其进行对数变换，其样例如图 4-1-6 所示。

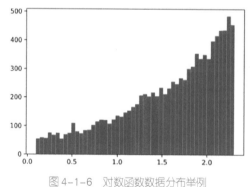

图 4-1-6　对数函数数据分布举例

由于函数变换能够改变数据的分布，对建模而言有不同的特征表现，所以通常用来构建新的特征，以增加预测模型的精度。

4.1.5　深入表达

在建立预测模型时，需要组织数据，构建特征，然而有时我们忽略了特征的多层含义，往往会遗漏一些重要信息。比如在进行短期负荷预测的过程中，我们收集了气温、温度、日期、历史负荷水平等数据，而日期可以提供的信息并非只用来区别各个样本。我们可以基于日期得到星期数，根据领域知识，一周中每天的负荷通常呈现一定模式的周期性变化，于是我们得到一个重要特征。接着，我们基于日期得到了月份，根据领域知识，一年中各个月份的气温、节假日都会对用电负荷造成影响，因此又得到一个重要特征。我们甚至可以通过日期将节假日的数据进行关联，进一步构建更为复杂的模型。因此，深入表达是一种思想，它让我们全方位地考虑预测问题，哪怕只从一个特征出发，也可以挖掘出更有区分度的特征。

4.2　特征组合

特征组合是指将两个或多个原始特征通过一定规则或映射得到新特征的方法。常见的特征组合方法包括基于特定领域知识的方法、二元组合和高阶多项式。其中基于特定领域知识的方法是以特定领域知识为基础，在一定的业务经验指导下实现的，属于由人工完成的方法；二元组合、高阶多项式通常是使用数据分析方法进行组合发现的，试图在有限范围内发现区分度更强的特征。特征组合的样例如图 4-2-1 所示（其中T_i是组合方法）。

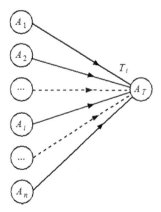

图 4-2-1　特征组合举例

4.2.1　基于经验

针对确定的预测主题，很有必要使用相关的领域知识来构建特征。比如使用最近一周的负荷数据对未来的负荷水平做预测。根据领域知识，可以根据最近一周的负荷数据（7 个变量）衍生出近一周负荷平均增量、近一周负荷波动程度、近一周负荷平均增长率等特征。特定的领域知识在具体的预测项目中扮演着重要的角色，根据参与构造组合特征的变量的量纲差异，将特定的领域知识分成两类：同质性组合、异质性组合。

（1）同质性组合

对于量纲相同的同质性变量，在进行组合时，通常构建平均值、变异程度、比率、增长率、平均增长率、最大/最小增长率等特征，而这些特征在不同行业和领域中代表不同的业务含义，比如在医疗领域，用门诊确认病例数除以门诊总病例数可得到确诊率，而这个确诊率就是比率。又比如在电商领域，用离开网站人数除以访问的总人数，则可得到跳出率。这些指标都是通过同质性变量衍生而来的。

（2）异质性组合

与同质性组合不同，异质性组合主要考虑量纲不同的变量。在进行组合时，通常构建单位性或平均性指标。比如在医疗领域，可以用确诊病人确诊总天数除以确诊病人总人数，得到平均确诊天数的特征；又比如在电商领域，可以用客户网站浏览时间除以网站交易量，得到每交易平均浏览时间，如此等等。

对于特定的预测问题，结合相关的领域知识，进行组合特征衍生，有助于发现区分度更强的特征，但是需要人工完成。如果找的特征比较准确，可以较好地提升预测模型的精度。

4.2.2 二元组合

所谓二元组合，实际上就是从所有的原始特征中选择两个特征的取值进行组合来构建新特征的方法。为了便于处理，通常将原始特征全部转换成逻辑特征，基于转换后的特征集进行二元组合，从而构建出新特征。这里的逻辑特征值是指，只包含真和假两个逻辑值的特征，对于分类变量和数值变量，只有经过逻辑特征变换才能进行二元组合。分类变量可以通过为各类型建立一个逻辑特征来实现逻辑特征变换，样例如图 4-2-2 所示。

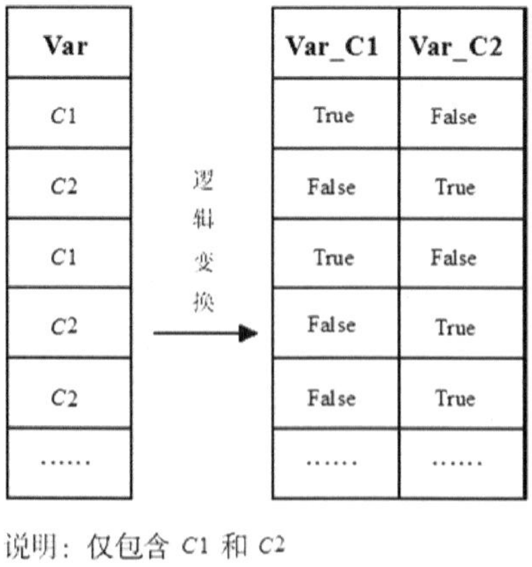

Var		Var_C1	Var_C2
C1		True	False
C2	逻辑变换	False	True
C1		True	False
C2		False	True
C2		False	True
……		……	……

说明：仅包含 C1 和 C2

图 4-2-2　分类变量转换为逻辑变量举例

数值变量比较特殊，由于它的取值是连续的，不能像分类变量那样进行逻辑特征变换。通常需要先进行离散化再按照分类变量的处理方法实现逻辑变换，样例如图 4-2-3 所示。

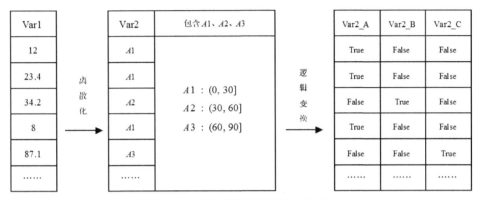

图 4-2-3　数值变量转换为逻辑变量举例

对于含有 3 个逻辑特征 A、B、C 的数据集 S，其二元组合的结果就是将每个逻辑特征取真或假的条件进行两两组合，以形成新的判断条件，亦即新特征，该特征仍然是逻辑特征。其二元组合的过程如图 4-2-4 所示。

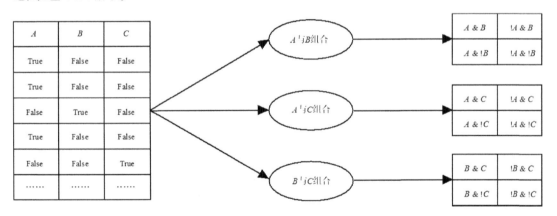

图 4-2-4　二元组合过程举例

如图 4-2-4 所示，原始逻辑特征 A、B、C 经过二元组合重新构建了 12 个逻辑特征。然而不是每个特征的真假值数量都是有效的。一般来说，如果这个逻辑特征有很少的真值或假值，那么也就认为这个逻辑特征是无效的，通常设置最小支持数（或比例）的阈值来判断。那么，经过最小支持数的进一步筛选，剩下的特征就是候选特征，可以使用特征选择技术从该特征集中选出对目标变量影响显著的特征。

4.2.3 高阶多项式

在进行预测建模时，所考虑的建模特征有时会表现出强烈的非线性特点，若使用线性模型来拟合不可避免地会引入较大误差。使用高阶多项式来构建特征可以有效缓解这种情况。所谓高阶多项式是指形如$a_n x^n + a_{n-1} x^{n-1} + \cdots + a_2 x^2 + a_1 x + a_0$的式子，这个与线性回归或逻辑回归的模型很相似，因此在构建新特征时可以考虑从x中衍生出$x^2, x^3, \cdots, x^n$这些特征来，或者直接使用这些特征的线性组合来构建特征。对于线性模型，最终的系数都会按特征加在一起，所以通常用特征的 n 次（ $n>1$ ）特征作为新特征。样例如图 4-2-5 所示。

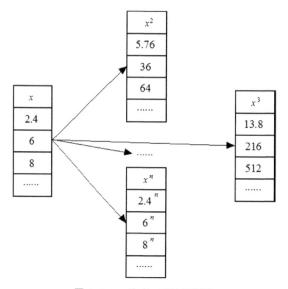

图 4-2-5　生成 n 次特征举例

下面从一个经典的案例入手，介绍高阶多项式特征构建的方法及作用。首先，用 Python 编写代码实现两个同心圆，每个圆表示不同的分类，假设外圆为正类，内圆为负类，则代码如下：

```
1 from utils import *
2
3 x_list, y_list, type_list = [], [], []
4 plt.figure(figsize=(5, 5))
5
6 for e in [(2, 'o', False), (3, '+', True)]:
7     r, symbol, flag = e
8     x = np.linspace(-r, r, 30)
9     y1 = np.sqrt(r ** 2 - x ** 2)
10    y2 = -y1
11    x_list = x_list + x.tolist() + x.tolist()
```

```
12      y_list = y_list + y1.tolist() + y2.tolist()
13      type_list = type_list + [flag] * (2 * len(x))
14      plt.plot(x, y1, symbol, x, y2, symbol, color='black')
15
16 plt.show()
```

效果如图 4-2-6 所示。

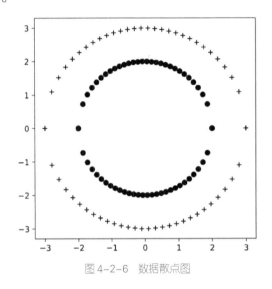

图 4-2-6　数据散点图

根据原始特征，这是一个线性不可分问题。查看 vdata 的前几行数据，代码如下：

```
1 classify_data = pd.DataFrame({'x': x_list, 'y': y_list, 'type': type_list})
2 print(classify_data.head())
```

结果如表 4-2-1 所示

表 4-2-1　同心圆散点数据及标识

	x	y	type
0	-2.000000	0.000000	False
1	-1.862069	0.729862	False
2	-1.724138	1.013582	False
3	-1.586207	1.218174	False
4	-1.448276	1.379310	False

现在尝试用逻辑回归算法建立分类模型，以正确地识别出这两类，代码如下：

```
1 tm = LogisticRegression(solver='lbfgs')
2 X, y = classify_data.drop(columns=['type']), classify_data.type
```

```
3 tm.fit(X, y)
4 y_pred = tm.predict(X)
5 print(confusion_matrix(y, y_pred))
6 # 打印结果
7 # array([[60,  0],
8 #        [60,  0]], dtype=int64)
```

可以看到，预测结果严重倾斜，即使用该特征建立的模型尚不能分辨这两个圆，这正符合了我们线性不可分的推断。我们分别对 X 和 y 构建最高 3 阶的特征，并基于新特征集建立模型，分析预测效果，代码如下：

```
 1 # 设置阶数为 2 和 3 阶
 2 for i in [2, 3]:
 3     classify_data['x' + str(i)] = classify_data.x ** i
 4     classify_data['y' + str(i)] = classify_data.y ** i
 5
 6 X, y = classify_data.drop(columns=['type']), classify_data.type
 7 tm.fit(X, y)
 8 y_pred = tm.predict(X)
 9 print(confusion_matrix(y, y_pred))
10 # 打印结果
11 # array([[60,  0],
12 #        [0 , 60]], dtype=int64)
```

从上述代码可知，我们构建了 x2、x3、y2、y3 这 4 个新特征，其中 x2、y2 分别是 X 和 y 的 2 阶特征，x3、y3 是 X 和 y 的 3 阶特征。同样使用逻辑回归算法，得到预测结果，并与真实结果比较，通过混淆矩阵，我们发现预测结果在训练集上全部命中。进一步，查看逻辑回归拟合的系数，代码如下：

```
1 coef = np.round(tm.coef_,2)[0]
2 coef
3 # array([-0.  ,  0.  ,  1.73,  1.8 , -0.  , -0.  ])
```

如结果所示，只有两个预测变量起着主要作用，可使用如下代码查看具体变量：

```
1 X.columns[np.where(coef > 0)]
2 # Index(['x2', 'y2'], dtype='object'))
```

可见，起主要作用的特征是 x2 和 y2，即 X 与 y 的平方项，以 x2 为横轴，以 y2 为纵轴将新特征绘制在二维坐标平面，代码如下：

```
1 plt.figure(figsize=(5, 5))
2 plt.plot(classify_data.x2, classify_data.y2, 'o')
3 plt.show()
```

效果如图 4-2-7 所示，根据新特征该问题已经变得线性可分了。在本例中，我们通过高阶多项式的方法来构建特征，可以实现特征在不同维度空间的变换，通过表现出的特征差异性，为预测精度的提升增加更多的可能性。

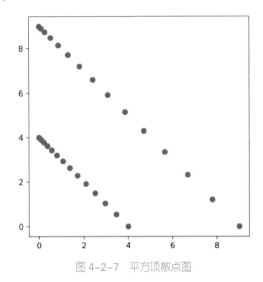

图 4-2-7　平方项散点图

4.3　特征评价

在建立预测模型之前，我们已经按照特征构建的方法得到了数据集，然而这样的数据集可能存在大量的特征，特征之间可能存在相关性，还有可能存在冗余的特征。为了提升建模效率，获取区分度更好的特征，需要进行特征选择。特征评价技术用于特征选择的过程中，它基于对现有数据的特征进行评价，进一步选取用于建模的最优特征子集。

特征评价的常用方法通常可分为 3 类：特征初选、影响评价、模型法。下面将分别介绍这 3 类方法的内容和案例。

4.3.1　特征初选

所谓特征初选，就是可以通过直接观察数据的分布来判断是否保留该特征的方法。针对离散特征，可以统计该特征所有类型的所占比例，如果有一种的占比太大，比如占了 90% 及以上，那么这个特征就可以考虑去掉，不参与建模，因为这样的特征对建模没有任何意义，对于绝大部分的样本，这个特征都取一样的值，区分力度不够。针对连续变量，有两种方法可以考虑：一种方法是将连续特征离散化，再按针对离散特征的方法来排除；另外一种方法是计算该连续特征的标准差，如果标准差太小，则可以将该特征剔除。

特征初选是特征选择的预处理方法，可以通过简单的统计来排除一些不相干的变量。

4.3.2 影响评价

除了基于单个变量的特征初选，我们还可以使用影响评价的方法来选择特征。影响评价是很常用的方法，对每个特征依次进行评价，然后把不满足要求的排除，以达到特征选择的目的。常用的算法包括 Pearson 相关系数、距离相关系数、单因素方差分析、信息增益、卡方检验、Gini 系数。

1．Pearson 相关系数

Pearson 相关系数是一种衡量特征与响应变量之间关系的方法，它反映的是两个变量间的线性相关性，取值区间为[-1,1]，其中 1 表示完全正相关，0 表示完全没有线性关系，-1 表示完全负相关，即一个变量上升的同时，另一个变量在下降。相关系数越接近于 0，相关性越弱，通常 0.8~1.0 为极强相关，0.6~0.8 为强相关，0.4~0.6 为中等强度相关，0.2~0.4 为弱相关，0~0.2 为极弱相关或不相关，可参见图 4-3-1。

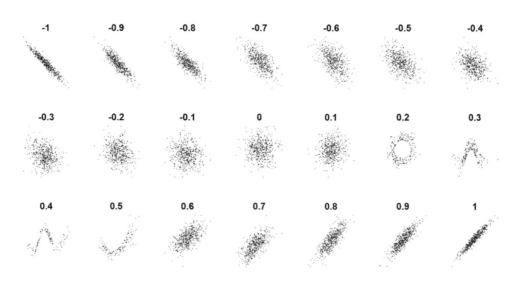

图 4-3-1　散点图与其对应的 Pearson 相关系数

Pearson 相关系数适用于两变量均为服从正态分布的连续变量，并且变量成对，用于表示两变量的线性关系。它的计算公式如下：

$$r = \frac{\Sigma(X - \overline{X})(Y - \overline{Y})}{\sqrt{\Sigma(X - \overline{X})^2 \Sigma(Y - \overline{Y})^2}}$$

其中，X 与 Y 分别表示两个成对的连续变量。由于通过上式得到的相关系数是基于一定样本的，并不能代表总体，所以需要进行假设检验，以判断 r 是由于抽样误差所致还是两个变量之间确实存在相关关系。步骤如下：

（1）提出原假设 $H_0{:}\rho = 0$，备选假设 $H_1{:}\rho \neq 0$

（2）设置显著性水平 $\alpha = 0.05$（或 $\alpha = 0.01$）。如果从 $\rho = 0$ 的总体中取得某 r 值的概率大于 0.05，我们就接受原假设，从而判断两变量间没有显著的线性关系。如果取得某 r 值的概率小于或等于 0.05 或 0.01，我们就在 $\alpha = 0.05$ 或（$\alpha = 0.01$）的水准上拒绝原假设，从而认为该 r 值不是来自 $\rho = 0$ 的总体，而是来自 $\rho \neq 0$ 的总体，于是判断两变量间有显著的线性关系。

（3）计算检验统计量和 P 值。本处使用 t 检验法，计算检验统计量 t_r，定义如下：

$$t_r = \frac{|r - 0|}{\sqrt{\dfrac{1 - r^2}{n - 2}}}$$

通过查询 t 界值表，可以得到 P 值。

下面通过一个实例来说明 Pearson 相关系数在 Python 中的使用方法。基于 iris 数据集，它含有 3 种鸢尾花各 50 朵花的花萼（Sepal）、花瓣（Petal）的长宽统计数据。在此，使用 cor.test 函数，分析这 150 条样本中花萼长度与花瓣长度的相关性，即计算出两个变量的 Pearson 相关系数。代码如下：

```
1 from utils import *
2
3 iris = pd.read_csv(IRIS)
4 print(stats.pearsonr(iris['Sepal.Length'], iris['Petal.Length']))
5 # (0.8717537758865832, 1.0386674194497583e-47)
```

如上述代码所示，打印的第一个值为 Pearson 相关系数 r，这里 r=0.8717537758865832，假设检验的 P 值为 1.0386674194497583e-47，远小于 0.01，即此时应该拒绝原假设，说明花萼长度与花瓣长度的相关性很强。

Pearson 相关系数虽然简单好用，但是它也有缺点，就是只对线性关系敏感，如果两变量是非线性关系，即使它们之间存在一一对应的关系，也会导致计算的结果趋近于 0。相关代码如下：

```
1 x=np.linspace(-1,1,50)
2 y=x**2
3 plt.plot(x,y,'o')
4 plt.xlabel('$x$')
```

```
5 plt.ylabel('$y$')
6 plt.show()
```

由图 4-3-2 可知，此种情况下，虽然 x 与 y 存在一一对应的关系，但是 Pearson 相关系数的结果接近于 0，且 P 值为 1.0，远大于 0.05，因此，x 与 y 不相关。如下代码所示，第 1 个值为相关系数，这里接近于 0，这个值为 P 值。

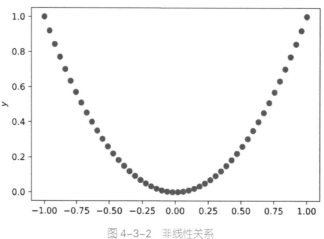

图 4-3-2 非线性关系

```
1 stats.pearsonr(x, y)
2 # (-1.9448978228488063e-16, 1.0)
```

2. 距离相关系数

Szekely、Rizzo、Bakirov（2007 年）和 Szekely、Rizzo（2009 年）提出了一种新的度量相关性的方法，即距离协方差（distance covariance，记为 dCov(X,Y)）和距离相关系数（distance correlation，记为 dCor(X,Y)），其中 dCor(X,Y)中的 X 与 Y 可以是任意维，并且 dCor(X,Y)=0 唯一确定 X 与 Y 之间的独立性。距离相关系数取值范围为[0,1]，当 dCor(X,Y)=0 时，说明 X 与 Y 相互独立。它与 Pearson 相关系数相比，主要衡量非线性相关的程度。

计算距离相关系数的步骤如下所示。

（1）假设 X 与 Y 为长度为 n 的成对连续变量，计算所有元素成对的距离，公式如下：

$$a_{j,k} = \|X_j - X_k\|, j, k = 1,2,\dots,n$$
$$b_{j,k} = \|Y_j - Y_k\|, j, k = 1,2,\dots,n$$

（$a_{j,k}$）与（$b_{j,k}$）分别表示 X 与 Y 各自元素间的距离矩阵。

（2）计算中心距离矩阵，公式如下：

$$A_{j,k} = a_{j,k} - \overline{a_{j.}} - \overline{a_{.k}} + \overline{a_{..}}$$

$$B_{j,k} = b_{j,k} - \overline{b_{j.}} - \overline{b_{.k}} + \overline{b_{..}}$$

其中，$\overline{a_{j.}}$ 是第 j 行的平均值，$\overline{a_{j.}}$ 是第 k 列的平均值，$\overline{a_{..}}$ 是矩阵的总均值，对 b 的值也一样。

（3）计算距离协方差，公式如下：

$$\mathrm{dCov}_n^2(X,Y) = \frac{1}{n} \sum_{j,k=1}^{n} A_{j,k} B_{j,k}$$

（4）分别计算 X 与 Y 的距离方差，公式如下：

$$\mathrm{Var}_n^2(X) = \mathrm{dCov}_n^2(X,X) = \frac{1}{n} \sum_{k,l} \boldsymbol{A}_{k,l}^2$$

（5）计算距离相关系数，公式如下：

$$R_n^* = \mathrm{dCor}(X,Y) = \frac{\mathrm{dCov}(X,Y)}{\sqrt{\mathrm{dVar}(X)\mathrm{dVar}(Y)}}$$

与 Pearson 相关系数一样，这里所得到的距离相关系数也来自样本，在总体上表现如何还需要进行假设检验。此处使用自由度为 $n(n-3)/2 - 1(n \geqslant 10)$ 的 t 检验，公式如下：

$$T_n = \sqrt{\frac{n(n-3)}{2} - 1} \cdot \frac{R_n^*}{\sqrt{1-(R_n^*)^2}}$$

下面通过一个实例来说明一下距离相关系数在 Python 中的使用方法。使用 Scipy 库中 spatial.distanc 模块的 correlation 函数，针对 Pearson 相关系数分析非线性的情况再做一次验证。代码如下：

```
1 d_cor(x,y)
2 # 1.0
```

可以看到，在使用 Pearson 相关系数时，相关度接近于 0，而使用距离相关系数，其相关度达到了 1.0，即完全正相关。所以针对非线性的相关性问题，使用距离相关系数是比较合适的选择，但是针对线性相关的问题，Pearson 相关系数还是很强大的。

3. 单因素方差分析

因素就是因子，表示可以控制的实际条件，因素所处的状态或等级又叫作因素的水平，单因素方差分析就是讨论一个因素对观测变量的影响。还是拿鸢尾花的例子来说明，花的种类（Species）就是因素，山鸢尾（setosa）、变色鸢尾（versicolor）、弗吉尼亚鸢尾（virginica）这 3 种具体的种类就是水平，那么在分析花种类对花瓣长度的影响时就是单因素方差分析。通过单因素分析可以得到不同因素对观测变量的影响程度，因此可以用于特征选择。

一般情况下，假如要分析的问题只有一个因素 M 在变化，且 M 有 k 个水平 $M_1, M_2, \cdots, M_k$，在水平 M_i 下进行 n_i 次独立观测，得到单因素方差分析的基本数据如图 4-3-3 所示。

水平	观测值				总体
M_1	x_{11}	x_{12}	...	x_{1n_1}	$N(\mu_1, \sigma^2)$
M_2	x_{21}	x_{22}	...	x_{2n_2}	$N(\mu_2, \sigma^2)$
...	...	...	...	...	...
M_k	x_{k1}	x_{k2}	...	x_{kn_k}	$N(\mu_k, \sigma^2)$

图 4-3-3 单因素方差分析的基本数据

其中，x_{ij} 表示在因素 M 的第 i 个水平下的第 j 次试验结果，并把 $x_{i1}, x_{i2}, \cdots, x_{in_i}$ 看作来自第 i 个正态总体 $X_i \sim N(\mu_i, \sigma^2)$ 的样本观测值，其中 μ_i, σ^2 均未知，且每个总体 μ_i, σ^2 相互独立。

单因素方差分析就是比较同方差不同水平下独立正态观测值的均值是否相等的过程，其实现步骤如下。

（1）假设 $H_0: \mu_1 = \mu_2 = \cdots = \mu_k, H_1: \mu_i(i = 1,2,\ldots,k)$ 不全相等。

（2）为了检验 H_0 是否成立，需要构造检验统计量。考虑到 x_{ij} 的取值主要受水平和随机误差影响，而要区分这两种差异，较好的方法是对总离差平方和 S_T 进行分解，如下所示：

$$
\begin{aligned}
S_T &= \sum_{i=1}^{k}\sum_{j=1}^{n}\left(x_{ij} - \overline{x}\right)^2 \\
&= \sum_{i=1}^{k}\sum_{j=1}^{n}\left(x_{ij} - \overline{x}_i + \overline{x}_i - \overline{x}\right)^2 \\
&= \sum_{i=1}^{k}\sum_{j=1}^{n}\left[\left(x_{ij} - \overline{x}_i\right)^2 + (\overline{x}_i - \overline{x})^2 + 2(x_{ij} - \overline{x}_i)(\overline{x}_i - \overline{x})\right] \\
&= \sum_{i=1}^{k}\sum_{j=1}^{n}\left(x_{ij} - \overline{x}_i\right)^2 + \sum_{i=1}^{k}\sum_{j=1}^{n}\left(\overline{x}_i - \overline{x}\right)^2 + \sum_{k=1}^{k}2(\overline{x}_i - \overline{x})\left(\sum_{j=1}^{n}x_i - n\overline{x}_i\right) \\
&= \sum_{i=1}^{k}\sum_{j=1}^{n}\left(x_{ij} - \overline{x}_i\right)^2 + \sum_{i=1}^{k}\sum_{j=1}^{n}\left(\overline{x}_i - \overline{x}\right)^2 = S_E + S_M
\end{aligned}
$$

其中，S_E 是组内离差平方和，主要受随机误差的影响，S_M 是组间离差平方和，主要受不同水平的影响。如果 H_0 成立，则 $S_M/(k-1)$（组间均方）与 $S_E/k(n-1)$（组内均方）之间的差异不会太大。如果组间均方显著地大于组内均方，就说明各水平下观测值的均值差异显著。要检验观测值均值在不同水平是否有显著差别，实际上就是比较组间均方与组内均方之间差异的大小。

由于各水平的总体$X_i(i=1,2,\cdots,k)$的样本均值$\overline{X_i}$与样本方差$S_i^2=\frac{\sum_{j=1}^{n_i}(x_{ij}-\overline{X_i})^2}{n_i-1}$相互独立，同时各水平的总体也相互独立，从而这 $2k$ 个随机变量

$$\overline{X_1},\overline{X_2},\cdots,\overline{X_k},\sum_{j=1}^{n_1}(X_{1j}-\overline{X_1})^2,\sum_{j=1}^{n_2}(X_{2j}-\overline{X_2})^2,\cdots,\sum_{j=1}^{n_k}(X_{kj}-\overline{X_k})^2$$

也相互独立，于是S_E与S_M相互独立。

由于，

$$\frac{n_i-1}{\sigma^2}S_i^2=\frac{1}{\sigma^2}\sum_{j=1}^{n_i}\left(X_{ij}-\overline{X_i}\right)^2\sim\chi^2(n_i-1),i=1,2,\cdots,k$$

且相互独立，那么，

$$S_E=\sum_{i=1}^{k}\sum_{j=1}^{n_i}\left(X_{ij}-\overline{X_i}\right)^2$$

$$=\sum_{j=1}^{n_1}\left(X_{1j}-\overline{X_1}\right)^2+\sum_{j=1}^{n_2}\left(X_{2j}-\overline{X_2}\right)^2+\cdots+\sum_{j=1}^{n_k}\left(X_{kj}-\overline{X_k}\right)^2$$

$$=\sigma^2\cdot\frac{1}{\sigma^2}\cdot\sum_{j=1}^{n_1}\left(X_{1j}-\overline{X_1}\right)^2+\sigma^2\cdot\frac{1}{\sigma^2}\cdot\sum_{j=1}^{n_2}\left(X_{2j}-\overline{X_2}\right)^2+\cdots+\sigma^2\cdot\frac{1}{\sigma^2}\cdot\sum_{j=1}^{n_k}\left(X_{kj}-\overline{X_k}\right)^2$$

于是，

$$\frac{S_E}{\sigma^2}\sim\chi^2\left(\sum_{i=1}^{k}(n_i-1)\right)=\chi^2(n-k)$$

即无论H_0是否成立，$\frac{S_E}{n-k}$都是σ^2的无偏统计量。

又由于，当H_0成立时，$x_{ij}\sim N(\mu,\sigma^2)$，且$\mu=\mu_1=\mu_2=\cdots=\mu_k$，且相互独立，因此其样本方差$S^2=\frac{\sum_{i=1}^{k}\sum_{j=1}^{n_i}(x_{ij}-\overline{X})^2}{n-1}=\frac{S_T}{n-1}$，因为$\frac{n-1}{\sigma^2}S^2\sim\chi^2(n-1)$，所以$\frac{S_T}{\sigma^2}\sim\chi^2(n-1)$，再由以上结论$S_T=S_E+S_M$且$S_E$与$S_M$相互独立，同时根据卡方分布的可加性可知$\frac{S_M}{\sigma^2}\sim\chi^2(k-1)$。所以当$H_0$成立时，$\frac{S_E}{n-k}$与$\frac{S_M}{k-1}$都是$\sigma^2$的无偏统计量。也就是说，当$H_0$成立时，$\frac{S_E}{n-k}$与$\frac{S_M}{k-1}$应该非常接近。于是构造 F 统计量如下：

$$F=\frac{\dfrac{S_M}{k-1}}{\dfrac{S_E}{n-k}}$$

（3）带入数据计算 F 值，判断因素对观测值的影响程度。根据给定的显著性水平α，在 F 分布

表中按第一自由度$df_1 = k - 1$和第二自由度$df_2 = n - k$相应的临界值F。如果$F > F_\alpha$，则拒绝原假设H_0，说明均值之间的差异是显著的，所检验的因素对观测值有影响；如果$F \leqslant F_\alpha$，则不能拒绝原假设，检验因素对观测值影响不明显。

下面使用 statsmodels 库中的 stats.anova 模块的 anova_lm 函数来实现单因素方差分析，并用 iris 数据集中的 Species 作为因素，Sepal.Width 作为观测值。代码如下：

```
1 iris.columns = ['_'.join(x.split('.')) for x in iris.columns]
2 anova_lm(ols('Sepal_Width~C(Species)', iris).fit())
```

运行结果如表 4-3-1 所示。F 检验的 P 值为 4.492017e–17，接近于 0，明显小于 0.01，说明 Species 对 Sepal.Width 的影响显著。

表 4-3-2　输出结果

	df	sum_sq	mean_sq	F	PR(>F)
C(Species)	2.0	11.344933	5.672467	49.16004	4.492017e-17
Residual	147.0	16.962000	0.115388		

4. 信息增益

信息增益是基于信息熵来计算的，它表示信息消除不确定性的程度，可以通过信息增益的大小为变量排序进行特征选择。信息熵是信息论的基本概念，它表示信息量的数学期望，是信源发出信息前的平均不确定性，也称为先验熵。而信息量的大小可由所消除的不确定性大小来计算。比如有一组性别数据，男性占 80%，女性占 20%，可以理解为出现男性的概率为 80%，出现女性的概率为 20%。概率越大，信息量越小；反之，概率越小，信息量越大。因此，信息量与概率呈单调递减关系，信息量的数学定义如下：

$$I(u_i) = \log_2 \frac{1}{P(u_i)} = -\log_2 P(u_i)$$

其中，用 U 表示发送的信息，$u_i(i = 1,2,\cdots,k)$则表示发送信息 U 里面的一种类型，$P(u_i)$表示出现u_i类型信息的概率，$I(u_i)$则表示u_i类型的信息包含的信息量大小。当对数函数以 2 为底时，信息量的单位为 bit。如果考虑 U 的所有可能及其对应的概率，就可以得到信息熵的数学定义，如下：

$$\text{Ent}(U) = \sum_{i=1}^{k} P(u_i)I(u_i) = \sum_{i=1}^{k} P(u_i)\log_2 \frac{1}{P(u_i)} = -\sum_{i=1}^{k} P(u_i)\log_2 P(u_i)$$

可以看到，当u_i中某一种类型的概率为 1 时，也就是说没有发送信息的不确定性，只有这一种可能，信息熵$\text{Ent}(U)$将为 0；当u_i对应的概率都相等（即概率都为$\frac{1}{k}$）时，$\text{Ent}(U) = k \cdot \frac{1}{k} \cdot \log_2 \frac{1}{\frac{1}{k}} = \log_2 k$，信息熵达到最大。所以$u_i$对应的概率差别越大，平均不确定就越小，信息熵也就越小；反之，u_i对应的概率差别小或很接近，平均不确定就越大，信息熵也就越大。由于信息熵Ent(U)表示在发出信息 U 之前存在的不确定性，在接收到信息 V 后，信息 U 的不确定性会发生改变，在接收到信息 $v_j(j = 1,2,\cdots,m)$时，信息 U 的不确定性为：

$$\text{Ent}(U|v_j) = \sum_{i=1}^{k} P\left(u_i|v_j\right)\log_2\frac{1}{P\left(u_i|v_j\right)} = -\sum_{i=1}^{k} P\left(u_i|v_j\right)\log_2 P\left(u_i|v_j\right)$$

其中，Ent($U|v_j$)又叫后验熵，它是在接收到一定的信息后，对信息 U 进行的后验判断。在考虑所有接收信息 V 时，得到后验熵的期望（又称为条件熵），如下：

$$E(U|V) = \sum_{j=1}^{m} P\left(v_j\right) \cdot \text{Ent}(U|v_j) = \sum_{j=1}^{m} P\left(v_j\right)\left(-\sum_{i=1}^{k} P\left(u_i|v_j\right)\log_2 P\left(u_i|v_j\right)\right)$$

其中，$E(U|V)$表示在接收到 V 后对信息 U 仍存在的平均不确定性，即后验不确定性，通常是由随机干扰引起的。我们很容易想到，由于 V 的后验修正$E(U|V)$代表的平均不确定性应该小于Ent(U)，即存在关系Ent($U|V$) < Ent(U)。从Ent(U)到Ent($U|V$)减少的部分，我们叫作信息增益，它反映了信息消除不确定性的程度，其数学定义为：

$$\text{Gains}(U, V) = \text{Ent}(U) - \text{Ent}(U|V)$$

在进行特征选择时，以响应变量作为信息 U，以各解释变量分别作为信息 V，带入计算信息增益，通过信息增益的大小排序，来确定特征的顺序，以此来进行特征选择。需要注意的是，信息增益越大越重要，因为它表示变量消除不确定性的能力越强。

这里仍然以 iris 数据集为例来说明信息增益的计算方法。设变量 S_1、S_2、P_1、P_2 分别代表花萼长度（Sepal.Length）、花萼宽度（Sepal.Width）、花瓣长度（Petal.Length）、花瓣宽度（Petal.Width），作为输入变量；变量 Y 代表种类（Species），作为输出变量。由于 Sepal.Length、Sepal.Width、Petal.Length、Petal.Width 都是数值类型，不能直接使用上述方法计算信息增益，预测问题中的响应变量通常也是数值类型，这种情况下，需要将数值类型转换成分类变量进行离散化处理。最简单的两种方法分别是等宽区间法和等频区间法，顾名思义，就是把连续变量按一定的宽度划分为离散区间，或者是按连续变量排序后的值照比例划分为离散区间。它们的缺点在于没有考虑数据本身的特点，完全是外在的一种规定。实际上，我们可以基于信息增益对数值变量进行合理的离散化处理。使用 Python 编写离散化函数 disc 返回数值变量的二元分类值，代码如下：

```
1 def gains(u, v):
2     unique_list = [np.unique(u, return_counts=True)[1]]
3     ent_u = [np.sum([p * np.log2(1 / p) for p in ct / np.sum(ct)]) for ct in unique_list][0]
4     v_id, v_ct = np.unique(v, return_counts=True)
5     ent_u_m = [np.sum([p * np.log2(1 / p) for p in ct / np.sum(ct)]) for ct in
6                [np.unique(u[v == m], return_counts=True)[1] for m in v_id]]
```

```
7        return ent_u - np.sum(np.array(ent_u_m) * (v_ct / np.sum(v_ct)))
8
9    def disc(u, x):
10       sorted_x = np.sort(x)
11       max_gains, max_tmp = 0, None
12       for e in sorted_x:
13           tmp = np.zeros(len(x))
14           tmp[x>e]=1
15           tmp_gain = gains(u,tmp)
16           if tmp_gain > max_gains:
17               max_gains,max_tmp   = tmp_gain, tmp
18       return max_tmp
```

其中，函数 gains 用于计算给定分类条件 v 的情况下对应目标分类变量 u 的信息增益。进一步，使用 disc 函数对 iris 的数值型数据进行离散化处理，代码如下：

```
1 for col in iris.columns[0:-1]:
2     iris[col] = disc(iris.Species, iris[col]).astype("int")
3 print(iris.head())
```

运行结果如表 4-3-2 所示。disc 函数将 Sepal.Length、Sepal.Width、Petal.Length、Petal.Width 这 4 个变量分别分成了 0/1 两种类别。经过离散化处理，得到了计算信息增益的基础数据。

表 4-3-2　运行结果

	Sepal.Length	Sepal.Width	Petal.Length	Petal.Width	Species
0	0	1	0	0	setosa
1	0	0	0	0	setosa
2	0	0	0	0	setosa
3	0	0	0	0	setosa
4	0	1	0	0	setosa

该数据是 iris 经过离散处理的数据，共 150 行 5 列。这里将 Y 看作信息 U，输入变量（S_1、S_2、P_1、P_2）看作接收到的信息 V。在进行预测前，输出变量对我们来说是完全随机的，其平均不确定性为：

$$\text{Ent}(U) = -\sum_{i=1}^{k} P(u_i)\log_2 P(u_i) = -3 \cdot \frac{1}{3} \cdot \log_2 \frac{1}{3} = \log_2 3 = 1.5849$$

由于输出变量 Y 包含 3 个值：setosa、versicolor、virginica，且都为 50 个，所以概率都为 1/3。当接收到信息时，也就考察了输入变量，如变量 S_1（对应 Sepal.Length），则 S_1 的条件熵为：

$$
\begin{aligned}
\text{Ent}(U|S_1) &= \sum_{j=1}^{m} P(s_1) \left(-\sum_{i=1}^{k} P\left(u_i|s_{1j}\right) \log_2 P\left(u_i|s_{1j}\right) \right) \\
&= P(s_1=0) \cdot (-P(U=\text{setosa}|s_1=0) \cdot \log_2 P(U=\text{setosa}|s_1=0) \\
&\quad -P(U=\text{versicolor}|s_1=0) \cdot \log_2 P(U=\text{versicolor}|s_1=0) \\
&\quad -P(U=\text{virginical}|s_1=0) \cdot \log_2 P(U=\text{virginical}|s_1=0)) + \\
&\quad P(s_1=1) \cdot (-P(U=\text{setosa}|s_1=1) \cdot \log_2 P(U=\text{setosa}|s_1=1) \\
&\quad -P(U=\text{versicolor}|s_1=1) \cdot \log_2 P(U=\text{versicolor}|s_1=1) \\
&\quad -P(U=\text{virginical}|s_1=1) \cdot \log_2 P(U=\text{virginical}|s_1=1)) \\
&= 0.3933 \cdot (-0.7966 \cdot \log_2 0.7966 - 0.1864 \cdot \log_2 0.1864 - 0.0169 \cdot \log_2 0.0169) + \\
&\quad 0.6066 \cdot (-0.5384 \cdot \log_2 0.5384 - 0.4285 \cdot \log_2 0.4285 - 0.0329 \cdot \log_2 0.0329) \\
&= 1.0276
\end{aligned}
$$

在知道了 $\text{Ent}(U)$ 和 $\text{Ent}(U|S_1)$ 后，计算 S_1 的信息增益，如下：

$$
\text{Gains}(U, S_1) = \text{Ent}(U) - \text{Ent}(U|S_1) = 1.5849 - 1.0276 = 0.5573
$$

由于计算复杂，现基于 gains 函数来计算给定 U 和 S_1 时的信息增益，代码如下：

```
1 iris.columns=["S1","S2","P1","P2","Species"]
2 gains(iris['Species'],iris['S1'])
3 # 0.5572326878069265
```

比较计算结果，0.5572326878069265 与我们手动计算的结果 0.5573 几乎是一样的，只是精度的一些影响造成最后一个数字不一样，其实属于正常情况。使用自定义函数 gains 依次计算 S_2、P_1、P_2 的信息增益分别为 0.2831、0.9183、0.9183，如代码所示：

```
1 gains(iris['Species'],iris['S2'])
2 # 0.28312598916883114
3 gains(iris['Species'],iris['P1'])
4 # 0.9182958340544892
5 gains(iris['Species'],iris['P2'])
6 # 0.9182958340544892
```

由此，根据信息增益，输入变量的重要性次序为：$P_1=P_2>S_1>S_2$。然而，当接收信号 V 为全不相同的类别时（即一种类别只有一个实例），将会使得信息增益最大。由于每一个 V 的值都是一个类别，且对应的 U 类别也只有一个值，取该值的概率为 1，这明显是一种过拟合的情况。很显然，基于信息增益来进行特征选择尚存在一些不足。

为解决这个问题，需要在计算信息增益的同时，考虑接收信号 V 自身的特点，于是定义信息增益率，其数学表达如下：

$$
\text{GainsR}(U|V) = \frac{\text{Gains}(U|V)}{\text{Ent}(V)}
$$

这样，当接收的信息 V 具有较多类别值时，它自己的信息熵范围也会增大（从前面的讨论可知，当各类别出现的概率相等时，有最大熵$log_2 k$，其中 k 为类别数量，因此，当 k 较大时，其熵的取值范围更大，也就更有可能取得更大的熵值），而信息增益率不会随着增大，从而消除类别数目带来的影响。

使用 Python 自定义求解信息增益率的函数 gainsR，并将 P2 替换成全不相同的类别变量，计算各输入变量的信息增益与信息增益率，代码如下：

```
1 def gains_ratio(u, v):
2     unique_list = [np.unique(v, return_counts=True)[1]]
3     ent_v = [np.sum([p * np.log2(1 / p) for p in ct / np.sum(ct)]) for ct in unique_list][0]
4     return gains(u, v) / ent_v
5
6 iris['P2']=range(iris.shape[0])
7 # 计算信息增益，并排序
8 gains(iris['Species'],iris['S1'])
9 # 0.5572326878069265
10 gains(iris['Species'],iris['S2'])
11 # 0.28312598916883114
12 gains(iris['Species'],iris['P1'])
13 # 0.9182958340544892
14 gains(iris['Species'],iris['P2'])
15 # 1.5849625007211559
16 # 重要性次序为：P2 > P1 > S1 > S2
17
18 # 计算信息增益率，并排序
19 gains_ratio(iris['Species'],iris['S1'])
20 # 0.5762983610929974
21 gains_ratio (iris['Species'],iris['S2'])
22 # 0.35129384185463564
23 gains_ratio (iris['Species'],iris['P1'])
24 # 0.9999999999999999
25 gains_ratio (iris['Species'],iris['P2'])
26 # 0.21925608713979675
27 # 重要性次序为：P1 > S1 > S2 > P2
```

如上述代码所示，两个排序结果中，计算信息增益率的排序更为可信。

5. 卡方检验

卡方检验是一种计数资料的假设检验方法，主要用于无序分类变量的统计推断，属于非参数检验范围。由于可以分析两个分类变量的关联性，因此经常被用于特征选择。卡方检验的基本思想在于比较理论频数与实际频数的一致性，在假设两分类变量的构成比率相同的情况下，构造卡方统计量χ^2，其基本公式及推导如下：

$$\chi^2 = \sum \frac{(A-T)^2}{T} = \sum \frac{A^2 - 2AT + T^2}{T} = n \cdot \sum \frac{A^2}{n_R n_C} - 2 \cdot \sum A + \frac{1}{n} \sum n_R n_C$$

$$= n \cdot \sum \frac{A^2}{n_R n_C} - n + \frac{\sum n_R n_C - n^2}{n} = n(\sum \frac{A^2}{n_R n_C} - 1), v = (行数 - 1) \cdot (列数 - 1)$$

其中，A 为实际频数，T 为理论频数，根据假设条件，可得 $T = \frac{n_R n_C}{n}$，n 为所有频数之和，n_R 为每个元素所在行的频数之和，n_C 为每个元素所在列的频数之和，v 表示自由度。推导中的 $\sum n_R n_C = n^2$，其实也很好理解，对 $\sum n_R n_C$ 中的每个元素按行和列分成两类值 M_1 和 M_2，即 M_1 表示每元素按行汇总值的集合，含值数目等于行数，M_2 表示每元素按列汇总值的集合，含值数目等于列数，并且满足 $\sum M_1 = \sum M_2 = n$，同时根据分配律可知 $\sum M_1 \cdot \sum M_2 = \sum n_R n_C = n^2$。

通过 χ^2 的定义可知，当实际频数 A 与理论频数 T 相差越小时，χ^2 越接近于 0，反之，当实际频数 A 与理论频数 T 相差越大时，χ^2 值越大。因此，可以通过检验统计量 χ^2 来反映实际频数与理论频数的接近程度。χ^2 分布的形状及随自由度变化的过程如图 4-3-4 所示。

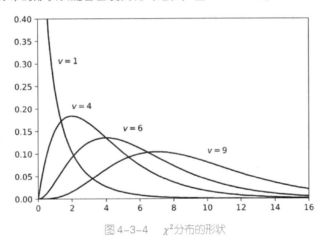

图 4-3-4　χ^2 分布的形状

由图 4-3-4 可知，当自由度 $v \leqslant 2$ 时，曲线呈 L 形，随着 v 的增加，曲线逐渐趋于对称，当自由度趋近于无穷大时，χ^2 接近正态分布。

下面通过一个案例数据来说明卡方检验的手动计算过程，这里使用离散化的 iris 数据集，分析 Sepal.Width 对 Species 的影响，过程如下。

（1）建立 Sepal.Width 对 Species 的列联表，如表 4-3-3 所示。

表 4-3-3　Sepal.Width 对 Species 的频率关系

	setosa	versicolor	virginica	行汇总
Sepal.Width=0	19	49	45	113

	setosa	versicolor	virginica	行汇总
Sepal.Width=1	31	1	5	37
列汇总	50	50	50	150

（2）计算χ^2值和自由度v。

$$\chi^2 = 150 \cdot \left(\frac{19^2}{50 \times 113} + \frac{49^2}{50 \times 113} + \frac{45^2}{50 \times 113} + \frac{31^2}{50 \times 37} + \frac{1^2}{50 \times 37} + \frac{5^2}{50 \times 37} - 1 \right) = 57.1155$$

$$v = (3-1) \cdot (2-1) = 2$$

（3）确定 P 值，得出结论。查询χ^2界值表，$\chi^2_{0.01,2} = 13.277$，$57.1155 > \chi^2_{0.01,2}$，所以$P < 0.01$，以 0.01 水平，可以拒绝原假设，即认为 Sepal.Width 对 Species 影响显著。

使用 Python 中 scipy.stats 模块的 chi2_contingency 函数进行卡方检验，同样使用离散化的 iris 数据集，分析 Sepal.Width 对 Species 的影响，代码如下：

```
1 iris = pd.read_csv(IRIS)
2
3 for col in iris.columns[:-1]:
4     iris[col] = disc(iris.Species, iris[col]).astype("int")
5
6 iris['D'] = 1
7 chi_data = np.array(iris.pivot_table(values='D', index='Sepal.Width', columns='Species', aggfunc='sum'))
8 chi = chi2_contingency(chi_data)
9 print('chisq-statistic=%.4f, p-value=%.4f, df=%i expected_frep=%s' % chi)
10 # chisq-statistic=57.1155, p-value=0.0000, df=2 expected_frep=[[37.66 37.66 37.66]
11 # [12.33 12.33 12.33]]
```

从结果中，得到 P 值为 0.0，小于 0.01，同时卡方统计量 X-squared=57.1155，与手动计算结果一致。

6. Gini 系数

Gini 系数是衡量不平等性的指标。在分类问题中，分类树节点 A 的 Gini 系数表示样本在子集中被错分的可能性大小，它通常记作这个样本被选中的概率p_i乘以它被错分的概率$(1-p_i)$。假如响应变量y的取值有k个分类，令p_i是样本属于i类别的概率，则 Gini 系数可以通过如下公式计算：

$$\text{Gini}(A) = \sum_{i=1}^{k} p_i (1-p_i) = 1 - \sum_{i=1}^{k} p_i^2$$

对于连续型变量，可将数值排序，依次计算相邻值之间的平均值作为分界点，在产生的两类中（其中一类记为样本集合 S，C_i是 S 中属于第i类的子集），计算 S 对响应变量y的 Gini 系数，公式如下：

$$\text{Gini}(S) = 1 - \sum_{i=1}^{k} \left(\frac{|C_i|}{|S|} \right)^2$$

对于离散变量，可直接使用以上公式，计算样本集合 S 对应的 Gini 系数，其中 S 表示分类树的一个节点对应的子集合。当 S 中只有两类时，是经典的二分类问题，此时的 $\text{Gini}(p) = 2p(1 - p)$，其中 p 是样本点属于第一类的概率。

由于 Gini 系数可以表示样本在子集中被错分的可能性大小，其值越大，样本越有可能被错分，其值越小，样本越有可能不被错分，因此 Gini 系数越小越好。可以通过计算每个特征的 Gini 系数来进行特征选择。在分类树的前提下，每个特征 F 都会有 N 个分类或区间作为分类节点，可以通过以下公式计算该特征 F 的 Gini 系数：

$$\text{Gini}(F) = \sum_{i=1}^{N} \frac{|F_i|}{|F|} \text{Gini}(F_i)$$

其中，F_i 为第 i 个分类对应的样本子集。可以看到 $\text{Gini}(F)$ 即表示特征 F 对应各节点 Gini 系数的平均值，它越小表明该特征对于分类越有优势。对连续变量排序后依次按相邻值的均值作为分界点计算的诸多该特征的 Gini 系数中找出最小值所对应的分割点，即为最优二分划分点，而此时的 Gini 系数也是该特征对应的二分划分最优的 Gini 系数。

下面我们以表 4-3-4 的数据为例，来说明计算数据集中各特征的 Gini 系数，并对特征进行排序。

表 4-3-4　计算 Gini 系数基础数据

有固定资产（X_1）	家庭类型（X_2）	月收入（X_3）	VIP 用户
是	C_1	13.3	否
是	C_2	10.0	否
否	C_1	7.2	否
是	C_2	12.7	否
否	C_3	10.5	是
否	C_2	6.3	否
是	C_3	21.2	否
否	C_1	8.6	是
是	C_2	7.0	否
否	C_1	9.4	是

下面介绍主要步骤。

（1）计算 X_1 对 Y 的 Gini 系数。统计 X_1 与 Y 的列联表，如表 4-3-5 所示。

表 4-3-5 X_1 与 Y 的列联表

	否	是
否	2	3
是	5	0

$$\text{Gini}(X_1 = 否) = 1 - \left(\frac{2}{2+3}\right)^2 - \left(\frac{3}{2+3}\right)^2 = 0.48$$

$$\text{Gini}(X_1 = 是) = 1 - \left(\frac{5}{5+0}\right)^2 - \left(\frac{0}{5+0}\right)^2 = 0$$

$$\text{Gini}(X_1) = \frac{2+3}{2+3+5+0} \cdot \text{Gini}(X_1 = 否) + \frac{5+0}{2+3+5+0} \cdot \text{Gini}(X_1 = 是) = 0.24$$

（2）计算 X_2 对 Y 的 Gini 系数。统计 X_2 与 Y 的列联表，如表 4-3-6 所示。

表 4-3-6 X_2 与 Y 的列联表

	否	是
C_1	2	2
C_2	4	0
C_3	1	1

$$\text{Gini}(X_2 = C_1) = 1 - \left(\frac{2}{2+2}\right)^2 - \left(\frac{2}{2+2}\right)^2 = 0.5$$

$$\text{Gini}(X_2 = C_2) = 1 - \left(\frac{4}{4+0}\right)^2 - \left(\frac{0}{4+0}\right)^2 = 0$$

$$\text{Gini}(X_2 = C_3) = 1 - \left(\frac{1}{1+1}\right)^2 - \left(\frac{1}{1+1}\right)^2 = 0.5$$

$$\text{Gini}(X_2) = \frac{4}{10} \cdot \text{Gini}(X_2 = C_1) + \frac{4}{10} \cdot \text{Gini}(X_2 = C_2) + \frac{2}{10} \cdot \text{Gini}(X_2 = C_3) = 0.3$$

（3）计算 X_3 对 Y 的 Gini 系数。将 X_3 从小到大排序，依次以相邻值的平均值作为分界点，得出 $n-1$（其中 $n=10$）个 Gini 系数的值，如图 4-3-5 所示。

	6.3		7		7.2		8.6		9.4		10		10.5		12.7		13.3		21.2
	6.65		7.1		7.9		9		9.7		10.25		11.6		13		17.25	
	<=	>	<=	>	<=	>	<=	>	<=	>	<=	>	<=	>	<=	>	<=	>
是	0	3	0	3	0	3	1	2	2	1	2	1	3	0	3	0	3	0
否	1	6	2	5	3	4	3	4	3	4	4	3	4	3	5	2	6	1
分类Gini	0.000	0.444	0.000	0.469	0.000	0.490	0.375	0.444	0.480	0.320	0.444	0.375	0.490	0.000	0.469	0.000	0.444	0.000
权重	0.100	0.900	0.200	0.800	0.300	0.700	0.400	0.600	0.500	0.500	0.600	0.400	0.700	0.300	0.800	0.200	0.900	0.100
特征Gini	0.400		0.375		0.343		0.417		0.400		0.417		0.343		0.375		0.400	

图 4-3-5 处理结果

可知 Gini(X_3)=0.343（$n-1$ 个 Gini 系数的最小值，对应分割点为最佳划分）。

（4）通过计算 X_1、X_2、X_3 的 Gini 系数，且有大小关系 $Gini(X_3)>Gini(X_2)>Gini(X_1)$，所以特征的重要性顺序为 $X_1>X_2>X_3$。

4.3.3　模型法

将要评价的所有特征加入模型中进行训练和测试，通过分析这些特征对模型的贡献程度来识别特征的重要性，这种思路就是模型法用于评价特征重要性的出发点。有两大类经常使用的方法：增益法和置换法。其中增益法主要通过收集决策树建模过程中特征的 Gini 增益来评估特征的重要程度，而置换法主要通过比较特征在置换前后，其所建模型在 OOB 数据集的精度下降程度来评估特征的重要性。下面将会对这两种方法展开探讨。

1．增益法

在决策树的生成过程中，通常将 Gini 增益或信息增益率作为评估最优分割的标准，我们可以统计整棵树中各节点分割时对应特征的累积增益，按大小顺序对这些特征排序，从而确定出最重要的几个特征。但是仅仅基于一棵树，可能存在过拟合的问题，模型也缺乏健壮性。因此，基于由大量简单决策树构成的随机森林来实现特征评价是一种不错的方法。

由于随机森林是由多棵决策树构建的增强分类（回归）器，当新数据进入随机森林时，所有决策树会产生分类或预测结果，随机森林会取这些结果的众数或平均值作为该新数据的输出。它能够处理很高维度的数据，并且不用做特征选择。由于随机选择样本导致每次学习决策树使用不同的训练集，所以随机森林是可以在一定程度上避免过拟合的。随机森林的构建过程如图 4-3-6 所示。

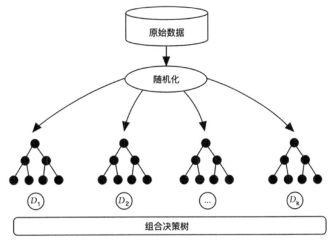

图 4-3-6　随机森林的构建过程

在图 4-3-6 中随机化主要针对原始数据的记录和特征进行随机选取，构建随机化样本。比如这里有一个数据集，拥有 1000 条记录和 25 个特征，如果指定抽取 100 个数据集来构建决策树，那么用于训练的每个数据集都要从这 1000 条记录中可放回地抽取 100 条记录，同时，建议从 25 个特征中随机选取 5 个（$\sqrt{N}$，N 为特征数量）特征，构建 100 个 1000×5 的数据集用于训练决策树。当所有决策树都训练完成时，在新数据下，都对应有输出，随机森林还需要将这些结果进行投票组合，生成最终的结果。

在构建决策树的过程中，需要对变量的重要性排序，由于随机森林拥有大量的决策树，将每棵决策树得到的变量重要性进行综合，可以得到最终的变量重要性排序结果，这个结果相比单棵决策树的结果更稳定、更可信。因此，常常选用随机森林的方法来进行特征选择。

我们用 V_j 表示第 j 个变量在随机森林所有树中节点分裂不纯度的平均减少量（对应纯度的增益量）。不纯度使用 Gini 指数来度量，其计算公式如下：

$$\text{Gini}_m\left(X_j\right) = \sum_{i=1}^{k} p_i\left(1 - p_i\right) = 1 - \sum_{i=1}^{k} p_i^2$$

其中，k 为自助样本集的类别数，p_i 为节点 m 中样本属于第 i 类的概率。变量 X_j 在节点 m 的重要性可表示为：

$$V_j^m = \text{Gini}_m\left(X_j\right) - \text{Gini}_m(T_{\text{sub1}}) - \text{Gini}_m(T_{\text{sub2}})$$

上式中的 $\text{Gini}_m(T_{\text{sub1}})$ 和 $\text{Gini}_m(T_{\text{sub2}})$ 分别表示由节点 m 分裂后，两个新节点的 Gini 指数。

如果变量 X_j 在第 i 棵树中出现 L 次，则变量 X_j 在第 i 棵树的重要性为：

$$V_j^i = \sum_{k=1}^{L} V_j^k$$

进一步，变量 X_j 在随机森林中的 Gini 重要性定义为（其中，n 为随机森林中树的数量）：

$$V_j = \frac{1}{n}\sum_{i=1}^{n} V_j^i$$

我们可以使用 Python 的 sklearn 库，其中 ensemble 模块内的 Random Forest Classifier 类实现了随机森林的建模，同时可以得到各特征的重要性得分，Random Forest Classifier 是基于 mean decreaseimpurity（平均不纯度减少量）计算变量重要性得分的，需要对每棵树按照 impurity（不纯度度量，比如 Gini 指数）进行特征排序，然后整个森林取平均值，即 Random Forest Classifier 类已经实现了基于增益法来实现特征评价的功能。这里基于 wine.data 数据集来实现，该 UCI（Univer sity of California Ivving）数据库提供的葡萄酒数据包含 178 个样本，13 个输入特征，1 个目标分类变量。这些输入特征包括 Alcohol（酒精度）、Malicacid（苹果酸）、Magnesium（镁）、Totalphenols（总酚）、

Flavanoids（黄酮）等成分指标，目标分类变量表示葡萄酒的来源，这里有 3 个分类，即基于葡萄酒的化学成分来确定葡萄酒的产地，这是一个分类问题。下面编写 Python 代码，对涉及的 13 个特征使用随机森林的方法进行重要性评价，代码如下：

```
1 df = pd.read_csv(WINE, header=None)
2 df.columns = ['Class label', 'Alcohol', 'Malic acid', 'Ash',
3                'Alcalinity of ash', 'Magnesium', 'Total phenols',
4                'Flavanoids', 'Nonflavanoid phenols', 'Proanthocyanins',
5                'Color intensity', 'Hue', 'OD280/OD315 of diluted wines', 'Proline']
6 X, Y = df.drop(columns='Class label'), df['Class label']
7 forest = RandomForestClassifier(n_estimators=10000, random_state=0)
8 forest.fit(X, Y)
9 importance = forest.feature_importances_
10 indices = np.argsort(importance)[::-1]
11 for e in range(X.shape[1]):
12     print("%2d) %-*s %f" % (e + 1, 30, X.columns[indices[e]], importance[indices[e]]))
13
14 # 1) Proline                         0.172933
15 # 2) Color intensity                 0.159572
16 # 3) Flavanoids                       0.158639
17 # 4) Alcohol                          0.122553
18 # 5) OD280/OD315 of diluted wines     0.117285
19 # 6) Hue                              0.082196
20 # 7) Total phenols                    0.052964
21 # 8) Magnesium                        0.030679
22 # 9) Malic acid                       0.030567
23 #10) Alcalinity of ash               0.026736
24 #11) Proanthocyanins                 0.021301
25 #12) Ash                             0.013659
26 #13) Nonflavanoid phenols            0.010917
```

进一步，可将特征重要性得分通过条形图进行展现，如图 4-3-7 所示，代码如下：

```
1 plt.title('特征重要性')
2 plt.bar(range(X.shape[1]), importance[indices], color='black', align='center')
3 plt.xticks(range(X.shape[1]), X.columns[indices], rotation=90)
4 plt.xlim([-1, X.shape[1]])
5 plt.tight_layout()
6 plt.show()
```

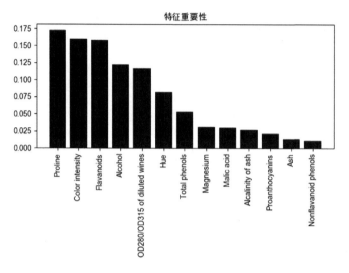

图 4-3-7　特征重要性排序

2．置换法

当判断一个特征是否重要时，其实有一种简单的方法，即将该特征数据进行置换，比较置换前后该模型在同一个测试集上的预测精度是否有明显下降，若下降得非常明显，那么该特征是重要的，否则，该特征不重要。于是，我们可以使用预测精度的下降程度来度量特征的重要程度。这是置换法的基本思路，该思路非常通用，可广泛应用于分类和回归等诸多模型。

下面基于 wine.data 数据集，通过编写 Python 代码，说明置换法的原理和使用方法。首先，按 7：3 的比例对数据进行分区，即使用 70%的数据建立模型，另外 30%的数据用于测试。然后，按顺序依次随机置换这 13 个特征，通过置换前后的精度变化来评估特征的重要性，代码如下：

```
1 def eval_func(xtrain,ytrain,ytest,xtest):
2       clf = tree.DecisionTreeClassifier()
3       clf = clf.fit(xtrain, ytrain)
4       C2= confusion_matrix(ytest, clf.predict(xtest))
5       return np.sum(np.diag(C2))/xtest.shape[0]
6
7
8 out = []
9 for i in range(10000):
10      X_train, X_test, Y_train, Y_test = train_test_split(X, Y, test_size=0.3, random_state=i)
11      org_ratio = eval_func(X_train, Y_train, X_test, Y_test)
12      eval_list = []
13      for col in X_train.columns:
```

```
14          new_train = X_train.copy()
15          new_train[col] = random.choice(range(new_train.shape[0]))
16          decrease = org_ratio - eval_func(new_train, Y_train, X_test, Y_test)
17          eval_list.append(decrease if decrease > 0 else 0)
18      out.append(eval_list)
19
20 importance = pd.DataFrame(np.array(out)).apply(lambda __x: np.mean(__x), axis=0).values
21 indices = np.argsort(importance)[::-1]
22 for e in range(X.shape[1]):
23     print("%2d) %-*s %f" % (e + 1, 30, X_train.columns[indices[e]], importances[indices[e]]))
24 # 1) Color intensity            0.024522
25 # 2) Flavanoids                 0.021774
26 # 3) Proline                    0.014481
27 # 4) Alcohol                    0.009896
28 # 5) OD280/OD315 of diluted wines  0.009563
29 # 6) Ash                       0.009431
30 # 7) Hue                       0.009028
31 # 8) Total phenols             0.008741
32 # 9) Alcalinity of ash         0.008669
33 #10) Nonflavanoid phenols      0.008628
34 #11) Malic acid                0.008496
35 #12) Magnesium                 0.008493
36 #13) Proanthocyanins           0.008333
```

如上述代码所示，为了增加结果的稳定性，进行了 10000 次迭代，再将对应特征的精度变化值汇总求平均值。可以从打印的降序排列结果中看到，使用置换法得到的特征重要性排序与使用增益法结果的大部分是接近的。进一步，可将特征重要性得分通过条形图进行展现，如图 4-3-8 所示，代码如下：

```
1 plt.title('特征重要性')
2 plt.bar(range(X.shape[1]), importance[indices], color='black', align='center')
3 plt.xticks(range(X.shape[1]), X.columns[indices], rotation=90)
4 plt.xlim([-1, X.shape[1]])
5 plt.tight_layout()
6 plt.show()
```

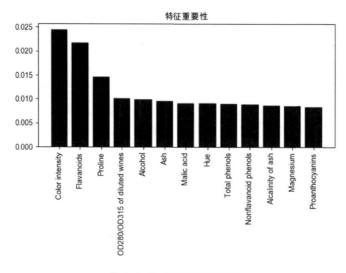

图 4-3-8　特征重要性排序

4.4　特征学习

特征学习有时又叫作表征学习，是指基于已有的原始数据，通过算法手段得到具有更强表征能力特征的过程。基于特征学习开展预测工作，可以有效避免手动提取特征的繁杂工作量，同时也可以比较好地保证预测效果。特征学习其实并不神秘，常见的主成分分析，其实就属于无监督特征学习的范畴。在图像处理领域，通过主成分分析处理图像可以得到图像中人物的轮廓，其实也就是提取了用于后续建模的特征。此外，线性判别分析属于有监督特征学习算法，通过该算法处理分类数据，可以有效地提取用于分类的强特征，显著提升模型效果。这两类算法同时又都属于线性流形学习，在海量数据的降维方面被广泛使用，尤其是主成分分析。另外，近几年流行起来的深度学习也是特征学习算法的典型代表。然而，本节并不详细介绍这些算法，而是从遗传编程的角度，探讨特征学习的实现和应用。

遗传编程也叫基因编程或 GP，是一种从生物进化过程中得到灵感的自动化生成和选择计算机程序来完成用户定义的任务的技术。它比遗传算法（关于遗传算法的讲解，请参见"5.3 遗传算法"）适用范围更广，因为遗传编程处理的个体更多是一个任务或过程，不是普通意义上的解，遗传编程可用于量子计算、游戏比赛等。使用遗传编程的方法来进行特征构建，即是通过计算机程序自动化生成特征，并通过选择、交叉、变异等过程，最终得到相对较好的特征的过程。本节主要介绍基于遗传编程实现特征构建方法的基本思路，以及如何处理原始特征集，并基于此构建特征表达式。接着，介绍基于遗传算法的流程，计算适应度、交叉、变异的过程，最终根据获取的特征验证建模效果。

4.4.1 基本思路

我们在应用遗传算法解决问题时，比如找出函数对应最大值的最优解，通常需要首先随机产生 N 个候选解作为初始种群，然后通过计算每个解对应的函数值转换成适应度，由遗传算法进行选择哪些个体可以用来产生后代，并经过交叉和变异的过程，实现种群的代代繁衍，直到满足终止条件，算法结束，通常可以获得函数的最优解或其近似解。然而，我们在应用遗传编程进行特征构建时，这个问题看起来并不那么简单，因为你首先要做的就是产生候选特征，而这些特征就是基于原始特征产生的。假如我们把所有特征当成是数值类型，那么经过这些特征的组合运算，就可以得到一个新特征，如果组合运算的规则是随机产生的，那么就可以得到用于遗传编程的初始种群。通常用二叉树来存储运算规则，如图 4-4-1 所示，叶子节点表示原始特征，非叶子节点表示数学运算符，通常有加、减、乘、除等二元运算符和正余弦、对数、倒数等一元运算操作。

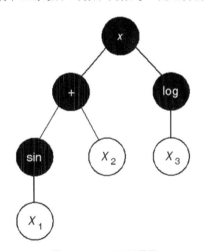

图 4-4-1　二叉树示例

于是，问题就变为根据给定的原始特征，如何随机生成如图 4-4-1 所示的二叉树，并根据二叉树确定的表达式计算出新特征。针对这个问题的具体解决办法，将会在 "4.4.2 特征表达式" 中详细介绍。这里的二叉树就相当于一种遗传算法的构建基因的方法，通过给定的固定基因长度确定染色体，并在此基础上实现染色体的交叉和基因的突变。因此，基于遗传编程方法的特征构建过程，可参见图 4-4-2。

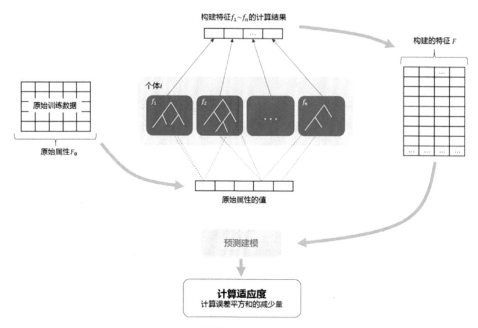

图 4-4-2 基于遗传编程方法的特征构建过程

如图 4-4-2 所示，首先通过随机生成二叉树的方式，从原始属性 F_0 中构建新特征 $f_1 \sim f_n$，并使用新特征建立预测模型，通过交叉验证的方法计算模型的误差平方和。再与基于原始属性建立的预测模型的误差平方和比较，计算减少量，以此来计算个体的适应度。需要注意的是，一个二叉树就相当于一个基因，一个基因产生一个特征，一个个体包含给定长度的基因数目，代表由多个特征组合的数据集。那么，通过遗传编程的方法来构建特征的过程，就是寻找最优特征组合的过程，所谓最优的特征组合，就是与基于原始属性建立的预测模型相比，基于最优特征组合的模型，具有最低的误差平方和，也反映了模型具有良好的表现能力和预测精度。

4.4.2 特征表达式

从 4.4.1 节中我们了解到，通常可以使用二叉树来表示运算规则，但是直接用二叉树的结构来进行计算显得不太方便，实现难度也比较大，所以需要基于二叉树构建运算表达式。比如针对图 4-4-1 的二叉树，可以构建的表达式为 $(\sin(x_1) + x_2) \cdot \log(x_3)$，但这种形式的表达式，也需要从二叉树的结构中通过遍历来生成，实则改进不大。受 LISP 语言 S 表达式的启发，我们可以将表达式表示为 $\big(* \ (+ \ (\sin x_1) \ x_2) \ (\log x_3)\big) abc$ 或（ab）的形式，a 表示运算符，如果后面只有一个对象，就表示一元运算符，如果有两个对象就表示二元运算符，每一对括号的计算结果又可嵌入另一个括号中作为参数值。进一步，可自定义函数 g 实现表达式的运算功能和表现能力，基于 Python 编写函数 g，其定义如下：

```
1 def g(f, a, b=None):
2     """
3     f: 一元或二元运算函数
4     a: 第一个参数
5     b: 如果 f 是一元运算函数，则 b 为空，否则代表二元运算的第二个参数
6     """
7     if b is None:
8         return f(a)
9     else:
10        return f(a,b))
```

另外，针对常见的一元运算（对数、平方根、平方、立方、倒数、sigmoid、tanh、ReLu、binary）、二元运算（加、减、乘、除）可重新定义函数，代码如下：

```
1 import numpy as np
2
3 min_number = 0.01
4
5 # 一元运算
6 def log(x):
7     return np.sign(x)*np.log2(np.abs(x)+1)
8
9 def sqrt(x):
10    return np.sqrt(x-np.min(x)+min_number)
11
12 def pow2(x):
13    return x**2
14
15 def pow3(x):
16    return x**3
17
18 def inv(x):
19    return 1*np.sign(x)/(np.abs(x)+min_number)
20
21 def sigmoid(x):
22    if np.std(x) < min_number:
23        return x
24    x = (x - np.mean(x))/np.std(x)
25    return (1 + np.exp(-x))**(-1)
26
27 def tanh(x):
28    if np.std(x) < min_number:
```

```
29          return x
30      x = (x - np.mean(x))/np.std(x)
31      return (np.exp(x) - np.exp(-x))/(np.exp(x) + np.exp(-x))
32
33 def relu(x):
34      if np.std(x) < min_number:
35          return x
36      x = (x - np.mean(x))/np.std(x)
37      return np.array([e if e > 0 else 0 for e in x])
38
39 def binary(x):
40      if np.std(x) < min_number:
41          return x
42      x = (x - np.mean(x))/np.std(x)
43      return np.array([1 if e > 0 else 0 for e in x])
44
45 # 二元运算
46 def add(x,y):
47      return x + y
48
49 def sub(x,y):
50      return x - y
51
52 def times(x,y):
53      return x * y
54
55 def div(x,y):
56      return x*np.sign(y)/(np.abs(y)+min_number)
```

基于以上代码，表达式$(* (+ (\sin x_1)\, x_2)\, (\log x_3))$为$g(times, g(add, g(np.sin, x_1), x_2), g(log, x_3))$。这样有两个好处：第一，含义直观，可以直接表达与二叉树相同含义的结构；第二，运算方便，直接可以将此表达式在 Python 中执行，即可返回结果。假设这里的$x_1 = 5$、$x_2 = 10$、$x_3 = 46$，则表达式的计算结果如以下代码所示：

```
1 g(times,g(add,g(np.sin,5),10),g(log,46))
2 # 50.219458431129446
```

所以，只要根据原始属性随机生成形如 g(a,b)的表达式，就可以得到随机生成的特征。根据二叉树的基本形态，考虑到由原始属性构建表达式的方便性，将其主要分为两类：一类是满二叉树（如果选择的原始属性个数不是$2^r (r > 0)$个，则通过虚拟属性占位实现）；另一类是偏二叉树（由于原始属性的选择具有随机性，因此左二叉树与右二叉树同属于一类），样例如图 4-4-3 所示。

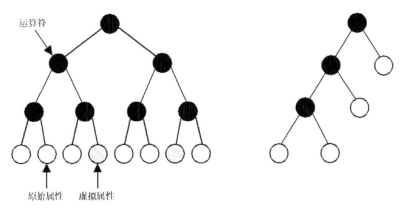

图 4-4-3 满、偏二叉树示例

二叉树中空心节点表示原始属性，满二叉树和偏二叉树定义了根据原始属性生成二叉树的两种方式。假设原始属性分别为$X_1, X_2 \cdots, X_n$，则给定构建特征时需要的最大特征数量 nMax（计算时属性可重复使用），现随机从中可放回抽取m个原始属性$X_{s_1}, X_{s_2}, X_{s_3} \cdots, X_{s_m}$，其中 m 为 2~nMax 之间的随机值，基于满二叉树的方式构建特征表达式，定义函数 gen_full_tree_exp，代码如下：

```
1 import random
2
3 # 定义二元运算函数的集合
4 two_group = ['add', 'sub', 'times', 'div']
5
6 # 定义一元运算函数的集合
7 one_group = ['log', 'sqrt', 'pow2', 'pow3', 'inv', 'sigmoid', 'tanh', 'relu', 'binary']
8
9 # 随机增加一元运算符
10 def add_one_group(feature_string, prob=0.3):
11     return 'g('+random.choice(one_group)+','+feature_string+')' if np.random.uniform(0, 1) < prob else
    feature_string
12
13 # 构建满二叉树，并生成数学表达式
14 def gen_full_tree_exp(var_flag_array):
15     half_n = len(var_flag_array)//2
16     middle_array = []
17     for i in range(half_n):
18         if var_flag_array[i] == '0' and var_flag_array[i+half_n] != '0':
19             middle_array.append('g('+random.choice(one_group)+','+
                                add_one_group(var_flag_array [i+half_n])+')')
```

```
20          elif var_flag_array[i] != '0' and var_flag_array[i+half_n] == '0':
21              middle_array.append('g('+random.choice(one_group)+','+add_one_group(var_flag_array[i])+')')
22          elif var_flag_array[i] != '0' and var_flag_array[i+half_n] != '0':
23              middle_array.append('g('+random.choice(two_group)+','+add_one_group
                                 (var_flag_array[i])+','+add_one_group(var_flag_array[i+half_n])+')')
24      if len(middle_array) == 1:
25          return add_one_group(middle_array[0])
26      else:
27          return gen_full_tree_exp(middle_array)
```

上述代码中，第 4 行与第 7 行代码定义了二元运算与一元运算的函数集合，函数 add_one_group 以一定的概率（prob）向节点 feature_string 上封装一层一元运算。gen_full_tree_exp 函数以递归的方式将 var_flag_array 分成两部分，并依次进行二元组合，直到长度为 1 时为止。假设原始属性的下标为 1~8，nMax=10，'0'为虚拟特征，则从原始属性中随机选取 N 个属性，代码如下：

```
1 # 随机抽取 N 个特征下标
2 nMax=10
3 N = random.choice(range(2,nMax+1))
4
5 # 定义原始数据集中属性的下标 1~8
6 featureIdx = range(1,9)
7 select_feature_index = [random.choice(featureIdx) for i in range(N)]+[0]*int(2**np.ceil(np.log2(N)) - N)
8 random.shuffle(select_feature_index)
9 select_feature_index = ['X'+str(e) if e> 0 else '0' for e in select_feature_index]
10 select_feature_index
11 # ['X3', 'X2', 'X3', 'X4', '0', 'X7', 'X1', 'X8']
```

如上述代码所示，若选择的 N 个原始属性不是 $2^r(r > 0)$ 个，则通过虚拟属性 0 占位实现。选择的原始属性存储在变量 select_feature_index 中。进一步，按满二叉树方式生成特征表达式的代码如下：

```
1 tree_exp = gen_full_tree_exp(select_feature_index)
2 tree_exp
3 # g(div,g(sub,g(binary,g(binary,X3)),g(pow2,g(times,g(relu,X3),X1))),g(sqrt,g(div,g(sigmoid,g(add,X2,g(relu,
   X7))),g (times,X4,g(tanh,X8)))))
```

由上述代码可知，我们得到了 tree_exp 表达式。另外，基于偏二叉树的方式构建特征表达式，定义函数 gen_side_tree_exp 的代码如下：

```
1 #构建偏二叉树，并生成数学表达式
2 def gen_side_tree_exp(var_flag_array):
3      if len(var_flag_array) == 1:
4          return add_one_group(var_flag_array[0])
5      else:
6          var_flag_array[1] = 'g('+random.choice(two_group)+','+add_one_group(var_flag_array[0])+','+add_
                          one_ group(var_flag_array[1])+')'
```

```
7              del var_flag_array[0]
8          return gen_side_tree_exp(var_flag_array)
```

如上述代码所示，函数 gen_side_tree_exp 以递归的方式构建特征表达式，并随机性地插入一元运算函数。假设原始属性的下标为 1~8，nMax=10，则从原始属性中随机选取 N 个属性的代码如下（需要注意的是，通过偏二叉树构建特征表达式不需要通过虚拟特征 0 占位）：

```
1 N = random.choice(range(2,nMax+1))
2 select_feature_index = ['X'+str(e) for e in [random.choice(featureIdx) for i in range(N)]]
3 select_feature_index
4 # ['X8', 'X2', 'X1']
```

如上述代码所示，从原始属性中可放回抽取了 3 个属性，存放在变量 select_feature_index 中。进一步，按偏二叉树方式生成特征表达式的代码如下：

```
1 tree_exp = gen_side_tree_exp(select_feature_index)
2 tree_exp
3 # g(pow3,g(times,g(add,g(binary,X8),g(sigmoid,X2)),g(sqrt,X1)))
```

因此，得到的完整特征表达式为 g(pow3,g(times,g(add,g(binary,X8),g(sigmoid, X2)),g(sqrt,X1)))。可以看到原始属性都分布在表达式的右边，这也正是这种方法的特点。

在随机生成特征表达式时，采用满二叉树方式还是偏二叉树方式是随机选择的，因此要编写 Python 函数 random_get_tree 来实现特征表达式的随机生成，代码如下：

```
1 def random_get_tree(input_data,featureIdx,nMax=10):
2     """
3     从原始数据特征中，随机获取特征表达式
4     featureIdx: 原始特征的下标数值，最小从 1 开始
5     nMax:一次最多从特征中可放回抽样次数，默认为 10
6     """
7     data = pd.DataFrame({"X"+str(e):input_data.iloc[:,(e-1)].values for e in featureIdx})
8
9     # 随机抽取 N 个特征下标
10    N = random.choice(range(2,nMax+1))
11
12    # 随机决定是使用满二叉树还是偏二叉树
13    if random.choice([0,1]) == 1:
14        # 选择满二叉树
15        select_feature_index = [random.choice(featureIdx) for i in range(N)]+[0]*int(2**np.ceil(np.log2(N)) - N)
16        random.shuffle(select_feature_index)
17        select_feature_index = ['data.X'+str(e)+".values" if e> 0 else '0' for e in select_feature_index]
18        tree_exp = gen_full_tree_exp(select_feature_index)
19    else:
20        # 选择偏二叉树
```

```
21        select_feature_index = ['data.X'+str(e)+".values" for e in [random.choice(featureIdx) for i in range(N)]]
22        tree_exp =   gen_side_tree_exp(select_feature_index)
23     return {"f_value":eval(tree_exp),"tree_exp":tree_exp.replace("data.","").replace(".values","")}
```

函数 random_get_tree 的参数 input_data 为外部 pandas 数据框对象。以 iris 数据集为例，其特征下标为 1:4，使用 random_get_tree 函数随机生成一个特征表达式的代码如下：

```
1 iris = pd.read_csv(IRIS)
2 out = random_get_tree(iris,[1,2,3,4])
3 out['tree_exp']
4 # g(add,g(div,g(sub,g(sqrt,X1),X1),g(times,g(binary,X2),X3)),g(div,g(sigmoid,X3),g(add,X4,X2)))
5 out['f_value']
6 # array([-2.94371351,   0.06483323, -3.06427975, -2.62955502, -2.91475196, ...])
```

由于随机生成特征表达式时，考虑了满二叉树和偏二叉树两种可能性，同时，从原始属性中进行了可放回抽取，并且在构建表达式时，算法向生成的各节点随机添加一元运算，这些因素使得最终得到的特征表达式随机性很强，其对应的搜索空间也很广泛，因此，可使用遗传编程搜索特征表达式空间中的最优组合。

有时为了进一步查看特征表达式的二叉树结构，需要将其绘制出来。下面使用 Python 编写 plotTree 函数，使用 networkx 库中的方法，通过遍历特征表达式实现二叉树的绘制。

首先，我们定义二叉树节点类，代码如下：

```
1 class Node:
2      def __init__(self, value, label, left=None, right=None):
3           self.value = value
4           self.label = label
5           self.left = left
6           self.right = right
```

如上述代码所示，value 表示二叉树节点的值（通常存整数索引值），label 表示节点的标签，left 和 right 分别表示节点的左右子树。

然后为将特征表达式字符串转换为二叉树图，需要对该表达式做进一步处理，通过正则表达式解析字符串对应的层次关系，这里定义了 transform 函数，代码如下：

```
1 import re
2
3 def transform(feature_string):
4      my_dict={}
5      pattern = r'g\([^\(\)]*\)'
6      so = re.search(pattern, feature_string)
7      while so:
8           start, end = so.span()
```

```
9          key = len(my_dict)
10         my_dict[key]=so.group()
11         feature_string = feature_string[0:start]+'<'+str(key)+'>'+feature_string[end:]
12         so = re.search(pattern, feature_string)
13     return my_dict
14
15 exp_tmp = 'g(add,g(div,g(sub,g(sqrt,X1),X1),g(times,g(binary,X2),X3)),g(div,g(sigmoid,X3),g(add,X4,X2)))'
16 transform(exp_tmp)
17 # {0: 'g(sqrt,X1)',
18 #   1: 'g(sub,<0>,X1)',
19 #   2: 'g(binary,X2)',
20 #   3: 'g(times,<2>,X3)',
21 #   4: 'g(div,<1>,<3>)',
22 #   5: 'g(sigmoid,X3)',
23 #   6: 'g(add,X4,X2)',
24 #   7: 'g(div,<5>,<6>)',
25 #   8: 'g(add,<4>,<7>)'}
```

如上述代码所示，transform 函数直接将特征表达式字符串转换成了一个 dict 对象，该字典的键为整数k，对应字典值中的<k>，通过这种方式，可以构建节点间的层次关系。定义 parse 函数对类似 g(div,<5>,X3) 的结果进行解析，将其识别为节点的名称、链接下标以及叶子节点，代码如下：

```
1 def parse(group_unit):
2     tmp = group_unit.lstrip("g(").rstrip(")").split(',')
3     tmp = tmp + [None] if len(tmp) == 2 else tmp
4     return [int(x[1:-1]) if x is not None and re.match(r'<[0-9]+>',x) else x for x in tmp]
```

到目前为止，已经具备了构建二叉树的条件，现编写 bitree 函数，通过深度优化遍历的方式构建二叉树，代码如下：

```
1 def bitree(mapping, start_no, index=0, labels={}):
2     name, left, right = parse(mapping[start_no])
3     if left is not None:
4         if type(left) == int:
5             left_node, s_labels, max_index = bitree(mapping, left, index+1, labels)
6             labels = s_labels
7         else:
8             left_node = Node(index+1, left)
9             labels[index+1] = left
10            max_index = index+1
11        else:
12            left_node = None
13
14        if right is not None:
```

```
15              if type(right) == int:
16                  right_node, s_labels, max_index = bitree(mapping, right, max_index+1, labels)
17                  labels = s_labels
18              else:
19                  right_node = Node(max_index+1, right)
20                  labels[max_index+1] = right
21                  max_index = max_index+1
22          else:
23              right_node = None
24
25          labels[index] = name
26          return Node(index, name, left_node, right_node) ,labels, max_index
```

接下来，我们使用 networkx 库来绘制二叉树，该库在绘制 Graph 类图表时较为常用。定义 create_graph 函数，返回绘制二叉树的 Graph 对象和 pos 对象。代码如下：

```
1 def create_graph(G, node, pos={}, x=0, y=0, layer=1):
2       pos[node.value] = (x, y)
3       if node.left:
4           G.add_edge(node.value, node.left.value)
5           l_x, l_y = x - 1 / layer, y - 1
6           l_layer = layer + 1
7           create_graph(G, node.left, x=l_x, y=l_y, pos=pos, layer=l_layer)
8       if node.right:
9           G.add_edge(node.value, node.right.value)
10          r_x, r_y = x + 1 / layer, y - 1
11          r_layer = layer + 1
12          create_graph(G, node.right, x=r_x, y=r_y, pos=pos, layer=r_layer)
13      return G, pos
```

编写 Python 代码，对特征表达式字符串 exp_tmp 绘制对应的二叉树图，代码如下：

```
1 import networkx as nx
2 import matplotlib.pyplot as plt
3
4 def plot_tree(feature_string, title=None, node_size=5000, font_size=18):
5       my_dict = transform(feature_string)
6       root, labels, _ = bitree(my_dict, len(my_dict)-1, 0, labels={})
7       graph = nx.Graph()
8       graph, pos = create_graph(graph, root)
9       nx.draw_networkx(graph, pos, node_size=node_size,width=2,
                            node_color='black',font_color='white',font_size= font_size,with_labels=
                            True,labels=labels)
10      plt.axis('off')
11      if title is not None:
```

```
12          plt.title(title)
13
14 plt.figure(figsize=(20,11))
15 plot_tree(exp_tmp)
16 plt.show()
```

效果如图 4-4-4 所示，二叉树表达了与特征表达式一样的含义，说明了特征表达式的正确性。

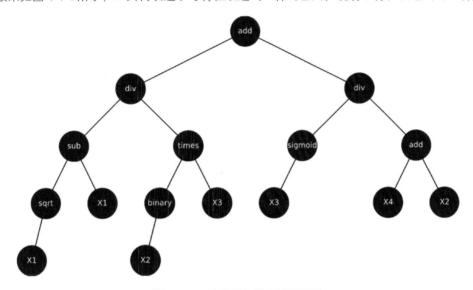

图 4-4-4　特征表达式对应的二叉树

4.4.3　初始种群

在用遗传编程方法构建特征时，需要产生初始种群。而种群是由 N 个个体定义的，其中 N 是种群规模。最佳个体表示特征的最佳组合，因此可用给定的 m 作为基因数量来创建个体，每个基因由随机生成的特征表达式表示。比如要创建基因数为 5 的个体，可表示为 $<f_1, f_2, f_3, f_4, f_5>$，其中 $f_1 \sim f_5$ 表示随机生成的特征表达式，该个体表示具有这 5 个特征的组合，代表对应的特征集，可以进一步对在其基础上建立的预测模型进行评价。用 Python 实现随机产生 k 个个体的函数 gen_individuals，代码如下：

```
1 def gen_individuals(k, gen_num, input_data, featureIdx, nMax=10):
2     """产生 k 个个体, gen_num 表示每个个体对应的固定基因数量"""
3     indiv_list = []
4     gene_list = []
5     for e in range(k):
6         indiv = {}
7         gene = []
```

```
8          for i in range(gen_num):
9              out = random_get_tree(input_data, featureIdx, nMax)
10             indiv["g"+str(i+1)]=out['f_value']
11             gene.append(out['tree_exp'])
12         indiv = pd.DataFrame(indiv)
13         indiv_list.append(indiv)
14         gene_list.append(gene)
15     return {"df":indiv_list, "gene": gene_list}
```

如上述代码所示，参数 gen_num 表示基因长度或数量，对于所有个体都具有相同的基因长度或数量。使用 gen_individuals 得到随机产生的种群数据和特征表达式，代码如下：

```
1 gen_out = gen_individuals(5,4,iris,[1,2,3,4])
2 for x in gen_out['df']:
3     print("_____")
4     print(x.head(2))
5 #
6 #         g1          g2          g3          g4
7 #0   0.999994   0.041485  -0.516292    7.236502
8 #1   0.999993   0.043178  -0.516292    7.036163
9 #_____
10 #        g1          g2          g3          g4
11 #0   4.017630   39.420808   2.063808    0.005786
12 #1   3.646044   48.699998   0.941829    0.009188
13 #_____
14 #   g1        g2          g3          g4
15 #0   1    3.672057   47.056650   0.608046
16 #1   1    2.334098   47.279288   0.711007
17 #_____
18 #      g1        g2    g3    g4
19 #0   17.85   5.713423   0.0   0.0
20 #1   14.70   5.881378   0.0   0.0
21 #_____
22 #        g1          g2          g3          g4
23 #0   24.937656   11.896502   2.766785    1.106516
24 #1   24.937656   11.396502   2.767762    1.163914
```

上述代码中第 5 行到第 24 行表示随机产生的 5 个个体数据集，每个个体有 4 个基因，具体的基因特征表达式存在 gen_out['gene']当中，可按下标访问。

4.4.4　适应度

适应度用来表示个体对环境的适应程度，适应度越大表示个体对环境的适应能力越强，就越有可能携带优秀的基因（这里指有效的特征），这样的个体在遗传时越有可能被优先选择。反之，适应度越低，越有可能被淘汰。在使用遗传编程进行特征构建的场景下，通常对分类问题可以根据精度的提高量作为适应度值，而对于回归问题，可以根据误差平方和对于原始属性模型的误差平方和的减少量作为适应度值。当然，针对具体问题时，还可以参考领域专家的意见或适当做出一些改进、调整。使用同样算法建立预测模型，针对原始属性和新特征组合，计算适应度的方法如图 4-4-5 所示。

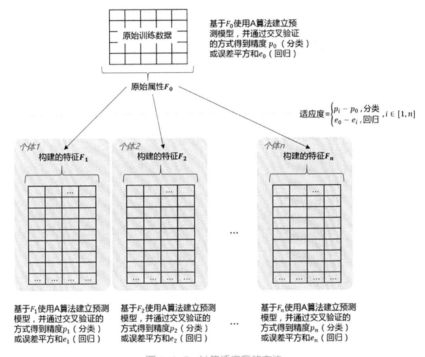

基于 F_0 使用 A 算法建立预测模型，并通过交叉验证的方式得到精度 p_0（分类）或误差平方和 e_0（回归）

原始属性 F_0

$$适应度 = \begin{cases} p_i - p_0, & 分类 \\ e_0 - e_i, & 回归 \end{cases}, i \in [1, n]$$

个体 1　构建的特征 F_1

个体 2　构建的特征 F_2

个体 n　构建的特征 F_n

基于 F_1 使用 A 算法建立预测模型，并通过交叉验证的方式得到精度 p_1（分类）或误差平方和 e_1（回归）

基于 F_2 使用 A 算法建立预测模型，并通过交叉验证的方式得到精度 p_2（分类）或误差平方和 e_2（回归）

基于 F_n 使用 A 算法建立预测模型，并通过交叉验证的方式得到精度 p_n（分类）或误差平方和 e_n（回归）

图 4-4-5　计算适应度的方法

如图 4-4-5 所示，对于适应度，还可以根据需要进行调整，比如当 $e_i > e_0$ 时，可令适应度为 0，也就是说，只有当基于新特征建立的模型比基于原始属性建立的模型效果好时，适应度才能取正，并且越大，表示新特征越可取。用 Python 编写适应度函数 get_adjust，示例代码如下：

```
1 def get_adjust(std_error, y, indiv_data, handle):
2     """计算适应度，通过外部定义的 handle 来处理，同时适用于分类和回归问题"""
3     X = indiv_data
4     cur_error = handle(X,y)
5     return std_error - cur_error if std_error > cur_error else 0
```

如上述代码所示，函数 get-adjust 的参数 std_error 为基于原始数据建模得到的错误率（分类）或误差平方和（回归），y 为原始数据中的目标变量，indiv_data 为随机生成的特征数据，handle 是一个外部参数，表示计算错误率的方法，通常可定义两类 handle 处理函数，一类用于分类，一类用于回归，代码如下：

```
1 def evaluation_classify(X,y):
2     """建立分类问题的评估方法"""
3     clf = tree.DecisionTreeClassifier(random_state=0)
4     errors = []
5     for i in range(X.shape[0]):
6         index = [e for e in range(X.shape[0])]
7         index.remove(i)
8         X_train = X.iloc[index,:]
9         X_test = X.iloc[[i],:]
10        y_train = y[index]
11        y_test = y[i]
12        clf.fit(X_train, y_train)
13        errors.extend(clf.predict(X_test) != y_test)
14    return np.sum(errors)/len(errors)
15
16 def evaluation_regression(X,y):
17     """建立回归问题的评估方法"""
18     reg = linear_model.LinearRegression()
19     errors = 0
20     for i in range(X.shape[0]):
21         index = [e for e in range(X.shape[0])]
22         index.remove(i)
23         X_train = X.iloc[index,:]
24         X_test = X.iloc[[i],:]
25         y_train = y[index]
26         y_test = y[i]
27         reg.fit(X_train, y_train)
28         errors = errors + (y_test - reg.predict(X_test)[0])**2
29     return errors/np.sum(y)
```

上述代码中的 evaluation_classify 函数是用于处理分类问题的外部 handle，而 evaluation_regression 函数是用于处理回归问题的外部 handle，在具体使用时，需要根据面临的业务场景来选择。

4.4.5　遗传行为

当得到初始种群以后，就要进行交叉、变异等遗传行为，并选择部分个体进入下一代，逐代繁衍，直到找到最优或近似最优的特征组合为止。为了让算法不掉进局部最优解，除了通过变异操作，在选择个体时，还可以按比例随机保留一部分适应度低的个体，因为它们中的一些可能携带优秀的基因。在"5.3.2 遗传算法算例"部分提到的轮盘赌方法即是在选择个体时引入了随机因素。通常在进行选择操作时，会有意识地保留部分适应度高的个体，基于种群规模考虑，剩下的部分从未被选择的个体中通过随机的方式进行选择，以组成下一代新的个体。当后代中出现更高适应度的个体时，之前排到前面的个体就被淘汰了，实现种群的进化。选择操作的过程如图 4-4-6 所示。

注：圆圈代表个体，其大小表示适应度

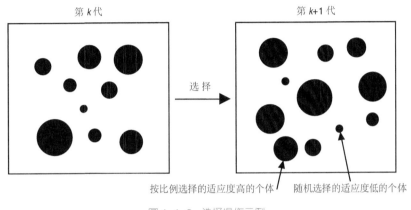

图 4-4-6　选择操作示例

如图 4-4-6 所示，经过选择，后代中出现了更多适应度的个体，并且保留了部分适应度低的个体以增强全局搜索能力。一般是在交叉和变异之前进行选择操作，笔者认为对于种群规模为 m 的种群，经过交叉和变异后，增加了 n 个个体，种群规模变为 $m+n$，此时再按照选择方法进行选择操作，从 $m+n$ 个个体中选择合适的 m 个种群作为下一代，也是一种不错的方法，符合自然界的规律，每次进化，总会有种群规律的变化，并且不适合的个体总会被淘汰一些。

交叉又叫基因重组，就是对参与交叉的两个染色体或个体的一个或多个等位基因进行互换。通过交叉，有利于让优秀的基因进行转移，并利于发现更优的个体。假设有两个个体 A 和 B，它们各有 4 个基因，其基因组分别为 $<f_{a_1}, f_{a_2}, f_{a_3}, f_{a_4}>$ 和 $<f_{b_1}, f_{b_2}, f_{b_3}, f_{b_4}>$，则它们进行交叉操作的样例如图 4-4-7 所示。

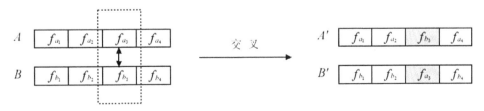

图 4-4-7　交叉操作示例

如图 4-4-7 所示，A 的基因 f_{a_3} 与 B 的基因 f_{b_3} 组成一对等位基因，在进行交叉操作时，它们完成互换，即形成两个新个体A′和B′。现使用 Python 编写函数 inter_cross 实现交叉操作，代码如下：

```
1 def inter_cross(indiv_list, gene_list, prob):
2      """ 对染色体进行交叉操作 """
3      gene_num = len(gene_list[0])
4      ready_index = list(range(len(gene_list)))
5      while len(ready_index) >= 2:
6          d1 = random.choice(ready_index)
7          ready_index.remove(d1)
8          d2 = random.choice(ready_index)
9          ready_index.remove(d2)
10         if np.random.uniform(0, 1) <= prob:
11             loc = random.choice(range(gene_num))
12             print(d1,d2,"exchange loc --> ",loc)
13             # 对数据做交叉操作
14             if indiv_list is not None:
15                 tmp = indiv_list[d1].iloc[:,loc]
16                 indiv_list[d1].iloc[:,loc] = indiv_list[d2].iloc[:,loc]
17                 indiv_list[d2].iloc[:,loc] = tmp
18
19             # 对基因型做交叉操作
20             tmp = gene_list[d1][loc]
21             gene_list[d1][loc] = gene_list[d2][loc]
22             gene_list[d2][loc] = tmp
```

假设有两个个体，它们的基因组分别为[g(add,X1,X2),g(log,X1),g(add,g(log,X2),X3)]、[g(pow2,X3),g(add,g(inv, X1),g(log,X2)),g(log,g(tanh,X4))]，绘制对应的二叉树组的代码如下：

```
1 A = ['g(add,X1,X2)','g(log,X1)','g(add,g(log,X2),X3)']
2 B = ['g(pow2,X3)','g(add,g(inv,X1),g(log,X2))','g(log,g(tanh,X4))']
3 counter = 1
4 titles=['个体 A 基因 1','个体 A 基因 2','个体 A 基因 3','个体 B 基因 1','个体 B 基因 2','个体 B 基因 3']
5 plt.figure(figsize=(15,8))
6 for e in A+B:
7     plt.subplot(2,3,counter)
8     plot_tree(e, title=titles[counter - 1],node_size=1000,font_size=13)
9     counter = counter + 1
10 plt.show()
```

效果如图 4-4-8 所示，得到个体 A 和 B 的基因组，上面为 A 组各基因的二叉树表示，下面为 B 组各基因的二叉树表示。进一步，使用 inter_cross 函数进行交叉操作，代码如下：

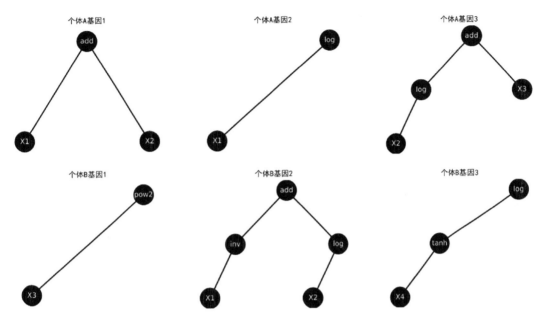

图 4-4-8　特征表达式对应的二叉树组

```
1 inter_cross(None, [A,B], 1)
2 counter = 1
3 titles=['个体 A 基因 1','个体 A 基因 2','个体 A 基因 3','个体 B 基因 1','个体 B 基因 2','个体 B 基因 3']
4 plt.figure(figsize=(15,8))
5 for e in A+B:
6     plt.subplot(2,3,counter)
7     plot_tree(e, title=titles[counter - 1],node_size=1000,font_size=13)
8     counter = counter + 1
9 plt.show()
10 # 0 1 exchange loc --> 1
```

效果如图 4-4-9 所示，个体 A 和 B 的 2 号基因发生交叉。

变异指的是基因突变，它是某个个体的某个基因的突然改变，在进行特征选择的遗传编程中，通常随机生成一个特征表达式进行替代即可。假设 A 个体的 f_{a_3} 基因发生突变，被随机生成的基因 e 替换，变成新个体 A'，其样例如图 4-4-10 所示。

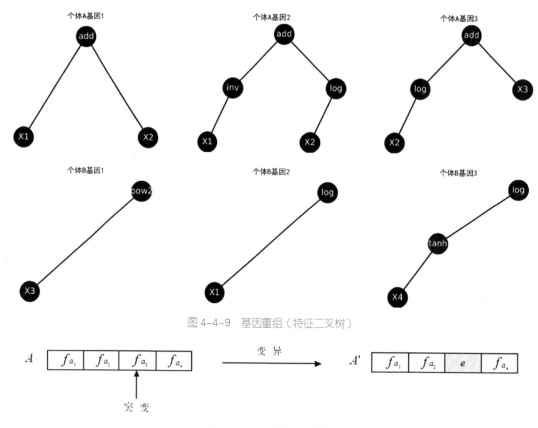

图 4-4-9 基因重组（特征二叉树）

$$A \quad \boxed{f_{a_1} \quad f_{a_2} \quad f_{a_3} \quad f_{a_4}} \qquad \xrightarrow{\text{变 异}} \qquad A' \quad \boxed{f_{a_1} \quad f_{a_2} \quad e \quad f_{a_4}}$$

突 变

图 4-4-10 基因突变举例

下面使用 Python 语言编写函数 mutate 实现变异操作，代码如下：

```
1 def mutate(indiv_list, gene_list, prob, input_data, featureIdx, nMax=10):
2       gene_num = len(gene_list[0])
3       ready_index = list(range(len(gene_list)))
4       for i for ready_index:
5           if np.random.uniform(0, 1) <= prob:
6               loc = random.choice(range(gene_num))
7               print(i,"mutate on --> ",loc)
8               tmp = random_get_tree(input_data, featureIdx, nMax)
9               if indiv_list is not None:
10                  indiv_list[i].iloc[:,loc] = tmp['f_value']
11              gene_list[i][loc] = tmp['tree_exp']
```

对于个体 A，使用 mutate 实现变异，当发生变异时，绘制其变异前后二叉树组图。为了显示变异的效果，这里将突变概率设置为 0.9，对应代码如下：

```
1 pre_A = A.copy()
2 mutate(None,[A],0.9,iris,[1,2,3,4])
3 # 0 mutate on --> 2
4 counter = 1
5 titles=['个体 A 基因 1（变异前）','个体 A 基因 2（变异前）','个体 A 基因 3（变异前）','
    个体 A 基因 1（变异后）','个体 A 基因 2（变异后）','个体 A 基因 3（变异后）']
6 plt.figure(figsize=(15,8))
7 for e in pre_A+A:
8      plt.subplot(2,3,counter)
9      plot_tree(e, title=titles[counter - 1],node_size=500,font_size=10)
10     counter = counter + 1
11 plt.show()
```

效果如图 4-4-11 所示，个体 A 的 3 号基因发生突变。变异后，个体 A 的适应度可能增大也可能减小，但是只有在增大的情况下，个体 A 才有可能被保留下来。若适应度减小则很可能被淘汰。

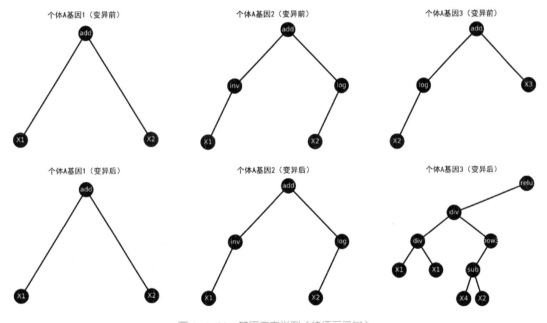

图 4-4-11　基因突变举例（特征二叉树）

4.4.6　实例分析

本节旨在通过一个案例来说明基于遗传编程的方法进行特征构建的过程。所采用的 cemht 数据集如表 4-4-1 所示。

表 4-4-1　遗传编程的样例数据

序号	X1	X2	X3	X4	Y
1	7	26	6	60	78.5
2	1	29	15	52	74.3
3	11	56	8	20	104.2
4	11	31	8	47	87.6
5	7	52	6	33	95.9
6	11	55	9	22	109.2
7	3	71	17	6	102.7
8	1	31	22	44	72.5
9	2	54	18	22	93.1
10	21	47	4	26	115.9
11	1	40	23	34	83.8
12	11	66	9	12	113.3
13	10	68	8	12	109.4

如表 4-4-1 所示，该数据中 Y 表示水泥在凝固时放出来的热量，X1~X4 分别表示与之相关的成分，依次为 X1：铝酸三钙；X2：硅酸三钙；X3：铁铝硅四钙；X4：硅酸二钙。现需要根据 X1~X4 对水泥在凝固时放出来的热量 Y 进行预测。通常可以使用简单线性回归的方法建立线性模型来预测，但是为了提高模型的预测精度，需要找出更适合的特征，这就需要使用基于遗传编程的方法来构建新特征。下面介绍主要步骤。

第一步：将该数据读入 Python 语言环境，保存在数据框对象 cemht 中。同时，对 X1~X4 进行标准化处理，代码如下：

```
1 # 读入基础数据
2 cemht = pd.read_csv(CEMHT)
3 X = cemht.drop(columns=['No','Y'])
4 y = cemht.Y
5 # 对 X1~X4 进行标准化处理
6 X = X.apply(lambda x: (x - np.mean(x))/np.std(x),axis=1)
7 X.head()
8 #        X1          X2          X3          X4
9 #0   -0.812132    0.057192   -0.857886    1.612825
10 #1   -1.234525    0.252215   -0.491155    1.473466
11 #2   -0.666283    1.685303   -0.823055   -0.195965
12 #3   -0.836854    0.426322   -1.026330    1.436862
13 #4   -0.910705    1.431108   -0.962745    0.442343
```

第二步：计算按原始属性进行交叉验证得到的误差平方和，并存储在变量 std_error 中，代码如下：

```
1 std_error = evaluation_regression(X,y)
2 std_error
3 # 206.9160090080068
```

如上述代码所示，基于原始属性进行建模，得到的误差平方和为 206.916，后续建立的新特征将与该值进行比较，以计算适应度。

第三步：产生初始种群，设种群规模为 100，同时设置需要的特征数为 3，即个体对应的基因数量。相关代码如下：

```
 1 # 产生初始种群，假设种群规模为 100
 2 popSize = 100
 3 # 设置特征长度为 3
 4 needgs = 3
 5 # 交叉重组触发概率
 6 cross_prob = 0.85
 7 # 突变概率
 8 mutate_prob = 0.1
 9 # 原始特征序号
10 featureIdx = [1,2,3,4]
11 # 产生初始种群
12 individuals = gen_individuals(popSize,needgs,X,featureIdx)
13 adjusts = []
14 for df in individuals['df']:
15     adjusts.append(get_adjust(std_error, y, df, evaluation_regression))
16
17 adjusts
18 # array([    0.        ,  0.        ,  0.        ,  0.        ,
19 #            0.        ,  0.        ,  0.        ,  0.        ,
20 #            0.        ,  0.        , 102.31682884,  0.        ,
21 # ......
22 #            0.        ,  0.        ,  0.        ,  0.        ])
```

可见，初始种群中有一个个体的适应度大于 0，为 102.31682884，其他个体的适应度为 0，显然还需要进行逐代进化。

第四步：设置最大迭代次数为 10000，并设置终止条件为种群中最高适应度除以平均适应度的值 alpha 不超过 1.001，经过交叉、变异、选择的过程实现了种群的进化，其对应的代码如下所示：

```
1 import copy
2 max_epochs = 10000
3 for k in range(max_epochs):
4     # 0.备份父代个体
```

```
5    pre_indivs = copy.deepcopy(individuals)
6    pre_adjusts = adjusts.copy()
7    # 1.交叉
8    inter_cross(individuals['df'], individuals['gene'], cross_prob)
9    # 2.变异
10   mutate(individuals['df'], individuals['gene'], mutate_prob, X, featureIdx)
11   # 3.计算适应度
12   adjusts = []
13   for df in individuals['df']:
14       adjusts.append(get_adjust(std_error, y, df, evaluation_regression))
15
16   # 4.合并，并按 adjusts 降序排列，取前 0.4×popSize 个个体进行返回，对剩余的个体随机选取 0.6×popSize
     个返回
17   pre_gene_keys = [''.join(e) for e in pre_indivs['gene']]
18   gene_keys = [''.join(e) for e in individuals['gene']]
19   for i in range(len(pre_gene_keys)):
20       key = pre_gene_keys[i]
21       if key not in gene_keys:
22           individuals['df'].append(pre_indivs['df'][i])
23           individuals['gene'].append(pre_indivs['gene'][i])
24           adjusts.append(pre_adjusts[i])
25
26   split_val = pd.Series(adjusts).quantile(q=0.6)
27   index = list(range(len(adjusts)))
28   need_delete_count = len(adjusts) - popSize
29   random.shuffle(index)
30   indices   = []
31   for i in index:
32       if need_delete_count > 0:
33           if adjusts[i] <= split_val:
34               indices.append(i)
35               need_delete_count = need_delete_count -1
36       else:
37           break
38
39   individuals['df'] = [i for j, i in enumerate(individuals['df']) if j not in indices]
40   individuals['gene'] = [i for j, i in enumerate(individuals['gene']) if j not in indices]
41   adjusts = [i for j, i in enumerate(adjusts) if j not in indices]
42   alpha = np.max(adjusts)/np.mean(adjusts)
43   if k%100 == 99 or k==0:
44       print("第 ",k+1," 次迭代，最大适应度为 ",np.max(adjusts)," alpha : ",alpha)
45   if np.mean(adjusts) > 0 and alpha < 1.001:
```

```
46        print("进化终止，算法已收敛！ 共进化 ",k," 代！")
47        break
```

根据代码运行结果，统计每代最高适应度值及 alpha 值，如表 4-4-2 所示。

表 4-4-2　种群进化及对应的适应度

进化代数	种群最大适应度	alpha 值
1	102.3168	46.9954
100	161.0404	1.3325
200	173.2516	1.2220
500	178.0233	1.4550
1000	181.7507	1.9299
3000	184.6228	1.6218
5000	185.2606	1.6971
9000	188.1866	1.3857
10000	191.6864	1.4405

可见，进化到第 10000 代时，最佳个体对应的适应度为 191.6864，alpha 值为 1.4405，明显大于设定的阈值 1.001。这种情况下，可以尝试增加进化代数或者调整 alpha 值。如果连续进化多次对应的 alpha 值变化不大，则说明算法已经收敛，可以将 alpha 值稍微调大。初始误差平方和为 206.916，可见通过种群的进化，最佳个体的误差平方和已经减少了 191.6864，降为 15.2296。

第五步：提取最佳特征组合，构建新数据集，同时绘制出各特征表达式的二叉树，代码如下：

```
 1 #提取适应度最高的一个个体，获取其特征
 2 loc = np.argmax(adjusts)
 3 new_x = individuals['df'][loc]
 4 new_x.head()
 5 #        g1            g2          g3
 6 #0   0.000000    0.435073    0.769591
 7 #1   0.000000    0.468825    0.812477
 8 #2   13.522956   -140.594366 0.298302
 9 #3   0.000000    0.799328    0.692120
10 #4   12.635694   1.374167    0.431636
11
12 counter = 1
13 titles=['特征-g1','特征-g2','特征-g3']
14 plt.figure(figsize=(10,20))
15 for e in individuals['gene'][loc]:
16        plt.subplot(3,1,counter)
17        plot_tree(e, title=titles[counter - 1],node_size= 1000,font_size=13)
```

```
18        counter = counter + 1
19 plt.show()
```

效果如图 4-4-12 所示。

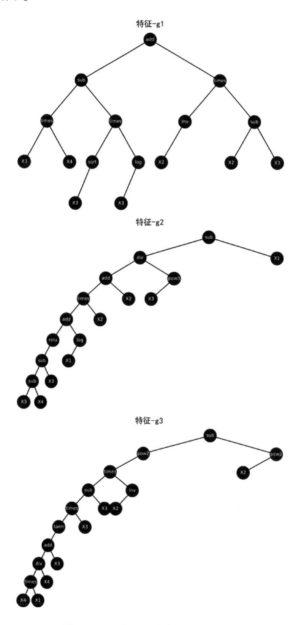

图 4-4-12　特征表达式对应的二叉树

从代码运行结果和二叉树（见图 4-4-12）可知，我们使用基于遗传编程的方法得到的新特征为 g1、g2、g3，它们直接由原始属性推导而来，推导方法即是由对应二叉树的表达式来确定的。需要注意的是，特征的数量完全可以根据需要设定，但至少是两个，不然就没有交叉操作了。另外，可以在建模时将原始属性考虑进来，一起建立模型，那么这样得到的特征就是额外特征了。方法是确定的，一定要注意如何有效使用。另外，该代码的作者已经在 GitHub 上开源（在 GitHub 上搜索"cador/featurelearning"），并进一步进行了封装，读者可以参考样例，快速实现。

第 2 篇

预测算法

第 5 章
参数优化

参数是指算法中的未知数，有的需要人为指定，比如神经网络算法中的学习效率，有的是从数据中拟合而来的，比如线性回归中的系数，如此等等。在使用选定算法进行建模时设定或得到的参数很可能不是最优或接近最优的，这时需要对参数进行优化以得到更优的预测模型。常用的参数优化方法主要包括交叉验证、网格搜索、遗传算法、粒子群优化、模拟退火，下面将依次进行介绍。

5.1　交叉验证

交叉验证的基本思想是将数据集分割成 N 份，依次使用其中 1 份作为测试集，其他 N-1 份整合到一起作为训练集，将训练好的模型用于测试集中，以得到模型好坏的判断或估计值，可以得到 N 个这样的值。交叉验证通常用于估计模型的误差，这里将 N 个对应的误差求平均作为对模型误差的估计。也可以根据这 N 个值，选出拟合效果最好的模型，对应模型的参数也被认为是最优或接近最优的，因此交叉验证可以用来辅助确定参数。

这里使用 Python 实现了分割样本的函数 sample_split，代码如下：

```
1 def sample_split(df, k):
2     """
3     本函数实现对样本的分割
4     df:数据框对象
5     k:分割数量
```

```
 6        return:返回类别数组
 7        """
 8        t0 = np.array(range(df.shape[0]))%k
 9        random.shuffle(t0)
10        return t0
```

为了进一步说明交叉验证确认参数的过程，这里使用 iris 数据集，并建立 Sepal.Length、Sepal.Width、Petal.Length 对 Petal.Width 的线性回归模型，代码如下：

```
 1 iris = pd.read_csv(IRIS)
 2 X = iris[['Sepal.Length', 'Sepal.Width', 'Petal.Length']]
 3 Y = iris['Petal.Width']
 4
 5 # 设置为 10 折交叉验证
 6 k=10
 7 parts = sample_split(iris, k)
 8
 9 # 初始化最小均方误差 min_error
10 min_error = 1000
11
12 # 初始化最佳拟合结果 finalfit
13 final_fit = None
14
15 for i in range(k):
16        reg = linear_model.LinearRegression()
17        X_train = X.iloc[parts != i, ]
18        Y_train = Y.loc[parts != i, ]
19        X_test = X.iloc[parts == i, ]
20        Y_test = Y.loc[parts == i, ]
21
22        # 拟合线性回归模型
23        reg.fit(X_train, Y_train)
24
25        # 计算均方误差
26        error = np.mean((Y_test.values - reg.predict(X_test)) ** 2)
27
28        if error < min_error:
29            min_error = error
30            final_fit = reg
31
32 min_error
33 # 0.014153864387035597
34
35 final_fit.coef_
```

```
36 # array([[-0.20013407,  0.21165518,  0.51669477]])
37
38 # 2、使用一般方法得到的参数
39 reg = linear_model.LinearRegression()
40 reg.fit(X, Y)
41 reg.coef_
42 # array([[-0.20726607,  0.22282854,  0.52408311]])
```

从运行结果可知，使用交叉验证得到的系数与一般方法得到的系数还是有差别的，是比一般方法求解系数更优化的取值。

5.2 网格搜索

网格搜索的基本原理是将各参数变量值的区间划分为一系列的小区间，并按顺序计算出对应各参数变量值组合所确定的目标值（通常是误差），并逐一择优，以得到该区间内最小目标值及其对应的最佳参数值。该方法可保证所得的搜索解是全局最优或接近最优的，可避免产生重大的误差。示意图如图 5-2-1 所示。

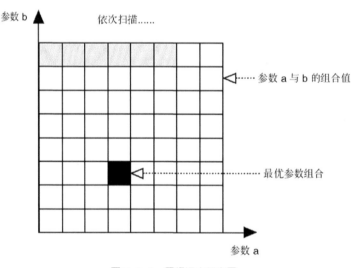

图 5-2-1　网格搜索示意图

对于 Sepal.Length、Sepal.Width、Petal.Length 对 Petal.Width 的线性回归模型，除了使用交叉验证的方法，还可以在有限的实数域内进行网格搜索，以均方误差最小为标准，选取最优或接近的参数。对分析的线性回归模型，设参数 a、b、c、d 分别表示截距、Sepal.Length、Sepal.Width、Petal.Length 的系数，将参数值范围设定在[-1，1]内，进行网格搜索，代码如下：

```
 1 from utils import *
 1
 1 iris = pd.read_csv(IRIS)
 1 x1 = iris['Sepal.Length'].values
 1 x2 = iris['Sepal.Width'].values
 1 x3 = iris['Petal.Length'].values
 1 y = iris['Petal.Width'].values
 1
 1 f_a0, f_b0, f_c0, f_d0 = 0, 0, 0, 0
10 min_mse = 1e10
11 k = 55
12 for a in range(k + 1):
13     for b in range(k + 1):
14         for c in range(k + 1):
15             for d in range(k + 1):
16                 a0 = 2.0 * a / k - 1
17                 b0 = 2.0 * b / k - 1
18                 c0 = 2.0 * c / k - 1
19                 d0 = 2.0 * d / k - 1
20                 y0 = a0 + b0 * x1 + c0 * x2 + d0 * x3
21                 mse = np.mean((y - y0) ** 2)
22                 if mse < min_mse:
23                     min_mse = mse
24                     f_a0 = a0
25                     f_b0 = b0
26                     f_c0 = c0
27                     f_d0 = d0
28
29 print(min_mse)
30 # 0.03607966942148759
31
32 print(f_a0,f_b0,f_c0,f_d0)
33 # (-0.34545454545454546, -0.19999999999999996, 0.23636363636363633, 0.5272727272727273)
```

从代码运行结果中可知，网格搜索得到的最优参数与通过一般方法得到的系数很接近。但是这种方法有一个很大问题就是计算成本太高，一般不建议使用。

5.3　遗传算法

遗传算法是一类常见的随机化搜索方法，它是由美国的 J.Holland 教授于 1975 年首先提出的，该算法目前已被人们广泛地应用于组合优化、机器学习、信号处理、自适应控制和人工生命等领域。本节从遗传算法的基本概念讲起，通过介绍遗传算法的实现过程，结合 Python，让读者熟练掌握使用遗传算法解决工作中的切实问题的方法和基本技巧。

5.3.1　基本概念

遗传算法是模拟自然界遗传选择与淘汰的生物进化计算模型。达尔文的自然选择学说认为，遗传和变异是决定生物进化的内在因素。遗传是指父代与子代之间在性状上的相似现象，而变异是指父代与子代之间以及子代的个体之间，在性状上或多或少地存在的差异现象，变异能够改变生物的性状以适应新的环境变化。而生存斗争是生物进化的外在因素，由于弱肉强食的生存斗争不断地进行，其结果是适者生存，具有适应性变异的个体被保留下来，不具有适应性变异的个体被淘汰。更进一步，孟德尔提出了遗传学的两个基本规律：分离律和自由组合律，认为生物是通过基因突变与基因的不同组合和自然选择的长期作用而进化的。由于生物进化与某些问题的最优求解过程存在共通性，即都是在产生或寻找最优的个体（或者问题的解），这就产生了基于自然选择、基因重组、基因突变等遗传行为来模拟生物进化机制的算法，通常叫作遗传算法，它最终发展成为一种随机全局搜索和优化的算法。

遗传算法研究的对象是种群，即很多个体的集合，对应于求解的问题，这里的个体代表一个解，种群代表这些解的集合。当然，开始时，也许所有的解都不是最优的，经过将这些解进行编码、选择、交叉、变异之后，逐代进化，从子代中可以找到求解问题的全局最优解。编码的目的是将表现型的解转化为基因型，便于进行遗传操作，而对应的解码即是从基因型转化为表现型，直观判断个体的表现以决定是否选择进入下一代或直接得到最优解。而选择的标准就是优化准则。交叉也就是基因重组，即两个个体互相交换基因型的对应片段。变异指的是基因突变，是指个体基因型中某个基因的改变。种群的每代个体经过了这几个关键的步骤之后，种群得以进化，在最终的子代中找到问题的最优解。这就是使用遗传算法求解最优化问题的大致过程，如图 5-3-1 所示。

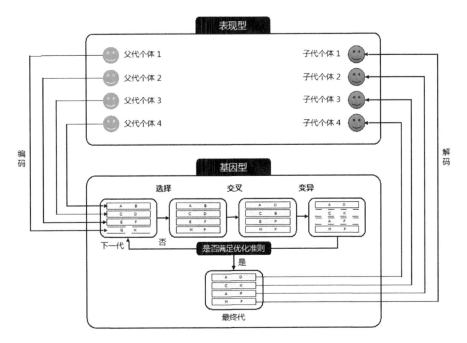

图 5-3-1　遗传算法过程示意

5.3.2　遗传算法算例

下面我们结合一个具体的例子来说明简单遗传算法的实现过程。求解函数 $f(x) = x \cdot \sin(x)$, $x \in$ [0,12.55] 在给定区间的最大值。其形状如图 5-3-2 所示。

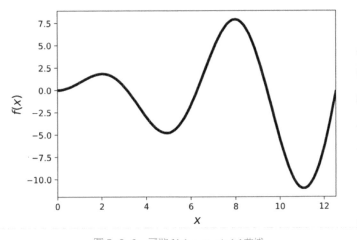

图 5-3-2　函数 $f(x) = x \cdot \sin(x)$ 曲线

第一步：编码。变量 x 是遗传算法的表现型形式，从表现型到基因型的映射称为编码，通常采用二进制编码形式，将某个变量值代表的个体表示一个 0（1）二进制串，串的长度取决于求解的精度。这里设定精度求解精确到两位小数，即一个单位长度，划分成 10^2 份，又由于区间长度为 12.55，因此需要将[0,12.55]划分成 $12.55×10^2 = 1255$ 份。因为存在关系 $1024 = 2^{10} < 1255 < 2^{11} = 2048$，所以编码的二进制串长至少需要 11 位。但是二进制数不便于直接理解，因此有必要将其转换为对应区间[0,12.55]内的值，如对二进制串 bs0=<01110011001>，首先应将其转换为十进制数 $s_0 = 1 × 2^0 + 1 × 2^3 + 1 × 2^4 + 1 × 2^7 + 1 × 2^8 + 1 × 2^9 = 921$，再将 s_0 归约到指定区间，其值为 $s_1 = 0 + 921 × \frac{12.55}{2^{11}-1}$。其他值也可按这个方法进行转换。

第二步：产生父代个体。由于明确了编码的二进制长度，因此可以随机生成长度为 11 的二进制串作为父代个体。由指定数目的父代个体构成初始种群，个体的数目就是种群规模。比如，这里随机生成 20 个父代个体构成初始种群，如表 5-3-1 所示。

表 5-3-1　初始种群

初始种群（父代个体）			
10010100000	10101001001	10111000110	01001001100
11000011010	01001010100	10111011011	00011011111
10011100100	00100000100	11111011101	00001101100
01111100100	00110000001	00000010000	10001001001
01110010111	11010111101	11000100100	11101100000

第三步：选择个体。选择个体时需要依据，而在所有个体中，它对应函数的值越大越好，由于 $f(x)$ 含有负值，具有最小负值-11.04，因此可以使用函数 $f(s) = f(x) + 12$ 的值来判断个体是否合适，该值也称为个体的适应度，得到表 5-3-2。

表 5-3-2　父代个体及相关适应度

父代个体	适应度	父代个体	适应度	父代个体	适应度	父代个体	适应度
10010100000	18.01	10101001001	19.50	10111000110	15.22	01001001100	10.39
11000011010	10.55	01001010100	10.21	10111011011	14.14	00011011111	13.34
10011100100	19.55	00100000100	13.59	11111011101	9.25	00001101100	12.41
01111100100	10.93	00110000001	13.66	00000010000	12.01	10001001001	14.88
01110010111	8.60	11010111101	2.34	11000100100	9.96	11101100000	2.32

显然，在 20 个父代个体中，<10011100100>对应的适应度最高为 19.55，所以它是最佳个体。下面介绍使用轮盘赌方法从 20 个父代个体中选择部分个体，进行后面的交叉操作。首先，按表 5-3-2 的适应度大小计算概率，然后按从 1 到 20 的顺序计算累积概率，得到表 5-3-3。

表 5-3-3　计算累计概率

个体编号	个体基因型	适应度	选择概率	累积概率
1	10010100000	18.01	0.07478	0.07478
2	11000011010	10.55	0.04381	0.11860
3	10011100100	19.55	0.08119	0.19978
4	01111100100	10.93	0.04536	0.24515
5	01110010111	8.60	0.03569	0.28084
6	10101001001	19.50	0.08097	0.36180
7	01001010100	10.21	0.04238	0.40419
8	00100000100	13.59	0.05644	0.46063
9	00110000001	13.66	0.05672	0.51735
10	11010111101	2.34	0.00972	0.52707
11	10111000110	15.22	0.06319	0.59027
12	10111011011	14.14	0.05869	0.64896
13	11111011101	9.25	0.03840	0.68736
14	00000010000	12.01	0.04986	0.73722
15	11000100100	9.96	0.04136	0.77858
16	01001001100	10.39	0.04313	0.82171
17	00011011111	13.34	0.05538	0.87710
18	00001101100	12.41	0.05151	0.92861
19	10001001001	14.88	0.06178	0.99039
20	11101100000	2.32	0.00961	1.00000

将这 20 个个体按适应度大小，得到用于选择个体的轮盘图，如图 5-3-3 所示。

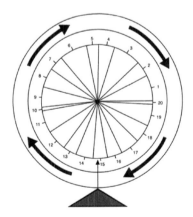

图 5-3-3　轮盘示意图

现在产生 20 个 0~1 的随机序列：0.24329097，0.60423082，0.99183567，0.64807876，0.84928760，0.28326070，0.66309907，0.02911816，0.20859469，0.86725220，0.08058734，0.72069766，0.70659946，0.74418563，0.64665688，0.95456836，0.21515995，0.91879064，0.67120459，0.32835937。将该序列与累积概率比较，可得到被选中的个体依次为 4，12，20，12，17，6，13，1，4，17，2，14，14，15，12，19，4，18，13，6。显然，适应度高的个体被选中的概率大，而且很可能被选中；而适应度低的个体则很有可能被淘汰。这个过程模拟了随机力度转动轮盘选择某个体的情况，并且进行了 20 次。可以看到，编号为 3，5，7，8，9，10，11，16 的个体被淘汰，代之以适应度高的个体 4，6，12，13，14，17，这个过程叫作再生。由于轮盘赌的方式本来也存在较大误差，有时也会将种群中适应度高的个体剔除。因此可以将种群中适应度高的个体先选出来，使选出来的所有个体中包含当前种群最高适应度的个体。

第四步：交叉。对通过轮盘赌方式选择出来的 20 个个体，每两个 1 一组，随机分成 10 组，对每组的两个个体生成一个 0~1 的随机数p_0，在给定交叉概率p_c（一般设置在 0.8~1.0 之间）的情况下，若$p_0 < p_c$，则进行交叉，否则将个体保留到子代中。在进行交叉时，随机选择一个交叉点（单点交叉）进行基因重组。示意图如图 5-3-4 所示。

图 5-3-4　交叉示意图

经过重组后的子代个体如表 5-3-4 所示。

表 5-3-4　重组后的子代个体

进化种群（子代个体）			
01111100100	10101001001	11000011010	10001001001
10111011011	11111011101	00000010000	01111100100
11101100000	10010100000	00000010000	00001101100
10111011011	01111100100	11000100100	11111011101
00011011111	00011011111	10111011011	10101001001

第五步：变异。如果只考虑基因重组，则源于一个较好祖先的子个体将逐渐充斥整个种群，问题会过早地收敛，容易陷入局部最优解。因此，需要按概率对少量个体进行变异。对种群中的每个个体随机生成一个 0~1 的数p_1，在给定变异概率p_m（一般设置在 0.01~0.1 之间）的情况下，如果$p_1 < p_m$，则进行变异操作，否则不进行变异。在进行变异时，从个体基因型中随机找一个点，将对

应的 0（1）转换为 1（0）即完成变异。此处，使个体 10001011111 的第 3 个基因发生突变，即该个体变为 10101011111。当前已进化一代，并且经过了交叉和变异操作，下面对每个个体计算适应度，如表 5-3-5 所示。

表 5-3-5　计算个体适应度

子代个体	适应度	子代个体	适应度	子代个体	适应度	子代个体	适应度
10111010000	14.71	00111011011	12.66	00011001001	13.16	11000111111	8.38
00000011011	12.03	01111100101	10.96	10101011111	19.07	11101100100	2.45
11000011000	10.67	10101001000	19.52	10010101001	18.27	01111100000	10.78
00000010010	12.01	11111100100	9.76	**10101000000**	**19.63**	10111011101	14.03
10001101100	16.24	01111011101	10.68	00011000100	13.12	11111011011	9.10

由表 5-3-5 可知，经过交叉和变异，整体适应度向变大的方向迁移。表中有颜色部分的适应度为 19.63，比父代个体最高适应度 19.55 还要大。对应的 $x = 8.24$。由观察数据枚举的方法可知，函数 $f(x)$ 的极大值在 $x = 7.98$ 处。显然，我们得到的值与真实的极大值点是比较接近的。

第六步：逐代进化。种群规模为 20，设交叉概率为 0.85，变异概率为 0.05，按上述过程，在运行 40 代时获得最佳个体 <10100010101>，其对应的 $x = 7.976331216$，适应度为 19.91670513。由于函数 $f(x)$ 的极大值在 $x = 7.98$ 处，通过遗传算法得到的最佳 x 可以作为问题的近似最优解。表 5-3-6 列出了各代种群最佳个体的演变情况。

表 5-3-6　各代种群最佳个体

各代种群最佳个体的演变情况（40 代终止）			
世代数	个体的二进制串	x	适应度
1	10011110000	7.749487054	19.70721676
3	10100100000	8.043771373	19.8993368
8	10100011000	7.994723986	19.91567322
40	10100010101	7.976331216	19.91670513

将每代生成的个体，经解码得到 x，并将其与原函数图形画在一起，可得到世代数为 1、3、8、40 对应的图形，如图 5-3-5 所示。

可以看到，随着每代的进化，图中圆点（与每代种群中各个个体相对应）的分布也发生相应的变化，并且随着世代数的增加，圆点的分布逐渐趋于一点，即为最优解。

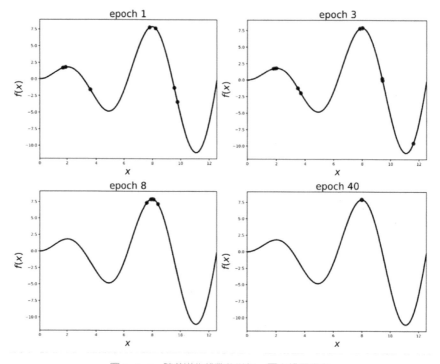

图 5-3-5　随着进化代数的增加，圆点趋于稳定

5.3.3　遗传算法实现步骤

根据上述例子及对遗传算法的基本理解，梳理出遗传算法的流程图，如图 5-3-6 所示。

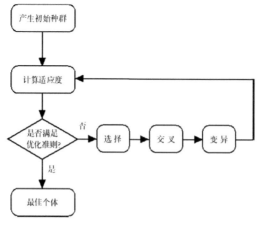

图 5-3-6　遗传算法的流程图

该流程涉及的主要步骤如下。

第一步:（产生初始种群）根据种群规模,随机产生初始种群,每个个体表示染色体的基因型。

第二步:（计算适应度）计算每个个体的适应度,并判断是否满足优化准则,若满足,则输出最佳个体及其代表的最优解,并结束算法;若不满足,则转入下一步。

第三步:（选择）依据适应度选择再生个体,适应度高的个体被选中的概率高,反之,适应度低的个体被选中的概率低,甚至有可能被淘汰。

第四步:（交叉）根据一定的交叉概率和交叉方法生成子代个体。

第五步:（变异）根据一定的变异概率和变异方法,生成子代个体。

第六步:（循环计算适应度）由交叉和变异产生新一代种群,返回到第二步。

遗传算法中的优化准则,一般根据问题的不同有不同的确定方式。通常采取如下之一作为判断条件。

（1）种群中个体的最大适应度超过了设定值。

（2）种群中个体的平均适应度超过了设定值。

（3）世代数超过了设定值。

（4）种群中个体的最大适应度除以平均适应度超过了设定值。

5.3.4　遗传算法的 Python 实现

对于以上求解函数 $f(x) = x \cdot \sin(x), x \in [0,12.55]$ 在给定区间的最大值的例子,可以用 Python 实现遗传算法的代码。定义类 GeneSolve,它包含函数 inter_cross、mutate、get_adjust、cycle_select,分别为实现交叉、变异、计算适应度和以轮盘赌方式选择的代码,函数 get_decode 对个体染色体进行解码。具体代码如下:

```
1 from utils import *
2
3 def log(i, a, b):
4     print("epoch --> ",
5             str(i + 1).rjust(5, " "), " max:",
6             str(round(a, 4)).rjust(8, " "), "mean:",
7             str(round(b, 4)).rjust(8, " "), "alpha:",
8             str(round(a / b, 4)).rjust(8, " ")
9             )
10
11 class GeneSolve:
```

```python
12      def __init__(self, pop_size, epoch, cross_prob, mutate_prob, alpha, print_batch=10):
13          self.pop_size = pop_size
14          self.epoch = epoch
15          self.cross_prob = cross_prob
16          self.mutate_prob = mutate_prob
17          self.print_batch = print_batch
18          self.alpha = alpha
19          self.width = 11
20          self.best = None
21
22          # 产生初始种群
23          self.genes = np.array(
24              [''.join([random.choice(['0', '1']) for i in range(self.width)]) for j in range(self.pop_size)]
25          )
26
27      def inter_cross(self):
28          """对染色体进行交叉操作"""
29          ready_index = list(range(self.pop_size))
30
31          while len(ready_index) >= 2:
32              d1 = random.choice(ready_index)
33              ready_index.remove(d1)
34              d2 = random.choice(ready_index)
35              ready_index.remove(d2)
36
37              if np.random.uniform(0, 1) <= self.cross_prob:
38                  loc = random.choice(range(1, self.width - 1))
39                  d1_a, d1_b = self.genes[d1][0:loc], self.genes[d1][loc:]
40                  d2_a, d2_b = self.genes[d2][0:loc], self.genes[d2][loc:]
41                  self.genes[d1] = d1_a + d2_b
42                  self.genes[d2] = d2_a + d1_b
43
44      def mutate(self):
45          """基因突变"""
46          ready_index = list(range(self.pop_size))
47          for i in ready_index:
48              if np.random.uniform(0, 1) <= self.mutate_prob:
49                  loc = random.choice(range(0, self.width))
50                  t0 = list(self.genes[i])
51                  t0[loc] = str(1 - int(self.genes[i][loc]))
52                  self.genes[i] = ''.join(t0)
53
54      def get_adjust(self):
```

```
55              """计算适应度"""
56              x = self.get_decode()
57              return x * np.sin(x) + 12
58
59      def get_decode(self):
60              return np.array([int(x, 2) * 12.55 / (2 ** 11 - 1) for x in self.genes])
61
62      def cycle_select(self):
63              """通过轮盘赌来进行选择"""
64              adjusts = self.get_adjust()
65              if self.best is None or np.max(adjusts) > self.best[1]:
66                  self.best = self.genes[np.argmax(adjusts)], np.max(adjusts)
67              p = adjusts / np.sum(adjusts)
68              cu_p = []
69
70              for i in range(self.pop_size):
71                  cu_p.append(np.sum(p[0:i]))
72              cu_p = np.array(cu_p)
73              r0 = np.random.uniform(0, 1, self.pop_size)
74              sel = [max(list(np.where(r > cu_p)[0]) + [0]) for r in r0]
75
76              # 保留最优的个体
77              if np.max(adjusts[sel]) < self.best[1]:
78                  self.genes[sel[np.argmin(adjusts[sel])]] = self.best[0]
79              self.genes = self.genes[sel]
80
81      def evolve(self):
82              for i in range(self.epoch):
83                  self.cycle_select()
84                  self.inter_cross()
85                  self.mutate()
86                  a, b = np.max(gs.get_adjust()), np.mean(gs.get_adjust())
87                  if i % self.print_batch == self.print_batch - 1 or i == 0:
88                      log(i, a, b)
89                  if a / b < self.alpha:
90                      log(i, a, b)
91                      print("进化终止，算法已收敛！共进化 ", i + 1, " 代！")
92                      break
```

如上述代码所示，函数 log 主要用于打印过程信息，通过变量 best 保留历史最优个体。下面创建一个 GeneSolve 类的实例，给定初始种群规模为 100，即 100 个个体，最大迭代次数 500 次，0.85 的交叉概率以及 0.1 的变异概率，当种群中最大适应度与平均适应度的比值低于给定的 1.02 时，终止迭代。代码实现如下：

```
1 gs = GeneSolve(100, 500, 0.85, 0.1, 1.02,100)
2 gs.evolve()
3 # epoch -->      1   max:   19.915  mean:   13.2785 alpha:     1.4998
4 # epoch -->      100  max:   19.9167 mean:   19.2524 alpha:     1.0345
5 # epoch -->      136  max:   19.9167 mean:   19.6173 alpha:     1.0153
6 # 进化终止，算法已收敛！共进化  136  代！
7
8 gs.best
9 # ('10100010101', 19.916705125479506)
```

我们得到的最优个体为 10100010101，对应的 x 为 7.976331216，非常接近最优解 7.98。

5.4 粒子群优化

粒子群优化又被称为微粒群算法，是由 J.Kennedy 和 R.C.Eberhart 等于 1995 年开发的一种演化计算技术，来源于对一个简化社会模型的模拟，主要用于求解优化问题。本节从粒子群优化算法的基本概念讲起，通过介绍粒子群优化算法的实现过程，结合 Python，让读者熟练掌握使用粒子群优化算法解决工作中的切实问题的方法和基本技巧。

5.4.1 基本概念及原理

粒子群优化算法是 Kennedy 和 Eberhart 受人工生命研究结果的启发，通过模拟鸟群觅食过程中的迁徙和群聚行为而提出的一种基于群体智能的全局随机搜索算法。与遗传算法一样，它也是基于"种群"和"进化"的概念，通过个体间的协作与竞争，实现复杂空间最优解的搜索。但是，粒子群优化并不需要对个体进行选择、交叉、变异等进化操作，而是将种群中的个体看成是 D 维搜索空间中没有质量和体积的粒子，每个粒子以一定的速度在解空间运动，并向粒子本身历史最佳位置和种群历史最佳位置靠拢，以实现对候选解的进化。这种模型最开始来自对鸟群觅食的观察。设想这样一种场景：一群鸟在随机搜索食物，已知在这块区域只有一块食物，并且这些鸟都不知道食物在哪里，但它们能感受到食物的位置离当前有多远，那么找到食物的最优策略是什么呢？首先，搜索目前离食物最近的鸟的周围区域；其次，根据自己飞行的经验判断食物的所在。粒子群优化算法正是从这种模型中得到的启发，如图 5-4-1 所示。

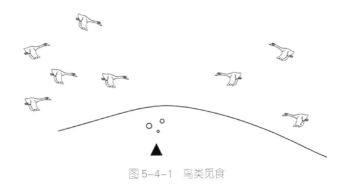

图 5-4-1　鸟类觅食

粒子群优化算法可以用数学语言更加具体地来描述。首先，根据求解的问题，在 D 维空间中，随机生成一个粒子群，包含 N 个粒子。粒子 $i(i = 1,2,\cdots,N)$ 的位置可以表示为向量 $\boldsymbol{x}_i = (x_{i1}, x_{i2}, \cdots, x_{iD})$，根据 $\boldsymbol{x}_i$ 可以判断该位置是否合适，也就是使用 $\boldsymbol{x}_i$ 来计算适应度，用 $f(\boldsymbol{x}_i)$ 来表示。粒子 i 的速度可以表示为向量 $\boldsymbol{v}_i = (v_{i1}, v_{i2}, \cdots, v_{iD})$，它历史经过的最合适的位置 $\text{pbest}_i = (p_{i1}, p_{i2}, \cdots, p_{iD})$，种群所经历的最合适的位置 $\text{gbest} = (g_1, g_2, \cdots, g_D)$。通常，第 $d(d \in [1,D])$ 维的位置变化范围限定在 $[x_{\min,d}, x_{\max,d}]$ 内，速度变化范围限定在 $[-v_{\max,d}, v_{\max,d}]$ 内，若超过了边界值，则限定为边界值。$v_{\max,d}$ 增大，有利于全局探索，$v_{\max,d}$ 减少有利于局部开发。如果 $v_{\max,d}$ 设置得过大，则粒子的运动可能失去规律性，甚至越过最优解所在区域，导致算法难以收敛而陷入停滞状态；如果 $v_{\max,d}$ 设置得过小，由于粒子移动缓慢，那么算法可能陷入局部极值。根据经验，$v_{\max,d}$ 通常设置为对应维度变化范围的 10%~20%。粒子在移动时，需要确定粒子移动的方向和长度，因此定义粒子 i 第 d 维速度和位置的更新公式如下：

$$\boldsymbol{v}_{id}^k = w \cdot \boldsymbol{v}_{id}^{k-1} + c_1 \cdot r_1 \cdot \left(\text{pbest}_{id} - \boldsymbol{x}_{id}^{k-1}\right) + c_2 \cdot r_2 \cdot \left(\text{gbest}_d - \boldsymbol{x}_{id}^{k-1}\right)$$

$$\boldsymbol{x}_{id}^k = \boldsymbol{x}_{id}^{k-1} + \boldsymbol{v}_{id}^{k-1}$$

其中，$\boldsymbol{v}_{id}^k$ 是第 k 迭代粒子 i 移动的速度向量的第 d 维分量，$\boldsymbol{x}_{id}^k$ 是第 k 迭代粒子 i 位置向量的第 d 维分量。c_1、c_2 是加速度常数，用于调节学习最大步长，当 $c_1 = 0$ 时，由于没有考虑粒子自身历史经验的影响，算法会丧失群体多样性，并且容易陷入局部最优解而无法跳出；当 $c_2 = 0$ 时，由于没有考虑种群历史经验的影响，算法对所有粒子并没有信息的共享，这将会导致算法收敛速度缓慢，通常取 $c_1 = c_2 = 2$。r_1、r_2 是两个取值范围在 0~1 之间的随机数，用以增加搜索的随机性。w 是惯性权重，通常取非负数，用于调节解空间的搜索范围；当 $w = 1$ 时，算法为基本粒子群算法；当 $w = 0$ 时，算法将失去粒子对自身速度的记忆。由公式可知，$\boldsymbol{v}_{id}^k$ 由三部分组成，第一部分 $w \cdot \boldsymbol{v}_{id}^{k-1}$ 为惯性部分，它表示维持粒子已有速度的趋势；第二部分 $c_1 \cdot r_1 \cdot (\text{pbest}_{id} - \boldsymbol{x}_{id}^{k-1})$ 为认知部分，它表示粒子对历史经验的回忆，有向自身历史最佳位置靠近的趋势；第三部分 $c_2 \cdot r_2 \cdot (\text{gbest}_d - \boldsymbol{x}_{id}^{k-1})$ 为社会部分，它表示粒子间协同合作与知识共享的群体历史经验，有向群体或领域最佳位置靠近的趋势。

5.4.2 粒子群算法的实现步骤

根据粒子群优化算法的实现原理，给出粒子群优化的算法流程，如图 5-4-2 所示。

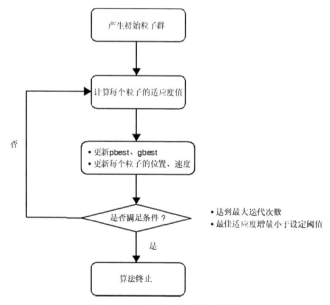

图 5-4-2 粒子群优化算法流程图

算法的基本流程，主要分为六步。

第一步：初始化粒子群，包括群体规模，每个粒子的位置和速度，设置惯性权重、最大速度、加速度常数、最大迭代次数等初始值。

第二步：设计适应度函数，并计算每个粒子的适应度值。

第三步：对每个粒子，用它的适应度值和该粒子历史最佳 pbest 比较，如果前者大于后者，则更新 pbest。

第四步：对每个粒子的 pbest，用它的最大值与种群历史最佳 gbest 比较，如果前者大于后者，则更新 gbest。

第五步：根据更新公式，更新每粒子的速度和位置。

第六步：如果满足结束条件则退出，否则转入第二步。

5.4.3 粒子群算法的 Python 实现

在了解粒子群优化算法实现原理和流程的基础上，求函数$z = x \cdot e^{-x^2-y^2}, x, y \in [-2,2]$在定义域上的最小值。用 Python 编写代码，将曲面绘制出来，以观察曲面的特点，代码如下：

```
1 from utils import *
2
3 fig = plt.figure(figsize=(10, 7))
4 ax = Axes3D(fig)
5 ax.set_xlabel('$x$', fontsize=16)
6 ax.set_ylabel('$y$', fontsize=16)
7 ax.set_zlabel('$z$', fontsize=16)
8 x = np.linspace(-2, 2, 100)
9 y = np.linspace(-2, 2, 100)
10
11 # x-y 平面的网格
12 x, y = np.meshgrid(x, y)
13 z = x * np.exp(-x ** 2 - y ** 2)
14 ax.plot_surface(x, y, z, rstride=1, cstride=1, cmap=plt.get_cmap('cool'))
15 plt.savefig('../tmp/函数曲面.png', bbox_inches='tight')
```

效果如图 5-4-3 所示，该函数有一个峰一个谷，在谷的最低处，z 取得最小值。此处，以求解该函数在定义域上的最小值为例，说明粒子群优化算法的实现过程。主要过程如下。

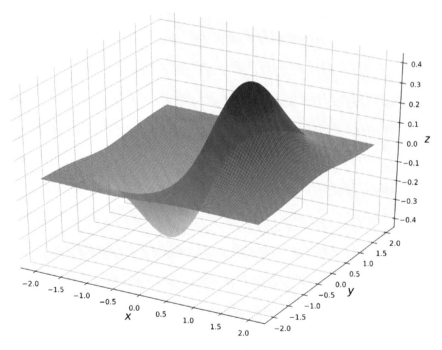

图 5-4-3　函数 $z = x \cdot e^{-x^2-y^2}$ 对应的曲面

第一步：由于函数 z 有 x 和 y 两个输入变量，因此针对的是二维空间。在给定定义域 $x, y \in [-2,2]$ 上随机生成 20 个粒子，设置粒子的最大速度为 $v_{max} = 1$。代码如下：

```
 1 # 初始化粒子群（包含 20 个粒子）
 2 v_max = 1
 3
 4 # 设置惯性权重
 5 w = 0.5
 6
 7 # 设置加速度常数
 8 c1, c2 = 2, 2
 9
10 # 设置最大迭代次数
11 iter_size = 100000
12
13 # 设置最佳适应度值的增量阈值
14 alpha = 0.0000001
15
16 # 在给定定义域内，随机生成位置矩阵如下
17 x_mat = np.random.uniform(-2, 2, (20, 2))
18
19 # 在给定最大速度的限制下，随机生成速度矩阵如下
20 v_mat = np.random.uniform(-v_max, v_max, (20, 2))
```

第二步：计算每个粒子的适应度值。这里由于是求最小值，因此适应度函数可定义为 $f(x, y) = -z$，当对应的 z 值越小时，对应的适应度值越大。对种群中所有粒子计算适应度值的代码如下：

```
1 def get_adjust(location):
2     """计算种群中所有粒子的适应度值"""
3     __x, __y = location
4     return -1*__x * np.exp(-1*__x ** 2 - __y ** 2)
5
6 adjusts = np.array([get_adjust(loc) for loc in x_mat])
```

第三步：循环更新 pbest、gbest，同时更新所有粒子的位置与速度。其中，pbest 记录每个粒子历史的适应度值最高的位置，而 gbest 记录种群历史适应度最高的位置。更新完成后，需要重新计算每个粒子的适应度值，以进入循环。当达到迭代次数或者最佳适应度值的增量小于 0.000001 时，算法结束。对应代码如下：

```
1 p_best = x_mat, adjusts
2 g_best = x_mat[np.argmax(adjusts)], np.max(adjusts)
3 g_best_add = None
4
5 # 更新 p_best、g_best，同时更新所有粒子的位置与速度
```

```
6 for k in range(iter_size):
7     # 更新 p_best，遍历 adjusts，如果对应粒子的适应度是历史中最高的，则完成替换
8     index = np.where(adjusts > p_best[1])[0]
9     if len(index) > 0:
10        p_best[0][index] = x_mat[index]
11        p_best[1][index] = adjusts[index]
12
13    # 更新 g_best
14    if np.sum(p_best[1] > g_best[1]) > 0:
15        g_best_add = np.max(adjusts) - g_best[1]
16        g_best = x_mat[np.argmax(adjusts)], np.max(adjusts)
17
18    # 更新所有粒子的位置与速度
19    x_mat_backup = x_mat.copy()
20    x_mat = x_mat + v_mat
21    v_mat = w * v_mat + c1 * np.random.uniform(0, 1) * (p_best[0] - x_mat_backup) + \
22            c2 * np.random.uniform(0, 1) * (g_best[0] - x_mat_backup)
23
24    # 如果 v_mat 有值超过了边界值，则设定为边界值
25    x_mat[x_mat > 2] = 2
26    x_mat[x_mat < (-2)] = -2
27    v_mat[v_mat > v_max] = v_max
28    v_mat[v_mat < (-v_max)] = -v_max
29
30    # 计算更新后种群中所有粒子的适应度值
31    adjusts = np.array([get_adjust(loc) for loc in x_mat])
32
33    # 检查全局适应度值的增量，如果小于 alpha，则算法停止
34    if g_best_add is not None and g_best_add < alpha:
35        print("k = ", k, " 算法收敛！")
36        break
37
38 print(g_best)
39 # (array([-0.70669195,   0.00303178]), -0.42887785271504353)
```

从运行结果中可知，最佳适应度值对应的位置为（-0.70669195,0.00303178），以该坐标点为基础，绘制一条竖线在原图中进行标识，得到图 5-4-4。

直观上看，这非常接近理论最优位置，可以作为近似最优解。在更新过程中，将按顺序间隔选取粒子位置的图形，得到图 5-4-5（为展示优化效果，初始粒子限定在$x, y \in [1,2]$的区间内随机产生，若粒子群最终收敛于[1,2]区间，请将w和vmax调大并进一步尝试）。显然，在粒子更新运动的过程中，所有粒子都在趋向于最低点，并且圆点（种群历史最佳适应度对应的位置）也逐渐靠近中心点，最终与最低点十分接近，甚至重合，即得到最优解（或近似解）。

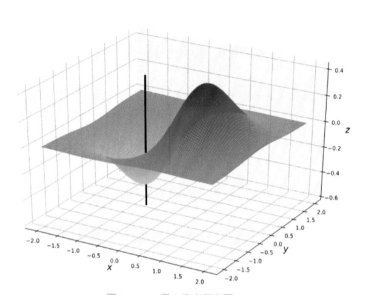

图 5-4-4　最小值点示意图

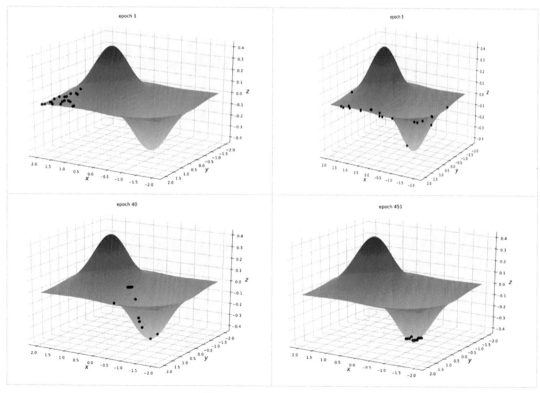

图 5-4-5　粒子群动态变化图

5.5　模拟退火

模拟退火是由 S.Kirkpatrick,C.D.Gelatt 和 M.P.Vecchi 在 1983 年发明的，它是解决 TSP 问题的有效方法之一。本节从模拟退火算法的基本概念讲起，通过介绍模拟退火算法的实现过程，结合 Python，让读者熟练掌握使用模拟退火算法解决工作中的切实问题的方法和基本技巧。

5.5.1　基本概念及原理

模拟退火算法是一种通用概率算法，用来在一个大的搜寻空间内寻找命题的最优解，最早的思想由 Metropolis 等人于 1953 年提出，1983 年，Kirkpatrick 等人将其应用于组合优化。它来源于固体退火原理，在物理退火过程中，将固体加热到足够高的温度，使分子呈随机排列状态，然后逐步降温使之冷却，最后分子以低能状态排列，固体达到某种稳定状态，此时内能减为最小。要比较好地理解逐步降温与求解最优解的关系，得先从爬山算法说起。爬山算法是一种简单的贪心搜索算法，该算法每次从当前解的临近解空间中选择一个最优解作为当前解，直到达到一个局部最优解，而不一定能搜索到全局最优解。如图 5-5-1 所示，假设 C 点为当前解，爬山算法搜索到 A 点这个局部最优解就会停止搜索，因为在 A 点无论向哪个方向小幅度移动都不能得到更优的解。

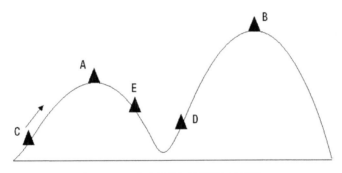

图 5-5-1　爬山算法与模拟退火的区别

模拟退火算法其实也是一种贪心算法，它与爬山算法相比，引入了随机因素，它能以一定的概率接受一个比当前解要差的解，因此有可能跳出这个局部的最优解，以至达到全局最优解。因此，在模型退火算法搜索到局部最优解 A 后，会以一定的概率接收到 E 的移动，可能经过几次这样的移动，跳出局部最优解，从而到达全局最优解 B。并且随着迭代的进行，由于温度逐渐下降，接受差解的概率越来越低，最终趋于稳定，即达到最优解（注意，由于算法使用有限的随机性，使得最终得到的最优解不一定是全局最优的，但是通过这种方法可以比较快地找到问题的最优解）。在模拟退火算法中，这种概率突跳性通过 Metropolis 准则来体现，假设在状态x_{old}时，系统受到某种扰动而使其状态变为x_{new}，与此相对应，系统的能量也从$E(x_{old})$变为$E(x_{new})$，系统由状态x_{old}变为状态x_{new}的接受概率p，定义如下：

$$p = \begin{cases} 1, E(x_{\text{new}}) < E(x_{\text{old}}) \\ e^{-\frac{E(x_{\text{new}}) - E(x_{\text{old}})}{T}}, E(x_{\text{new}}) \geqslant E(x_{\text{old}}) \end{cases}$$

上式中，x是在解空间中按一定概率分布随机采样而来的值，能量$E(x)$通常由目标函数来定义。由于当$E(x_{\text{new}}) < E(x_{\text{old}})$时，接受概率$p = 1$，所以当算法取得最优解时，目标函数值最小，可根据具体问题设计目标函数。随着迭代的进行，如果持续有$E(x_{\text{new}}) \geqslant E(x_{\text{old}})$，假设$E(x_{\text{new}}) - E(x_{\text{old}})$为一个常数，那么当温度降低时，接受概率$p$将逐渐减小，这将会导致算法趋于稳定。假设初始温度为T_0，则随着迭代（t为当前迭代次数）的进行，温度更新通常用如下关系来定义：

$$T_t = \frac{T_0}{\ln(1+t)}$$

经验表明，初始温度T_0越大，获得高质量解的概率就越大，但是计算成本较高。因此，选择合适的初始温度对求解质量和执行效率都有好处。通常使用均匀抽样的方式，得到区间$[a,b]$上的 n 个状态，以各状态目标值的方差作为初始温度，即，

$$T_0 = \text{Var}\big(E(x_i)\big), i = 1,2,\cdots,n, x \sim U[a,b]$$

5.5.2　模拟退火算法的实现步骤

根据模拟退火算法的原理，给出了模拟退火算法的流程图，如图 5-5-2 所示。

算法的流程主要分为六步。

第一步：初始化解状态s_0（算法迭代的起点）、温度t_0、最大迭代次数等参量。

第二步：产生新解s_1。

第三步：根据自定义的目标函数，计算能量增量$\Delta_t = C(s_1) - C(s_0)$。

第四步：如果Δ_t小于 0，则接受s_1作为新的当前解；否则以概率$e^{-\frac{\Delta_t}{t_0}}$接受$s_1$作为新的当前解。每次更新当前解时，与历史最优解比较，如果有比历史最优解更好的，则相应更新。

第五步：按$T_t = \frac{T_0}{\ln(1+t)}$更新温度，其中 t 指迭代次数。

第六步：判断是否满足终止条件，如果满足，则输出历史最优解，结束算法；否则，返回第二步，重新寻找候选解。常见的终止条件有如下几个。

（1）连续若干个新解都没有被接受；

（2）温度超过设定的阈值；

（3）到达最大迭代次数。

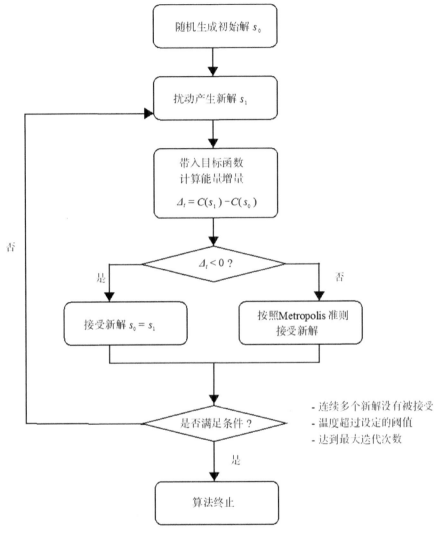

图 5-5-2　模拟退火算法的流程

5.5.3　模拟退火算法的 Python 实现

根据如上所述原理和流程，使用 Python 编写代码，实现模拟退火算法，求解函数 $f(x) = x \cdot \sin(x), x \in [0,12.55]$ 在给定区间的最大值。图 5-5-3 为函数 $f(x)$ 在定义域上的图形，可知函数在定义域上，既存在局部最大值，也存在全局最大值。

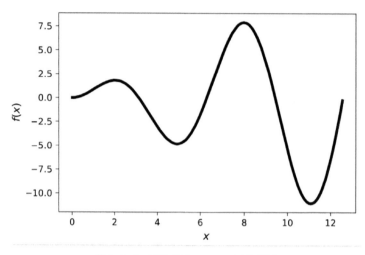

图 5-5-3　函数 $f(x) = x \cdot \sin(x)$ 的形状

求解最优解的代码如下：

```
1 # 自定义目标函数 C
2 def C(s):
3     return 1/(s*np.sin(s)+12)
4
5 # 初始化
6 # 设定初始温度
7 t0 = np.var(np.random.uniform(0,12.55,100))
8
9 # 设定初始解
10 s0 = np.random.uniform(0,12.55,1)
11
12 # 设定迭代次数
13 iters = 3000
14
15 # 设定终止条件，连续 ct 个新解都没有接受时终止算法
16 ct = 200
17 ct_array = []
18
19 # 保存历史最好的状态，默认取上边界值
20 best = 12.55
21
22 for t in range(1,iters+1):
23     # 在 s0 附近产生新解，但又能包含定义内的所有值
24     s1 = np.random.normal(s0,2,1)
25     while s1 < 0 or s1 > 12.55:
```

```
26          s1 = np.random.normal(s0,2,1)
27      # 计算能量增量
28      delta_t = C(s1) - C(s0)
29      if delta_t < 0:
30          s0 = s1
31          ct_array.append(1)
32      else:
33          p = np.exp(-delta_t/t0)
34          if np.random.uniform(0,1) < p:
35              s0 = s1
36              ct_array.append(1)
37          else:
38              ct_array.append(0)
39
40      best = s0 if C(s0) < C(best) else best
41
42      # 更新温度
43      t0 = t0/np.log(1+t)
44
45      # 检查终止条件
46      if len(ct_array) > ct and np.sum(ct_array[-ct:]) == 0:
47          print("迭代 ",t," 次，连续 ",ct," 次没有接受新解，算法终止！")
48          break
49
50 # 状态最终停留位置
51 s0
52 # array([7.98092592])
53
54 # 最佳状态，即对应最优解的状态
55 best
56 # 迭代 363 次，连续 200 次没有接受新解，算法终止！
57 # array([7.98092592])
```

从运行结果可知，我们求得的最优解为 7.98，这与理论最优解相等，当然参数设置得不好，运行结果也可能是局部极值。将每次更换新解对应状态和目标值所在的函数图像保存起来，并从中按顺序选择 4 张，如图 5-5-4 所示。

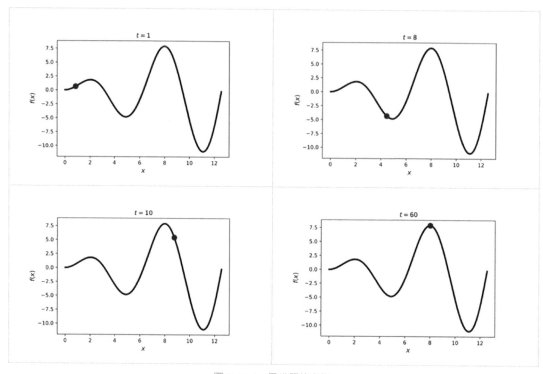

图 5-5-4　最优解的变化

可见，由于模拟退火可以接受差解，因此不至于陷入局部最优，而有可能使得结果向全局最优方向发展。

第 6 章

线性回归及其优化

多元回归是指有两个或以上自变量的回归分析，如果处理的是线性问题，则是多元线性回归。它比一元线性回归更复杂，不仅考虑的自变量更多，同时计算更复杂，分析也更细致。本节主要介绍多元线性回归的求解方法，以及经常出现的多重共线性问题，另外提出了多种优化方法，它们会从不同角度对最优化条件进行改进，旨在让模型更稳定健壮。

6.1　多元线性回归

多元线性回归包括两个基本问题：一是多元线性模型的设定及其显著性检验；二是多元线性模型的参数求解及其显著性检验。本节从回归模型和基本假定讲起，通过介绍最小二乘估计，让读者了解这个最基本的参数求解方法，进一步介绍回归方法和回归系数的检验方法，最后介绍多重共线性问题。

6.1.1　回归模型与基本假定

对于自变量 $x_1, x_2, \cdots, x_m$，在研究它们对因变量 y 的多元线性回归时，$x_1 \sim x_m$ 对 y 具有线性相关关系。比如研究身高、年龄对体重的影响，通常来说，身高越高的人体重越重，年龄越大体重越重，身高和年龄对体重是正相关关系，这样便可以用一个多元线性回归模型来表示。对于自变量为 $x_1, x_2, \cdots, x_m$，且 $x_1 \sim x_m$ 是可以精确测量并可控制的一般变量，对应的因变量为 y，则该多元线性回归模型可表示为：

$$y = \beta_0 + \beta_1 x_1 + \beta_2 x_2 + \cdots + \beta_m x_m + \varepsilon \qquad (6.1)$$

其中，$\beta_1, \beta_2, \cdots, \beta_m$是未知参数，$\varepsilon$是随机误差。为了求出式（6.1）的方程，我们需要估计出$\beta_0, \beta_1, \cdots, \beta_m$以及$\sigma^2$。通过 n 次观察，我们得到 n 组数据如下：

$$(y_i, x_{i1}, x_{i2}, \cdots, x_{im}), i = 1, 2, \cdots, n(n > m)$$

结合式（6.1）的方程，可写成如下方程组的形式：

$$\begin{cases} y_1 = \beta_0 + \beta_1 x_{11} + \beta_2 x_{12} + \cdots + \beta_m x_{1m} + \varepsilon_1 \\ y_2 = \beta_0 + \beta_1 x_{21} + \beta_2 x_{22} + \cdots + \beta_m x_{2m} + \varepsilon_2 \\ \qquad\qquad\qquad\qquad \vdots \\ y_n = \beta_0 + \beta_1 x_{n1} + \beta_2 x_{n2} + \cdots + \beta_m x_{nm} + \varepsilon_n \end{cases} \qquad (6.2)$$

其中，$\varepsilon_1, \varepsilon_2, \cdots, \varepsilon_n$独立同分布，均值为零，方差为$\sigma^2$。

可用矩阵表示如下：

$$\boldsymbol{y} = \begin{pmatrix} y_1 \\ y_2 \\ \vdots \\ y_n \end{pmatrix}, \boldsymbol{X} = \begin{pmatrix} 1 & x_{11} & x_{12} & \dots & x_{1m} \\ 1 & x_{21} & x_{22} & \dots & x_{2m} \\ \vdots & \vdots & \vdots & \vdots & \vdots \\ 1 & x_{n1} & x_{n2} & \dots & x_{nm} \end{pmatrix}, \boldsymbol{\beta} = \begin{pmatrix} \beta_0 \\ \beta_1 \\ \vdots \\ \beta_m \end{pmatrix}, \boldsymbol{\varepsilon} = \begin{pmatrix} \varepsilon_1 \\ \varepsilon_2 \\ \cdots \\ \varepsilon_n \end{pmatrix} \Rightarrow \boldsymbol{y} = \boldsymbol{X}\boldsymbol{\beta} + \boldsymbol{\varepsilon}$$

此处，$\boldsymbol{y}$表示因变量的向量，$\boldsymbol{\beta}$表示总体参数的向量，$\boldsymbol{X}$ 表示由所有自变量和一列常数 1 所组成的矩阵，$\boldsymbol{\varepsilon}$则表示随机误差变量的向量。 为方便对模型进行参数估计，现对（式 6.1）有如下一些基本假定：

（1）自变量$x_1, x_2, \cdots, x_m$是确定性变量，不是随机变量，且要求矩阵$\boldsymbol{X}$的秩为$m + 1 < n$，也就是说矩阵$\boldsymbol{X}$自变量列之间是线性无关的。

（2）随机误差项$\boldsymbol{\varepsilon}$满足$E(\boldsymbol{\varepsilon}) = 0$且$\text{Var}(\boldsymbol{\varepsilon}) = \sigma^2$。也就是说随机误差项的平均值为 0，没有系统误差，同时不同样本点的随机误差项是不相关的，亦即在正态假定下是独立的，不存在序列相关。

（3）假定随机误差项服从正态分布，即$\boldsymbol{\varepsilon}_i \in N(0, \sigma^2), i = 1, 2, \cdots, n$且$\varepsilon_1, \varepsilon_2, \cdots, \varepsilon_n$相互独立，于是$E(\boldsymbol{y}) = \boldsymbol{X}\boldsymbol{\beta}, \text{Var}(\boldsymbol{y}) = \sigma^2 \boldsymbol{I}_n$，因此$\boldsymbol{y} \in N(\boldsymbol{X}\boldsymbol{\beta}, \sigma^2 \boldsymbol{I}_n)$。

6.1.2 最小二乘估计

最小二乘法是从误差拟合角度对回归模型进行参数估计的方法，它通过最小化误差的平方和寻找数据的最佳函数匹配。假设用y_i表示目标变量的第i次观测值，$\hat{y}_i$表示对应的估计值，则最小二乘法从$\min \Sigma(y_i - \hat{y}_i)^2$出发来确定未知参数。最小二乘法除了用于线性拟合之外，还可以用于曲线拟合。对于多元线性回归，由于$\boldsymbol{y} = \boldsymbol{X}\boldsymbol{\beta} + \boldsymbol{\varepsilon}$，则误差平方和SSE可表示如下：

$$\text{SSE} = \boldsymbol{\varepsilon}'\boldsymbol{\varepsilon} = (\boldsymbol{y} - \boldsymbol{X}\boldsymbol{\beta})'(\boldsymbol{y} - \boldsymbol{X}\boldsymbol{\beta}) = (\boldsymbol{y}' - \boldsymbol{\beta}'\boldsymbol{X}')(\boldsymbol{y} - \boldsymbol{X}\boldsymbol{\beta}) = \boldsymbol{y}'\boldsymbol{y} - \boldsymbol{\beta}'\boldsymbol{X}'\boldsymbol{y} - \boldsymbol{y}'\boldsymbol{X}\boldsymbol{\beta} + \boldsymbol{\beta}'\boldsymbol{X}'\boldsymbol{X}\boldsymbol{\beta}$$

由$\boldsymbol{y} = \boldsymbol{X}\boldsymbol{\beta} + \boldsymbol{\varepsilon}$可得$\boldsymbol{y}' = \boldsymbol{\beta}'\boldsymbol{X}' + \boldsymbol{\varepsilon}'$，且$\boldsymbol{y}'\boldsymbol{\varepsilon} = \boldsymbol{\varepsilon}'\boldsymbol{y}$，所以$\boldsymbol{y}'\boldsymbol{X}\boldsymbol{\beta} = \boldsymbol{\beta}'\boldsymbol{X}'\boldsymbol{y} = \boldsymbol{y}'\boldsymbol{y} - \boldsymbol{\varepsilon}'\boldsymbol{y} = \boldsymbol{y}'\boldsymbol{y} - \boldsymbol{y}'\boldsymbol{\varepsilon}$，

进一步可得$\text{SSE} = \mathbf{y}'\mathbf{y} - 2\mathbf{y}'\mathbf{X}\boldsymbol{\beta} + \boldsymbol{\beta}'\mathbf{X}'\mathbf{X}\boldsymbol{\beta}$。这里$\boldsymbol{\beta}$是待估计的参数。求$\boldsymbol{\beta}$的 1 阶导数并令其为 0，可得：

$$\frac{\partial(\text{SSE})}{\partial(\boldsymbol{\beta})} = -2\mathbf{X}'\mathbf{y} + 2\mathbf{X}'\mathbf{X}\boldsymbol{\beta} = 0$$

于是，可得到$\boldsymbol{\beta}$的最小二乘估计量为：$\widehat{\boldsymbol{\beta}} = (\mathbf{X}'\mathbf{X})^{-1}\mathbf{X}'\mathbf{y}$，代入$\mathbf{y} = \mathbf{X}\boldsymbol{\beta} + \boldsymbol{\varepsilon}$，可得$\boldsymbol{\varepsilon}$的估计量为：

$$\widehat{\boldsymbol{\varepsilon}} = \mathbf{y} - \mathbf{X}\widehat{\boldsymbol{\beta}} = \mathbf{y} - \mathbf{X}(\mathbf{X}'\mathbf{X})^{-1}\mathbf{X}'\mathbf{y} = [\mathbf{I} - \mathbf{X}(\mathbf{X}'\mathbf{X})^{-1}\mathbf{X}']\mathbf{y}$$

由于：

$$E(\widehat{\boldsymbol{\beta}}) = E((\mathbf{X}'\mathbf{X})^{-1}\mathbf{X}'\mathbf{y}) = (\mathbf{X}'\mathbf{X})^{-1}\mathbf{X}'E(\mathbf{y}) = (\mathbf{X}'\mathbf{X})^{-1}\mathbf{X}'E(\mathbf{X}\boldsymbol{\beta} + \boldsymbol{\varepsilon}) = (\mathbf{X}'\mathbf{X})^{-1}\mathbf{X}'\mathbf{X}\boldsymbol{\beta} = \boldsymbol{\beta}$$

所以$\widehat{\boldsymbol{\beta}}$是$\boldsymbol{\beta}$的无偏估计。进一步，我们可以估计误差项的方差。假设总体误差项的方差为σ^2，是不可观测的。我们可以用样本中的$\boldsymbol{\varepsilon}$的方差对σ^2进行估计，其无偏估计如下：

$$S_\varepsilon^2 = \frac{\widehat{\boldsymbol{\varepsilon}}'\widehat{\boldsymbol{\varepsilon}}}{n - m - 1}$$

其中，$n - m - 1$是用于估计总体误差项的自由度。

6.1.3　回归方程和回归系数的显著性检验

在建立多元线性回归模型时，我们并不能事先断定自变量$x_1, x_2, \cdots, x_m$与因变量y之间确实有线性关系。用多元线性回归方程去拟合随机变量y与自变量$x_1, x_2, \cdots, x_m$之间的关系，只是根据定性分析给出的一处假设。因此，当求出线性回归方程后，需要对回归方程进行显著性检验。在回归方程显著的情况下，进一步对回归系数进行检验，以考察那些对回归方程影响显著的变量。

（1）回归方程的F检验

对于多元线性回归方程的显著性检验就是要看自变量$x_1, x_2, \cdots, x_m$从整体上对随机变量的影响是否显著。在此提出原假设$H_0: \beta_1 = \beta_2 = \cdots = \beta_m = 0$。如果$H_0$被接受，则表示随机变量$y$与$x_1, x_2, \cdots, x_m$之间的关系由多元线性回归模型表示并不妥。参考"4.3.2 影响评价 > 3。单因素方差分析"，为了建立对H_0进行检验的F统计量，使用总离差平方和的分解式，即：

$$\sum_{i=1}^{n}(y_i - \overline{y})^2 = \sum_{i=1}^{n}(y_i - \widehat{y}_i + \widehat{y}_i - \overline{y})^2 = \sum_{i=1}^{n}(\widehat{y}_i - \overline{y})^2 + \sum_{i=1}^{n}(y_i - \widehat{y}_i)^2$$

上式可简记为$\text{SST} = \text{SSR} + \text{SSE}$，于是构造$F$统计量如下：

$$F = \frac{\dfrac{\text{SSR}}{m}}{\dfrac{\text{SSE}}{n - m - 1}}$$

其中，SSR 的自由度为m，SSE 的自由度为$n{-}m{-}1$。在正态假设下，当原假设$H_0: \beta_1 = \beta_2 = \cdots =$

$\beta_m = 0$成立时，F 值服从自由度为$(m, n-m-1)$的F分布。于是，可以利用F统计量对回归方程的总体显著性进行检验。对给定的数据计算出 SSR 和 SSE，进而得到F值，根据给定的显著性水平α，查看F分布表，可得到临界值$F_\alpha(m, n-m-1)$。当$F > F_\alpha(m, n-m-1)$时，拒绝原假设H_0，认为在显著性水平α下，回归方程是显著的；否则，认为回归方程不显著。

（2）回归系数的 t 检验

当回归方程显著时，并不表示参与回归的每个自变量对因变量y的影响都是显著的。因此我们总是从回归方程中剔除那些次要的、可有可无的变量，以建立更为简单的回归方程。这就需要对每个自变量进行显著性检验。注意到，当某个自变量x_i对y的影响不显著时，在回归方程中，它的系数β_i就取 0。因此，要检验变量是否显著，可提出原假设$H_{0i}: \beta_i = 0, i = 1, 2, \cdots, m$。考虑到$\boldsymbol{y} = \boldsymbol{X}\widehat{\boldsymbol{\beta}}, \boldsymbol{y} \sim N(\boldsymbol{X}\boldsymbol{\beta}, \sigma^2\boldsymbol{I}_{\mathbf{n}})$，于是$\widehat{\boldsymbol{\beta}} \sim N(\boldsymbol{\beta}, \sigma^2(\boldsymbol{X}'\boldsymbol{X})^{-1})$。记$(\boldsymbol{X}'\boldsymbol{X})^{-1} = (c_{ij}), i, j = 1, 2, \cdots, m$，则$\widehat{\boldsymbol{\beta}}_i \sim N(\boldsymbol{\beta}_i, c_{ii}\sigma^2)$。据此可构造 t 统计量如下：

$$t_i = \frac{\widehat{\boldsymbol{\beta}}_i}{\sqrt{c_{ii}}\sigma}$$

其中，

$$\hat{\sigma} = \sqrt{\frac{1}{n-m-1}\sum_{i=1}^{n}\varepsilon_i^2} = \sqrt{\frac{1}{n-m-1}\sum_{i=1}^{n}(y_i - \hat{y}_i)^2}$$

是回归标准差。当原假设H_{0i}成立时，t_i统计量服从自由度为$n-m-1$的 t 分布。给定显著性水平α，查出双侧检验的临界值$t_{\alpha/2}$。当$|t_i| \geqslant t_{\frac{\alpha}{2}}$时，拒绝原假设$H_{0i}$，认为$\boldsymbol{\beta}_i$显著不为 0，对应的自变量$x_i$对$y$的线性效果显著。否则，认为$\boldsymbol{\beta}_i$显著为 0，对应的自变量$x_i$对$\boldsymbol{\beta}$的线性效果不显著。

6.1.4　多重共线性

在多元线性回归的过程中，当自变量彼此相关时，回归模型可能并不稳定。估计的效果会由于模型中的其他自变量而改变数值，甚至符号。这一问题，通常称为多重共线性问题。

对于回归模型$y = \boldsymbol{\beta}_0 + \boldsymbol{\beta}_1 x_1 + \boldsymbol{\beta}_2 x_2 + \cdots + \boldsymbol{\beta}_m x_m + \boldsymbol{\varepsilon}$，当矩阵$\boldsymbol{X}$的列向量存在不全为零的一组数$c_0, c_1, c_2, \cdots c_m$，使得$c_0 + c_1 x_{i1} + c_2 x_{i2} + \cdots + c_m x_{im} = 0, i = 1, 2, \cdots, n$时，即存在完全的多重共线性。此时，矩阵$\boldsymbol{X}$的秩小于$m+1$，且$|\boldsymbol{X}'\boldsymbol{X}| = 0$，$(\boldsymbol{X}'\boldsymbol{X})^{-1}$不存在，$\boldsymbol{\beta}$的无偏估计无解。在实际问题中，经常见到的是近似多重共线性的情况，即存在不全为零的一组数$c_0, c_1, c_2, \cdots, c_m$，使得$c_0 + c_1 x_{i1} + c_2 x_{i2} + \cdots + c_m x_{im} \approx 0, i = 1, 2, \ldots, n$。此时矩阵$\boldsymbol{X}$的秩等于$m+1$仍然成立，但是其行列式的值$|\boldsymbol{X}'\boldsymbol{X}| \approx 0$，$(\boldsymbol{X}'\boldsymbol{X})^{-1}$ 的对角元素值很大。由于$\widehat{\boldsymbol{\beta}} \sim N(\boldsymbol{\beta}, \sigma^2(\boldsymbol{X}'\boldsymbol{X})^{-1})$，所以$\text{Cov}(\widehat{\boldsymbol{\beta}}) = \sigma^2(\boldsymbol{X}'\boldsymbol{X})^{-1}$，于是$\text{Cov}(\widehat{\boldsymbol{\beta}})$的对角元素值也很大。又因为$\text{Cov}(\widehat{\boldsymbol{\beta}})$的对角元素为$\text{Var}(\hat{\beta}_0), \text{Var}(\hat{\beta}_1), \text{Var}(\hat{\beta}_2), \cdots, \text{Var}(\hat{\beta}_m)$，

这会导致 $\beta_0, \beta_1, \beta_2, \cdots, \beta_m$ 的估计值波动较大，精度很低，甚至对估值量无法解释。

　　Hocking 和 Pendleton 于 1983 发表的尖桩篱笆可以很好地来刻画多重共线性问题，如图 6-1-1 所示。该图表示由两个共线性自变量 x_1 和 x_2 对应的点组成的可能结构。对给定的 x_1 和 x_2，每根尖桩的长度给出了响应变量 y 的值。拟合一个多元线性回归模型就像是在该尖桩上试着平衡一个拟合平面。在垂直于尖桩的方向上，平面将是不稳定的，如果尖桩的位置恰好在一条直线上（x_1 与 x_2 完全相关），那么平面的倾斜将是任意的。也就是说篱笆两旁的预测将有很大波动，它将导致不稳定的估计。

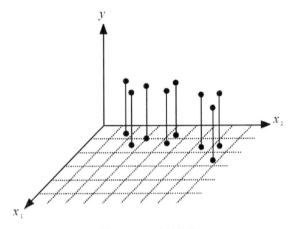

图 6-1-1　尖桩篱笆

　　关于 y 对于 x_1 和 x_2 的二元线性回归，假定 y 与 x_1、x_2 已经通过中心化处理，此时回归常数项为零，回归方程表示为：

$$\hat{y} = \hat{\beta}_1 x_1 + \hat{\beta}_2 x_2$$

　　记为：

$$S_{11} = \sum_{i=1}^{n} x_{i1}^2,\ S_{12} = \sum_{i=1}^{n} x_{i1} x_{i2},\ S_{22} = \sum_{i=1}^{n} x_{i2}^2$$

　　则 x_1 与 x_2 之间的相关系数为：$r_{12} = \dfrac{S_{12}}{\sqrt{S_{11}S_{22}}}$

　　$\hat{\boldsymbol{\beta}}$ 的协方差矩阵为 $\mathrm{Cov}(\hat{\boldsymbol{\beta}}) = \sigma^2 (\boldsymbol{X}'\boldsymbol{X})^{-1}$，其中，

$$\boldsymbol{X}'\boldsymbol{X} = \begin{pmatrix} S_{11} & S_{12} \\ S_{12} & S_{22} \end{pmatrix}$$

$$(\boldsymbol{X}'\boldsymbol{X})^{-1} = \frac{1}{|\boldsymbol{X}'\boldsymbol{X}|} \begin{pmatrix} S_{22} & -S_{12} \\ -S_{12} & S_{11} \end{pmatrix} = \frac{1}{S_{11}S_{22} - S_{12}^2} \begin{pmatrix} S_{22} & -S_{12} \\ -S_{12} & S_{11} \end{pmatrix} = \frac{1}{S_{11}S_{22}(1 - r_{12}^2)} \begin{pmatrix} S_{22} & -S_{12} \\ -S_{12} & S_{11} \end{pmatrix}$$

　　由此可得：

$$\text{Var}(\hat{\beta}_1) = \frac{\sigma^2}{S_{11}(1 - r_{12}^2)}$$

$$\text{Var}(\hat{\beta}_2) = \frac{\sigma^2}{S_{22}(1 - r_{12}^2)}$$

可见，随着自变量x_1与x_2相关性增强，$\hat{\beta}_1$和$\hat{\beta}_2$的方差将逐渐增大，当x_1与x_2完全相关时，相关系数$r_{12} = 1$，方差将变为无穷大。$m > 2$时的情况与$m = 2$时类似，对自变量做中心标准化（和为 0，平方和为 1 的标准化），则$\boldsymbol{X}^{*'}\boldsymbol{X}^* = (r_{ij})$为自变量的相关矩阵，记$C = (c_{ji}) = (\boldsymbol{X}^{*'}\boldsymbol{X}^*)^{-1}$称为其主对角线元素，$\text{VIF}_i = c_{ii}$为自变量的方差扩大因子，这里不加证明地给出第$i$个系数的方差如下：

$$\text{Var}(\hat{\beta}_i) = \frac{\sigma^2}{S_{ii}(1 - R_i^2)} \quad i = 1, 2, \cdots, m$$

其中，$\frac{1}{1 - R_i^2}$称为第i个方差扩大因子，记为VIF_i。由于R_i^2度量了自变量x_i与其余$m - 1$个自变量的线性相关程度，这种相关程度越强，说明自变量之间的多重共线性越严重，R_i^2也就越接近于 1，VIF_i也就越大。反之，x_i与其余$m - 1$个自变量线性相关程度越弱，自变量间的多重共线性也就越弱，R_i^2就越接近于零，VIF_i也就越接近于 1。VIF_i的大小反映了自变量之间是否存在多重共线性，因此可以用来度量多重共线性的严重程度。经验表明，当$0 < \text{VIF} < 10$时，不存在多重共线性；当$10 \leqslant \text{VIF}_i \leqslant 100$时，说明自变量$x_i$与其余自变量之间有着较强的多重共线性，且这种多重共线性可能会过度地影响最小二乘估计值；当$\text{VIF} > 100$时，多重共线性问题非常严重。另外，可以用m个自变量所对应的方差扩大因子的平均数来度量多重共线性，即：

$$\overline{\text{VIF}} = \frac{\sum_{i=1}^{m} \text{VIF}_i}{m}$$

当其远远大于 1 时，就表示多重共线性问题严重。假设我们已知x_1、x_2与y的关系服从模型$y = 10 + 2x_1 + 3x_2 + \boldsymbol{\varepsilon}$，做了 10 次实验，得观察值，构成$M$数据集如表 6-1-1 所示。

表 6-1-1 回归分析基础数据

y	x_1	x_2
16.3	1.1	1.1
16.8	1.4	1.5
19.2	1.7	1.8
18.0	1.7	1.7
19.5	1.8	1.9
20.9	1.8	1.8
21.1	1.9	1.8
20.9	2.0	2.1
20.3	2.3	2.4
22.0	2.4	2.5

于是，可得：

$$X = \begin{bmatrix} 1 & 1.1 & 1.1 \\ 1 & 1.4 & 1.5 \\ \vdots & \vdots & \vdots \\ 1 & 2.4 & 2.5 \end{bmatrix}$$

使用最小二乘估计得出 $\boldsymbol{\beta}$ 的估计值：

$$\widehat{\boldsymbol{\beta}} = (X'X)^{-1}X'y = \begin{pmatrix} \hat{\beta}_0 \\ \hat{\beta}_1 \\ \hat{\beta}_2 \end{pmatrix} = \begin{pmatrix} 11.292 \\ 11.307 \\ -6.591 \end{pmatrix}$$

这 和 原 模 型 $\beta_0 = 10, \beta_1 = 2, \beta_3 = 3$ 相 差 很 远 。 进 一 步 计 算 x_1 和 x_2 的 样 本 相 关 矩 阵 得 $\begin{pmatrix} 1 & 0.986 \\ 0.986 & 1 \end{pmatrix}$。

它接近退化（不满秩），其原因是系数矩阵 X 的第二列和第三列的相应值相关不大，也即 X 的列向量接近线性相关，这是多重共线性问题，它是我们求出的回归系数与原模型的回归系数差距很远的主要原因。这与我们得出的相关系数较大会增大回归系数估计值的方差，从而降低估计精度的推断相符。进一步，求得 $\overline{\text{VIF}} = 35.963$，其值远大于 10，说明多重共线性问题严重。

在 Python 中，我们可以使用 statsmodels 库中的 ols 函数建立一个模型，通过计算其 R^2 来推导出 VIF，这里基于 M 数据集来计算线性模型的方差膨胀因子，具体代码如下：

```
1 out = pd.read_csv(M_SET)
2 out.head()
3 #        y      x1    x2
4 #0   16.3    1.1 1.1
5 #1   16.8    1.4 1.5
6 #2   19.2    1.7 1.8
7 #3   18.0    1.7 1.7
8 #4   19.5    1.8 1.9
9
10 r_squared_i = ols("x1~x2",data=out).fit().rsquared
11 vif = 1. / (1. - r_squared_i)
12 vif
13 # 35.962864339690476
```

从代码结果可知，M 数据集的方差膨胀因子为 35.96，与我们之前手动计算的值一致，注意，若有多个自变量，应采用类似 "$x_i \sim x_1 + \cdots + x_{i-1} + x_{i+1} + \cdots + x_n, i \in [1, n]$" 这样的方式建立模型，去得到关于 x_i 的方差膨胀因子。针对多重共线性问题，除了剔除一些不重要的解释变量、增大样本容量等方法，还可以改进常规最小二乘法，采用有偏估计为代价来提高估计量稳定性的方法。这些内容都会在后续章节中详细介绍。

6.2 Ridge 回归

在进行多元线性回归时，有时会因为变量间存在共线性，而导致最小二乘回归得到的系数不稳定，方差较大。根本原因是系数矩阵与它的转置矩阵相乘得到的矩阵不能求逆。这个问题可以通过本节介绍的 Ridge 回归得到解决。

6.2.1 基本概念

Ridge 回归也被称为岭回归，它是霍尔（Hoerl）和克纳德（Ken-nard）于 1970 年提出来的，是一种专用于共线性数据分析的有偏估计回归方法。Ridge 回归对最小二乘法进行了改良，通过放弃最小二乘法的无偏性，以损失部分信息、降低精度为代价来获得回归系数更为符合实际情况、更为可靠的回归方法，对病态数据的拟合效果要强于最小二乘法。

当 $X'X$ 接近奇异时，我们可以在 $X'X$ 基础上再加上一个正常数矩阵 $kI(k > 0)$，那么 $X'X + kI_n$ 接近奇异的可能性就会比 $X'X$ 接近奇异的可能性大大减少。因此可用

$$\widehat{\boldsymbol{\beta}}(k) = (X'X + kI)^{-1}X'y \tag{6.3}$$

作为 $\boldsymbol{\beta}$ 的估计，应该比最小二乘估计 $\widehat{\boldsymbol{\beta}}$ 更稳定。我们称（式 6.3）为 $\boldsymbol{\beta}$ 的岭回归估计， k 为岭参数。可以想到，当 $k \to 0$ 时，$\widehat{\boldsymbol{\beta}}(0)$ 就变为原来的最小二乘估计。

6.2.2 岭迹曲线

当岭参数 k 在 $(0, +\infty)$ 内变化时，$\hat{\beta}_j(k)$ 是 k 的函数。在平面坐标系上，把函数 $\hat{\beta}_j(k)$ 的图像描绘出来，得到的曲线就是岭迹曲线，或叫作岭迹。在实际应用中，可根据岭迹曲线的变化形状来确定适当的值，并进行自变量的选择。

那么，对于（式 6.3），k 该如何取值呢？我们从 M 数据集出发，依次让 k 取 $0, 0.05, 0.1, 0.15, \cdots$, 3.0，可得到 k 在取不同值时计算的两个回归系数，如表 6-2-1 所示。

表 6-2-1　不同岭参数对应不同的回归系数

k	0.00	0.05	0.10	0.15	0.20	0.25	0.30	0.35	0.40	...	2.95	3.00
β_1	11.31	5.19	4.34	4.06	3.96	3.92	3.91	3.91	3.92	...	4.18	4.18
β_2	-6.59	-0.26	1.00	1.63	2.03	2.32	2.54	2.72	2.86	...	4.10	4.11

以 k 为横坐标，$\hat{\beta}_i(k), i \in [1,2]$ 为纵坐标，绘制关系图如图 6-2-1 所示。

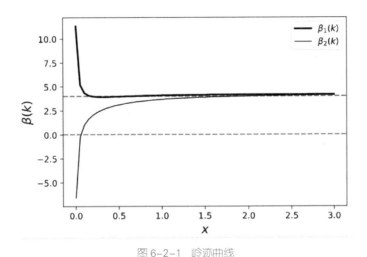

图 6-2-1　岭迹曲线

如图 6-2-1 所示，这两条曲线是根据不同的 k 值绘制的，又叫岭迹或岭迹曲线，通常观察岭迹可大致给出 k 的取值。由图 6-2-1 可知，当 k 较小时，$\hat{\beta}_i(k)$ 很不稳定，当 k 逐渐增大时，$\hat{\beta}_i(k)$ 趋于稳定，因此 k 可取 0.5，从而 $\hat{\beta}_1 = 3.95, \hat{\beta}_2 = 3.05$。$\hat{\beta}_2$ 相当接近于 $\beta_2(=3)$，但 $\hat{\beta}_1$ 与 $\beta_1(=2)$ 就相差较大。

为便于根据岭参数的范围获得对应的岭迹曲线（每个回归系数对应一条曲线），现用 Python 编写函数 plot_ridge_curve 实现岭迹曲线的绘制功能，代码如下：

```python
1 from utils import *
2
3 def plot_ridge_curve(x, y, plist, k_max=1, q_num=10, intercept=True):
4     """
5     绘制岭迹曲线
6     :param x: 自变量的数据矩阵
7     :param y: 响应变量向量或矩阵
8     :param plist: 选择显示的系数列表
9     :param k_max: 岭参数的最大值
10    :param q_num: 将 0~k_max 的区间分成 q_num 等分
11    :param intercept: 是否计算截距
12    """
13    if intercept:
14        x = np.c_[x, [1] * x.shape[0]]
15
16    coefs = []
17    for k in np.linspace(0, k_max, q_num + 1):
18        coefs.append(np.matmul(np.matmul(np.linalg.inv(np.matmul(x.T, x) + k * np.identity(x.shape[1])), x.T), y))
19
20    coefs = np.array(coefs)
```

```
21        plt.axhline(0, 0, k_max, linestyle='--', c='gray')
22        plt.axhline(np.mean(coefs[:, plist]), 0, k_max, linestyle='--', c='gray')
23
24        for p in plist:
25            plt.plot(np.linspace(0, k_max, q_num + 1), coefs[:, p], '-', label=r"$\beta_" + str(p + 1) + "(k)$",
26                    color='black',
27                    linewidth=p + 1)
28        plt.xlabel(r"$x$", fontsize=14)
29        plt.ylabel(r"$\beta(k)$", fontsize=14)
30        plt.legend()
31        plt.show()
32
33
34 out = pd.read_csv(M_SET)
35 X = out.drop(columns='y').values
36 Y = out.y.values
37 plot_ridge_curve(X, Y, [0, 1], k_max=1, q_num=100)
```

效果如图 6-2-2 所示，在 M 数据集上，调用 plot_ridge_curve 函数绘制的岭迹曲线，可通过设置 kmax 和 qnum 来获得不同的岭迹曲线，具体的参数根据需要做出调整。

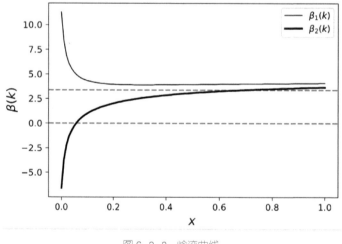

图 6-2-2   岭迹曲线

6.2.3　基于 GCV 准则确定岭参数

除了使用岭迹曲线通过直观的方式来确定 k 值，还可用 GCV（generalized cross validation，广义交叉验证）方法来选取 k 值，通常认为可以得到最佳岭回归参数。对于岭回归估计 $\hat{\boldsymbol{\beta}}(k) = (\boldsymbol{X}'\boldsymbol{X} + k\boldsymbol{I})^{-1}\boldsymbol{X}'\boldsymbol{y}$，可得到的估计值为 $\hat{\boldsymbol{y}}(k) = \boldsymbol{X}\hat{\boldsymbol{\beta}}(k) = \boldsymbol{X}(\boldsymbol{X}'\boldsymbol{X} + k\boldsymbol{I})^{-1}\boldsymbol{X}'\boldsymbol{y}$。记矩阵 $\boldsymbol{M}(k) = \boldsymbol{X}(\boldsymbol{X}'\boldsymbol{X} + k\boldsymbol{I})^{-1}\boldsymbol{X}'$，

可将岭回归写成 $\hat{\boldsymbol{y}}(k) = \boldsymbol{M}(k)\boldsymbol{y}$ 形式，那么 GCV 定义如下：

$$\mathrm{GCV}(k) = \frac{\parallel \boldsymbol{y} - \hat{\boldsymbol{y}}(k) \parallel^2}{n\left(1 - n^{-1}\mathrm{tr}\boldsymbol{M}(k)\right)^2}$$

为计算的 $\mathrm{tr}\boldsymbol{M}(k)$ 值，即是求矩阵 $\boldsymbol{M}(k)$ 的迹，其值等于 $\boldsymbol{M}(k)$ 对应特征值的总和，也等于 $\boldsymbol{M}(k)$ 对角线上的元素之和。使得该式得到最小值，即被认为是 k 最佳岭回归参数。

现使用 Python 编写 get_best_k 函数，实现选取最佳岭参数的功能，并基于 iris 数据集，求解建立 Ridge 回归的最佳岭参数 k，代码如下：

```
1 def get_best_k(x, y, k_max=1, q_num=10, intercept=True):
1     """
1     根据 GCV 方法，获得最佳岭参数 k
1     :param x：自变量的数据矩阵
1     :param y：响应变量向量或矩阵
1     :param k_max：岭参数的最大值
1     :param q_num：将 0~k_max 的区间分成 q_num 等分
1     :param intercept：是否计算截距
1     """
10    n = x.shape[0]
11    if intercept:
12        x = np.c_[x, [1] * n]
13
14    gcv_list = []
15    k_values = np.linspace(0, k_max, q_num + 1)
16    for k in k_values:
17        mk = np.matmul(np.matmul(x, np.linalg.inv(np.matmul(x.T, x) + k * np.identity(x.shape[1]))), x.T)
18        yk = np.matmul(mk, y)
19        trm_k = np.trace(mk)
20        gcv = np.sum((y - yk) ** 2) / (n * (1 - trm_k / n) ** 2)
21        gcv_list.append(gcv)
22    return k_values[np.argmin(gcv_list)], np.min(gcv_list)
23
24
25 iris = pd.read_csv(IRIS)
26 X = iris.iloc[:, [0, 1, 2]].values
27 Y = iris.iloc[:, 3].values
28 print(get_best_k(X, Y, q_num=100))
29 # (0.59, 0.037738709088905156)
```

由代码结果可知，最佳岭参数 $k = 0.59$，对应的 GCV 值为 0.0377。

6.2.4 Ridge 回归的 Python 实现

Python 中的 sklearn 库里有一个 RidgeCV 类，它可以基于交叉验证实现 Ridge 回归，现基于 iris 数据集，对该类的使用方法进行说明，代码如下：

```
 1 # 通过 RidgeCV 可以设置多个参数值，算法使用交叉验证获取最佳参数值
 2 model = RidgeCV(alphas=[0.1, 10, 10000])
 3
 4 # 线性回归建模
 5 model.fit(X, Y)
 6
 7 print('系数:', model.coef_)
 8 # 系数: [-0.20370879  0.21952122  0.52216614]
 9
10 print(model.intercept_)
11 # -0.24377819461092076
```

由上述代码可知，Ridge 回归的带截距的回归系数为 $\hat{\boldsymbol{\beta}} = (-0.2037, 0.2195, 0.5222)$，截距为 -0.2438。

6.3 Lasso 回归

最小二乘估计虽有很多好的性质，但仍存在一些不足，特别是在进行大量预测时，我们希望 $\boldsymbol{\beta}$ 中非零分量少一些，同时每个分量对响应变量的影响要相对大一些。为了预测准确，我们希望使某些回归系数减小到 0，不仅可以减小预测方差，还可以减少变量。但是最小二乘法做不到这点。Lasso 回归可以将某些回归系数置为 0，可基于此特性进行特征选择。本节主要介绍 Lasso 回归相关的内容。

6.3.1 基本概念

Lasso 回归又叫套索回归，是 Robert Tibshirani 于 1996 年提出的一种新的变量选择技术 Lasso，即 Least Absolute Shrinkageand Selection Operator。它是一种收缩估计方法，其基本思想是在回归系数的绝对值之和小于一个常数的约束条件下，使残差平方和最小化，从而能够产生某些严格等于 0 的回归系数，进一步得到可以解释的模型。Lasso 回归优化问题可表示为：

$$\mathrm{argmin}_{\boldsymbol{\beta}} \parallel \boldsymbol{y} - \boldsymbol{X\beta} \parallel^2，并且 \parallel \boldsymbol{\beta} \parallel \leqslant s$$

对应的拉格朗日表达式为：

$$\mathrm{argmin}_{\boldsymbol{\beta}} \parallel \boldsymbol{y} - \boldsymbol{X\beta} \parallel^2 + \lambda \parallel \boldsymbol{\beta} \parallel$$

其中 $\boldsymbol{y}$ 为目标变量或响应变量，$\boldsymbol{\beta}$ 为回归系数向量，$\boldsymbol{X}$ 为解释变量对应的数据矩阵，λ 为惩罚参数，

s 为某一大于 0 的常数，并且 λ 与 s 存在某种对应关系。

6.3.2 使用 LAR 算法求解 Lasso

Lasso 回归是一个二次规划问题，求解算法很多，常用的有射击算法、同伦算法、LAR（最小角度回归）算法、随机模拟等。其中，LAR 算法是对传统的逐步向前选择方法加以改进而得到的有效精确方法，并且在计算上也比逐步向前，选择方法简单，它最多只需要通过 m 步（m 为自变量个数），就能得到拟合解。LAR 与最小二乘计算复杂度差不多，能很好地解决 Lasso 回归的计算问题。

LAR 算法的计算过程大致是这样的，首先需要对数据进行中心标准化处理，即使数据满足以下条件：

$$\sum_{i=1}^{n} y = 0, \sum_{i=1}^{n} x_{ij} = 0, \sum_{i=1}^{n} x_{ij}^2 = 1 \ j = 1,2,\cdots,m$$

假设当前拟合向量为 $\boldsymbol{\mu}$，则有：

$$\boldsymbol{\mu} = X\widehat{\boldsymbol{\beta}} = \sum_{j=1}^{m} \boldsymbol{x}_j \, \beta_j$$

进一步，$\boldsymbol{x}_i$ 与残差 $y - \boldsymbol{\mu}$ 的相关系数为 $c_i = \boldsymbol{x}_i'(y - \boldsymbol{\mu})$。刚开始时，相关系数都为 0，残差为 y，计算每自变量与 y 的相关系数，并选取相关系数最大的变量，假设是 x_{j1}，并将其对应的自变量序号或下标加入活动集合 A 中。此时，在 x_{j1} 的方向上找到一个最长的步长 $\hat{r}_1$，直到出现下一个变量，假设是 x_{j2} 与残差的相关系数和 x_{j1} 与残差的相关系数相等，此时把 x_{j2} 加入活动集合里。LAR 继续在这两个变量等角度的方向进行拟合，找到第 3 个变量 x_{j3}，使该变量、活动集中变量跟残差的相关系数相等，随后 LAR 继续找寻下一个变量，直到使残差减小到一定范围内为止。LAR 选择示意图如图 6-3-1 所示。

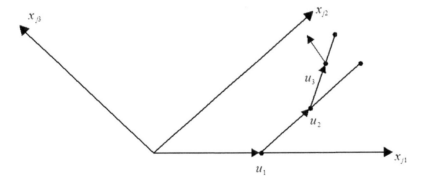

图 6-3-1　LAR 选择示意图

用A表示活动集，B表示非活动集，默认包含所有自变量的下标，s表示 A 中变量对应相关系数的符号向量，X_A表示活动集对应的原始数据矩阵X与s的乘积，可表示为：

$$X_A = \left(... s_j x_j ... \right)_{j \in A}$$

此外，用X_B表示非活动集对应的原始数据矩阵，k表示迭代次数，则使用 LAR 方法求解 Lasso 算法的主要步骤如下。

（1）求解残差$y - \mu$与原始数据X间的相关系数，得到相关向量c，表示为$c = (y - \mu)'X$　其中，初始$\mu = 0$。选取c中绝对值最大的相关系数cMax，其对应自变量的下标为j，当变量x_j与A中变量组成矩阵的秩大于A集合的模$|A|$时，将下标j加入活动集A，sign(c_j)添加到s中，并从非活动集B中移除，否则忽略该变量。

（2）确定最小角方向u_A。设单位列向量$l_A = (1,1,\cdots,1)'$，其长度等于$|A|$。令

$$G_A = X'_A X_A, A_A = (l'_A G_A^{-1} l_A)^{-\frac{1}{2}}, w_A = A_A G_A^{-1} l_A$$

则$u_A = X_A w_A$，且$X'_A u_A = A_A l_A$，$\|u_A\|^2 = 1$。可知，活动变量集A中的所有变量与最小角方向的相关系数相等，即u_A是等角的单位微量。与$\mu = X\widehat{\beta}$比较可知，w_A表示回归系数$\widehat{\beta}$的分量。令$a = X'_B u_A$，则a表示非活动集中变量与最小角方向的相关系数。

（3）计算步长$\widehat{\gamma}$。如果活动集合A的模达到了所有自变量的个数，即$|A| = m$，则

$$\widehat{\gamma} = \min^+ \left\{ \frac{\text{cMax}}{A_A}, -\frac{\widehat{\beta}_A}{w_A \cdot s} \right\}$$

其中min⁺表示取最小正数。如果$|A| < m$，则

$$\widehat{\gamma} = \min^+ \left\{ \frac{\text{cMax} - c_B}{A_A - a}, \frac{\text{cMax} + c_B}{A_A + a}, -\frac{\widehat{\beta}_A}{w_A \cdot s} \right\}$$

上式中，c_B表示非活动集B对应的相关系数，$\widehat{\beta}_A$表示活动集A对应自变量的回归系数。

（4）更新$\widehat{\beta}$及c。$\widehat{\beta}$表示回归系数，每次迭代由权重向量w_A和步长$\widehat{\gamma}$来更新，表示如下：

$$\widehat{\beta}_A(k + 1) = \widehat{\beta}_A(k) + \widehat{\gamma} \cdot w_A \cdot s$$

由于拟合向量$\widehat{\mu}_A$的更新公式为：

$$\widehat{\mu}(k + 1) = \widehat{\mu}(k) + \widehat{\gamma} \cdot u_A$$

则由$c = (y - \mu)X'$可得：

$$\begin{aligned}
c(k + 1) &= \left(y - \mu(k + 1) \right)' X \\
&= \left(y - \mu(k) - \left(\mu(k + 1) - \mu(k) \right) \right)' X \\
&= \left(y - \mu(k) \right)' X - \left(\mu(k + 1) - \mu(k) \right)' X
\end{aligned}$$

$$= c(k) - \hat{\gamma} \cdot u'_A X$$

即 c 的更新公式为：

$$c(k+1) = c(k) - \hat{\gamma} \cdot u'_A X$$

（5）当 k 达到最大迭代次数或 $|A| = m$ 时，终止算法。

6.3.3　Lasso 算法的 Python 实现

现使用 iris 数据集，建立变量 Sepal.Length、Sepal.Width、Petal.Length 对变量 Petal.Width 的 Lasso 回归模型，并手动编写 Python 对 Lasso 算法进行实现。首先对数据进行预测处理，代码如下：

```
1 iris=pd.read_csv(IRIS)
2 x = iris.iloc[:,[0,1,2]]
3 y = iris.iloc[:,3]
4 x = x.apply(lambda x:(x - np.mean(x))/np.sqrt(np.sum((x - np.mean(x))**2))).values
5 y = (y - np.mean(y)).values
```

如上述代码所示，首先对自变量数据矩阵 x 进行中心标准化处理，对目标变量 y 进行去中心化处理。然后声明 Lasso 算法需要用到的变量，并进行初始化处理，代码如下：

```
 1 #活动变量下标集合
 2 m = x.shape[1]
 3 active = []
 4 max_steps = m + 1
 5
 6 #初始化回归系数矩阵
 7 beta = np.zeros((max_steps, m))
 8 eps = 2.220446e-16
 9
10 # 非活动变量与残差的相关系数
11 C = []
12 Sign = []
13
14 #非活动变量下标集合
15 im = range(m)
16 inactive = range(m)
17 k = 0
18
19 #计算 y 与 x 的相关性
20 Cvec = np.matmul(y.T,x)
21
22 #被忽略的变量下标集合
23 ignores = []
```

如上述代码所示，eps 大于 0，且非常接近于 0 的实数，数量级为10^{-16}。接着代码进入主体循环，当达到最大迭代次数或活动变量集 A 中的元素个数达到最大自变量个数的时候退出循环。另外，当发现候选变量中的最佳相关系数接近于 0 时，也可退出循环。代码如下所示：

```
 1  while k < max_steps and len(active) < m:
 2      C = Cvec[inactive]
 3      Cmax = np.max(np.abs(C))
 4      if Cmax < eps*100:
 5          print("最大的相关系数为 0，退出循环\n")
 6          break
 7      new = np.abs(C) >= Cmax - eps
 8      C = C[np.logical_not(new)]
 9      new = np.array(inactive)[new]
10      for inew in new:
11          if np.linalg.matrix_rank(x[:,active+[inew]]) == len(active):
12              ignores.append(inew)
13          else:
14              active.append(inew)
15              Sign.append(np.sign(Cvec[inew]))
16
17      active_len = len(active)
18      exclude = active + ignores
19      inactive=[]
20      t0 = [inactive.append(v) if i not in exclude else None for i,v in enumerate(im)]
21      xa = x[:,active]*Sign
22      oneA = [1]*active_len
23      A = np.matmul(np.matmul(oneA,np.linalg.inv(np.matmul(xa.T,xa))),oneA)**(-0.5)
24      w = np.matmul(A*np.linalg.inv(np.matmul(xa.T,xa)),oneA)
25      if active_len >= m:
26          gamhat = Cmax/A
27      else:
28          a = np.matmul(np.matmul(x[:,inactive].T,xa),w)
29          gam = np.array([[(Cmax - C)/(A - a), (Cmax + C)/(A + a)]])
30          gamhat = np.min([np.min(gam[gam > eps]),Cmax/A])
31
32      b1 = beta[k, active]
33      z1 = np.array(-b1/(w*Sign))
34      zmin = np.min(z1[z1 > eps].tolist()+[gamhat])
35      gamhat = zmin if zmin < gamhat else gamhat
36      beta[k + 1, active] = beta[k, active] + gamhat*w*Sign
37      Cvec = Cvec - gamhat*np.matmul(np.matmul(xa,w).T,x)
38      k=k+1
```

运行该代码，可得到回归系数的估计矩阵 beta，结果如下：

```
1 beta
2 #array([[ 0.        ,  0.        ,  0.        ],
3 #       [ 0.        ,  0.        ,  8.65652655],
4 #       [ 0.        ,  0.27627203,  8.93279858],
5 #       [-2.09501133,  1.18554279, 11.29305357]])
```

可知，算法最多经过 m 步，即完成了回归系数的估计。最终得到的回归系数为 $\hat{\beta}_1 = -2.095, \hat{\beta}_2 = 1.1855, \hat{\beta}_3 = 11.293$。

6.4　分位数回归

分位数回归是用解释变量 $\boldsymbol{X}$ 估计响应变量 $\boldsymbol{y}$ 的条件分位数的基本方法，它利用解释变量的多个分位数（例如四分位、十分位、百分位等）来得到响应变量的条件分布的相应的分位数方程。分位数回归相对于最小二乘回归应用的条件更为宽松，挖掘的信息更丰富，它不仅可以度量回归变量在分布中心的影响，而且还可以捕捉整个条件分布的特征。特别当误差为非正态分布时，分位数回归估计量比最小二乘估计量更有效。

6.4.1　基本概念

假设随机变量 $\boldsymbol{X}$ 的分布函数为 $F(x) = P(\boldsymbol{X} \leqslant x)$，对任意的 $0 < \tau < 1$，称

$$F^{-1}(\tau) = \inf\{x : F(x) \geqslant \tau\}$$

为 $\boldsymbol{X}$ 的 τ 分位数，其中 inf 表示下确界。人们常用 $Q(\tau)$ 表示 $\boldsymbol{X}$ 的 τ 分位数。当 $\tau = 0.5$ 时，即中位数，记作 $Q(0.5)$。在实际问题分析中，中位数比均值更不易受极值的影响。如果对于样本 $x_i, i = 1, 2, \varpi \cdots, n$，假设经验分布函数：

$$F_n(x) = \frac{\sum_{i=1}^{n} I(x_i \leqslant x)}{n}$$

则得到样本分位数：

$$F_n^{-1}(\tau) = \inf\{x : F_n(x) \geqslant \tau\}$$

其中，函数 $I(u < 0)$ 为示性函数，其定义为：

$$I(u < 0) = \begin{cases} 1, u < 0 \\ 0, u \geqslant 0 \end{cases}$$

可知，样本分位数 $F_n^{-1}(\tau)$ 是使得 $F_n(x) \geqslant \tau$ 的最小的 x。在决策理论中，称函数 $\rho_\tau(u) = u(\tau - I(u < 0))$ 为损失函数，其中 $0 < \tau < 1$。进一步展开，可得：

$$\begin{aligned}
\rho_{\tau(u)} &= u\tau \cdot 1 - uI(u < 0) \\
&= u\tau \cdot \big(I(u < 0) + I(u \geqslant 0)\big) - uI(u < 0) \\
&= u\tau I\big(I(u \geqslant 0) + (\tau - 1)uI(u < 0)\big) \\
&= \begin{cases} u\tau, u \geqslant 0 \\ (\tau - 1)u, u < 0 \end{cases}
\end{aligned}$$

从形式上看，$\rho_\tau(u)$是分段函数，并且$\rho_\tau(u) \geqslant 0$，其函数图像如图 6-4-1 所示。

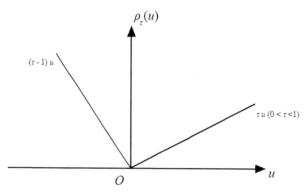

图 6-4-1　$\rho_\tau(u)$的函数图像

对损失函数$\rho_\tau(u)$关于变量x求期望的最小值，可得：

$$\begin{aligned}
E\big(\rho_\tau(\boldsymbol{X} - \hat{x})\big) &= \int_{-\infty}^{\infty} (x - \hat{x})\big(\tau - I(x < \hat{x})\big)\mathrm{d}F(x) \\
&= \int_{-\infty}^{\infty} (x - \hat{x})\big(\tau - I(x < \hat{x})\big)\mathrm{d}F(x) + \int_{-\infty}^{\infty} (x - \hat{x})\big(\tau - I(x < \hat{x})\big)\mathrm{d}F(x) \\
&= (\tau - 1)\int_{-\infty}^{\infty} (x - \hat{x})\mathrm{d}F(x) + \tau\int_{\hat{x}}^{\infty} (x - \hat{x})\mathrm{d}F(x)
\end{aligned}$$

要使取$E(\rho_\tau(\boldsymbol{X} - \hat{x}))$最小值，需要$E\big(\rho_\tau(\boldsymbol{X} - \hat{x})\big)$对$\hat{x}$求导，并令导数为 0，即：

$$\begin{aligned}
\frac{\partial E\big(\rho_\tau(\boldsymbol{X} - \hat{x})\big)}{\partial \hat{x}} &= (1 - \tau)\int_{-\infty}^{\hat{x}} \mathrm{d}F(x) - \tau\int_{\hat{x}}^{\infty} \mathrm{d}F(x) \\
&= \int_{-\infty}^{\hat{x}} \mathrm{d}F(x) - \tau\left(\int_{-\infty}^{\hat{x}} \mathrm{d}F(x) + \int_{\hat{x}}^{\infty} \mathrm{d}F(x)\right) \\
&= F(\hat{x}) - \tau = 0
\end{aligned}$$

所以，若$\hat{x}$的解唯一，那么$\hat{x} = F^{-1}(\tau)$，这正是分布F的τ分位数。将其中的分布函数F用经验分布函数$F_n(x)$替代之后，问题$\min_{\hat{x}} E\big(\rho_\tau(\boldsymbol{X} - \hat{x})\big)$就转化为$\min_{\hat{x}} \int_{-\infty}^{+\infty} \rho_\tau(x - \hat{x})\mathrm{d}F_n(x)$，将$F_n(x)$的表达式代入再化简之后就得到：

$$\min_{\hat{x}} \frac{\sum_{i=1}^{n} \rho_\tau (x - \hat{x})}{n}$$

其中，n是常数可以去掉。因此，最优化问题变为：

$$\min_{\hat{x}} \sum_{i=1}^{n} \rho_\tau (x - \hat{x})$$

给定一个样本$\{y_i, i = 1,2,3\cdots,n\}$，求解$\min_u \sum_{i=1}^{n}(y_i - u)^2$得到的是样本均值，而求解$\min_u \sum_{i=1}^{n} \rho_\tau (y_i - u)$得到的是$\tau$样本分位数。它们非常相似，只是将$(y_i - u)^2$替换成$\rho_\tau (y_i - u)$。 对于线性回归问题，假设响应变量为$y_i, i = 1,2,3,\cdots,n$，解释变量$\boldsymbol{X} = (\boldsymbol{X}_1, \boldsymbol{X}_2, \cdots, \boldsymbol{X}_n)'$，对模型系数$\boldsymbol{\beta}$（假设有$m$个自变量）的估计，最常用的是最小二乘法，其优化目标是：

$$\min_{\hat{\boldsymbol{\beta}} \in R^m} \sum_{i=1}^{n} \left(y_i - \boldsymbol{X}_i \hat{\boldsymbol{\beta}}\right)^2$$

这其实就是将$\min_u \sum_{i=1}^{n}(y_i - u)^2$中的$u$替换成$\boldsymbol{X}_i \hat{\boldsymbol{\beta}}$，也就是最小化残差平方和。换个说法：最小二乘法就是使残差平方和最小的估计量。分位数回归的基本思路模仿了这一做法，将$\min_u \sum_{i=1}^{n} \rho_\tau (y_i - u)$中的$u$也用$\boldsymbol{X}_i \hat{\boldsymbol{\beta}}$替换，将残差换成$\rho_\tau (y_i - \boldsymbol{X}_i \hat{\boldsymbol{\beta}})$，即得到分位数回位的优化目标，如下式所示：

$$\min_{\hat{\boldsymbol{\beta}} \in R^m} \sum_{i=1}^{n} \rho_\tau \left(y_i - \boldsymbol{X}_i \hat{\boldsymbol{\beta}}\right)$$

对应的最优解叫作"回归分位数"，记作：

$$\hat{\boldsymbol{\beta}}(\tau) = \mathrm{argmin}_{\boldsymbol{\beta} \in R^m} \sum_{i=1}^{n} \rho_\tau \left(y_i - \boldsymbol{X}_i \hat{\boldsymbol{\beta}}\right)$$

进一步可写成：

$$\hat{\boldsymbol{\beta}}(\tau) = \mathrm{argmin}_{\hat{\boldsymbol{\beta}} \in R^m} \left(\sum_{y_i \geqslant \boldsymbol{X}_i \hat{\boldsymbol{\beta}}} \tau \left|y_i - \boldsymbol{X}_i \hat{\boldsymbol{\beta}}\right| + \sum_{y_i < \boldsymbol{X}_i \hat{\boldsymbol{\beta}}} (1 - \tau) \left|y_i - \boldsymbol{X}_i \hat{\boldsymbol{\beta}}\right| \right)$$

分位数回归是使加权残差绝对值之和达到最小的参数估计方法，其优点主要体现在如下几个方面。

（1）分位数回归对模型中的随机误差项的分布不做任何假定。由于该分布可以是任何一个概率分布，这就使得整个模型具有很强的稳健性。

（2）分位数回归是对所有的分位数进行回归，因此对数据中的异常点不敏感。

（3）分位数回归对于因变量具有单调不变性。

（4）分位数回归估计出来的参数具有大样本理论下的渐进优良性。

6.4.2　分位数回归的计算

在计算分位数回归问题中，需要求解一个不可微分或者说是非光滑的优化问题，计算上较为困难，也十分复杂。在研究计算方法时，人们通常将偏差部分分为正部和负部的形式，将优化问题转化为线性规划问题，再用单纯形法来处理，这也是一种基本解法。除此之外，还有内点法、平滑法、MM 算法等也可用于分位数回归的计算。此处，我们首先将优化问题转化为线性规则问题。假设用 $\boldsymbol{u}$ 和 $\boldsymbol{v}$ 分别表示回归模型 $\boldsymbol{y} = \boldsymbol{X}\widehat{\boldsymbol{\beta}} + \boldsymbol{\varepsilon}$ 中残差 $\boldsymbol{\varepsilon}$ 的正部和负部，则有：

$$\varepsilon_{i(1 \leqslant i \leqslant n)} = u_i - v_i = \begin{cases} u_i, y_i > \boldsymbol{X}_i\widehat{\boldsymbol{\beta}} \\ -v_i, y_i < \boldsymbol{X}_i\widehat{\boldsymbol{\beta}} \\ 0, y_i = \boldsymbol{X}_i\widehat{\boldsymbol{\beta}} \end{cases}$$

其中 $\boldsymbol{u} > 0$ 且 $\boldsymbol{v} > 0$。那么，优化问题变为：

$$\min_{(\boldsymbol{u},\boldsymbol{v},\widehat{\boldsymbol{\beta}} \in R_+^{2n} \times R^m)} \{\tau \boldsymbol{e}'\boldsymbol{u} + (1-\tau)\boldsymbol{e}'\boldsymbol{v} | \boldsymbol{X}\boldsymbol{\beta} + \boldsymbol{u} - \boldsymbol{v} = \boldsymbol{y}\}$$

其中 $\boldsymbol{e} = (1,1,\cdots,1)'$，长度为 n。也可写成：

$$\min\{\tau \boldsymbol{e}'\boldsymbol{u} + (1-\tau)\boldsymbol{e}'\boldsymbol{v}\}$$
$$\text{S.t.} \begin{cases} \boldsymbol{X}\widehat{\boldsymbol{\beta}} + \boldsymbol{u} - \boldsymbol{v} = \boldsymbol{y} \\ \boldsymbol{u} > 0 \\ \boldsymbol{v} > 0 \end{cases}$$

令

$$\boldsymbol{C} = (\boldsymbol{0}^m, \tau\boldsymbol{e}', (1-\tau)\boldsymbol{e}'), \boldsymbol{w} = (\widehat{\boldsymbol{\beta}}, \boldsymbol{u}, \boldsymbol{v})', \boldsymbol{A} = (\boldsymbol{X}, \boldsymbol{I}, -\boldsymbol{I})$$

则优化问题进一步写成：

$$\min\boldsymbol{C}\boldsymbol{w}$$
$$w.t. \begin{cases} \boldsymbol{A}\boldsymbol{w} = \boldsymbol{y} \\ w_i > 0, i = m+1, \cdots, m+2n \end{cases}$$

该 LP（线性优化）问题的对偶问题，可表示为：

$$\max\{\boldsymbol{y}'\boldsymbol{d} | \boldsymbol{X}'\boldsymbol{d} = 0, \boldsymbol{d} \in [\tau - 1, \tau]^n\}$$

令 $\boldsymbol{a} = \boldsymbol{d} + 1 - \tau$，可简化为：

$$\max\{\boldsymbol{y}'\boldsymbol{a} | \boldsymbol{X}'\boldsymbol{a} = (1-\tau)\boldsymbol{X}'\boldsymbol{e}, \boldsymbol{a} \in [0,1]^n\}$$

随着分位数回归理论的不断完善，对于分位数回归新的、有效的算法也在不断发展中，通常使用如下 3 种方法。

（1）单纯形法

任选一个顶点，然后沿着可行解围成的多边形的边界搜索，直到找到最优点，这种算法的特点决定其适合于样本量不大且变量不多的情况。Koenker 和 Orey（1993 年）将分两步解决最优化问题的单纯形法扩展到所有回归分位数中。该算法估计得到的参数具有很好的稳定性，但是在处理大型数据时运算的速度会显著降低。

（2）内点法

从可行解围成的多边形中的一个内点出发，但不出边界，直到找到最优点，它对于处理大样本问题时效率比较高。内点法从理论上证明是多项式时间算法，不需判别哪些约束集在起作用，因而对不等式约束的处理能力较强。内点法的迭代次数和计算时间对问题规模的敏感度较小，随着系统规模的增大变化不大，适合大规模系统的求解。考虑到单纯形法在处理大型数据时效率低下，Portony 和 Koenker（1997 年）尝试把内点法使用在分位数回归中，得出在处理大型数据时内点法的运算速度远快于单纯形法。通常将 Portony 和 Koenker（1997 年）提出的 Frisch-Newton 算法应用在分位数回归中。

（3）平滑法

即用一个平滑函数来逼近 $\widehat{\boldsymbol{\beta}}(\tau) = \mathrm{argmin}_{\widehat{\boldsymbol{\beta}} \in \boldsymbol{R}^m} \sum_{i=1}^{n} \rho_\tau \left(\boldsymbol{y}_i - \boldsymbol{X}_i \widehat{\boldsymbol{\beta}} \right)$ ，经过有限步以后就能获得参数解，它同时兼顾运算效率以及运算速度。这种算法后又被扩展到计算回归分位数中。平滑法在理论上比较简单，它适合处理具有大量观察值以及很多变量的数据集。

6.4.3　用单纯形法求解分位数回归及 Python 实现

对于如下 LP 优化问题：

$$\min\{\tau \boldsymbol{e}' \boldsymbol{u} + (1 - \tau) \boldsymbol{e}' \boldsymbol{v}\}$$
$$\text{s.t.} \begin{cases} \boldsymbol{X}\widehat{\boldsymbol{\beta}} + \boldsymbol{u} - \boldsymbol{v} = \boldsymbol{y} \\ \boldsymbol{u} > \boldsymbol{0} \\ \boldsymbol{v} > \boldsymbol{0} \end{cases}$$

由于 $\widehat{\boldsymbol{\beta}}$ 无约束，不能直接用单纯形法求解，需要对其进行如下转换：

$$\widehat{\boldsymbol{\beta}} \to \widehat{\boldsymbol{\beta}}_{\prime} - \widehat{\boldsymbol{\beta}}_{\prime\prime}, \text{其中} \widehat{\boldsymbol{\beta}}_{\prime} > \boldsymbol{0} \text{ 且} \widehat{\boldsymbol{\beta}}_{\prime\prime} > \boldsymbol{0}$$

于是可得：

$$\min\{\tau \boldsymbol{e}' \boldsymbol{u} + (1 - \tau) \boldsymbol{e}' \boldsymbol{v}\}$$
$$\text{s.t.} \begin{cases} \boldsymbol{X}(\widehat{\boldsymbol{\beta}}_{\prime} - \widehat{\boldsymbol{\beta}}_{\prime\prime}) + \boldsymbol{u} - \boldsymbol{v} = \boldsymbol{y} \\ \boldsymbol{u} > \boldsymbol{0} \\ \boldsymbol{v} > \boldsymbol{0} \\ \widehat{\boldsymbol{\beta}}_{\prime} > \boldsymbol{0} \\ \widehat{\boldsymbol{\beta}}_{\prime\prime} > \boldsymbol{0} \end{cases}$$

令

$$\boldsymbol{C} = (\boldsymbol{0}^{2m}, \tau \boldsymbol{e}', (1 - \tau) \boldsymbol{e}'), \boldsymbol{w} = (\widehat{\boldsymbol{\beta}}_{\prime}, \widehat{\boldsymbol{\beta}}_{\prime\prime}, \boldsymbol{u}, \boldsymbol{v})', \boldsymbol{A} = (\boldsymbol{X}, -\boldsymbol{X}, \boldsymbol{I}, -\boldsymbol{I})$$

则该优化问题可进一步简化为：

$$\min\{Cw\}$$
$$\text{S.t.}\begin{cases} Aw = y \\ w > 0 \end{cases}$$

其中，y 通常可以调整为非负向量。由此该优化问题可直接用单纯形法求解，基于 Python 我们可以使用 scipy.optimize 模块下的 linprog 函数来实现。该函数可以对给定线性依赖条件下的线性最小化问题实现线性规划求解，其遵循的范式如下：

$$\min_{x} c^{\mathrm{T}}x$$
$$\text{such that } A_{ub}x \leqslant b_{ub}$$
$$A_{eq}x \leqslant b_{eq},$$
$$l \leqslant x \leqslant u$$

其中，x 表示输入向量，代表基础输入数据，c, b_{ub}, b_{eq}, l, u 表示向量，A_{ub}, A_{eq} 表示矩阵。linprog 函数的定义及参数说明如表 6-4-1 所示。

表 6-4-1 linprog 函数的定义及参数说明

函数定义	
linprog(c,A_ub=None,b_ub=None,A_eq=None,b_eq=None,bounds=None,method='simplex')	
参数说明	
c	一维数组，表示最小化线性目标函数的系数
A_ub	二维数组，可选。线性不等式约束对应的系数矩阵
b_ub	一维数组，可选。线性不等式约束对应的上界数组
A_eq	二维数组，可选。线性等式约束对应的系数矩阵
b_eq	一维数组，可选。线性等式约束对应的值数组
bounds	序列值，可选。它表示(min,max)这样的元组对。使用 None 来表示没有界限，默认使用(0,None)表示大于或等于 0
method	求解算法，默认是单纯形法，即 simplex，还可以使用内点法，interior-point

现基于 iris 数据集，使用函数，建立 Sepal.Length、Sepal.Width、Petal.Length 对 Petal.Width 的分位数回归模型，设置 $\tau = 0.35$，则使用单纯形法求解分位数回归系数的代码如下：

```
1 iris=pd.read_csv(IRIS)
2 x = iris.iloc[:,[0,1,2]]
3 y = iris.iloc[:,3]
4 tau = 0.35
5 n,m = x.shape
6 c = [0]*2*m + [tau]*n + [1-tau]*n
```

```
 7 A_eq = np.c_[x,-x,np.identity(n),-np.identity(n)]
 8 b_eq = y
 9 r=linprog(c,A_eq=A_eq,b_eq=b_eq,method='simplex')
10 # 求解的回归系数
11 r.x[0:3]-r.x[3:6]
12 # array([-0.18543956,  0.125,  0.48076923])
```

如上述代码所示，最终得到回归系数-0.1854，0.125，0.4808。据此建立的回归模型即为分位数回归模型，预测结果是对应分布的 0.35 分位数。特殊情况下，若设 $\tau = 0.5$，可即得到对应分布的中位数，它比均值而言，由于对极值不敏感，因此具有更好的稳健性。

6.5　稳健回归

在回归分析中，通常使用普通最小二乘法来确定回归系数，而普通最小二乘法估计参数时一般要求数据满足一些性质，如正态性等。然而，现实中的数据常常不能满足这些性质，这便使得基于普通最小二乘法的回归模型难以达到满意的预测精度。此外，数据中的异常点，引起数据分布的偏离，特别对线性回归的拟合形成杠杆效应，最终使预测结果与真实值偏离较远。本节介绍的稳健回归就可以解决这些问题。最小二乘回归与稳健回归对比如图 6-5-1 所示。

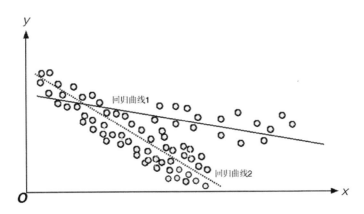

图 6-5-1　最小二乘回归与稳健回归对比

如图 6-5-1 所示，回归曲线 1 为通过普通最小二乘法得到的回归曲线，回归曲线 2 是通过稳健方法得到的回归曲线。

6.5.1 基本概念

稳健回归是统计学回归分析中稳健估计的一种方法，其主要思路是修改异常值十分敏感的普通最小二乘回归中的目标函数，使其更稳健。由于最小二乘回归使用误差平方和达到最小来估计回归系数，同时方差是不稳健的统计量，这就使得最小二乘回归是一种不稳健的方法。而方差的不稳健，通常是由于异常点造成的，常见的做法是去除异常点，再基于剩余的数据使用经典回归方法建立模型。然而，这样操作难免有些草率，因为有些强影响点数据并不是因为某些错误造成的，而是固有的数据变异性结果，所以简单地进行删除，会丢失重要的隐藏信息。我们需要构建一种参数估计方法，使得当理想模型正确时，它是最优或接近最优的，当实际数据与理论数据偏离较小时，其性能变化也较小，当实际数据与理论数据偏离较大时，不会造成严重影响，那么这种方法被称为稳健方法。

使用不同的目标函数可以定义不同的稳健回归方法。常见的稳健回归估计方法有：M 估计法、最小中位方差估计（LMS）、最小修剪方差估计（LTS）、S 估计、YohaiMM 估计、L 估计、R 估计等等。这些稳健估计方法能充分利用观测值中的有效信息来排队或抵抗有害信息的影响，从而保证了所求参数不受或少受粗差的影响。最常用的稳健估计方法是 M 估计，它通过迭代加权来消除或减弱离群值对参数估计的影响，从而保证结果的可靠性。

6.5.2 M 估计法及 Python 实现

M 估计是极大似然估计（Maximum Likelihood Estimator）的简称，其主要思路与最小二乘估计用残差平方和作为目标函数不同，它是重新定义了一个残差的偶函数作为目标函数，其定义如下：

$$\min \sum_{i=1}^{n} \rho\left(\varepsilon_{i}\right) = \min \sum_{i=1}^{n} \rho\left(y_{i} - \boldsymbol{X}_{i}\widehat{\boldsymbol{\beta}}\right) \tag{6.4}$$

其中，要求 ρ 是满足以下条件的函数：

$$\rho(\varepsilon) \geqslant 0, \rho(\varepsilon) = -\rho(\varepsilon)$$

当自变量 $\varepsilon = 0$ 时，它有唯一的最小值。即要求 ρ 是关于残差的偶函数，且是非负。对于式（6.4）关于回归系数 $\widehat{\boldsymbol{\beta}}$ 求导可得：

$$\sum_{i=1}^{n} \psi\left(\frac{\varepsilon_{i}}{\widehat{\sigma}}\right) \boldsymbol{X}_{i}' = 0$$

函数 ψ 是 ρ 关于 $\widehat{\boldsymbol{\beta}}$ 的导数，$\widehat{\sigma}$ 是残差 ε_{i} 的标准差，用于标准化残差，使得回归系数 $\widehat{\boldsymbol{\beta}}$ 的估计值与因变量无关。如果选 $\rho(\varepsilon_{i}) = 1/2 \cdot \varepsilon_{i}^{2}$，则 M 估计就变成了最小二乘估计。不同的 M 估计有着不同的 ψ 函数，Andrews 定义的 ψ 函数如下：

$$\psi(z) = \begin{cases} \sin\left(\dfrac{z}{c}\right), |z| \leqslant c \\ 0, |z| > c \end{cases}$$

其中，c 是控制稳健性的常数，通常取值在 0.7 到 2 之间。当 $c = 1$ 时，绘制 $\psi(z)$ 的函数图像如图 6-5-2 所示。

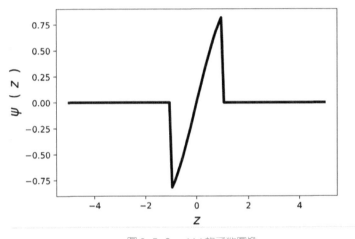

图 6-5-2 $\psi(z)$ 的函数图像

为求解稳健回归系数 $\widehat{\boldsymbol{\beta}}$，可使用迭代法，其简单迭代步骤大致是这样的，首先假设当前迭代为第 k 次，则根据当前值 $\widehat{\boldsymbol{\beta}}(k)$ 和 b 按 $\widehat{\boldsymbol{\beta}}(k+1) = \widehat{\boldsymbol{\beta}}(k) - b$ 对 $\widehat{\boldsymbol{\beta}}$ 进行更新，其中 b 为改变量，由下式给出：

$$b = \frac{\sum_{i=1}^{n} \psi\left(\dfrac{\left(y_i - \boldsymbol{X}_i \widehat{\boldsymbol{\beta}}\right)}{\widehat{\sigma}}\right) \boldsymbol{X}_i'}{\sum_{i=1}^{n} \psi'\left(\dfrac{\left(y_i - \boldsymbol{X}_i \widehat{\boldsymbol{\beta}}\right)}{\widehat{\sigma}}\right) \otimes \boldsymbol{X}_i'}$$

$$\psi'\left(\frac{y_i - \boldsymbol{X}_i \boldsymbol{\beta}}{\widehat{\sigma}}\right) = \begin{cases} -\dfrac{1}{\widehat{\sigma} \cdot c} \cdot \cos\left(\dfrac{y_i - \boldsymbol{X}_i \widehat{\boldsymbol{\beta}}}{\widehat{\sigma} \cdot c}\right) \cdot \boldsymbol{X}_i', & \left|\dfrac{y_i - \boldsymbol{X}_i \widehat{\boldsymbol{\beta}}}{\widehat{\sigma}}\right| \leqslant c \\ 0, & \left|\dfrac{y_i - \boldsymbol{X}_i \widehat{\boldsymbol{\beta}}}{\widehat{\sigma}}\right| > c \end{cases}$$

当 b 小于某个预先给定的精度时，终止迭代。初始的 $\widehat{\boldsymbol{\beta}}(0)$ 一般选用最小二乘估计的 $\widehat{\boldsymbol{\beta}}$。

现基于 iris 数据集，使用估计法，建立 Sepal.Length、Sepal.Width、Petal.Length 对 Petal.Width 的稳健回归模型。考虑到 iris 较规范，数据中几乎没有出现太大的异常点，为了突出稳健回归的效果，随机选择一些值，对其替换成较大值，再建立基于 M 估计法的稳健回归模型。代码如下：

```
1 iris=pd.read_csv(IRIS)
2 x = iris.iloc[:,[0,1,2]].values
```

```
3 y = iris.iloc[:,3].values
4
5 # 对 x 中的每个变量，随机替换 5 个较大值
6 row, col = x.shape
7 for k in range(col):
8     x[random.sample(range(row),5),k] = np.random.uniform(10,30,5)
9
10 clf = linear_model.LinearRegression()
11 clf.fit(x,y)
12 x_input = np.c_[x,[1]*row]
13 col = col + 1
14 beta = list(clf.coef_) + [clf.intercept_]
15 c = 0.8
16 k = 0
```

如上述代码所示，我们使用简单线性回归建模的参数对 beta 变量进行初始化，c 取 0.8，然后进行迭代求解，代码如下：

```
1 # 迭代法求解
2 while k < 100:
3     y0 = np.matmul(x_input,beta)
4     epsilon = y - y0
5     delta = np.std(epsilon)
6     epsilon = epsilon/delta
7     faik = [0]*col
8     faikD = np.zeros((col,col))
9     for i in range(row):
10        if np.abs(epsilon[i]) <= c:
11            xi = x_input[i,:]
12            faik = faik + np.sin(epsilon[i]/c)*xi
13            faikD = faikD - np.cos(epsilon[i]/c)*np.array([h*xi for h in xi])/(delta*c)
14
15    b = np.matmul(np.linalg.inv(faikD),faik)
16    beta = beta - b
17    print(np.max(np.abs(b)))
18    if np.max(np.abs(b)) < 1e-15:
19        print("算法收敛，退出循环！")
20        break
21
22    k = k + 1
23
24 # 0.32420863302317215
25 # 0.10076592577534327
26 # 0.34463605932944774
```

```
27 # 0.002844992435885897
28 # 3.149072360695391e-06
29 # 3.9248910208582647e-10
30 # 2.5256493241063437e-13
31 # 1.720771316794861e-16
32 # 算法收敛，退出循环！
33
34 np.mean(np.abs(y - np.matmul(x_input,beta)))
35 # 0.34227957292615147
36
37 beta
38 # array([-0.00282362, -0.00279034,  0.41039862, -0.32295107])
```

如上述代码所示，经过 8 次迭代，算法收敛，并计算平均绝对误差MAE = 0.3423，求得稳健回归系数：

$$\hat{\boldsymbol{\beta}} = (-0.00282362, -0.00279034, 0.41039862, -0.32295107)$$

其中，最后一个值为截距。现使用普通最小二乘法拟合回归系数，基于x（已经过随机替换）与y建立线性回归模型，代码如下：

```
1 clf.fit(x,y)
2 list(clf.coef_) + [clf.intercept_]
3 # [0.0194587459398201, -0.021165276875958147, 0.1151460137114351, 0.6648607142724917]
4 np.mean(np.abs(clf.predict(x) - y))
5 # 0.5064579193197599
```

如上述代码所示，我们可以得到基于普通最小二乘回归的平均绝对误差MAE = 0.5065，明显大于稳健回归的 MAE 值 0.3423。可见，经过稳健回归可以有效降低 MAE。通过比较稳健回归与普通最小二乘回归的系数，可以知道，此处普通最小二乘回归的权重主要在截距上，通过稳健方法处理，将权重分配给了其他变量。

第 7 章

复杂回归分析

对于简单的回归问题，比如满足自变量独立、数据服从正态分布、线性或简单非线性关系的情况，通常采用多元线性回归及其优化方法即可有效处理。然而，现实世界中遇到的多数问题并不都满足以上条件，甚至出现高维度、小样本、非线性等复杂的回归问题，这就需要建立针对复杂回归问题的分析体系。本章着眼于复杂回归，介绍 GBDT 回归方法、神经网络、支持向量回归以及高斯过程回归等内容。

7.1　梯度提升回归树（GBRT）

GBRT（Gradient Boosting Regression Tree，梯度提升回归树）是一种迭代的回归树算法，该算法由多棵回归树组成，所有树的结论累加起来得到最终结果。它在被提出之初与 SVM 一起被认为是泛化能力较强的算法。此外，GBRT 有一些其他的名字，比如 GBDT（Gradient Boosting Decision Tree）、MART（Multiple Additive Regression Tree）、TreeNet、Treelink 等。

7.1.1　Boosting 方法简介

Boosting（提升）是一种提高任意给定学习算法准确度的方法，它的思想起源于 Valiant 提出的 PAC 学习模型，其中 PAC（Probably Approximately Correct）模型是由统计模式识别、决策理论提出的一些简单概念结合计算复杂理论的方法而提出的学习模型，它是研究学习及泛化问题的概率框架，通常用于神经网络问题和人工智能的学习问题。在 PAC 学习的框架中给出了弱可学习定理。

弱可学习定理：如果一个概念是弱可学习的，则其是强可学习的。其中概念可指分类问题中的类。该定理也可以描述为：如果能够找到一个函数空间，这个函数空间Ω里有一个函数可以弱分类某个问题，那么在Ω的凸包（由Ω中有限个函数的加权平均组成的集合）$C(\Omega)$中，就存在一个函数，这个函数能以任意精度分类这个问题。

对于准确率很高的学习算法，我们叫作强学习算法；而对于准确率不高，仅比随机猜测略好的算法，我们叫作弱学习算法。在 PAC 模型中，已经证明，只要数据足够多，就可以将弱学习算法通过集成的方式提高到任意精度，从而提升为强学习算法。实际上，在 1989 年，Schapire 构造出了一种多项式级的算法，将弱学习算法提升为强学习算法，这就是最初的 Boosting 算法。1995 年，Freund 和 Schapire 改进了 Boosting 算法，提出了 AdaBoost 算法，即 Adaptive Boosting，它是针对解决二分类问题而提出来的算法，旨在通过在训练集上带权的采样来训练不同的弱分类器，根据弱学习的结果反馈适应地调整假设的错误率，所以它并不需要预测先知道假设的错误率下限，从而不需要任何关于弱分类器性能的先验知识，因而它比 Boosting 更容易应用到实际问题中。

7.1.2　AdaBoost 算法

AdaBoost 是一种迭代算法，初始时，所有训练样本的权重都默认相等，在此样本分布下训练得到一个弱分类器。在第m（$m = 1,2,\cdots,M$，其中 M 为迭代次数）次迭代中，样本的权重由第$m-1$次迭代的结果而定。在每次迭代的最后，都有一个调整权重的过程，被错分的样本将得到更高的权重。这样就会得到一个新的样本分布。在新的样本分布下，再次对弱分类器进行训练，得到新的弱分类器。经过M次循环，得到M个弱分类器，把这M个弱分类器按照一定的权重叠加起来，就得到最终的强分类器。

假设T表示二分类的训练数据集且$T = (\boldsymbol{x}_1, y_1),(\boldsymbol{x}_2, y_2),\cdots,(\boldsymbol{x}_N, y_N)$，其中每个样本点由实例与标记组成。实例$\boldsymbol{x}_i \in X \subseteq \mathbf{R}^n$，标记$y_i \in Y = \{-1, +1\}$，$X$是实例空间，$Y$是标记集合。并用$G(\boldsymbol{x})$表示最终分类器，则 AdaBoost 的算法过程如下：

（1）初始化训练数据的权值分布：

$$\boldsymbol{D}_1 = (w_{11}, w_{12}, \cdots, w_{1i}, \cdots, w_{1N}), w_{1i} = \frac{1}{N}, i = 1,2,\cdots,N$$

（2）对$m = 1,2,\cdots,M$，首先使用具有权值分布D_m的训练数据集进行学习，得到基本分类器：

$$G_m(\boldsymbol{x}):X \to \{-1, +1\}$$

计算$G_m(\boldsymbol{x})$在训练数据集上的分类误差率：

$$e_m = P(G_m(\boldsymbol{x}_i) \neq y_i) = \sum_{G_m(\boldsymbol{x}_i) \neq y_i} w_{mi}$$

这里w_{mi}表示第m轮中第i个实例的权值，且满足$\sum_{i=1}^{N} w_{mi} = 1$。计算$G_m(\boldsymbol{x})$的系数，公式如下：

$$\alpha_m = \frac{1}{2} \log \frac{1 - e_m}{e_m}$$

其中，log取自然对数，且当$e_m \leqslant \frac{1}{2}$时，$\alpha_m \geqslant 0$，并且$\alpha_m$随着$e_m$的减小而增大，所以分类误差率越小的基本分类器在最终分类器中的作用越大。然后对训练数据集的权值分布进行更新：

$$D_{m+1} = \left(w_{m+1,1}, w_{m+1,2}, \cdots, w_{m+1,i}, \cdots, w_{m+1,N} \right)$$

$$w_{m+1,i} = \frac{w_{mi}}{Z_m} \mathrm{e}^{-\alpha_m y_i G_m(\boldsymbol{x}_i)}, i = 1, 2, \cdots, N$$

此处的Z_m是规范化因子，其定义如下：

$$Z_m = \sum_{i=1}^{N} w_{mi} \, \mathrm{e}^{-\alpha_m y_i G_m(\boldsymbol{x}_i)}$$

它使得$\boldsymbol{D}_{m+1}$成为一个概率分布。注意到，当$G_m(\boldsymbol{x}_i) = y_i$时，

$$w_{m+1,i} = \frac{w_{mi}}{Z_m} \mathrm{e}^{-\alpha_m}$$

而当$G_m(\boldsymbol{x}_i) \neq y_i$时，

$$w_{m+1,i} = \frac{w_{mi}}{Z_m} \mathrm{e}^{\alpha_m}$$

由此可知，被基本分类器$G_m(\boldsymbol{x})$误分类的样本，其权值得以扩大，而被正确分类的样本，其权值却得以缩小。因此，误分类样本在下一轮学习中起更大作用。

（3）构建基本分类器的线性组合：

$$f(\boldsymbol{x}) = \sum_{m=1}^{M} \alpha_m \, G_m(\boldsymbol{x}) \tag{7.1}$$

它实现了M个分类器的加权表决，系数α_m表示了基本分类器$G_m(\boldsymbol{x})$的重要性，但所有α_m之和并不为 1。$f(\boldsymbol{x})$的符号决定实例$\boldsymbol{x}$的分类，$f(\boldsymbol{x})$的绝对值表示分类的确信程度。

进一步可得到最终分类器：

$$G(\boldsymbol{x}) = \mathrm{sign}(f(\boldsymbol{x})) = \mathrm{sign}\left(\sum_{m=1}^{M} \alpha_m \, G_m(\boldsymbol{x}) \right)$$

AdaBoost 算法最基本的性质是它能在学习过程中不断减少训练误差，即在训练数据集上的分类误差率，通常 AdaBoost 的训练误差率满足下式：

$$\frac{1}{N} \sum_{G_m(\boldsymbol{x}_i) \neq y_i} 1 \leqslant \frac{1}{N} \sum_{i=1}^{N} \mathrm{e}^{-y_i f(\boldsymbol{x}_i)} = \prod_{m=1}^{M} Z_m$$

上式说明，可以在每一轮选取适当的G_m使得Z_m最小，从而使训练误差降低最快。AdaBoost 算法还可以将模型理解为加法模型、损失函数为指数函数、学习算法为前向分步算法的二分类学习方法。对于加法模型：

$$f(\boldsymbol{x}) = \sum_{m=1}^{M} \beta_m b(\boldsymbol{x}; \gamma_m)$$

其中，$b(\boldsymbol{x}; \gamma_m)$为基函数，$\gamma_m$为基函数的参数，$\beta_m$为其函数的系数，显然式（7.1）是一个加法模型。在给定训练数据及损失函数$L(y, f(\boldsymbol{x}))$的条件下，学习加法模型$f(\boldsymbol{x})$成为经验风险最小化即损失函数最小化问题：

$$\min_{\beta_m \gamma_m} \sum_{i=1}^{N} L\left(y_i, \sum_{m=1}^{M} \beta_m b(\boldsymbol{x}_i; \gamma_m)\right)$$

这是一个最优化问题，前向分步算法求解该优化问题是通过从前向后，每步只学习一个基函数及其系数，以逐步逼近优化目标函数的方式实现的。每步需优化的损失函数如下：

$$\min_{\beta, \gamma} \sum_{i=1}^{N} L\left(y_i, \beta b(\boldsymbol{x}_i; \gamma)\right)$$

进一步，梳理前向分步算法的过程如下。

（1）初始化$f_0(\boldsymbol{x}) = 0$。

（2）对$m = 1, 2, \cdots, M$，最小化损失函数$(\beta_m, \gamma_m) = \mathrm{argmin}_{\beta, \gamma} \sum_{i=1}^{N} L\left(y_i, f_{m-1}(\boldsymbol{x}_i) + \beta b(\boldsymbol{x}_i; \gamma)\right)$可得到参数$\beta_m, \gamma_m$。更新下式：

$$f_m(\boldsymbol{x}) = f_{m-1}(\boldsymbol{x}) + \beta_m b(\boldsymbol{x}_i; \gamma_m)$$

（3）得到加法模型：

$$f(\boldsymbol{x}) = f_M(\boldsymbol{x}) = \sum_{m=1}^{M} \beta_m b(\boldsymbol{x}_i; \gamma_m)$$

这样，前向分步算法将同时求解从 $m=1$ 到 M 所有参数β_m, γ_m的优化问题简化为逐次求解各个β_m, γ_m的优化问题。AdaBoost 算法是前向分步加法算法的特例，模型是由基本分类器组成的加法模型，而损失函数是指数函数。

7.1.3　提升回归树算法

提升树（Boosting Tree）算法实际上是指采用加法模型（即以决策树为基函数的线性组合）与前向分步算法的 Boosting 方法。对于回归问题，通常使用二叉回归树，对应的提升树算法又叫提升回归树算法，并可将提升回归树模型表示为决策树（二叉回归树）的加法模型，如下：

$$f_M(\boldsymbol{x}) = \sum_{m=1}^{M} T(\boldsymbol{x}; \Theta_m)$$

其中，$T(\boldsymbol{x}; \Theta_m)$ 表示决策树，Θ_m 为决策树的参数，M 为决策树的个数。提升树算法采用前向分步算法，首先确定初始提升树 $f_0(\boldsymbol{x}) = 0$，第 m 步的模型是：

$$f_m(\boldsymbol{x}) = f_{m-1}(\boldsymbol{x}) + T(\boldsymbol{x}; \Theta_m)$$

其中，$f_{m-1}(\boldsymbol{x})$ 为当前模型，通过经验最小化确定下一棵决策树的参数 Θ_m 为：

$$\hat{\Theta}_m = \mathrm{argmin}_{\Theta_m} \sum_{i=1}^{N} L\left(y_i, f_{m-1}(x_i) + T(x_i; \Theta_m)\right)$$

由于树的线性组合可以很好地拟合训练数据，即使数据中的输入与输出之间的关系复杂也是如此，所以提升树是一个高功能的学习算法。

假设 T 表示训练数据集且 $T = \{(\boldsymbol{x}_1, y_1), (\boldsymbol{x}_2, y_2), \cdots, (\boldsymbol{x}_N, y_N)\}$，其中每个样本点由输入与输出组成。输入 $\boldsymbol{x}_i \in X \subseteq \mathbf{R}^n$，输出 $y_i \in Y \subseteq \mathbf{R}$，$X$ 是输入空间，Y 是输出空间。如果将输入空间 X 划分为 J 个互不相交的区域 $R_1, R_2, \cdots, R_J$，并且在每个区域上确定输出的常量 c_j，那么树可表示为：

$$T(\boldsymbol{x}; \Theta) = \sum_{x \in R_j} c_j$$

其中，参数 $\Theta = \{(R_1, c_1), (R_2, c_2), \cdots, (R_J, c_J)\}$ 表示树的区域划分和各区域上的常数，J 表示回归树叶节点的个数。对于提升树算法，当使用平方误差作为损失函数时，即，

$$L(y, f(\boldsymbol{x})) = (y - f(\boldsymbol{x}))^2$$

其损失可表示为：

$$L(y, f_m(\boldsymbol{x})) = L(y, f_{m-1}(\boldsymbol{x}) + T(\boldsymbol{x}; \Theta_m)) = [y - f_{m-1}(\boldsymbol{x}) - T(\boldsymbol{x}; \Theta_m)]^2 = [r - T(\boldsymbol{x}; \Theta_m)]^2$$

这里 $r = y - f_{m-1}(\boldsymbol{x})$，它是当前模型拟合数据的残差。我们希望损失的大小趋近于 0，亦即 $T(\boldsymbol{x}; \Theta_m) \to r$，也就是说我们可以使用当前模型的残差来建立决策树，当损失趋近于 0 时，可得到优化结果。基于此想法，梳理提升回归树算法的步骤如下。

（1）初始化 $f_0(\boldsymbol{x}) = 0$。

（2）对 $m = 1, 2, \cdots, M$，计算残差 $r_{mi} = y_i - f_{m-1}(\boldsymbol{x}_i), i = 1, 2, \cdots, N$。

根据残差 r_{mi} 学习一棵回归树，得到 $T(\boldsymbol{x}; \Theta_m)$，更新 $f_m(\boldsymbol{x}) = f_{m-1}(\boldsymbol{x}) + T(\boldsymbol{x}; \Theta_m)$。

（3）得到回归问题的提升树：

$$f_M(\boldsymbol{x}) = \sum_{m=1}^{M} T(\boldsymbol{x}; \Theta_m)。$$

7.1.4　梯度提升

对于回归问题的提升树，利用加法模型与前向分步算法实现了学习的优化过程。当损失函数是平方损失时，每一步优化是很简单的，然而，对一般函数而言，每一步的优化显得并不那么容易。针对这一问题，Freidman 提出了梯度提升（Gradient Boosting）算法，该算法是最速下降法的近似方法，其关键是利用损失函数的负梯度产生回归问题提升树算法中残差的近似值，并拟合一棵回归树。其算法过程如下。

（1）初始化

$$f_0(\boldsymbol{x}) = \mathrm{argmin}_c \sum_{i=1}^{N} L(y_i, c)$$

用来估计使损失函数最小化的常数值，它是只有一个节结点的树。

（2）对 $m = 1,2,\cdots,M$，设 $i = 1,2,\cdots,N$，计算：

$$r_{mi} = -\left[\frac{\partial L(y_i, f(\boldsymbol{x}_i))}{\partial f(\boldsymbol{x}_i)}\right]_{f(\boldsymbol{x})=f_{m-1}(\boldsymbol{x})}$$

这里计算损失函数的负梯度在当前模型的值，并将它作为残差的估计，对于平方损失函数，它就是通常所说的残差，而对于一般的损失函数，它是残差的近似值。进一步，根据 r_{mi} 学习一棵回归树，并得到第 m 棵树的叶节点区域 $R_{mj}, j = 1,2,\cdots,J$，以拟合残差的近似值。对每个 j 计算：

$$c_{mj} = \mathrm{argmin}_c \sum_{\boldsymbol{x}_i \in R_{mj}} L(y_i, f_{m-1}(\boldsymbol{x}_i) + c)$$

此处，利用线性搜索估计叶节点区域的值，使损失函数最小化。更新回归树：

$$f_m(\boldsymbol{x}) = f_{m-1}(\boldsymbol{x}) + \sum_{x_i \in R_{mj}} c_{mj}$$

（3）得到最终的回归树模型：

$$\hat{f}(\boldsymbol{x}) = f_M(\boldsymbol{x}) = \sum_{m=1}^{M} \sum_{x_i \in R_{mj}} c_{mj}$$

梯度提升算法中常用的损失函数及其负梯度如表 7-1-1 所示。

表 7-1-1 梯度提升算法中常用的损失函数及其负梯度

序号	损失函数 $L(y, f(\boldsymbol{x}))$	$-\dfrac{\partial L(y_i, f(\boldsymbol{x}_i))}{\partial f(\boldsymbol{x}_i)}$
1	$\dfrac{1}{2}[y_i - f(\boldsymbol{x}_i)]^2$	$y_i - f(\boldsymbol{x}_i)$
2	$\lvert y_i - f(\boldsymbol{x}_i) \rvert$	$\mathrm{sign}[y_i - f(\boldsymbol{x}_i)]$
3	$\begin{cases} \dfrac{1}{2}[y_i - f(\boldsymbol{x}_i)]^2 & \lvert y_i - f(\boldsymbol{x}_i) \rvert \leqslant \delta \\ \delta\lvert y_i - f(\boldsymbol{x}_i) \rvert & \lvert y_i - f(\boldsymbol{x}_i) \rvert > \delta \end{cases}$	在 $\lvert y_i - f(\boldsymbol{x}_i) \rvert \leqslant \delta$ 条件下的值为 $y_i - f(\boldsymbol{x}_i)$；而在 $\lvert y_i - f(\boldsymbol{x}_i) \rvert > \delta$ 的条件下的值为 $\delta\,\mathrm{sign}[y_i - f(\boldsymbol{x}_i)]$

可见，Huber 损失函数综合了平方损失函数和绝对值损失函数的优点，变得更加灵活、适用。在同一坐标系中绘制以上 3 个损失函数，得到图 7-1-1。

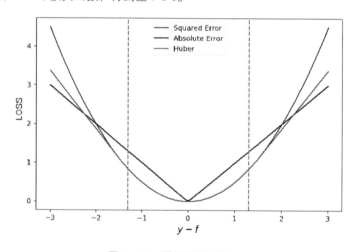

图 7-1-1 损失函数曲线

如图 7-1-1 所示，Huber 低于某个值时表现为 Squared Error（均方误差），高于某个值时表现为线性。

此外，在上述梯度算法中，我们是直接对决策树（二叉回归树）的估计结果进行叠加的，其实为了有效地避免过拟合问题，通常引入一个参数 Shrinkage，它是缩减的意思，即认为在每次叠加时，它并不完全信任每一棵残差树，它认为每棵树只学到了关于整体知识的一小部分，累加的时候也只累加一小部分，通过学习更多的残差树来弥补不足，通常 Shrinkage 取介于 0.01~0.001 之间的值。假设用 λ 表示 Shrinkage 参数，则对应的回归树更新公式变为：

$$f_m(\boldsymbol{x}) = f_{m-1}(\boldsymbol{x}) + \lambda \cdot \sum_{\boldsymbol{x}_i \in R_{mj}} c_{mj}$$

7.1.5　GBRT 算法的 Python 实现

为说明 GBRT 算法的实现过程，此处令损失函数 $L(y,f(x)) = \frac{1}{2}[y_i - f(x_i)]^2$，则对应的负梯度为 $y_i - f(x_i)$，而满足 $f_0(x) = \text{argmin}_c \sum_{i=1}^{n} L(y_i, c) f_0(x)$ 的均值，同时 c_{mj} 也是对应均值的估计。

现基于 iris 数据集作为基础数据，尝试使用 GBRT 算法建立 Sepal.Length、Sepal.Width、Petal.Length 对 Petal.Width 的回归模型。建立函数 gbrt_build，使用训练数据以构建 GBRT 模型，对应代码如下：

```
1 def gbrt_build(x,y,consame=5,maxiter=10000,shrinkage=0.0005):
2     """
3     建立函数构建 GBRT 模型
4     x：输入数据，解释变量
5     y：输出数据，响应变量
6     consame：当连续 consame 次得到的残差平方和相等时算法终止
7     maxiter：迭代次数的上限
8     shrinkage：缩放因子
9     """
10    # 使平方损失函数最小化的常数值为对应数据的平均值，即以均值初始化 f0
11    f0 = np.mean(y)
12    #初始化变量
13    rss = []
14    model_list = [f0]
15    # 进入循环，当连续 consame 次，得到的残差平方和相等或超过最大迭代次数时，终止算法
16    for i in range(maxiter):
17        # 计算负梯度，当损失函数为平方损失函数时，负梯度即为残差
18        revals = y - f0
19        # 根据残差学习一棵回归树，设置分割点满足的最小样本量为 30
20        clf = tree.DecisionTreeRegressor(min_samples_leaf=30)
21        clf = clf.fit(x, revals)
22        # 更新回归树，并生成估计结果
23        model_list.append(clf)
24        f0 = f0 + shrinkage*clf.predict(x)
25        # 统计残差平方和
26        rss.append(np.sum((f0 - y)**2))
27        # 判断是否满足终止条件
28        if len(rss) >= consame and np.std(rss[(len(rss)-consame+1):len(rss)]) == 0 :
29            print("共迭代",m+1,"次，满足终止条件退出迭代！")
30            break
31    return rss,model_list
```

在使用 iris 数据集建立 GBRT 模型之前，需要对其进行简单处理，然后调用函数 gbrt_build，完成模型的训练，代码如下：

```
1 iris = pd.read_csv(IRIS)
2 x,y = iris.drop(columns=['Species','Petal.Width']),iris['Petal.Width']
3 x_train, x_test, y_train, y_test = train_test_split(x, y, test_size=0.33, random_state=1)
4 rss,model_list = gbrt_build(x_train,y_train)
5 #查看 rss 的统计信息
6 pd.Series(rss).describe()
7 # count     10000.000000
8 # mean          9.443136
9 # std          11.613604
10 # min          2.954312
11 # 25%          3.230344
12 # 50%          3.919855
13 # 75%          9.398138
14 # max         59.853140
15 # dtype: float64
```

从输出结果可知，每次迭代产生的残差平方和组成的向量，其最小值为 2.95，最大值为 59.85，可见，使用 GBRT 算法，使得拟合的残差平方和减小了很多。为进一步直观呈现每次迭代残差平方和的变化，现绘制二维图形，代码如下：

```
1 #根据 rss 绘制曲线，以直观观察残差平方和的变化趋势
2 plt.plot(range(10000),rss[0:10000],'-',c='black',linewidth=3)
3 plt.xlabel("迭代次数",fontsize=15)
4 plt.ylabel("RSS",fontsize=15)
5 plt.show()
```

效果如图 7-1-2 所示。

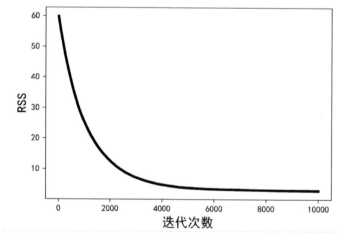

图 7-1-2　RSS 随迭代次数的变化曲线

如图 7-1-2 所示，随着迭代次数的增加，残差平方和 RSS 快速减小，并趋于平稳，且接近于 0。现使用 Python 实现预测函数 gbrt_predict，即可对新数据进行预测，代码如下：

```
 1 def gbrt_predict(x,gml_list,shrinkage):
 2     """
 3     建立预测函数，对新数据进行预测
 4     x：进行预测的新数据
 5     gml_list：即 GBRT 的模型列表
 6     shrinkage：训练模型时，指定的 shrinkage 参数
 7     """
 8     f0 = gml_list[0]
 9     for i in range(1,len(gml_list)):
10         f0 = f0 + shrinkage*gml_list[i].predict(x)
11     return f0
```

对测试数据集 x_test 调用预测函数 gbrt_predict，根据预测结果和真实结果分析预测效果，代码如下：

```
1 np.sum((y_test - gbrt_predict(x_test,model_list,0.0005))**2)
2 # 1.3384897597030645
```

为说明该方法对预测建模提升的效果，现直接使用回归决策树基于训练集 x_train,y_train 建模，并对测试数据集 x_test 进行预测，同时分析预测效果，代码如下：

```
1 clf = tree.DecisionTreeRegressor(min_samples_leaf=30)
2 clf = clf.fit(x_train, y_train)
3 np.sum((y_test - clf.predict(x_test))**2)
4 # 1.5676935145052517
```

从输出结果中可知，使用 GBRT 算法最终得到的残差平方和为 1.3385，这个结果明显优于直接使用回归决策树的建模效果。

7.2　深度神经网络

神经网络是一门高度综合的交叉学科，它的研究和发展涉及神经生理科学、数理科学、信息科学和计算机科学等众多学科领域。它在信号处理、模式识别、目标跟踪、机器人控制、专家系统、组合优化等领域的应用中获得了引人注目的成果。1987 年，Lapedes 和 Farber 首先应用神经网络进行预测，开创了神经网络预测的先河。使用神经网络进行预测的基本思路为通过收集数据来训练网络，使用神经网络算法建立数学模型，并根据模型进行预测。与传统的预测方法相比，神经网络预测不需要预先确定样本数据的数学模型，仅通过学习样本数据即可以进行相当精确的预测，因此具

有很多优越性。

2016 年 3 月，李世石与 Google 研发的 AlphaGo 机器人进行围棋比赛，最终以 1∶4 落败，随着 AI 在竞技领域碾压人类，深度学习也越来越被人们所关注。这里的深度学习，实际上就是指深度神经网络，与传统的神经网络相比，深度神经网络的层次更深，进而具有更强的特征表达能力，同时伴随着优化算法的进步及 GPU 等硬件的普及，使得深度神经网络可以用于海量数据的训练，从而在某些方面的能力远超人类的智能应用，服务于各个行业和领域。本节从基本概念讲起，依次介绍最简单的神经网络预测模型——线性回归，进一步增加层次，到浅层神经网络，再到深度神经网络，并结合 Python 进行案例实现。

7.2.1 基本概念

神经网络全称为人工神经网络（Artificial Neural Networks，ANN）。它是由大量类似于生物神经元的处理单元相互连接而组成的非线性复杂网络系统。它用一定的简单数学模型来对生物神经网络结构进行描述，并在一定的算法指导下，使其能够在某种程度上模拟生物神经网络所具有的智能行为，解决传统算法所不能胜任的智能信息处理问题。ANN 算法起源于生物体的神经系统，生物神经元是由细胞体、树突和轴突组成的，如图 7-2-1 所示。

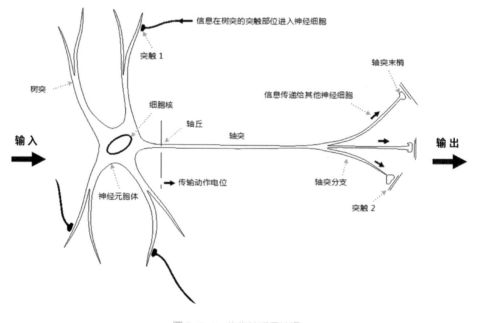

图 7-2-1 生物神经元结构

其中，树突和轴突负责传入和传出信息，兴奋性的冲动沿树突抵达细胞体，在细胞膜上累积形成兴奋性电位；相反，抑制性冲动到达细胞膜则形成抑制性电位。两种电位进行累加，若代数和超过某个阈值，那么神经元将产生冲动。神经细胞处理信息的过程可表示为图 7-2-2。

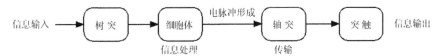

图 7-2-2 神经细胞处理信息的过程

如图 7-2-2 所示，突触是一个神经元的冲动传到另一个神经元或传到另一细胞间的相互接触的结构。通过"轴突突触树突"这样的路径，某一神经元就有可能和数百个以至更多的神经元沟通信息。模仿生物神经元产生冲动的过程，可以建立一个典型的神经元数学模型，如图 7-2-3 所示。

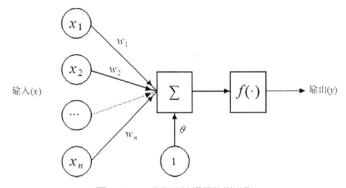

图 7-2-3 典型的神经元数学模型

其中，θ 是截距项，也可以将其放在输入侧，那么此时对应的输入值为 1 时，权重为 θ。该数学模型对应的表达式为：

$$y = f\left(\sum_{i=1}^{n} x_i w_i + \theta\right)$$

函数 $f(\cdot)$ 是激活函数，也被称为响应函数、传输函数，它是神经网络的重要组成部分，它表达了神经元的输入/输出特性。通过构造不同的激活函数，可以向网络中引入非线性因素，解决线性模型所不能解决的复杂问题。常见的激活函数如下所示。

1. Hardlim 函数

硬极限函数，函数定义如下：

$$f(x) = \begin{cases} 0, x < 0 \\ 1, x \geqslant 0 \end{cases}$$

对应的函数图像如图 7-2-4 所示。

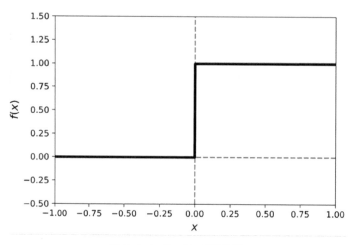

图 7-2-4　Hardlim 函数图像

该函数模仿了生物神经元要么全有要么全无的属性。它无法应用于神经网络，因为除了零点导数无定义，其他导数都是 0，这意味着基于梯度的优化方法并不可行。

2. Hardlims 函数

对称硬极限函数，函数定义如下：

$$f(x) = \begin{cases} -1, x < 0 \\ 1, x \geqslant 0 \end{cases}$$

对应的函数图像如图 7-2-5 所示。

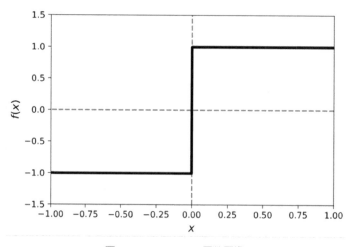

图 7-2-5　Hardlims 函数图像

该函数与 Hardlim 函数类似，只不过在取值上更为对称，同样无法用于神经网络的梯度优化。

3. Purelin 函数

线性函数，函数定义为 $f(x) = x$，其函数图像如图 7-2-6 所示。

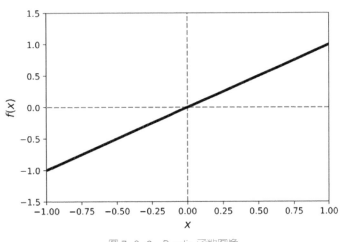

图 7-2-6　Purelin 函数图像

通过该激活函数，节点的输入等于输出。它非常适应线性任务。当存在非线性时，单独使用该激活函数是不够的，但它依然可以在最终输出节点上作为激活函数用于回归任务。

4. Sigmoid 函数

对数 S 形函数，其定义为 $f(x) = \frac{1}{1+e^{-x}}$，函数图像如图 7-2-7 所示。

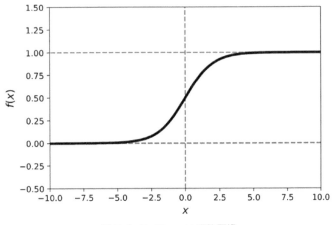

图 7-2-7　Sigmoid 函数图像

Sigmoid 函数因其在 logistic 回归中的重要地位而被人熟知，其值域在 0 到 1 之间，可用来表示概率。

5. Tanh 函数

双曲正切 S 形函数，其定义为 $f(x) = \frac{e^x - e^{-x}}{e^x + e^{-x}}$，函数图像如图 7-2-8 所示。

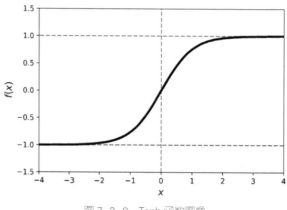

图 7-2-8　Tanh 函数图像

该函数是关于原点对称的奇函数，且是完全可微分的，它解决了 Sigmoid 函数的不是零中心的输出问题。

6. ReLU 函数

修正线性单元（Rectified Linear Unit，ReLU）是神经网络中最常用的激活函数，其定义为 $f(x) = \max(0, x)$，对应的函数图像如图 7-2-9 所示。

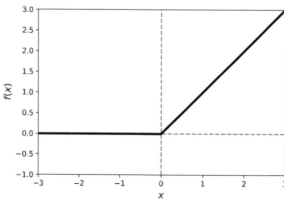

图 7-2-9　ReLU 函数图像

该函数保留了 Hardlim 函数的生物学启发，即只有输入超出阈值时神经元才激活。当输入为正时，该函数导数恒为 1，从而支持基于梯度的学习。

进一步，由许多这样的神经元连接在一起便构成了神经网络。

7.2.2　从线性回归说起

对于自变量 $x_1, x_2, \cdots, x_m$，在研究它们对因变量 y 的多元线性回归时，我们通常用一个多元线性回归模型来表示，即：

$$y = \beta_0 + \beta_1 x_1 + \beta_2 x_2 + \cdots + \beta_n x_n + \varepsilon$$

其中，$\beta_1, \beta_2, \cdots, \beta_n$ 是未知参数，ε 是随机误差。为了求出该方程，我们需要估计出 $\beta_0, \beta_1, \cdots, \beta_n$ 的值。这是多元线性回归的基本问题，当然，我们可以使用最小二乘法来直接求取未知系数的值，然而，我们仔细观察一下，发现这实际上是一个神经元，回顾一下 7.1 节介绍的神经元数学模型，这里的 β_0 对应 θ，$\beta_1 \sim \beta_n$ 对应 $w_1 \sim w_n$，该方程可以表示激活函数为线性函数的神经元模型，即：

$$y = f\left(\sum_{i=1}^{n} x_i w_i + \theta\right) = \sum_{i=1}^{n} x_i w_i + \theta$$

这实际是一个单层感知机模型（只有一个输入层和一个输出层，没有隐含层），假设 $\boldsymbol{W}$ 为网络的权向量，$\boldsymbol{X}$ 为输入向量，即：

$$\boldsymbol{W} = (\theta, w_1, w_2, \cdots, w_n)$$

$$\boldsymbol{X} = (1, x_1, x_2, \cdots, x_n)$$

那么单层感知机处理线性回归问题的数学表达式可简化为：$\boldsymbol{y} = \boldsymbol{X}\boldsymbol{W}'$，单层感知机的作用就是给出拟合的权重向量 $\boldsymbol{W}$，并且 $\boldsymbol{W}$ 中的第一个值即为截距。

感知机的学习是有监督学习，感知机的训练算法的基本原理来源于著名的 Hebb 学习律，它的基本思想是逐步地将样本集中的样本输入到网络中，根据输出结果和理想输出之间的差别来调整网络中的权矩阵。下面给出连续输出单层感知机学习算法的基本步骤。

（1）标准化输入向量 $\boldsymbol{X}$。

（2）用适当小的随机数初始化权向量 $\boldsymbol{W}$，并初始化精度控制参数 ε、学习效率 α，精度控制变量 d，可用 $\varepsilon + 1$ 进行初始化，即 $d = \varepsilon + 1$。

（3）当 $d \geqslant \varepsilon$ 时，进入循环，再次初始化 $d = 0$ 并依次带入样本。

$$\boldsymbol{x}_j = (1, x_{j1}, x_{j2}, \cdots, x_{jn}), j = 1, 2, \cdots, m$$

计算输出 $o_j = \boldsymbol{x}_j \boldsymbol{W}'$ 和误差 $\delta = o_j - y_j$，并用下式更新权向量 $\boldsymbol{W}$，即：

$$W(k+1) = W(k) - a \cdot \delta \cdot x_j$$

其中，k 为迭代次数，并按如下公式计算累计误差 d，即 $d = d + \delta^2$。

（4）当累计误差 $d < \varepsilon$ 时，退出循环，算法结束。

现以 iris 数据集为例，使用单层感知机学习算法，建立 Sepal.Length、Sepal.Width、Petal.Length 对 Petal.Width 回归问题的简单神经网络，代码如下：

```
1 # 准备基础数据
2 iris = pd.read_csv(IRIS)
3 x,y = iris.drop(columns=['Species','Petal.Width']),iris['Petal.Width']
4
5 # 标准化处理
6 x = x.apply(lambda v:(v-np.mean(v))/np.std(v))
7 x = np.c_[[1]*x.shape[0],x]
8 x_train, x_test, y_train, y_test = train_test_split(x, y, test_size=0.33, random_state=1)
9
10 # 初始化精度控制参数 ε
11 epsilon = 4.0
12
13 # 初始化学习效率 α
14 alpha = 0.005
15
16 # 精度控制变量 d
17 d = epsilon + 1
18
19 # 用适当小的随机数初始化权向量 W
20 w = np.random.uniform(0,1,4)
21
22 while d >= epsilon:
23     d = 0
24     for i in range(x_train.shape[0]):
25         xi = x_train[i,:]
26         delta = np.sum(w*xi) - y_train.values[i]
27         w = w - alpha*delta*xi
28         d = d + delta**2
29
30     print(d)
31 # 66.86549781394255
32 # 26.873553725350185
33 # ......
34 # 4.0241010398100885
35 # 3.9844824194932182
```

从输出结果可以看到，累积误差从 66.865 逐渐减小到 3.984，小于设定阈值 4.0，跳出循环，结束算法。进一步查看求出的权向量，并计算残差平方和，代码如下：

```
1 w
2 # array([ 1.19918387, -0.05429913,  0.06292586,  0.80169231])
3
4 np.sum((y_test - np.sum(x_test*w,axis=1))**2)
5 # 1.8217475510303391
```

我们求得截距为 1.19918387，x_1 到 x_3 的系数依次为-0.05429913、0.06292586、0.80169231，且得到的残差平方和为 1.82175。可见，通过单层感知机已经具备了学习能力。然而该感知机又有不足，特别表现在分类方面，即不能处理线性不可分问题，需要进一步建立多层感知机网络，才能有效地处理非线性分类的情况。另外，可以通过引入不同的激活函数调整学习效率，对神经网络进行优化，以得到效果更好的模型。

7.2.3　浅层神经网络

单层感知机虽然可以实现简单的线性回归建模，某些情况下，效果也还不错，但对于一些复杂的非线性回归预测，就显得无能为力，同时对于分类，由于单层感知机相当于拟合一个平面，无法处理复杂的多分类问题。这种情况下，就需要考虑增加神经网络的层次。其中，最为经典的是 1986 年由以 Rinehart 和 McClelland 为首的科学家小组提出来的 BP 神经网络。它是一种按误差反向传播算法训练的多层感知机网络，是目前应用最广泛的神经网络模型之一。BP 神经网络由 1 个输入层、至少 1 个隐含层、1 个输出层组成。通常设计 1 个隐含层，在此条件下，只要隐含层神经元数足够多，就具有模拟任意复杂非线性映射的能力。当第 1 个隐含层有很多神经元但仍不能改善网络的性能时，才考虑增加新的隐含层。通常构建的 BP 神经网络是 3 层的网络，针对数值预测时，输出层通常只有一个神经元，示意图参见图 7-2-10。

BP 算法的基本思想是，学习过程由信号的正向传播与误差的反向传播两个过程组成。正向传播时，输入样本从输入层传入，经过各隐含层逐层处理后，传向输出层。若输出层的实际输出值与期望的输出值不相等，则转到误差的反向传播阶段。误差反向传播将输出误差以某种形式通过隐含层逐层反传，并将误差分摊给各层的所有神经元，从而获得各层神经元的误差信号，此误差信号即作为修正各神经元权值的依据。而且这种信号正向传播与误差反向传播的各层权值调整过程是周而复始地进行的，权值不断调整的过程也是神经网络的学习过程。此过程一直进行到网络输出的误差减小到可接受的程度，或进行到预先设定的学习时间，或进行到预先设定的学习次数为止。

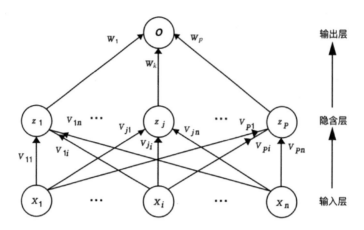

图 7-2-10 BP 神经网络结构

在图 7-2-10 中，输入向量 $X = (X_1, X_2, \cdots, X_n)$，对于任一训练样本 $X_i = (x_1, x_2, \cdots, x_n)$，隐含层输出向量为 $Y_i = (z_1, z_2, \cdots, z_p)$，输出层输出值为 O_i，期望输出为 y_i。输入层到隐含层的权重矩阵用 V 表示，则 $V = (V_1, V_2, \cdots, V_p)$，其中列向量 V_j 为隐含层第 j 个神经元对应的权向量，隐含层到输出层之间的权向量用 W 表示，则 $W = (w_1, w_2, \cdots, w_p)$，其中 w_k 为隐含层第 k 个神经元对应输出层神经元的权重。

（1）正向传播过程：输入信号从输入层经隐含层神经元传向输出层，在输出端产生输出信号，若输出信号满足给定的输出要求，则计算结束；若输出信号不满足给定的输出要求，则转入信息反向传播。对于输出层，有：

$$O_i = f_2\left(\sum_{j=1}^{p} z_j w_{ij} + \theta_i\right)$$

对于隐含层，有：

$$z_j = f_1\left(\sum_{k=1}^{n} V_{jk} x_k + \theta_j\right), j = 1,2,\cdots,p$$

其中，$f_1(\cdot)$ 和 $f_2(\cdot)$ 都是激活函数。考虑到此处做回归预测，因此 $f_1(\cdot)$ 可取 Tanh 函数，即：

$$z_j = f_1(d_j) = \frac{e^{d_j} - e^{-d_j}}{e^{d_j} + e^{-d_j}}, d_j = \sum_{k=1}^{n} V_{jk} x_k + \theta_j$$

函数 $f_2(\cdot)$ 可取 purelin 函数，即：

$$O_i = f_2\left(\sum_{j=1}^{p} z_j w_{ij} + \theta_i\right) = \sum_{j=1}^{p} z_j w_{ij} + \theta_i$$

当网络输出与期望输出存在输出误差e_i时，定义如下：

$$e_i = \frac{1}{2}(O_i - y_i)^2$$

将误差展开至隐含层，有：

$$e_i = \frac{1}{2}\left(\sum_{j=1}^{p} z_j w_{ij} + \theta_i - y_i\right)^2$$

进一步，将误差展开至输入层，有：

$$e_i = \frac{1}{2}\left(\sum_{j=1}^{p} f_1(d_j) w_{ij} + \theta_i - y_i\right)^2, d_j = \sum_{k=1}^{n} V_{jk} x_k + \theta_j$$

由上式可看出，网络误差是各层权值V_{jk}、w_j的函数，因此调整权值，可以改变误差e_i的大小。当$e_i > \varepsilon$（ε为计算期望精度）时，进行反向传播计算。

（2）反向传播过程：调整权值的原则是使误差不断地减小，因此应沿着权值的负梯度方向进行调整，也就是使权值的调整量与误差的梯度下降成正比，即：

$$\Delta w_{ij} = -\alpha \frac{\partial e_i}{\partial w_{ij}} = -\alpha \frac{\partial e_i}{\partial O_i} \cdot \frac{\partial O_i}{\partial w_{ij}} = -\alpha(O_i - y_i)f_1(d_j)$$

$$\Delta V_{jk} = -\alpha \frac{\partial e_i}{\partial V_{jk}} = -\alpha \frac{\partial e_i}{\partial O_i} \cdot \frac{\partial O_i}{\partial z_j} \cdot \frac{\partial z_j}{\partial d_j} \cdot \frac{\partial d_j}{\partial V_{jk}} = -\alpha(O_i - y_i)w_{ij}f_1'(d_j)x_k$$

上式中，α是学习效率，且$\alpha \in (0,1)$，它是提前给定的常数。进一步可得到网络权值的更新公式，如下：

$$w_{ij}(t+1) = w_{ij}(t) - \alpha(O_i - y_i)f_1(d_j)$$

$$V_{jk}(t+1) = V_{jk}(t) - \alpha(O_i - y_i)w_{ij}f_1'(d_j)x_k$$

其中，$f_1'(d_j)$是z_j对d_j的导数，可求得：

$$f_1'(d_j) = \frac{4e^{2d_j}}{\left(e^{2d_j} + 1\right)^2}$$

当求出各层新的权值后再转向正向传播过程。

对于一个三层 BP 神经网络，其输入层神经元数和输出层神经元数可由实际问题本身来决定，而隐含层神经元数的确定尚缺乏严格的理论依据指导。隐含层神经元数过少，学习可能不收敛，网络的预测能力、泛化能力降低；隐含层神经元数过多，导致网络训练长时间不收敛、容错性能下降。假设 M 表示隐含层神经元数，表示 I 输出层神经元数，n 表示输入层神经元数，则可用如下 4 个经验公式来估计隐含层神经元的个数，公式如下：

$$m = \sqrt{0.43ln + 0.12l^2 + 2.54n + 0.77l + 0.35} + 0.51$$
$$m = \sqrt{n + l} + \alpha, \alpha \in [1,10]$$
$$m = \log_2 n$$
$$m = \sqrt{nl}$$

需要注意的是，计算m需要用四舍五入法进行调整。另外，一般的工程实践中确定隐含层神经元数的基本原则是在满足精度要求的前提下，选择尽可能少的隐含层神经元数。

根据上述正向及反向传播过程，基于 iris 数据集，尝试使用 BP 神经网络学习算法建立 Sepal.Length、Sepal.Width、Petal.Length 对 Petal.Width 回归问题的神经网络模型，首先进行数据准备和初始化，代码如下：

```
1 # 准备基础数据
2 iris = pd.read_csv(IRIS)
3 x,y = iris.drop(columns=['Species','Petal.Width']),iris['Petal.Width']
4
5 # 标准化处理
6 x = x.apply(lambda v:(v-np.mean(v))/np.std(v))
7 x = np.c_[[1]*x.shape[0],x]
8 x_train, x_test, y_train, y_test = train_test_split(x, y, test_size=0.33, random_state=1)
9
10 # 设定学习效率 alpha
11 alpha = 0.01
12
13 # 评估隐含层神经元个数
14 m = int(np.round(np.sqrt(0.43*1*4+0.12+2.54*4+0.77+0.35)+0.51,0))
15
16 # 初始化输入向量的权重矩阵
17 wInput = np.random.uniform(-1,1,(m,4))
18
19 # 初始化隐含层到输出的权重向量
20 wHide = np.random.uniform(-1,1,m)
21 epsilon = 1e-3
22 errorList = []
```

如上述代码所示，参数 epsilon 用来控制精度，当某样本的目标估计值与真实值的差距小于 epsilon 时，该样本不用进行误差反向传播，否则，需要进行反向传播，以进一步调整权值。对于整个建模过程而言，当两次残差平方和之差小于 epsilon 时，可以认为是收敛的，没有进行迭代的必要，因此可以跳出迭代，结束算法。权重矩阵 wInput 的行表示隐含层每个神经元对应输入的权重向量，而列表示输入层的每个神经元对应隐含层的权重向量。迭代过程的代码如下所示：

```
1 # 进入迭代
2 for p in range(1000):
```

```
3         error = 0
4         for i in range(x_train.shape[0]):
5             # 正向传播过程
6             xInput = x_train[i,:]
7             d = np.matmul(wInput,xInput)
8             z = (np.exp(d)-np.exp(-d))/(np.exp(d)+np.exp(-d))
9             o = np.matmul(wHide,z)
10            e = o - y_train.values[i]
11            error = error + e**2
12
13            # 若 e>epsilon，则进入反向传播过程
14            if np.abs(e) > epsilon:
15                wHide = wHide - alpha*z*e
16                a = (4*np.exp(2*d)/((np.exp(2*d)+1)**2))*wHide*alpha*e
17                wInput = wInput - [x*xInput for x in a]
18
19        errorList.append(error)
20        print("iter:",p,"error:",error)
21        # 当连续两次残差平方和的差小于 epsilon 时，退出循环
22        if len(errorList) > 2 and errorList[-2] - errorList[-1] < epsilon:
23            break
24
25 # iter: 0 error: 155.54395018394294
26 # iter: 1 error: 56.16645418105049
27 # iter: 2 error: 28.788174184286994
28 # ......
29 # iter: 141 error: 2.8748747912336405
30 # iter: 142 error: 2.873880717019784
```

可以看到，经过 143 次迭代，算法结束，并且每次迭代，残差平方和都是递减的。进一步查看最终的残差平方和，以及从输入层到隐含层和从隐含层到输出层的权值向量，代码如下：

```
1 error
2 # 2.873880717019784
3
4 wInput
5 # array([[ 1.42771077, -0.20451346, -0.11610576,  0.54878999],
6 #        [ 0.40080947,  0.67893308,  0.15667116, -0.56050505],
7 #        [ 0.15342243, -0.01495382,  0.19293603, -0.88798248],
8 #        [-0.52516692,  0.81847855, -0.46910003, -0.34153195]])
9
10 wHide
11 # array([ 0.91786267,  0.521612  , -1.32963221, -0.67729756])
```

其中，权重矩阵 wInput 和权向量 wHide 是神经网络的结果。在预测阶段，可基于拟合出来的结果对目标值进行预测。现基于学习出来的权重参数对 x_test 数据集进行预测，并计算残差平方和，代码如下：

```
1 y_pred = []
2 for i in range(x_test.shape[0]):
3     #  正向传播过程
4     xInput = x_test[i,:]
5     d = np.matmul(wInput,xInput)
6     z = (np.exp(d)-np.exp(-d))/(np.exp(d)+np.exp(-d))
7     o = np.matmul(wHide,z)
8     y_pred.append(o)
9
10 np.sum((y_test.values - y_pred)**2)
11 # 2.125832275861781
```

由上述代码可知，最终在测试集上进行预测，得到的残差平方和为 2.1258。

7.2.4　深层次拟合问题

在构建神经网络的过程中，浅层神经网络应对某些场景，效果可能还不够好，这时我们就会尝试增加神经网络的层次。一般将隐含层次超过 3 层的神经网络叫作深度神经网络。随着神经网络层次的加深，理论上神经网络的表达抽象能力也越强，特别是用于图像分类、语音识别等方面，往往具有很好的效果。然而，层次加深以后，对神经网络的优化和训练容易过早地结束，有时甚至很难将训练进行下去。这是因为在训练的过程中，发生了梯度消失或梯度爆炸的现象，使得权重系数不能有效地往更优化的方向调整。图 7-2-11 所示为一个常见的深层次神经网络结构示意图。

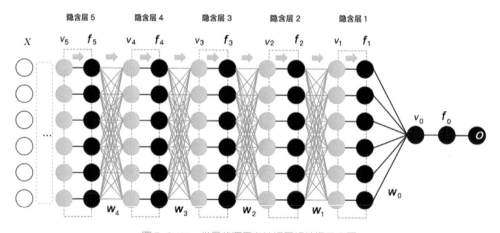

图 7-2-11　常见的深层次神经网络结构示意图

图 7-2-11 中，X 为输入层，$v_1, f_1 \sim v_5, f_5$ 为隐含层，v_0, f_0 为输出层。根据"7.2.3 浅层神经网络"的推导过程，不难得到如下关于权重矩阵 $\boldsymbol{w}$ 的递推公式（假设深度神经网络包含 m 个隐含层），即：

$$\Delta \boldsymbol{w}_k = -\alpha(O - y) \cdot \prod_{i=0}^{k-1} \boldsymbol{w}_i\, f_i'(v_i) \cdot f_i'(v_k) \cdot g(k)$$

$$g(k) = \begin{cases} f_{k+1}(v_{k+1}), k < m \\ x, k = m \end{cases}$$

上式中，$f_i'(v_i)$ 和 $f_k'(v_k)$ 表示对应激活函数（$f_0 \sim f_k$）的导数，α 为学习率。我们知道 Sigmoid 函数或 Tanh 函数的导数在其输入值较大或较小时，非常接近 0（可参考"7.2.1 基本概念"对应函数图像），比如其导数为 0.1，则 10 个 0.1 相乘就是 e_{-10}，几乎和 0 相等，这最终会使得 $\Delta w_k \approx 0$，也就是神经网络的权重矩阵没有得到有效的更新，那么这一层也就没能学到什么东西。这就是梯度消失问题，有的地方也叫作样度弥散问题。那么，该如何解决呢？我们可以尝试将 w 的值调大，使 Δw 即便在激活函数导数很少的情况下也能取得大一点的值。然而，当 w 中的值大于 1 时，这会使得 w 的边乘结果值很大，若取 2.5，10 个 2.5 相乘就是 9536.743，这种情况下，即便给一个很小的学习率，权重调整量也会很大，最终导致无法收敛，这种现象叫作梯度爆炸或梯度膨胀。所以，该方法宣告失败。那还有别的方法吗？我们可以通过选择合适的激活函数来解决该问题。

ReLU 是目前用于神经网络学习常用的激活函数，其函数图像如图 7-2-12 所示。

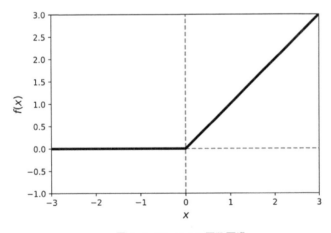

图 7-2-12 ReLU 函数图像

如图 7-2-12 所示，当 $x<0$ 时，激活函数取 0；当 $x>0$ 时，激活函数取值为 x，此时对应的导数为 1。因此，在进行权重更新时，并不会因为较小的导数连乘而使得 $\Delta w_k \to 0$，也就解决了梯度消失的问题，这个特性非常好。现在的工程师们在训练神经网络时都在广泛使用 ReLU 函数。

7.2.5 DNN 的 Python 实现

下面，我们使用 DNN（Deep Neural Networks，深度神经网络）算法，基于 iris 数据集，尝试建立 Sepal.Length、Sepal.Width、Petal.Length 对 Petal.Width 回归问题的深度神经网络预测模型，首先进行数据准备和初始化，代码如下：

```
1 # 准备基础数据
2 iris = pd.read_csv(IRIS)
3 x,y = iris.drop(columns=['Species','Petal.Width']),iris['Petal.Width']
4
5 # 标准化处理
6 x = x.apply(lambda v:(v-np.mean(v))/np.std(v))
7 x_train, x_test, y_train, y_test = train_test_split(x, y, test_size=0.33, random_state=1)
```

如上述代码所示，这里使用 Keras 完成神经网络的训练和预测。首先，我们加载了 iris 数据集，分别提取了对应的 x,y，接着使用 train_test_split 函数对样本进行分割，分别得到训练集和测试集的输入与输出。在使用深度神经网络进行建模之前，要设计神经网络的结构，即包含多少个隐含层，各隐含层对应的神经元数据，以及使用到的激活函数都要明确下来。这里我们只有 3 个变量作为输入变量，因此，输入层有 3 个神经元，我们可以尝试构建 4 个隐含层，在设计神经元数量时最好能设定为 2^n 个，按经验其优化效果会更好。因此，我们分别添加 8、16、8、4 个神经元作为这 4 个隐含层，由于预测变量只有 1 个，因此输出神经元也只有 1 个，我们设计的神经网络结构如图 7-2-13 所示。

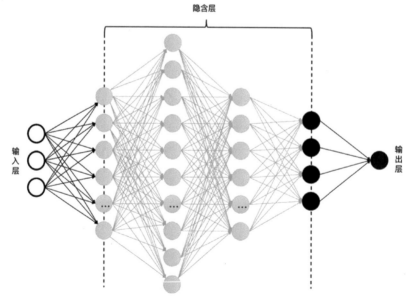

图 7-2-13 DNN 结构设计

进一步，编写 Python 代码，定义网络结构，代码如下：

```
 1 # 定义模型
 2 init = keras.initializers.glorot_uniform(seed=1)
 3 simple_adam = keras.optimizers.Adam(lr=0.0001)
 4 model = keras.models.Sequential()
 5 model.add(keras.layers.Dense(units=8, input_dim=3, kernel_initializer=init, activation='relu'))
 6 model.add(keras.layers.Dense(units=16, kernel_initializer=init, activation='relu'))
 7 model.add(keras.layers.Dense(units=8, kernel_initializer=init, activation='relu'))
 8 model.add(keras.layers.Dense(units=4, kernel_initializer=init, activation='relu'))
 9 model.add(keras.layers.Dense(units=1, kernel_initializer=init, activation='relu'))
10 model.compile(loss='mean_squared_error', optimizer=simple_adam)
```

由于该神经网络用于回归，因此损失函数使用均方误差 mean_squared_error，优化器使用 Adam 算法，并指定学习率为 0.0001，考虑到层次较深，这里使用的是 ReLU 激活函数。基于 x_train 和 y_train 对神经网络进行训练，Python 代码如下：

```
 1 # 训练模型
 2 b_size = 2
 3 max_epochs = 100
 4 print("Starting training ")
 5 h = model.fit(x_train, y_train, batch_size=b_size, epochs=max_epochs, shuffle=True, verbose=1)
 6 print("Training finished \n")
 7
 8 # Starting training
 9 # Epoch 1/100
10 # 100/100 [==============================] - 2s 20ms/step - loss: 2.0479
11 # ......
12 # Epoch 99/100
13 # 100/100 [==============================] - 0s 1ms/step - loss: 0.0429
14 # Epoch 100/100
15 # 100/100 [==============================] - 0s 1ms/step - loss: 0.0428
16 # Training finished
```

如上述代码所示，指定每批次处理两条样本，共进行 100 次迭代，通过打印的数据，我们知道，损失从 2.0479 经过迭代，一直降到了 0.0428。进一步对 x_test 进行预测，并与 y_test 进行比较，计算残差平方和，代码如下：

```
 1 # 评估模型
 2 out = model.evaluate(x_test, y_test, verbose=0)
 3 print("Evaluation on test data: loss = %0.6f \n" % (out*len(y_test)))
 4 # Evaluation on test data: loss = 1.869615
```

最终模型预测的残差平方和为 1.869615，比 BP 神经网络的 2.1258（参见"7.2.3 浅层神经网络"），值更小，效果更好。

7.3 支持向量机回归

支持向量机回归是用于解决回归问题的支持向量机算法，它是支持向量机在回归估计问题中的扩展和应用。如果我们把支持向量机针对分类问题中得到的结论推广到回归函数中，就变成了支持向量机回归，通常用于时间序列预测、非线性建模与预测、优化控制等方面。本节主要介绍支持向量机回归的基本问题，以及在此基础上研究的 LS-SVMR 算法，并基于 Python 语言对其进行实现。

7.3.1 基本问题

支持向量机最初是用来解决模式识别问题的，它也可以很好地应用于回归问题，其思路与模式识别十分相似。假设给定训练样本集 $\{(x_1, y_1), (x_2, y_2), \cdots, (x_n, y_n)\}$，$x_i, y_i \in \mathbf{R}$，数据集 $x = (x_1, x_2, \cdots, x_n)'$，且向量都默认表示列向量，$x_1 \square x_n$ 可以理解为从列向量转置后的行向量，设 $\mathbf{I} = (1, 1, \cdots, 1)'$，且 $\mathbf{I}$ 的长度为 n。首先定义用来估计的线性回归函数：$f(x) = xw + b$。

由于支持向量机回归的目标函数在寻找最优超平面的过程中让所有样本点逼近超平面，使得样本点离超平面的总偏差达到最小。因此构建支持向量机回归时，需要引入一个损失函数来计算总偏差。假设存在一个足够小的正数，对于所有样本的预测结果与真实结果偏差的绝对值之和小于或等于 ε 时，可以认为得到的 w 和 b 确定一个最优超平面，即满足条件：

$$\sum_{i=1}^{n} |f(x_i) - y_i| \leqslant \varepsilon$$

而实际上，残差绝对值之和会受 w 和 b 的影响，由点 (x_i, y_i) 到超平面的距离公式对以上条件进行修正，得到：

$$\sum_{i=1}^{n} \frac{|x_i w + b\mathbf{I} - y_i|}{\sqrt{1 + \| w \|^2}} \leqslant \sum_{i=1}^{n} |f(x_i) - y_i| \leqslant \varepsilon \rightarrow \sum_{i=1}^{n} |f(x_i) - y_i| \in \left[0, \varepsilon \cdot \sqrt{1 + \| w \|^2}\right]$$

可知，在给定 ε 的情况下，$\|w\|^2$ 越小，求得的超平面越接近最优超平面。于是，支持向量机回归要解决的一个基本最优化问题如下：

$$\min \frac{1}{2} \| w \|^2$$

$$\text{s.t. } |xw + b\mathbf{I} - y| \leqslant \varepsilon$$

考虑到允许拟合误差的情况，引入松弛因子ξ和ξ^*，则回归估计问题转化为：

$$\min \frac{1}{2} \| \boldsymbol{w} \|^2 + C(\xi^* + \xi)' \boldsymbol{I}$$

$$\text{s.t.} \begin{cases} \boldsymbol{xw} + b\boldsymbol{I} - \boldsymbol{y} \leqslant \boldsymbol{\varepsilon} + \boldsymbol{\xi}^* \\ \boldsymbol{y} - \boldsymbol{xw} - b\boldsymbol{I} \leqslant \boldsymbol{\varepsilon} + \boldsymbol{\xi} \\ \boldsymbol{\xi}, \boldsymbol{\xi}^* \geqslant 0 \end{cases}$$

其中，常数$C > 0$，用来平衡回归函数f的平坦程度和偏差大于样本点的个数。在样本数较小时，求解该优化问题一般采用对偶理论，把它转化成二次规则问题，并建立 Lagrange 方程，如下：

$$\mathcal{L}(\boldsymbol{w}, b, \boldsymbol{\xi}, \boldsymbol{\xi}^*) = \frac{1}{2} \boldsymbol{w}'\boldsymbol{w} + C(\xi^* + \xi)' \boldsymbol{I} - (\boldsymbol{\alpha}^*)'(\boldsymbol{\varepsilon} + \boldsymbol{\xi}^* + \boldsymbol{y} - \boldsymbol{xw} - b\boldsymbol{I}) - \boldsymbol{\alpha}'(\boldsymbol{\varepsilon} + \boldsymbol{\xi} - \boldsymbol{y} + \boldsymbol{xw} + b\boldsymbol{I}) - \boldsymbol{\eta}'\boldsymbol{\xi} - (\boldsymbol{\eta}^*)'\boldsymbol{\xi}^* \tag{7.2}$$

其中$\boldsymbol{\alpha}, \boldsymbol{\alpha}^*, \boldsymbol{\eta}, \boldsymbol{\eta}^* \geqslant \boldsymbol{0}$，为 Lagrange 乘子，且$\mathcal{L}(\boldsymbol{w}, b, \boldsymbol{\xi}, \boldsymbol{\xi}^*)$对$\boldsymbol{w}, b, \boldsymbol{\xi}, \boldsymbol{\xi}^*$的偏导应等于零，得到：

$$\frac{\partial \mathcal{L}(\boldsymbol{w}, b, \boldsymbol{\xi}, \boldsymbol{\xi}^*)}{\partial \boldsymbol{w}} = 0 \rightarrow \boldsymbol{w} = \boldsymbol{x}'(\boldsymbol{\alpha} - \boldsymbol{\alpha}^*)$$

$$\frac{\partial \mathcal{L}(\boldsymbol{w}, b, \boldsymbol{\xi}, \boldsymbol{\xi}^*)}{\partial b} = 0 \rightarrow (\boldsymbol{\alpha} - \boldsymbol{\alpha}^*)' \cdot \boldsymbol{I} = 0$$

$$\frac{\partial \mathcal{L}(\boldsymbol{w}, b, \boldsymbol{\xi}, \boldsymbol{\xi}^*)}{\partial \boldsymbol{\xi}} = 0 \rightarrow C\boldsymbol{I} - \boldsymbol{\alpha} - \boldsymbol{\eta} = \boldsymbol{0}$$

$$\frac{\partial \mathcal{L}(\boldsymbol{w}, b, \boldsymbol{\xi}, \boldsymbol{\xi}^*)}{\partial \boldsymbol{\xi}^*} = 0 \rightarrow C\boldsymbol{I} - \boldsymbol{\alpha}^* - \boldsymbol{\eta}^* = \boldsymbol{0}$$

将其代入式（7.2），可得对偶最优化问题：

$$\max_{\alpha, \alpha^*} \left\{ -\frac{1}{2} \sum_{i=1}^{n} \sum_{j=1}^{n} (\boldsymbol{\alpha}_i - \boldsymbol{\alpha}_i^*)(\boldsymbol{\alpha}_j - \boldsymbol{\alpha}_j^*) x_i' x_j - \varepsilon \sum_{i=1}^{n} (\boldsymbol{\alpha}_i + \boldsymbol{\alpha}_i^*) + \sum_{i=1}^{n} y_i (\boldsymbol{\alpha}_i - \boldsymbol{\alpha}_i^*) \right\}$$

$$\text{s.t.} \begin{cases} \sum_{i=1}^{n} (\boldsymbol{\alpha}_i - \boldsymbol{\alpha}_i^*) = 0 \\ 0 \leqslant \boldsymbol{\alpha}_i, \boldsymbol{\alpha}_i^* \leqslant C \end{cases}$$

根据 KKT 条件，在最优点，Lagrange 乘子与约束的乘积为 0，即：

$$\boldsymbol{\alpha}'(\boldsymbol{\varepsilon} + \boldsymbol{\xi} - \boldsymbol{y} + \boldsymbol{xw} + b\boldsymbol{I}) = 0$$

$$(\boldsymbol{\alpha}^*)'(\boldsymbol{\varepsilon} + \boldsymbol{\xi}^* + \boldsymbol{y} - \boldsymbol{xw} - b\boldsymbol{I}) = 0$$

$$\boldsymbol{\eta}'\boldsymbol{\xi} = 0 \rightarrow (C\boldsymbol{I} - \boldsymbol{\alpha})'\boldsymbol{\xi} = 0$$

$$(\boldsymbol{\eta}^*)'\boldsymbol{\xi}^* = 0 \rightarrow (C\boldsymbol{I} - \boldsymbol{\alpha}^*)'\boldsymbol{\xi}^* = 0$$

当$\boldsymbol{\alpha}_i \boldsymbol{\alpha}_i^* \neq 0$时，由于$0 \leqslant \boldsymbol{\alpha}_i, \boldsymbol{\alpha}_i^* \leqslant C$，所以$\boldsymbol{\alpha}^* \neq \boldsymbol{0}$且$\boldsymbol{\alpha} \neq \boldsymbol{0}$，于是，

$$(\boldsymbol{\alpha}^*)' \cdot \boldsymbol{\alpha}'(\boldsymbol{\varepsilon} + \boldsymbol{\xi} - \boldsymbol{y} + \boldsymbol{xw} + b\boldsymbol{I}) = 0$$

$$\boldsymbol{\alpha}' \cdot (\boldsymbol{\alpha}^*)'(\boldsymbol{\varepsilon} + \boldsymbol{\xi}^* + \boldsymbol{y} - \boldsymbol{xw} - b\boldsymbol{I}) = 0$$

其中$(\boldsymbol{\alpha}^*)' \cdot \boldsymbol{\alpha}'$和$\boldsymbol{\alpha}' \cdot (\boldsymbol{\alpha}^*)'$表示对应元素的数乘，所以其结果仍然为向量，由于，

$$(\boldsymbol{\alpha}^*)' \cdot \boldsymbol{\alpha}' = \boldsymbol{\alpha}' \cdot (\boldsymbol{\alpha}^*)'$$

将两式加在一起，可得

$$\boldsymbol{\alpha}' \cdot (\boldsymbol{\alpha}^*)' (2\boldsymbol{\varepsilon} + \boldsymbol{\xi} + \boldsymbol{\xi}^*) = 0$$

又因为向量$2\boldsymbol{\varepsilon} + \boldsymbol{\xi} + \boldsymbol{\xi}$大于 0，并且$\boldsymbol{0} \leqslant \boldsymbol{\alpha}, \boldsymbol{\alpha}^* \leqslant C\boldsymbol{I}$，所以只可能$\alpha_i \alpha_i^* = 0$。这里$\alpha_i \alpha_i^*$的取值有 3 种情况，分别如下：

①$\alpha_i = 0, \alpha_i^* = 0$，对应的$x_i$为非支持向量，对权重没有贡献。

②$0 < \alpha_i \leqslant C, \alpha_i^* = 0$，对应的$x_i$为支持向量，对权重有贡献，当$0 < \alpha_i < C$时，有$\xi_i = 0$并且$\boldsymbol{\varepsilon} - y_i + x_i \boldsymbol{w} + b = 0$。

③$\alpha_i = 0, 0 < \alpha_i^* \leqslant C$，对应的$x_i$为支持向量，对权重有贡献，对求得对偶问题最大化所得参数$\boldsymbol{\alpha}, \boldsymbol{\alpha}^*$，根据$\boldsymbol{w} = x'(\boldsymbol{\alpha} - \boldsymbol{\alpha}^*)$可得回归函数：

$$f(\boldsymbol{x}_i) = \sum_{j=1}^{n} (\alpha_j - \alpha_j^*) \boldsymbol{x}_i \boldsymbol{x}_j' + b$$

其中，参数b可按下式求出：

$$b = y_i - \sum_{j=1}^{n} (\alpha_j - \alpha_j^*) \boldsymbol{x}_i \boldsymbol{x}_j' - \boldsymbol{\varepsilon}$$

对于非线性支持向量机回归，其基本思想是通过一个非线性映射Φ将数据$\boldsymbol{x}$映射到高维特征空间即 Hilbert 空间中，并在这个空间进行线性回归，如此，在高维特征空间的线性回归就对应于低维输入空间的非线性回归。其具体实现是通过核函数$k(\boldsymbol{x}_i, \boldsymbol{x}_j) = \Phi(\boldsymbol{x}_i) \cdot \Phi(\boldsymbol{x}_j)$来实现的。

常见的核函数如下。

①多项式（Polynomial）核函数：

$$k(\boldsymbol{x}_i, \boldsymbol{x}_j) = (\boldsymbol{x}_i \boldsymbol{x}_j' + c)^p, p \in N, c \geqslant 0$$

②Gauss 径向基（RBF）核函数：

$$k(\boldsymbol{x}_i, \boldsymbol{x}_j) = \mathrm{e}^{-\frac{\|x_i - x_j\|^2}{\sigma^2}}$$

③Sigmoid 核函数：

$$k(\boldsymbol{x}_i, \boldsymbol{x}_j) = \tanh(\upsilon(\boldsymbol{x}_i, \boldsymbol{x}_j) + c)$$

基于核函数的思想,优化问题变为:

$$\max_{\alpha,\alpha^*}\left\{-\frac{1}{2}\sum_{i=1}^n\sum_{j=1}^n\left(\alpha_i-\alpha_i^*\right)\left(\alpha_j-\alpha_j^*\right)k(x_i,x_j)-\varepsilon\sum_{i=1}^n\left(\alpha_i+\alpha_i^*\right)+\sum_{i=1}^n y_i\left(\alpha_i-\alpha_i^*\right)\right\}$$

其中,

$$w=\sum_{i=1}^n\left(\alpha_i-\alpha_i^*\right)\varPhi(x_i)$$

进一步,$f(x)$ 可表示为:

$$f(x)=\sum_{i=1}^n\left(\alpha_i-\alpha_i^*\right)\left(\varPhi(x_i)\cdot\varPhi(x)\right)+b=\sum_{i=1}^n\left(\alpha_i-\alpha_i^*\right)k(x_i,x)+b$$

求解 b 的参数,可表示为:

$$b=y_i-\sum_{j=1}^n\left(\alpha_j-\alpha_j^*\right)k(x_j,x_i)-\varepsilon$$

因此,当基于对偶问题,求出最优的参数 $\boldsymbol{\alpha}$,$\boldsymbol{\alpha}^*$,即可得出对应线性或非线性问题的支持向量回归数学模型,并可在此基础上实施预测。

7.3.2 LS-SVMR 算法

LS-SVMR 即最小二乘支持向量机回归,是由 J.A.K Suykens 提出的,它是为了便于求解而对 SVM 进行的一种改进。与标准 SVM 相比,LS-SVMR 用等式约束代替 SVM 中的不等式约束,求解过程变成解一组等式方程,避免了求解耗时的二次规划问题,求解速度相对加快。

与 7.3.1 节介绍的逻辑类似,此处先介绍线性情况下的 LS-SVMR 算法。由于将不等式约束变成了等式约束,因此优化的目标函数为:

$$\min_{w,b,\xi}\frac{1}{2}w'w+\frac{1}{2}\gamma\xi'\xi\ \text{s.t.}\ y-xw-bI=\xi$$

构造 Lagrange 函数如下:

$$\mathcal{L}(w,b,\xi,\alpha)=\frac{1}{2}w'w+\frac{1}{2}\gamma\xi'\xi+\alpha'(y-xw-bI-\xi)$$

求 $\mathcal{L}(w,b,\xi,\alpha)$ 分别对 w,b,ξ,α 的偏导,并令其等于 0,可得:

$$\frac{\partial \mathcal{L}(\boldsymbol{w}, b, \boldsymbol{\xi}, \boldsymbol{\xi}^*)}{\partial \boldsymbol{w}} = \boldsymbol{0} \rightarrow \boldsymbol{w} - \boldsymbol{x}'\boldsymbol{\alpha} = \boldsymbol{0}$$

$$\frac{\partial \mathcal{L}(\boldsymbol{w}, b, \boldsymbol{\xi}, \boldsymbol{\xi}^*)}{\partial b} = 0 \rightarrow \boldsymbol{\alpha}'\boldsymbol{I} = 0$$

$$\frac{\partial \mathcal{L}(\boldsymbol{w}, b, \boldsymbol{\xi}, \boldsymbol{\xi}^*)}{\partial \boldsymbol{\xi}} = \boldsymbol{0} \rightarrow \boldsymbol{\alpha} - \gamma\boldsymbol{\xi} = \boldsymbol{0}$$

$$\frac{\partial \mathcal{L}(\boldsymbol{w}, b, \boldsymbol{\xi}, \boldsymbol{\xi}^*)}{\partial \boldsymbol{\alpha}} = \boldsymbol{0} \rightarrow \boldsymbol{y} - \boldsymbol{x}\boldsymbol{w} - b\boldsymbol{I} = \boldsymbol{\xi}$$

以上等式消去$\boldsymbol{w}$和$\boldsymbol{\xi}$，可得到下面的矩阵方程：

$$\begin{bmatrix} 0 & \boldsymbol{I}' \\ \boldsymbol{I} & \boldsymbol{\Omega} + \frac{1}{\gamma}\boldsymbol{\Lambda} \end{bmatrix} \begin{bmatrix} b \\ \alpha \end{bmatrix} = \begin{bmatrix} 0 \\ \boldsymbol{y} \end{bmatrix}$$

其中，$\boldsymbol{\Omega} = (x_i x_j'), i, j = 1, 2 \cdots, n, \boldsymbol{\Lambda}$为$n \times n$的单位矩阵。解该矩阵方程得到$\alpha$和$b$，则最小二乘支持向量机的估计函数为：

$$f(x_i) = \sum_{j=1}^{n} \alpha_j \left(x_i x_j' \right) + b$$

同理，对于非线性情形，根据核函数思想，$\boldsymbol{\Omega} = k\left(x_i, x_j\right), i, j = 1, 2$，可得估计函数为：

$$f(x_i) = \sum_{j=1}^{n} \alpha_j\, k\left(x_i, x_j\right) + b$$

7.3.3　LS-SVMR 算法的 Python 实现

根据 LS-SVMR 的算法过程，基于 iris 数据集，尝试使用 LS-SVMR 算法建立 Sepal.Length、Sepal.Width、Petal.Length 对 Petal.Width 回归问题的支持向量机回归模型，首先进行数据准备和初始化，代码如下：

```
1 # 准备基础数据
2 iris = pd.read_csv(IRIS)
3 x,y = iris.drop(columns=['Species','Petal.Width']),iris['Petal.Width']
4
5 # 标准化处理
6 x = x.apply(lambda v:(v-np.mean(v))/np.std(v))
7 x_train, x_test, y_train, y_test = train_test_split(x, y, test_size=0.33, random_state=1)
8 N = x_train.shape[0]
9 y_train = np.array([0]+list(y_train.values))
10
11 # 设置参数 sigma
12 sigma = 10
13 omiga = np.zeros((N,N))
```

```
14 for i in range(N):
15     xi = x_train.iloc[i,:]
16     omiga[i,:] = np.exp(-np.sum((x_train - xi)**2,axis=1)/sigma**2)
17
18 # 设置平衡参数 gama
19 gama = 10
20
21 # 构建矩阵 A
22 A = (omiga+(1/gama)*np.identity(N))
23 A = np.c_[[1]*N,A]
24 A = np.r_[np.array([[0]+[1]*N]),A]
```

如上述代码所示，首先对数据进行标准化处理（需要注意的是，由于此处使用的是 RBF 径向基核，所以要计算高维空间中两点的距离，故需要先标准化数据，以避免量纲对计算距离的影响），接着设置参数 sigma 和 gama，其中 sigma 表示高维空间中的点分布的离散程度，gama 对目标函数的两项之间进行平衡，通常使用交叉验证的方式给出合适的 sigma 值和 gama 值。此处，根据经验对这两个参数进行了设置。得到矩阵 A 后，即可通过最小二乘法，估计参数 b 和alpha，并根据估计的参数进行预测，进一步得到残差平方和，代码如下：

```
1 # 求 b 和 alpha 参数
2 b_alpha = np.matmul(np.linalg.inv(A),y_train)
3 b = b_alpha[0]
4 alpha = b_alpha[1:]
5
6 # 基于 x_test 进行预测
7 ypred = []
8 for i in range(x_test.shape[0]):
9     xi = x_test.iloc[i,:]
10    t0 = np.exp(-np.sum((x_train - xi)**2,axis=1)/sigma**2)
11    ypred.append(np.matmul(t0,alpha)+b)
12
13 # 误差平方和
14 np.sum((ypred - y_test)**2)
15 # 1.7705611499526264
```

从代码运行结果中可知，最终在测试数据集上得到的残差平方和为 1.77。需要注意的是，使用 LS-SVMR 算法建立支持向量机回归模型时，设置 sigma 和 gama 这两个参数很重要，一般来说，对于标准化后的数据，sigma 可取 1，而参数 gama1~10 的数较为合适。然而，这也不是一定的，为了更进一步得到可靠的参数，读者可以使用交叉验证、贝叶斯学习、遗传算法等方法进行尝试验证。

7.4 高斯过程回归

高斯过程回归（Gaussian Process Regression，GPR）是近年发展起来的一种机器学习回归方法，有着严格的统计学习理论基础，对处理高维数、小样本、非线性等复杂问题具有很好的适应性，且泛化能力强。与神经网络、支持向量机相比，该方法具有容易实现、超参数自适应获取以及输出具有概率意义等优点，方便与预测控制、自适应控制、贝叶斯滤波技术等相结合来使用。本节主要介绍 GPR 算法，考虑该算法的计算量大，将介绍使用 SD 近似法降低计算量的改进方法，最后基于 Python 对 GPR 算法进行实现。

7.4.1 GPR 算法

对于高斯过程回归，假设有训练集 $D = \{(\boldsymbol{x}_i, y_i)|i = 1,2,\cdots,n\} = (\boldsymbol{X}, \boldsymbol{y})$。其中 $\boldsymbol{x}_i \in \mathbf{R}^d$ 为 d 维输入向量，$\boldsymbol{y}$ 为输出向量，$\boldsymbol{X} = (\boldsymbol{x}_1, \boldsymbol{x}_2, \cdots, \boldsymbol{x}_n)'$ 为 $n \times d$ 的矩阵。回归的任务就是根据训练集 D 学习输入 $\boldsymbol{X}$ 与输出 $\boldsymbol{y}$ 之间的映射关系 $f(\cdot) = \mathbf{R}^d \to \mathbf{R}$，预测出与新测试点 $\boldsymbol{x}^*$ 对应的最可能输出值 $f(\boldsymbol{x}^*)$。高斯过程回归直接从函数空间角度出发，定义一个高斯过程来描述函数分布，并在函数空间进行贝叶斯推理。高斯过程是任意有限个随机变量均具有联合高斯分布的集合，其性质完全由均值函数和协方差函数确定，即：

$$\begin{cases} m(\boldsymbol{x}) = E(f(\boldsymbol{x})) \\ k(\boldsymbol{x}, \boldsymbol{z}) = E(f(\boldsymbol{x}) - m(\boldsymbol{x}))(f(\boldsymbol{z}) - m(\boldsymbol{z})) \end{cases}$$

其中 $\boldsymbol{x}, \boldsymbol{z} \in \mathbf{R}^d$ 为任意随机变量，则高斯过程定义为：

$$f(\boldsymbol{x}) \sim \mathrm{GP}\big(m(\boldsymbol{x}), k(\boldsymbol{x}, \boldsymbol{z})\big)$$

通常为了方便会将数据做预处理，使其均值函数等于 0。对于回归问题 $y = f(\boldsymbol{x}) + \varepsilon$，其中 y 为受加性噪声污染的观测值，进一步假设噪声 $\varepsilon \sim N(0, \sigma^2)$，可以得到观测值 $\boldsymbol{y}$ 的先验分布为 $\boldsymbol{y} \sim N(0, \boldsymbol{K}(\boldsymbol{X}, \boldsymbol{X}) + \sigma^2 \boldsymbol{I})$，$\boldsymbol{I}$ 为单位矩阵，观测值 $\boldsymbol{y}$ 和 f^* 预测值的联合先验分布为：

$$\begin{bmatrix} \boldsymbol{y} \\ f^* \end{bmatrix} \sim N\left(0, \begin{bmatrix} \boldsymbol{K}(\boldsymbol{X}, \boldsymbol{X}) + \sigma^2 \boldsymbol{I} & \boldsymbol{K}(\boldsymbol{X}, \boldsymbol{x}^*) \\ \boldsymbol{K}(\boldsymbol{x}^*, \boldsymbol{X}) & k(\boldsymbol{x}^*, \boldsymbol{x}^*) \end{bmatrix}\right)$$

其中，$\boldsymbol{K}(\boldsymbol{X}, \boldsymbol{X}) = (k_{ij}), i,j = 1,2,\cdots,n$，为 $n \times n$ 正定的协方差矩阵，矩阵元素 $k_{ij} = k(\boldsymbol{x}_i, \boldsymbol{x}_j)$ 用来度量 $\boldsymbol{x}_i$ 和 $\boldsymbol{x}_j$ 之间的相关性；$\boldsymbol{K}(\boldsymbol{x}^*, \boldsymbol{X}) = \boldsymbol{K}(\boldsymbol{X}, \boldsymbol{x}^*)'$ 为测试点 $\boldsymbol{x}^*$ 与 $\boldsymbol{X}$ 之间的协方差矩阵，$k(\boldsymbol{x}^*, \boldsymbol{x}^*)$ 为测试点 $\boldsymbol{x}^*$ 自身的协方差。由此可以计算出预测值 f^* 的后验分布为：

$$f^* | \boldsymbol{X}, \boldsymbol{y}, \boldsymbol{x}^* \sim N\left(\overline{f^*}, \mathrm{cov}(f^*)\right)$$

其中，

$$\overline{f^*} = \boldsymbol{K}(\boldsymbol{x}^*, \boldsymbol{X})[\boldsymbol{K}(\boldsymbol{X}, \boldsymbol{X}) + \sigma^2 \boldsymbol{I}]^{-1}\boldsymbol{y}$$

并且,

$$\text{cov}(f^*) = k(\boldsymbol{x}^*, \boldsymbol{x}^*) - \boldsymbol{K}(\boldsymbol{x}^*, \boldsymbol{X}) \times [\boldsymbol{K}(\boldsymbol{X}, \boldsymbol{X}) + \sigma^2 \boldsymbol{I}]^{-1} \boldsymbol{K}(\boldsymbol{X}, \boldsymbol{x}^*)$$

则 $\hat{u}_* = \overline{f^*}$, $\hat{\sigma}_{f^*}^2 = \text{cov}(f^*)$ 即为新测试点 $\boldsymbol{x}^*$ 对应预测值 f^* 的均值和方差。GPR 可以选取不同的协方差函数,常用的协方差函数有平方指数协方差,即:

$$k(\boldsymbol{x}, \boldsymbol{z}) = \sigma_f^2 \exp\left(-\frac{\parallel \boldsymbol{x} - \boldsymbol{z} \parallel^2}{2l^2}\right)$$

其中, l^2 为方差尺度, σ_f^2 为信号方差。参数集合 $\theta = \{l^2, \sigma_f^2, \sigma^2\}$ 即为超参数,通常由极大似然法求得。为了数值计算的方便,并且保证 $\theta > 0$ 始终成立,我们将协方差函数改写为:

$$k(\boldsymbol{x}, \boldsymbol{z}) = \exp(2\theta_2)\exp\left(-\frac{\parallel \boldsymbol{x} - \boldsymbol{z} \parallel^2}{2\exp(2\theta_1)}\right)$$

同时改写 σ^2,如下:

$$\sigma^2 = \exp(2\theta_3)$$

首先,建立训练样本条件概率的对数似然函数 $L(\theta) = \log p(\boldsymbol{y}|\boldsymbol{X}, \theta)$,然后使用极大似然法来估计参数。这里,对数似然函数 $L(\theta)$ 及其关于超参数 θ 的偏导数如下:

$$L(\theta) = -\frac{1}{2}\left(\boldsymbol{y}'\boldsymbol{C}^{-1}\boldsymbol{y} + \frac{1}{2}\log|\boldsymbol{C}| + n\log 2\pi\right)$$

$$\frac{\partial L(\theta)}{\partial \theta_i} = -\frac{1}{2}\left(\text{tr}\left(\boldsymbol{C}^{-1}\frac{\partial \boldsymbol{C}}{\partial \theta_i}\right) - \boldsymbol{y}'\boldsymbol{C}^{-1}\frac{\partial \boldsymbol{C}}{\partial \theta_i}\boldsymbol{C}^{-1}\boldsymbol{y}\right), i = 1,2,3$$

$$\boldsymbol{C} = \boldsymbol{K}(\boldsymbol{X}, \boldsymbol{X}) + \exp(2\theta_3)\boldsymbol{I}$$

$$\boldsymbol{\alpha} = \boldsymbol{C}^{-1}\boldsymbol{y}$$

其中,$\text{tr}(\cdot)$ 表示矩阵的迹。进一步求解 $\boldsymbol{C}$ 对 θ_1、θ_2、θ_3 的偏导数,可得:

$$\frac{\partial \boldsymbol{C}}{\partial \theta_1} = \exp(2\theta_2)\boldsymbol{K}(\boldsymbol{X}, \boldsymbol{X}) \odot \boldsymbol{A}$$

$$\frac{\partial \boldsymbol{C}}{\partial \theta_2} = 2\exp(2\theta_2)\boldsymbol{K}(\boldsymbol{X}, \boldsymbol{X})$$

$$\frac{\partial \boldsymbol{C}}{\partial \theta_3} = 2\exp(2\theta_2)\boldsymbol{I}$$

矩阵 $\boldsymbol{A}$ 可表示为:

$$\boldsymbol{A} = \left(\frac{\parallel x_i - x_j \parallel^2}{2\exp(2\theta_1)}\right), i, j = 1, 2, \cdots, n$$

运算符号 $\odot$ 表示相同结构的矩阵对应元素相乘。接着需要求解对数似然函数 $L(\theta)$ 取极大值时对应的参数,此处可对该问题进行一个转换,即由求解 $L(\theta)$ 的极大值变为求解 $-L(\theta)$ 的极小值,然后使用梯度下降法、共轭梯度法、牛顿法等优化方法对偏导数进行最小化以得到超参数的最优解。这里使用梯度下降法来求取最优超参数，则超参数 θ_1、θ_2、θ_3 的更新公式为：

$$\theta_1(k+1) = \theta_1(k) + \eta \frac{\partial L(\theta)}{\partial \theta_1}$$

$$\theta_2(k+1) = \theta_2(k) + \eta \frac{\partial L(\theta)}{\partial \theta_2}$$

$$\theta_3(k+1) = \theta_3(k) + \eta \frac{\partial L(\theta)}{\partial \theta_3}$$

根据该更新公式，直到算法收敛，可得到拟合好的超参数 θ，然后计算 $\hat{u}_*$ 和 $\hat{\sigma}_f^2$ 来估计新数据的预测值。尽管 GPR 算法具有容易实现、超参数自适应获取以及预测输出具有概率意义等优点，但是它目前仍存在一些问题，主要有两个方面：一是计算量大；二是局限于高斯噪声分布假设。对于计算量大的问题，通过使用数据子集近似法，从原始训练集中选择一个子集作为新的训练集，进行建模，并用于 GPR 预测。此外，还有降秩近似法、稀疏伪输入法等也可以有效降低计算量。而对局限于高斯噪声分布假设的问题，一般做法是先对其进行对数 log 变换处理，然后假设变换后的数据受高斯噪声干扰，此时 GPR 方法能得到较好的效果。

7.4.2　GPR 算法的 Python 实现

根据 GPR 算法的实现思路，基于 iris 数据集，尝试使用 GPR 算法建立 Sepal.Length、Sepal.Width、Petal.Length 对 Petal.Width 回归问题的高斯过程回归模型，首先进行数据准备和初始化，代码如下：

```python
1  import pandas as pd
2  import numpy as np
3  from sklearn.model_selection import train_test_split
4
5  # 准备基础数据
6  iris = pd.read_csv("iris.csv")
7  x,y = iris.drop(columns=['Species','Petal.Width']),iris['Petal.Width']
8
9  # 标准化处理
10 x = x.apply(lambda v:(v-np.mean(v))/np.std(v))
11 x_train, x_test, y_train, y_test = train_test_split(x, y, test_size=0.33, random_state=1)
12
13 # 初始化参数
14 n = x_train.shape[0]
15 epsilon = 1e-3
16 theta1 = 1
17 theta2 = 1
18 theta3 = 1
19 learnRate = 0.005
```

上述代码第 15 行的 epsilon 为控制精度，通常可设为 1e-3 或 1e-5 等，超参数 theta1（θ_1）、theta2（θ_2）、theta3（θ_3）均初始化为 1（由于基于指数构造，取值太大，容易造成矩阵不可逆，同时很难完成收敛），学习效率 learnRate 设置为 0.005，通常可设置在 0.001~0.01 之间。接着，进入循环，开始进行迭代求取最优超参数，代码如下：

```python
1  def delta(bgc,delta,y):
2      bgc_inv = np.linalg.inv(bgc)
3      a = np.sum(np.diag(np.matmul(bgc_inv,delta)))
4      b = np.matmul(np.matmul(y,np.matmul(np.matmul(bgc_inv,delta),bgc_inv)),y)
5      return 0.5*(a - b)
6
7  def bigc(data,t1,t2,t3):
8      rows = data.shape[0]
9      tmp = np.zeros((rows,rows))
10     for e in range(rows):
11         x_tmp = data.iloc[e,:]
12         tmp[e,:] = np.exp(2*t2)*np.exp(-np.sum((data - x_tmp)**2,axis=1)/(2*np.exp(2*t1)))
13     return tmp + np.identity(rows)*np.exp(2*t3)
14
15 for i in range(1000):
16     bigC = bigc(x_train, theta1, theta2, theta3)
17     # 更新 theta1
18     delta1 = np.zeros((n,n))
19     for j in range(n):
20         xi = x_train.iloc[j,:]
21         deltaX = (x_train - xi)**2
22         rsobj = np.sum(deltaX,axis=1)
23         delta1[j,:]=np.exp(2*theta2)*np.exp(2*theta2)*np.exp(-rsobj/(2*np.exp(2*theta1)))*rsobj/(2*np.exp
                        (2*theta1))
24
25     delta1 = delta(bigC,delta1,y_train)
26     theta1=theta1-learnRate*delta1
27
28     # 更新 theta2
29     delta2 = np.zeros((n,n))
30     for j in range(n):
31         xi = x_train.iloc[j,:]
32         deltaX = (x_train - xi)**2
33         delta2[j,:] = 2*np.exp(2*theta2)*np.exp(2*theta2)*np.exp(-np.sum(deltaX,axis=1) /(2*np.exp(2*theta1)))
34
35     delta2 = delta(bigC,delta2,y_train)
36     theta2=theta2-learnRate*delta2
37
```

```
38    #  更新 theta3
39    delta3 = np.identity(n)*np.exp(2*theta3)
40    delta3 = delta(bigC,delta3,y_train)
41    theta3=theta3-learnRate*delta3
42    print(i,"---delta1:",delta1,"delta2:",delta2,"delta3:",delta3)
43
44    #  当超参数的变化量绝对值的最大值小于给定精度时，退出循环
45    if np.max(np.abs([delta1,delta2,delta3])) < epsilon :
46        break
47 # 0 ---delta1: -15.435977359055135 delta2: 28.942308902124964 delta3: 47.0407871507001
48 # 1 ---delta1: -11.20212191847591 delta2: 20.269730245089818 delta3: 46.90575619288189
49 # 2 ---delta1: -9.326096699821793 delta2: 15.67459048871474 delta3: 46.59119394310448
50 # 3 ---delta1: -8.217168550831616 delta2: 12.588401264999455 delta3: 46.12465918227182
51 # ......
52 # 138 ---delta1: -0.0006823077050732707 delta2: -0.0009742826717165087 delta3: -2.6515727903131392e-05
53
54 #求得的 3 个超参数分别为
55 theta1,theta2,theta3
56 #(1.4767280756916963, 0.5247171125067923, -1.7670980634788505)
```

如上述代码所示，经过 139 次迭代，算法收敛，求得的最优超参数 $\theta_1 = 1.4767$, $\theta_2 = 0.5247$, $\theta_3 = -1.7671$。然后，基于这些超参数，进行 GPR 预测，代码如下：

```
1 #  进行预测并计算残差平方和
2 bigC = bigc(x_train, theta1, theta2, theta3)
3 alpha = np.matmul(np.linalg.inv(bigC),y_train)
4 ypred = []
5 ysigma = []
6 tn = x_test.shape[0]
7 for j in range(tn):
8     xi = x_test.iloc[j,:]
9     deltaX = (x_train - xi)**2
10    t0 = np.exp(2*theta2)*np.exp(-np.sum(deltaX,axis=1)/(2*np.exp(2*theta1)))
11    ypred.append(np.matmul(t0,alpha))
12    ysigma.append(np.sqrt(np.exp(2*theta2) - np.matmul(np.matmul(t0,np.linalg.inv(bigC)),t0)))
13
14 #  最终得到的残差平方和为
15 np.sum((y_test.values - ypred)**2)
16 # 2.081954371791342
17
18 pd.DataFrame({'y_test':y_test,'ypred':ypred,'sigma':ysigma}).head()
19 #      y_test    ypred      sigma
20 # 14    0.2   0.170740   0.114043
21 # 98    1.1   0.820464   0.048525
```

22 # 75	1.4	1.410814	0.047854
23 # 16	0.4	0.201179	0.067488
24 # 131	2.0	2.145182	0.151244

可见，最终求得的残差平方和为 2.08195。通过观察预测结果的前 5 行数据，可以发现变量 ypred 与真实值 y_test 非常接近，同时标准差 ysigma 也在很小的范围，说明结果比较精确。

第 8 章

时间序列分析

时间序列就是按照时间顺序取得的一系列观测值。很多数据都是以时间序列的形式出现的，比如股票市场的每日波动、科学实验、工厂装船货物数量的月度序列、公路事故数量的周度序列，以及某化工生产过程按小时观测的产量等。时间序列典型的本质特征就是相邻观测值的依赖性。作为一门概率统计学科，时间序列分析的应用性较强，在金融经济、气象天文、信号处理、机械振动等众多领域有着广泛的应用。使用时间序列方法进行预测就是通过编制和分析时间序列，根据时间序列所反映出来的发展过程、方向和趋势，进行类推或延伸，借以预测下一段时间或以后若干年内可能达到的水平。本章主要介绍时间序列分析的主要方法，并结合 Python 进行预测实现。

8.1 Box-Jenkins 方法

Box-Jenkins 方法是美国学者 Box 和英国学者 Jenkins 于 20 世纪 70 年代提出的关于时间序列、预测及控制的一整套方法，也称作传统的时间序列建模方法，Box-Jenkins 方法在各个领域的应用都十分广泛。它属于回归分析方法，是时间序列分析预测的基本方法，也被称为 ARIMA（Auto Regressive Integrated Moving Average）模型，ARIMA 属于线性模型，可以对平稳随机序列和非平稳随机序列进行描述。本节依次介绍 AR、MA、ARMA、ARIMA 模型以及扩展的 ARFIMA 模型，并结合 Python 进行实现。

8.1.1 p 阶自回归模型

时间序列分析最重要的应用就是分析表征观察值之间的相互依赖性与相关性，若对这种相关性进行量化处理，就可以方便地从系统的过去值预测将来的值。传统的线性回归模型可以很好地表示因变量的观测值与各自变量观测值的相关性，但对于一组随机观测数据，却不能直接地描述出数据内部之间的相互依赖关系。这就产生了分析数据内部相关关系的方法，即自回归（Auto Regression）模型。假设存在时间序列 $x_1, x_2, \cdots, x_t, \cdots$，则定义 p 阶自回归模型，简称为 AR(p)，如下：

$$x_t = \phi_0 + \phi_1 x_{t-1} + \phi_2 x_{t-2} + \cdots + \phi_p x_{t-p} + \varepsilon_t$$

其中，为了保证最高阶数为 p，需要满足 $\phi_p \neq 0$，有时称 ϕ_0，ϕ_1，ϕ_2，$\cdots$，ϕ_p 为自回归系数。另外，随机干扰 ε_t 满足 $E(\varepsilon_t) = 0, \mathrm{Var}(\varepsilon_t) = \sigma_\varepsilon^2$，且对于任意的 $s \neq t, E(\varepsilon_s \varepsilon_t) = 0$，要求随机干扰序列 $\{\varepsilon_t\}$ 为零均值白噪声序列。对于 $\forall s < t, E(\varepsilon_t \varepsilon_s) = 0$，说明当期的随机干扰与过去的值无关。特别是当 $\phi_0 = 0$ 时，该模型又称为中心化的 AR(p) 模型。对于 $\phi_0 \neq 0$ 的情形，可通过下式进行中心化转换：

$$x_t - \mu = \phi_1(x_{t-1} - \mu) + \phi_2(x_{t-2} - \mu) + \cdots + \phi_p(x_{t-p} - \mu) + \varepsilon_t$$

$$\mu = \frac{\phi_0}{1 - \phi_1 - \phi_2 - \cdots - \phi_p}$$

$\{x_t - \mu\}$ 为中心化序列。中心化变换实际上就是非中心化的序列整个平移了一个常数位移，这个整体移动对序列值之间的相关关系没有任何影响。引入延迟算子，中心化 AR(p) 模型又可以简记为 $\Phi(B)x_t = \varepsilon_t$，式中 $\Phi(B) = 1 - \phi_1 B - \phi_2 B^2 - \cdots - \phi_p B^p$，称为 p 阶自回归系数多项式。在给定最高阶数 p 的情况下，可基于训练数据，使用最小二乘法求解自回归系数。但是对于自回归模型来说，并不都是平稳的，对于不平稳的自回归模型，预测结果通常会出错，或与真实值差别较大，为保证模型是可用的，需要保证自回归模型是平稳的。下面介绍一下如何通过特征根来判别自回归模型的平稳性。对于任意一个中心化的 AR(p) 模型都可以视为一个非齐次线性差分方程：

$$x_t - \phi_1 x_{t-1} - \phi_2 x_{t-2} - \cdots - \phi_p x_{t-p} = \varepsilon_t.$$

相应的齐次线性差分方程为：

$$x_t - \phi_1 x_{t-1} - \phi_2 x_{t-2} - \cdots - \phi_p x_{t-p} = 0$$

令形式解 $x_t = \lambda^t$，代入方程，得到特征方程：

$$\lambda^p - \phi_1 \lambda^{p-1} - \phi_2 \lambda^{p-2} - \cdots - \phi_p = 0 \tag{8.1}$$

假设 $\lambda_1, \lambda_2, \cdots, \lambda_p$ 是该特征方程的 p 个特征根，为了有代表性，不妨设这 p 个特征根取值如下：$\lambda_1 = \lambda_2 = \cdots = \lambda_d$ 为 d 个相等实根，$\lambda_{d+1}, \lambda_{d+2}, \cdots, \lambda_{p-2m}$ 为 $p - d - 2m$ 个互不相等的实根，$\lambda_{j1} = r_j e^{iw_j}, \lambda_{j2} = r_j e^{-iw_j}, j = 1, 2, \cdots, m$ 为 m 对共轭复根。那么该齐次线性差分方程的通解可表示为：

$$x'_t = \sum_{j=1}^{d} c_j\, t^{j-1} \lambda_1^t + \sum_{j=d+1}^{p-2m} c_j\, \lambda_j^t + \sum_{j=1}^{m} r_j^t \left(c_{1j}\cos tw_j + c_{2j}\sin tw_j \right)$$

而对于以上非齐次线性差分方程，它还存在一个特解x''_t，比较$\Phi(B)$与式（8.1）可知，当$u_i = \frac{1}{\lambda_i}, i = 1,2,\cdots,p$时，有：

$$\Phi(u_i) = 1 - \phi_1 \frac{1}{\lambda_i} - \phi_2 \left(\frac{1}{\lambda_i}\right)^2 - \cdots - \phi_p \left(\frac{1}{\lambda_i}\right)^p = \frac{1}{\lambda_i^p}\left(\lambda_i^p - \phi_1\lambda_i^{p-1} - \phi_2\lambda_i^{p-2} - \cdots - \phi_p\right) = 0$$

所以，$\frac{1}{\lambda}$是自回归系数多项式方程$\Phi(u) = 0$的根，于是$\Phi(B)$可分解为：

$$\Phi(B) = \prod_{i=1}^{p}(1 - \lambda_i B)$$

进一步得到特解x''_t的值，可表示为：

$$x''_t = \frac{\varepsilon_t}{\Phi(B)} = \frac{\varepsilon_t}{\prod_{i=1}^{p}(1 - \lambda_i B)}$$

于是，对于以上非齐次线性差分方程的通解x_t可表示为：

$$x_t = x'_t + x''_t = \sum_{j=1}^{d} c_j\, t^{j-1}\lambda_1^t + \sum_{j=d+1}^{p-2m} c_j\, \lambda_j^t + \sum_{j=1}^{m} r_j^t\left(c_{1j}\cos tw_j + c_{2j}\sin tw_j\right) + \frac{\varepsilon_t}{\prod_{i=1}^{p}(1 - \lambda_i B)}$$

要使得中心化AR(p)模型平稳，即要求对任意实数$c_1,\cdots,c_{p-2m}, c_{1j}, c_{2j}(j = 1,2,\cdots,m)$，有$\lim_{t\to\infty} x_t = 0$。

其成立的充要条件是：

$$|\lambda_i| < 1, \quad i = 1,2,\cdots,p-2m$$
$$|r_i| < 1, \quad i = 1,2,\cdots,m$$

这实际上就要求AR(p)模型的p个特征根都在单位圆内。根据特征根和自回归系数多项式的根成倒数的性质，AR(p)模型平稳的等价差别条件是该AR(p)模型的自回归系数多项式的根，即$\Phi(u) = 0$的根，都在单位圆以外。对于高阶自回归过程，其平稳性条件用其模型参数表示比较复杂，但可结合如下自回归过程平稳的必要条件进行辅助判断。$\phi_1 + \phi_2 + \cdots + \phi_p < 1$对于平稳的自回归模型，其自相关系数满足如下的递推关系：

$$\rho_k = \phi_1\rho_{k-1} + \phi_2\rho_{k-2} + \cdots + \phi_p\rho_{k-p} \tag{8.2}$$

很显然，当$p = 1$时，$\rho_k = \phi_1^k, k \geqslant 0$，当$p = 2$时，自相关系数的递推公式为：

$$\rho_k = \begin{cases} 1, & k = 0 \\ \dfrac{\phi_1}{1 - \phi_2}, & k = 1 \\ \phi_1\rho_{k-1} + \phi_2\rho_{k-2}, & k \geqslant 2 \end{cases}$$

平稳AR(p)模型的自相关系数具有两个显著的性质，即拖尾性和负指数衰减性。由于是平稳的，所以ρ_k始终有非零取值，不会在k大于某个常数后就恒等于 0，这个性质就是拖尾性。实际上x_t之前的每个序列值$x_{t-1}, x_{t-2}, \cdots$都会对x_t构成影响，自回归的这种特征体现在自相关系数上就是自相关系数的拖尾性。另外，（式 8.2）是一个 p 阶齐次差分方程，那么滞后任意 k 阶的自相关系数的通解为：

$$\rho_k = \sum_{i=1}^{p} c_i \lambda_i^k$$

前面的$|\lambda_i| < 1, i = 1, 2, \cdots, p$为该方程的特征根，$c_1, c_2, \cdots, c_p$为任意常数。可以看到，随着时间的推移，$\rho_k$会迅速衰减，因为$|\lambda_i| < 1$，所以$k \to \infty$时，$\lambda_i^k \to 0, i = 1, 2, \cdots, p$，继而导致：

$$\rho_k = \sum_{i=1}^{p} c_i \lambda_i^k \to 0$$

这种影响以负指数λ^k的速度减小。这种性质就是负指数衰减性，也可以理解为短期相关性。它是平稳序列的一个重要特征，这个特征表明对平稳序列而言通常只有近期的序列值对当期值的影响比较明显，间隔越远的过去值对现时值的影响越小。对于平稳的自回归模型，其偏自相关系数具有截尾性，即对于任意大于 p 的阶数 k，其对应的偏自相关系数均为 0。该性质和前面的自相关系数拖尾性是AR(p)模型重要的识别依据。

8.1.2 q阶移动平均模型

假设对于时间序列$x_1, x_2, \cdots, x_t, \cdots$，存在扰动项$\varepsilon_1, \varepsilon_2, \cdots, \varepsilon_t, \cdots$，如果时刻$t$对应的值$x_t$与它以前的时刻$t-1, t-2, \cdots$对应的值$x_{t-1}, x_{t-2}, \cdots$都无直接关系，而与以前时刻对应的扰动$\varepsilon_{t-1}, \varepsilon_{t-2}, \cdots$存在一定的相关关系，那么满足这种情况的模型，叫作移动平均（Moving Average）模型，如果最高阶数为q，又叫q阶移动平均模型，简记为MA(q)，它的结构如下：

$$x_t = \mu + \varepsilon_t - \theta_1 \varepsilon_{t-1} - \theta_2 \varepsilon_{t-2} - \cdots - \theta_q \varepsilon_{t-q}$$

其中，为了保证最高阶数为q，需要满足$\theta_q \neq 0$，有时称$\theta_1, \theta_2, \cdots, \theta_q$为移动系数。另外，随机干扰项$\varepsilon_t$满足$E(\varepsilon_t) = 0, \mathrm{Var}(\varepsilon_t) = \sigma_\varepsilon^2$，且对于任意的$s \neq t, E(\varepsilon_t \varepsilon_s) = 0$。特别是当$\mu = 0$时，称为中心化。对非中心化MA($q$)模型只要做一个简单的位移$y_t = x_t - \mu$，就可以转化为中心化MA($q$)模型。这种中心化运算不会影响序列值之间的相关关系。使用延迟算子，中心化MA(q)模型又可简记为：

$$x_t = \Theta(B)\varepsilon_t, \Theta(B) = 1 - \theta_1 B - \theta_2 B^2 - \cdots - \theta_q B^q$$

其中，$\Theta(B)$称为q阶移动平均系数多项式。与AR(p)模型有所不同，MA(q)模型一定是平稳的，其自相关系数具有q阶截尾的性质，即满足：

$$\rho_k = \begin{cases} 1 & ,k = 0 \\ \dfrac{-\theta_k + \sum_{i=1}^{q-k} \theta_i \theta_{k+i}}{1 + \theta_1^2 + \theta_2^2 + \cdots + \theta_q^2} & ,1 \leqslant k \leqslant q \\ 0 & ,k > q \end{cases}$$

其偏自相关系数具有拖尾性质。MA模型的这两个性质和AR模型的两个性质正好呈对偶关系。此外，MA模型还具有可逆性，即保证一个给定的自相关系数能够对应唯一的MA模型。容易验证当两个MA(1)模型具有如下结构时，它们的自相关系数正好相等：

$$模型 1：x_t = \varepsilon_t - \theta \varepsilon_{t-1}$$

$$模型 2：x_t = \varepsilon_t - \frac{1}{\theta} \varepsilon_{t-1}$$

把这两个MA(1)模型写成两个自相关模型形式，如下：

$$模型 1：\frac{x_t}{1 - \theta B} = \varepsilon_t$$

$$模型 2：\frac{x_t}{1 - \frac{1}{\theta} B} = \varepsilon_t$$

显然，当$|\theta| < 1$时，模型 1 收敛，模型 2 不收敛；当$|\theta| > 1$时，模型 2 收敛，而模型 1 不收敛。若一个MA模型能够表示成收敛的AR模型形式，那么该MA模型称为可逆模型。在此情况下，一个自相关系数唯一对应一个可逆的MA模型。对于MA(q)模型，由于$\Theta(B) = 1 - \theta_1 B - \theta_2 B^2 - \cdots - \theta_q B^q$为移动平均系数多项式。假定$\frac{1}{\lambda_1}, \frac{1}{\lambda_2}, \cdots, \frac{1}{\lambda_q}$是该多项式的$q$个根，则$\Theta(B)$可以分解成：

$$\Theta(B) = \prod_{k=1}^{q} (1 - \lambda_k B)$$

则ε_t可表示如下：

$$\varepsilon_t = \frac{x_t}{\prod_{k=1}^{q} (1 - \lambda_k B)}$$

该式收敛的充分条件是$|\lambda_i| < 1, i = 1, 2, \cdots, p$，等价于MA模型的系数多项式的根都在单位圆外，即$\frac{1}{|\lambda_i|} > 1$。这个条件也称为MA模型的可逆性条件。

8.1.3 自回归移动平均模型

假设对于时间序列$x_1, x_2, \cdots, x_t, \cdots$，存在扰动项$\varepsilon_1, \varepsilon_2, \cdots, \varepsilon_t, \cdots$，如果时刻$t$对应的值$x_t$不仅与它以前的时刻$t-1, t-2, \cdots$对应的值$x_{t-1}, x_{t-2}, \cdots$相关，而且还与以前时刻对应的扰动项$\varepsilon_{t-1}, \varepsilon_{t-2}, \cdots$存在一定的相关关系，那么满足这种情况的模型，叫作自回归移动平均（Auto Regression Moving Average）模型，它具有如下结构：

$$x_t = \phi_0 + \phi_1 x_{t-1} + \phi_2 x_{t-2} + \cdots + \phi_p x_{t-p} + \varepsilon_t - \theta_1 \varepsilon_{t-1} - \theta_2 \varepsilon_{t-2} - \cdots - \theta_q \varepsilon_{t-q}$$

其中，为了保证最高阶数为 p 和 q，需要满足 $\phi_p \neq 0$，并且 $\theta_q \neq 0$。对于随机干扰项 ε_t 满足 $E(\varepsilon_t) = 0, \mathrm{Var}(\varepsilon_t) = \sigma_\varepsilon^2$，且对于任意的 $s \neq t, E(\varepsilon_s \varepsilon_t) = 0$，对于 $\forall s < t, E(\varepsilon_s \varepsilon_t) = 0$，则说明当期的随机干扰项与过去的值无关，该模型可简记为 $\mathrm{ARMA}(p, q)$。

特别是当 $\phi_0 = 0$ 时，该模型又称为中心化的 $\mathrm{ARMA}(p, q)$ 的模型。当 $q = 0$ 时，$\mathrm{ARMA}(p, q)$ 模型就退化成了 $\mathrm{AR}(p)$ 模型，当 $p = 0$ 时，$\mathrm{ARMA}(p, q)$ 模型就退化成了 $\mathrm{MA}(q)$ 模型。所以 AR 模型和 MA 模型实际上是 ARMA 模型的特例，它们都统称为 ARMA 模型，而 ARMA 模型的统计性质也正是 AR 模型和 MA 模型统计性质的有机组合。由于 MA 一定平稳，所以 ARMA 模型的平稳完全由自回归部分的平稳性决定。也就是说其自回归部分的系数多项式对应方程 $\Phi(u) = 0$ 的根在单位圆内时，ARMA 模型是平稳的。综合考虑 AR 模型、MA 模型和 ARMA 模型自相关系数和偏自相关系数的性质，我们可以总结出如表 8-1-1 所示的规律。

表 8-1-1　模型与相关系数的规律

模型	自相关系数	偏自相关系数
$\mathrm{AR}(p)$	拖尾	阶截尾
$\mathrm{MA}(q)$	阶截尾	拖尾
$\mathrm{ARMA}(p,q)$	拖尾	拖尾

假如某个观察值序列通过序列预处理，可以判定为平稳非白噪声序列，我们就可以利用 ARMA 模型对该序列建模，其基本流程如图 8-1-1 所示。

与以上流程对应的步骤如下。

第一步：求出该观测值序列的样本自相关系数（ACF）值和样本偏自相关系数（PACF）值。ACF 值可通过以下公式求得：

$$\hat{\rho}_k = \frac{\sum_{t=1}^{n-k}(x_t - \overline{x})(x_{t+k} - \overline{x})}{\sum_{t=1}^{n}(x_t - \overline{x})^2}, \forall 0 < k < n$$

PACF 值可以利用 ACF 值，根据以下公式求得：

$$\hat{\phi}_{kk} = \frac{\widehat{D}_k}{\widehat{D}}, \forall 0 < k < n$$

$$\widehat{D} = \begin{vmatrix} 1 & \hat{\rho}_1 & \cdots & \hat{\rho}_{k-1} \\ \hat{\rho}_1 & 1 & \cdots & \hat{\rho}_{k-2} \\ \vdots & \vdots & \vdots & \vdots \\ \hat{\rho}_{k-1} & \hat{\rho}_{k-2} & \cdots & 1 \end{vmatrix}, \quad \widehat{D}_k = \begin{vmatrix} 1 & \hat{\rho}_1 & \cdots & \hat{\rho}_1 \\ \hat{\rho}_1 & 1 & \cdots & \hat{\rho}_2 \\ \vdots & \vdots & \vdots & \vdots \\ \hat{\rho}_{k-1} & \hat{\rho}_{k-2} & \cdots & 1 \end{vmatrix}$$

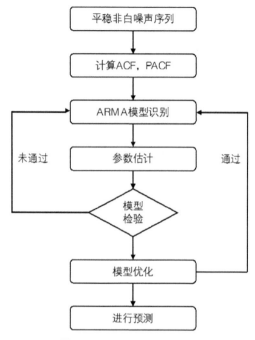

图 8-1-1　ARMA 模型流程图

第二步：根据样本自相关系数和偏自相关系数的性质，选择阶数适当的ARMA(p,q)模型进行拟合。这个过程实际上就是要根据 PACF 和 ACF 的性质估计自相关阶数$\hat{p}$和移动平均阶数$\hat{q}$，因此，模型识别过程也被称为模型定阶过程。

第三步：估计模型中未知参数的值。对于一个非中心化ARMA(p,q)模型，有：

$$x_t = \mu + \frac{\Theta_q(B)}{\Phi_p(B)}\varepsilon_t$$

参数μ是序列均值，通常采用矩估计方法，用样本均值估计总体均值即可得到它的估计值：

$$\hat{\mu} = \overline{x} = \frac{\sum_{i=1}^{n} x_i}{n}$$

对原序列进行中心化，有：

$$y_t = x_t - \mu$$

现在的待估计参数为$\phi_1, \phi_2, \cdots, \phi_p, \theta_1, \theta_2, \cdots, \theta_q, \sigma_\varepsilon^2$，共$p + q + 1$个参数。对这些参数的估计通常有 3 种方法：矩估计、最大似然估计、最小二乘法。

第四步：检验模型的有效性。如果拟合模型通不过检验，则转向第二步，重新选择模型再拟合。对拟合模型进行的检验主要分为模型的显著性检验和参数的显著性检验。一个模型是否显著有效主要看它提取的信息是否充分，好的拟合模型应该能够提取观测值序列中几乎所有的样本相关信息，换言之，拟合残差项将不再蕴含任何相关信息，即残差序列应该为白噪声，这样的模型才能称之为显著有效的模型。反之，如果残差序列为非白噪声序列，那就意味着残差序列中还残留着相关信息未被提取，这就说明模型拟合得还不够，还需要选择其他模型，重新进行拟合。

所以，模型的显著性检验即为残差序列的白噪声检验。原假设和备择假设分别为：$H_0: \rho_1 = \rho_2 = \cdots = \rho_m, \forall m \geqslant 1$，$H_1$:至少存在某个 $\rho_k \neq 0, \forall m \geqslant 1, k \leqslant m$，检验统计量为 LB（Ljung-Box）检验统计量：

$$\mathrm{LB} = n(n + 2) \sum_{k=1}^{m} \left(\frac{\hat{\rho}_k^2}{n - k} \right) \sim \chi^2(m), \forall m > 0$$

如果拒绝原假设，就说明残差序列中还残留着相关信息，拟合模型不显著。如果不能拒绝原假设，就认为拟合模型显著有效。

参数的显著性检验就是要检验每一个未知参数是否显著非零，这个检验的目的是为了使模型最精简。如果某个参数不显著，则表示该参数所对应的那个自变量对因变量的影响不明显，该自变量可以从拟合模型中删除。最终模型将由一系列参数显著非零的自变量表示。

第五步：模型优化，如果拟合模型通过检验，则仍然转向第二步，充分考虑各种可能，建立多个拟合模型，从所有通过检验的拟合模型中选择最优模型，通常使用 AIC 准则来判断模型的好坏。AIC 准则是由日本统计学家 Akaike 于 1973 年提出的，它的全称是最小信息量准则，该准则从两方面来考察，似然函数值和模型中未知参数的个数。通常似然函数值越大说明模型的拟合效果越好，模型中未知参数个数越多，说明模型中包含的自变量越多，模型变化越灵活，模型拟合的准确度就会越高，但同时自变量越多，未知的风险也就越多，同时参数估计的难度也会变大。所以一个好的拟合模型应该是一个拟合精度和未知参数个数的综合最优配置。

AIC 准则被定义为拟合精度和参数个数的加权函数，如下所示：

$$\mathrm{AIC} = -2\ln(\text{模型的极大似然函数值}) + 2(\text{模型中未知参数的个数})$$

使 AIC 函数达到最小的模型通常被认为是最优模型。这里不加推导地直接给出中心化 ARMA(p, q) 模型的 AIC 函数为：

$$\mathrm{AIC} = n\ln(\hat{\sigma}_\varepsilon^2) + 2(p + q + 1)$$

非中心化 ARMA(p, q) 模型的 AIC 函数为：

$$\mathrm{AIC} = n\ln(\hat{\sigma}_\varepsilon^2) + 2(p + q + 2)$$

第六步：利用拟合模型，预测序列将来的走势。

8.1.4 ARIMA 模型

ARIMA 模型又叫求和自回归移动平均（Auto Regression Integrated Moving Average）模型，简记为ARIMA(p,d,q)模型，它具有如下结构：

$$\Phi(B)\nabla^d x_t = \Theta(B)\varepsilon_t \tag{8.3}$$

其中，随机干扰项ε_t满足$E(\varepsilon_t) = 0, \mathrm{Var}(\varepsilon_t) = \sigma_{\varepsilon_t}^2$，且对于任意的$s \neq t, E(\varepsilon_s\varepsilon_t) = 0$，即序列$\{\varepsilon_t\}$为零均值白噪声序列。另外，对于$\forall s < t, E(\varepsilon_s\varepsilon_t) = 0$。式中$\nabla^d = (1 - B)^d$，表示进行$d$阶差分运算，$\Phi(B)$为平衡可逆ARMA$(p,q)$的自回归系数多项式，$\Theta(B)$为对应的移动平均系数多项式。式（8.3）可简记为：

$$\nabla^d x_t = \frac{\Theta(B)}{\Phi(B)}\varepsilon_t$$

即ARIMA模型的实质就是差分运算与ARMA模型的组合。这说明任何非平稳序列只要通过适当阶数的差分后平稳，就可以对差分后的序列进行 ARMA 模型拟合了。对原序列进行差分运算可以用公式表示为：

$$\nabla^d x_t = \sum_{i=0}^{d} (-1)^i \mathrm{C}_d^i x_{t-i}$$

$$\mathrm{C}_d^i = \frac{d!}{i!(d-i)!}$$

即差分后序列等于原序列的若干序列值的加权和，相对于 ARMA 模型，由于有这个加权求和进行差分运算的过程，所以 ARIMA 叫作求和自回归移动平均模型。

使用 ARIMA 模型建模的基本流程如图 8-1-2 所示。

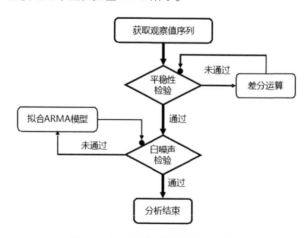

图 8-1-2　ARIMA 建模的基本流程

与以上流程对应的步骤如下。

第一步：获取观察值序列，进行平稳性检验，如果序列是平稳的，就进入第二步，否则需要进行差分运算，使差分运算后的序列变得平稳。相比 ARMA 模型，ARIMA 模型更适合处理非平稳的序列。

第二步：对平稳序列进行白噪声检验，若是非白噪声的序列则进入第三步，如果发现原序列是白噪声，则这种情况是无法预测的，直接结束分析。

第三步：对平稳非白噪声序列拟合 ARMA 模型，可参考 8.1.3 节 ARMA 模型的建模流程。

第四步：检验 ARMA 模型的残差序列，如果该序列不是白噪声，则返回第三步，重新选择参数或定阶，使得残差序列的结果满足白噪声的假设，否则，这个模型的信息提取是不充分的。当残差序列是白噪声时，分析结束。

8.1.5 ARIMA 模型的 Python 实现

由于 ARIMA 模型可以处理非平稳的序列，而现实生活中的很多数据其实都是非平稳的，正是因为这个特点，它比 ARMA 模型更加通用。这里，以 1952—1988 年中国农业实际国民收入指数序列作为基础数据，使用 Python 建立 ARIMA 模型，并就其实现过程进行逐步说明。基础序列数据如表 8-1-2 所示。

表 8-1-2 时间序列建模基础数据

年份	农业	年份	农业	年份	农业
1952	100	1965	122.9	1978	161.2
1953	101.6	1966	131.9	1979	171.5
1954	103.3	1967	134.2	1980	168.4
1955	111.5	1968	131.6	1981	180.4
1956	116.5	1969	132.2	1982	201.6
1957	120.1	1970	139.8	1983	218.7
1958	120.3	1971	142	1984	247
1959	100.6	1972	140.5	1985	253.7
1960	83.6	1973	153.1	1986	261.4
1961	84.7	1974	159.2	1987	273.2
1962	88.7	1975	162.3	1988	279.4
1963	98.9	1976	159.1		
1964	111.9	1977	155.1		

首先，加载数据集，并绘制时序图，代码如下：

```
1 # 加载基础数据
2 ts_data = pd.read_csv(AGR_INDEX)
3 rows = ts_data.shape[0]
4 plt.figure(figsize=(10,6))
5 plt.plot(range(rows),ts_data.agr_index,'-',c='black',linewidth=3)
6 plt.xticks(range(rows)[::3],ts_data.year[::3],rotation=50)
7 plt.xlabel("$year$",fontsize=15)
8 plt.ylabel("$agr\_index$",fontsize=15)
9 plt.show()
```

效果如图 8-1-3 所示，数据呈现明显的增长趋势，是不平稳的，更不是白噪声。

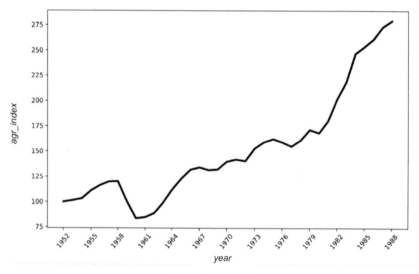

图 8-1-3　时序图

进一步，需要对数据进行差分运算，使差分后的数据变得平稳，代码如下：

```
 1 # 此处预留 10 年的数据进行验证
 2 test_data = ts_data[(rows - 10):rows]
 3 train_data = ts_data[0:(rows - 10)]
 4
 5 # 进行 d 阶差分运算
 6 d = 1
 7 z = []
 8 for t in range(d,train_data.shape[0]):
 9     tmp = 0
10     for i in range(0,d+1):
11         tmp = tmp + (-1)**i*(np.math.factorial(d)/(np.math.factorial (i)*np.math.factorial(d-i)))*train_data.iloc [t-i,1]
```

```
12      z.append(tmp)
13
14 # 使用单位根检验差分后序列的平稳性
15 import statsmodels.tsa.stattools as stat
16 stat.adfuller(z, 1)
17 #(-3.315665263756724,
18 # 0.014192594291845282,
19 # 1,
20 # 24,
21 # {'1%': -3.7377092158564813,
22 #   '5%': -2.9922162731481485,
23 #   '10%': -2.635746736111111},
24 # 161.9148847383757)
```

由于检验结果的 P 值为 0.0142，小于 0.05，所以拒绝原假设，认为差分后的序列是平稳的。进一步编码对其进行 Ljung_Box 检验，代码如下：

```
1 plt.plot(lb_test(z,boxpierce=True)[1],'o-',c='black',label="LB-p 值")
2 plt.plot(lb_test(z,boxpierce=True)[3],'o--',c='black',label="BP-p 值")
3 plt.legend()
4 plt.show()
```

效果如图 8-1-4 所示。

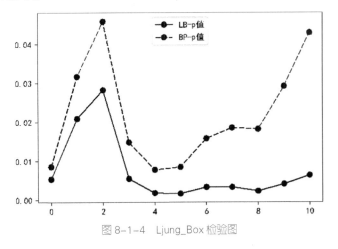

图 8-1-4　Ljung_Box 检验图

由于 Ljung-Box 检验的 P 值都小于 0.05，所以差分后的序列不能视为白噪声。因此，经过 1 阶差分，我们得到的序列是一个平稳非白噪声的序列。接着，需要对该模型定阶，代码如下：

```
1 fig, axes = plt.subplots(nrows=1, ncols=2,figsize=(14,5))
2 ax0, ax1 = axes.flatten()
3 plot_acf(z, ax=ax0, lags=5, alpha=0.05)
```

```
4 plot_pacf(z, ax=ax1, lags=5, alpha=0.05)
5 plt.show()
```

效果如图 8-1-5 所示，自相关图在 1 阶处截尾，偏相关图没有显示出截尾性，因为可以考虑 MA(1) 模型，即 $x_t = \mu + \varepsilon_t - \theta_1 \varepsilon_{t-1}$。

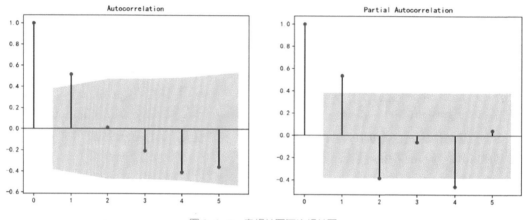

图 8-1-5　自相关图与偏相关图

假设 $\varepsilon_0 = 0$，对于 ε_i 有 $\varepsilon_i = x_i - \mu + \theta_1 \varepsilon_{i-1}$，在要求所有残差平方和最小的前提下，求得 ε_i^2 对 θ_1 的导数为：

$$\frac{\partial \varepsilon_i^2}{\partial \theta_1} = 2(x_i - \mu + \theta_1 \varepsilon_{i-1}) \frac{\partial \varepsilon_i}{\partial \theta_1}$$

$$\frac{\partial \varepsilon_i}{\partial \theta_1} = \varepsilon_{i-1} + \theta_1 \frac{\partial \varepsilon_{i-1}}{\partial \theta_1}$$

进一步，可通过梯度下降的方式对参数 θ_1 进行逐步调整，更新公式为：

$$\theta_1 = \theta_1 - \lambda \frac{\partial \varepsilon_i^2}{\partial \theta_1}$$

其中，λ 是学习效率，控制学习的进度，也影响收敛的效果。基于该方法，对模型进行拟合，代码如下：

```
1 # 基于最小化残差平方和的假设，使用梯度下降法拟合未知参数
2 miu = np.mean(z)
3 miu
4 # 2.3538461538461535
5
6 theta1 = 0.5
7 alpha = 0.0001
8 epsilon_theta1 = 0
```

```
 9 errorList = []
10 for k in range(60):
11      epsilon = 0
12      error = 0
13      for i in range(len(z)):
14          epsilon_theta1 = epsilon+theta1*epsilon_theta1
15          theta1 = theta1-alpha*2*(z[i]-miu+theta1*epsilon)*epsilon_theta1
16          epsilon = z[i]-miu+theta1*epsilon
17          error = error+epsilon**2
18      errorList.append(error)
19      print("iter:",k," error:",error)
20      # 当连续两次残差平方和的差小于 1e-5 时，退出循环
21      if len(errorList) > 2 and np.abs(errorList[-2] - errorList[-1]) < 1e-5:
22          break
23 # iter: 0   error: 2158.5528412123554
24 # iter: 1   error: 1629.117571439535
25 # iter: 2   error: 1378.697932325996
26 # ......
27 # iter: 14   error: 873.0924002584927
28 # ......
29 # iter: 37   error: 863.6232496284028
30 # iter: 38   error: 863.6232390131801
31 # iter: 39   error: 863.623233001729
32
33 theta1
34 # -0.7940837640329033
```

如上述代码所示，算法经过 40 次迭代后收敛，并且过程中残差平方和一直在减小，直到趋于稳定。最终求得的参数 $\theta_1 = -0.7940838$，均值为 2.353846。于是，模型的递推公式可表示为：

$$x_t = 2.353846 + \varepsilon_t + 0.7940838\varepsilon_{t-1}, \varepsilon_0 = 0$$

基于该模型，分析差分后序列对应的残差序列，检验是否为白噪声序列，代码如下：

```
 1 error = []
 2 epsilon = 0
 3 for i in range(len(z)):
 4      epsilon = z[i]-miu+theta1*epsilon
 5      error.append(epsilon)
 6
 7 # 使用 Ljung-Box 检验 error 序列是否为白噪声
 8 plt.plot(lb_test(error,boxpierce=True)[1],'o-',c='black',label="LB-p 值")
 9 plt.plot(lb_test(error,boxpierce=True)[3],'o--',c='black',label="BP-p 值")
10 plt.legend()
11 plt.show()
```

效果如图 8-1-6 所示，由于 Ljung-Box 检验的 P 值都在 0.05 以上，说明残差序列就是白噪声，模型对差分后序列信息的提取比较完整。

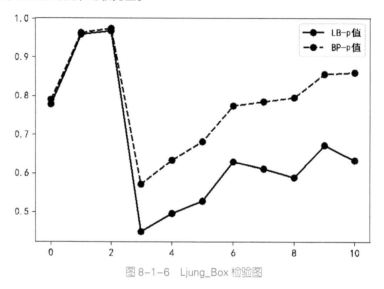

图 8-1-6　Ljung_Box 检验图

如果用 $x_t = 2.353846 + \varepsilon_t + 0.7940838\varepsilon_{t-1}, \varepsilon_0 = 0$ 来进行预测，那么很明显，必须首先给出预测期的 ε_t 估计值，然后逐步迭代，就可以预测未来指定期数的序列值了。由 $MA(q)$ 的 q 步截尾性可知，该模型只能预测 q 步之内的序列走势，超过 q 步预测值恒等于序列均值。由于此处 $q = 1$，所以该模型可对未来 1 年的数据进行趋势预测，剩余年份只能等于序列均值了，同时绘制曲线与真实数据进行比较，代码如下：

```
1 #  基于该模型对差分后的序列进行预测
2 predX = miu+np.mean(error)-theta1*epsilon
3 predX
4 # 4.745789901194965
5
6 #  由于经过 1 阶差分的运算，所以此处需要进行差分的逆运算，以计算原始序列对应的预测值
7 org_predX=train_data.iloc[-1,1]+predX
8 org_predX
9 # 165.94578990119496
10
11 #对超过 1 期的预测值，统一为 predXt
12 predXt = org_predX+2.353846+1.7940838*np.mean(error)
13 predXt
14 # 168.3897028849476
15
16 #  绘制出原始值和预测值
```

```
17 plt.figure(figsize=(10,6))
18 plt.plot(range(rows),ts_data.agr_index,'-',c='black',linewidth=3)
19 plt.plot(range(train_data.shape[0],ts_data.shape[0]),[org_predX]+[predXt]*9,'o',c='gray')
20 plt.xticks(range(rows)[::3],ts_data.year[::3],rotation=50)
21 plt.xlabel("$year$",fontsize=15)
22 plt.ylabel("$agr\_index$",fontsize=15)
23 plt.show()
```

效果如图 8-1-7 所示，从左往右第一个圆点处为向前预测 1 期的值，可见，它与真实结果十分接近。

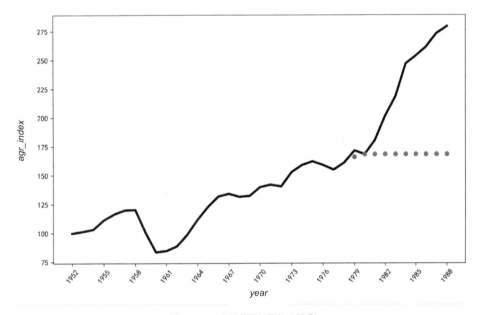

图 8-1-7　对时间数据进行预测

由于 q 步截尾的关系，导致再向前的预测结果就只能是均值了，如果真实情况持续增长，那么必然会引起较大误差。所以在实践中，可以尝试每预测一次就更新一下数据，使用最新的数据进行预测，这样在下期预测时，就能获得较好的预测结果。对以上代码进行改进，使用最新的结果修正误差，以得到可靠的预测结果，代码如下：

```
1 predX = []
2 for i in range(10):
3     predval = miu + np.mean(error) - theta1*epsilon
4     if i == 0:
5         org_predX = train_data.iloc[-1,1] + predval
6     else:
```

```
 7              org_predX = test_data.iloc[i-1,1] + predval
 8          predX.append(org_predX)
 9          epsilon = test_data.iloc[i,1] - org_predX
10
11 plt.figure(figsize=(10,6))
12 plt.plot(range(rows),ts_data.agr_index,'-',c='black',linewidth=3)
13 plt.plot(range(train_data.shape[0],ts_data.shape[0]),predX,'o--',c='red')
14 plt.xticks(range(rows)[::3],ts_data.year[::3],rotation=50)
15 plt.xlabel("$year$",fontsize=15)
16 plt.ylabel("$agr\_index$",fontsize=15)
17 plt.show()
```

效果如图 8-1-8 所示，通过不断更新数据，我们得到未来 10 年的预测结果已经很符合真实数据的整体趋势变化了。为了得到更为精确的结果，可以根据最新的数据不断地更新预测模型。

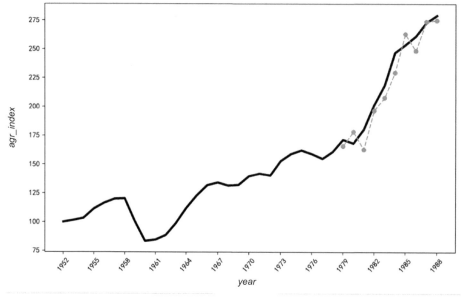

图 8-1-8　时序数据预测情况

8.2　门限自回归模型

门限自回归（Threshold Auto Regressive，TAR）模型由 H.Tong（汤家豪）于 1980 年首先提出。该模型能有效地描述极限点、极限环、跳跃性、相依性、谐波等复杂现象的非线性时序动态系统，对于非线性、非稳定的时间序列预测，效果较好。由于门限的控制作用，使得该模型具有很强的稳健性和广泛的适用性。本节从门限自回归的基本原理出发，剖析算法实现的步骤，并基于 Python 进行实现。

8.2.1　TAR 模型的基本原理

TAR 模型的实质是分段的 AR 模型，它的基本思路是在观测时序$\{x_i\}$的取值范围内引入$k-1$个门限值$r_i(i=1,2,\cdots,k-1)$，将该范围分成k个区间，可用r_0、r_k分别表示上界和下界，并根据延迟步数d将$\{x_i\}$按$\{x_{i-d}\}$值的大小分配到不同的门限区间内，再对区间内的x_i采用不同的自回归模型（AR 模型），从而形成时间序列的非线性动态描述，其模型形式如下：

$$x_{\mathrm{t}} = \phi_0^j + \sum_{i=1}^{p_j} \phi_i^j x_{\mathrm{t}-i} + \varepsilon_t^j, r_{j-1} < x_{t-d} \leqslant r_j, j = 1,2,\cdots,k$$

上式中ε_t^j是k个相互独立的正态白噪声序列，d为延迟步数（非负整数），r_j为门限值，k为门限区间的个数，ϕ_i^j为第j个门限区间的自回归系数，p_j为第j个门限区间 AR 模型的阶数。由于 TAR 模型实质是分区间的 AR 模型，所以建模时可沿用 AR 模型的参数估计方法进行模型检验，其建模实质是一个对d,k,r_j,p_j,ϕ_i^j的多维寻优问题，可在给定各个参数取值范围的条件下，使用遗传算法、网络搜索等方法来搜索最优参数。门限区间个数k的选取，理论上可以选取若干个，但在实际应用中往往选择 1 对就可满足要求，因此通常将门限区间个数k取为 2。假设用于训练的数据样本量为n，则可依次取$0.3n,0.4n,0.5n,0.6n,0.7n$的对应值作为门限候选值。对于候选值中的任一门限值r，设定最大门限延迟量为$d_{\max}$，对于任意的$1\leqslant d\leqslant d_{\max}$，我们可以将时序数据分成两类，一类时序值其$d$阶延迟值小于或等于$r$，另一类时序值其$d$阶延迟值大于$r$。针对这两组数据，分别建立 AR 模型，并计算出这两个模型对应的 AIC 值，当它们的和最小时，对应的$d,r,p_1,p_2,\phi_i^1(i=0,1,2,\cdots,p_1),\phi_i^2(i=0,1,2,\cdots,p_2)$参数即为所求。其中，计算 AIC 值的公式如下：

$$\mathrm{AIC}_j = n_j\ln(\hat{\sigma}_j^2) + 2(p_j + 2), j = 1,2$$

上式中n_j为第j个门限区间的样本个数，$\hat{\sigma}_j^2$为第j个门限区间的样本残差的方差，p_j为对应的自回归模型阶数。

8.2.2　TAR 模型的 Python 实现

TAR 模型适用于周期性波动、非线性影响等情况，如果时序图呈现出一直增长的趋势，那么无异于使用后半截数据来建立 AR 模型并进行预测，在这种场景下使用 TAR 模型的意义并不大。为了说清楚 TAR 的应用情形，此处，使用 1700—2018 年的太阳黑子数据作为基础数据集，拟通过 Python 实现 TAR 模型，并预测 1969—2018 年的值，同时验证 TAR 模型的效果。我们可以绘制 1700—2018 年太阳黑子的变化曲线，如图 8-2-1 所示。

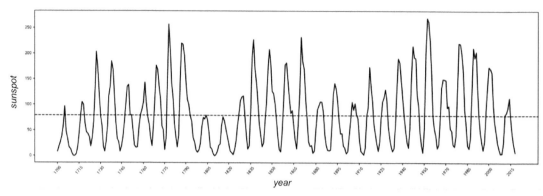

图 8-2-1　太阳黑子的变化曲线

从图 8-2-1 中可以看出，太阳黑子数量呈周期性变化，通过辅助虚线可以发现，在虚线以上的地方，曲线变化比较快，有很多尖锐的突起，而在虚线以下的地方则相对平缓，因此这两部分连接在一起时，呈现出非线性的变化关系，可以考虑使用 TAR 模型进行建模。首先，加载太阳黑子数据，并提取训练数据，同时初始化相关参数，代码如下：

```
1 ss_data = pd.read_csv(SUN_SPOT)
2
3 # 使用后 50 年的数据进行验证，以前的数据用于建模
4 train_data = ss_data[0:(rows - 50)]
5 n = train_data.shape[0]
6
7 # 设置候选门限值
8 thresholdV = train_data.sunspot.sort_values().values[np.int32(np.arange(30,70,3)/100*n)]
9
10 #设置最大门限延迟量 dmax、自回归最大阶数、默认最小 AIC 值
11 dmax = 5
12 pmax = 5
13 minAIC = 1e+10
```

如上述代码所示，使用后 50 年的数据进行验证，以前的数据用于建模，留下的数据用于预测验证。将训练集中的黑子数据从小到大排序，取 30% 到 70% 分位之间并按间隔 3% 依次从排序后的向量中取值以作为候选门限值。这里，设置最大门限延迟量为 5，自回归最高阶数为 5，并设置较大的minAIC 值，用于从后续的代码中提取出最小 minAIC 值条件下的优化参数。为了编程方便，使用Python 编写函数 get_model_info，根据门限延迟量、自回归阶数、给定门限值以及相对于门限值的取值范围（门限值上方或下方），求得对应自回归模型的 AIC 值和回归系数。对应的 Python 代码如下：

```
1 # 在指定门限延迟量、阶数及门限值的前提下，返回对应自回归模型 AIC 值和自回归系数
2 def get_model_info(tsobj, d, p, r, isup=True):
3     if isup:
4         dst_set = np.where(tsobj > r)[0] + d
5     else:
6         dst_set = np.where(tsobj <= r)[0] + d
7
8     tmpdata = None
9
10    # 重建基础数据集
11    # xt=a0+a1*x(t-1)+...+ap*x(t-p)
12    for i in dst_set:
13        if i>p and i < len(tsobj):
14            if tmpdata is None:
15                tmpdata = [tsobj[(i-p):(i+1)]]
16            else:
17                tmpdata = np.r_[tmpdata, [tsobj[(i-p):(i+1)]]]
18    x = np.c_[[1]*tmpdata.shape[0],tmpdata[:,0:p]]
19    coef = np.matmul(np.matmul(np.linalg.inv(np.matmul(x.T,x)),x.T),tmpdata[:,p])
20    epsilon = tmpdata[:,p] - np.matmul(x,coef)
21    aic = tmpdata.shape[0]*np.log(np.var(epsilon))+2*(p+2)
22    return {"aic":aic, "coef":coef}
```

在该函数中，使用最小二乘法来估计 AR 模型的参数，并考虑了截距项。进一步，通过多层嵌套的方式，枚举d, r, p_1, p_2参数的所有取值。并基于 AIC 值最小化，确定最优参数（包括d, r, p_1, p_2和对应的自回归系数$\phi_i^1 (i = 0,1,2,\cdots,p1), \phi_i^2 (i = 0,1,2,\cdots,p2)$），代码如下：

```
1 # 选择最优参数
2 for tsv in thresholdV:
3     for d in range(1,dmax+1):
4         for p1 in range(1,pmax+1): # <= r
5             model1 = get_model_info(train_data.sunspot.values, d, p=p1, r=tsv, isup=False)
6             for p2 in range(1,pmax+1): # > r
7                 model2 = get_model_info(train_data.sunspot.values, d, p=p2, r=tsv, isup=True)
8                 if model1['aic']+model2['aic'] < minAIC:
9                     minAIC = model1['aic']+model2['aic']
10                    a_tsv = tsv
11                    a_d = d
12                    a_p1 = p1
13                    a_p2 = p2
14                    coef1 = model1['coef']
15                    coef2 = model2['coef']
16                    print(minAIC)
17 # 1891.4713402264924
```

```
18 # 1755.538487229318
19 # ......
20 # 1613.7875399449235
21 # 1612.4584851226264
```

由于我们分析的数据量较少，虽然有 4 层，但是运算速度还是可以接受的。此外，除了使用这种方法，还可以使用遗传算法，有兴趣的读者不妨尝试一下。从上述代码中，我们可以看到 minAIC 的取值逐渐减小，一直到这段代码执行完毕，最终得到最小的 AIC=1612.458，同时，代码中记录了每次更新 minAIC 时，对应的门限值 a_tsv，门限延迟 a_d，两个 AR 模型的最高阶数 a_p1、a_p2，以及自回归系数 coef1、coef2。进一步，我们基于历史数据，逐步对 1969—2018 年的黑子数量进行预测，并与真实值比较，Python 代码如下：

```
1 # 使用求出的参数，对后 50 年的数据逐年预测
2 predsData = []
3
4 for i in range(rows - 50,rows):
5     t0 = ss_data.sunspot.values[i - a_d]
6     if t0 <= a_tsv:
7         predsData.append(np.sum(np.r_[1,ss_data.sunspot.values[(i-a_p1):i]]*coef1))
8     else:
9         predsData.append(np.sum(np.r_[1,ss_data.sunspot.values[(i-a_p2):i]]*coef2))
10
11
11 plt.figure(figsize=(10,6))
13 plt.plot(range(rows)[-100:rows],ss_data.sunspot[-100:rows],'-',c='black',linewidth=2,label="真实值")
14 plt.plot(range(rows)[-50:rows],predsData,'b--',label="预测值")
15 plt.xticks(range(rows)[-100:rows][::15],ss_data.year[-100:rows][::15],rotation=50)
16 plt.xlabel("$year$",fontsize=15)
17 plt.ylabel("$sunspot$",fontsize=15)
18 plt.legend()
19 plt.show()
```

效果如图 8-2-2 所示，我们基于 TAR 模型进行预测，虚线为预测的曲线，对应位置的实线为真实数据曲线，这两条曲线非常接近，并且很多地方几乎重合，可见，在这种情形下，使用 TAR 模型进行建模预测，取得的效果较好。

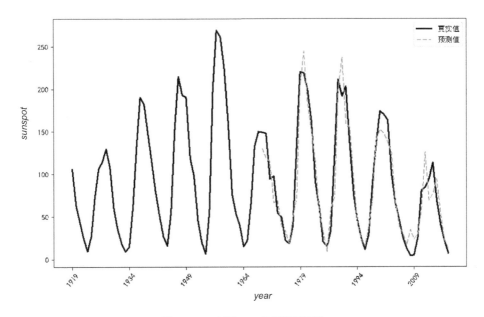

图 8-2-2 基于 TAR 模型进行预测

8.3 GARCH 模型族

经典的回归模型在古典假设中要求扰动项具有同方差性，而这一点在实践中经常难以满足，通常表现为异方差性。这在某些金融时间序列分析中，时常有某种特征性的值群集出现。如果对股票的收益序列建立模型，那么它的随机干扰项会在较大幅度波动后面有很大幅度的波动，在较小幅度波动后面会有很小幅度的波动，这种特性就是波动的聚集性。为了描述这种波动规律，1982 年，由恩格尔（Engle,R.）首先提出 ARCH 模型，即自回归条件异方差模型，后由博勒斯莱文（Bollerslev,T.）发展成为 GARCH 模型，即广义的自回归条件异方差模型。本节从 ARCH 模型出发，依次介绍 GRACH 模型、EGARCH 模型、TGARCH 模型以及 PARCH 模型。

8.3.1 线性 ARCH 模型

ARCH 模型是特别用来建立条件方差模型并对其进行预测的。对于时间序列 $\{x_t\}$，其 AR(d) 模型的形式为 $x_t = \phi_0 + \phi_1 x_{t-1} + \phi_2 x_{t-2} + \cdots + \phi_p x_{t-d} + \varepsilon_t$，其中随机干扰 ε_t 满足项 $E(\varepsilon_t) = 0, \mathrm{Var}(\varepsilon_t) = \sigma_\varepsilon^2$，且对于任意的 $s \neq t, E(\varepsilon_s \varepsilon_t) = 0$，就要求随机干扰序列 $\{\varepsilon_t\}$ 为零均值白噪声序列，且具有相同的方差。如果干扰序列 $\{\varepsilon_t\}$ 的平方 ε_t^2 遵循 AR(p) 过程，即满足：

$$\varepsilon_t^2 = \alpha_0 + \alpha_1 \varepsilon_{t-1}^2 + \alpha_2 \varepsilon_{t-2}^2 + \cdots + \alpha_p \varepsilon_{t-p}^2 + \eta_t$$

其中，η_t 是独立同分布的，那么有 $E(\eta_t) = 0, \text{Var}(\eta_t) = \lambda^2, \alpha_0 > 0, \alpha_i \geqslant 0 (i = 1,2,\cdots,p)$ 。干扰序列 $\{\varepsilon_t\}$ 服从 p 阶的 ARCH 过程，记为 $\varepsilon_t \sim \text{ARCH}(p)$。

ARCH 模型提供计算时间序列的条件方差的办法，这是它最突出的特征。在每一个时刻 t，ARCH 过程的条件方差可以表现为过去的各类随机干扰的函数。用 σ_t^2 来表示 ARCH 过程中 $\{\varepsilon_t\}$ 在时刻 t 的条件方差，给出随机变量 $\varepsilon_{t-1}^2, \varepsilon_{t-2}^2, \cdots, \varepsilon_{t-p}^2$ 的值，则有 $\sigma_t^2 = E(\varepsilon_t^2 | \varepsilon_{t-1}^2, \varepsilon_{t-2}^2, \cdots, \varepsilon_{t-p}^2) = \alpha_0 + \alpha_1 \varepsilon_{t-1}^2 + \alpha_2 \varepsilon_{t-2}^2 + \cdots + \alpha_p \varepsilon_{t-p}^2$，因而知道了参数 $\alpha_0, \alpha_1, \alpha_2, \cdots, \alpha_p$ 的值，就能在时刻 $t-1$ 预测时刻 t 的条件方差 σ_t^2。假设序列 $\{v_t\}$ 独立同分布，满足 $E(v_t) = 0, \text{Var}(v_t) = 1$，且用 h_t 表示条件方差，则根据 $\varepsilon_t \sim \text{ARCH}(p)$，可将 ε_t 表示为：

$$\varepsilon_t = \sqrt{h_t} \cdot v_t$$

其中，$h_t = \alpha_0 + \alpha_1 \varepsilon_{t-1}^2 + \alpha_2 \varepsilon_{t-2}^2 + \cdots + \alpha_p \varepsilon_{t-p}^2$，则 ARCH 模型的数学表达式为：

$$\begin{cases} x_t = \phi_0 + \phi_1 x_{t-1} + \cdots + \phi_p x_{t-d} + \varepsilon_t \\ \varepsilon_t = \sqrt{h_t} \cdot v_t, v_t \in N(0,1) \\ h_t = \alpha_0 + \alpha_1 \varepsilon_{t-1}^2 + \alpha_2 \varepsilon_{t-2}^2 + \cdots + \alpha_p \varepsilon_{t-p}^2 \end{cases}$$

对于 ARCH 模型的参数向量 $\boldsymbol{\theta} = (\phi_0, \phi_1, \cdots, \phi_d, \alpha_0, \alpha_1, \alpha_p)'$，这里直接给出该模型的条件对数似然函数如下：

$$L(\boldsymbol{\theta}) = -\frac{T}{2}\ln(2\pi) - \frac{1}{2}\sum_{t=1}^{T}\ln(h_t) - \frac{\frac{1}{2}\sum_{t=1}^{T}(x_t - \phi_0 - \phi_1 x_{t-1} - \cdots - \phi_d x_{t-d})^2}{h_t}$$

对 $L(\boldsymbol{\theta})$ 求关于 $\boldsymbol{\theta}$ 的一阶偏导数，参数向量 $\boldsymbol{\theta}$ 的最大似然估计 $\widehat{\boldsymbol{\theta}}$ 是 $\frac{\partial L(\boldsymbol{\theta})}{\partial \boldsymbol{\theta}} = 0$ 的解。要使 $L(\boldsymbol{\theta})$ 在 $\boldsymbol{\theta} = \widehat{\boldsymbol{\theta}}$ 时取极大值，可通过梯度下降、牛顿法等数值计算方法来解决。

通常在使用 ARCH 模型建模前，需要分析残差平方序列的自相关性，如果当期残差平方与延迟 1 阶及以上的残差平方相关性接近于 0，那说明异方差函数纯随机，历史数据对未来方差的估计一点作用都没有。这是最难分析的一种情况，至今没有有效的方法提取其中的异方差信息。如果当期残差平方与延迟 1 阶及以上的某些残差平方相关性较强，即误差平方序列的自相关系数不恒等于 0，异方差函数存在自相关性，这使得有可能通过构造残差平方序列的自回归模型来拟合异方差函数，也就是可以通过构造 ARCH 模型来解决该问题。

8.3.2 GRACH 模型

虽然 ARCH 模型能较好地描述金融数据波动的集聚性特征，但是要保证条件方差永远为正数。然而当滞后阶数 p 很大时，经常就会不满足系数为非负的约束条件。为得到更多的灵活性，在 ARCH

模型基础上，Bollersler（1986 年）提出了广义自回归条件异方差模型，简记为 GARCH 模型。它是对 ARCH 模型的重要扩展，比 ARCH 模型需要更小的阶数，并有与 ARMA 模型相类似的结构。如果引入条件方差的滞后项，即可将 GRACH 模型的定义如下：

$$\begin{cases} x_t = \phi_0 + \phi_1 x_{t-1} + \cdots + \phi_d x_{t-d} + \varepsilon_t \\ \varepsilon_t = \sqrt{h_t} \cdot v_t, v_t \in N(0,1) \\ h_t = w_0 + \alpha_1 \varepsilon_{t-1}^2 + \cdots + \alpha_p \varepsilon_{t-p}^2 + \rho_1 h_{t-1} + \cdots + \rho_q h_{t-q} \end{cases}$$

其中，$w_0 > 0, \alpha_i \geqslant 0, (i = 1,2,\cdots,p), \rho_i \geqslant 0, (i = 1,2,\cdots,q)$。满足该条件的模型称为 GRACH$(p,q)$ 模型，而称 ε_t 服从 GRACH(p,q) 过程，记为 $\varepsilon_t \sim \text{ARCH}(p,q)$。很明显，当 $p = q = 0$ 时，ε_t 为白噪声过程，而当 $q = 0$ 时，$\varepsilon_t \sim \text{ARCH}(p)$。下面给出 GRACH$(p,q)$ 过程是平稳过程的充分必要条件，即：

$$\alpha(1) + \rho(1) < 1$$
$$\alpha(1) = \sum_{i=1}^{p} \alpha_i$$
$$\rho(1) = \sum_{i=1}^{q} \rho_i$$

此时，$E(\varepsilon_t) = 0, \text{Var}(\varepsilon_t) = \frac{w_0}{1 - \alpha(1) - \rho(1)}$，并且对于任意的 $s \neq t, \text{Cov}(\varepsilon_s, \varepsilon_t) = 0$。特别地，当 $p = q = 1$ 时，即得到 GRACH$(1,1)$ 模型，尽管形式简单，但在经济学的许多领域，尤其是在金融学中有很多的应用。GRACH$(1,1)$ 模型可以表示为：

$$\begin{cases} x_t = \phi_0 + \phi_1 x_{t-1} + \cdots + \phi_d x_{t-d} + \varepsilon_t \\ \varepsilon_t = \sqrt{h_t} \cdot v_t, v_t \in N(0,1) \\ h_t = w_0 + \alpha_1 \varepsilon_{t-1}^2 + \rho_1 h_{t-1} \end{cases}$$

其中，$\{v_t\}$ 独立同分布且 $v_t \sim N(0,1)$，参数满足 $w_0 > 0, \alpha_1 \geqslant 0, \rho_1 \geqslant 0$，GRACH$(1,1)$ 过程平稳的充分必要条件是 $\alpha_1 + \rho_1 < 1$。

8.3.3 EGARCH 模型

对于股票数据，人们通常认为市场价格向下的变动会比向上的变动导致更高的波动性。然而在线性 GRACH 模型中，条件方差是过去条件方差的函数，因而它的符号不能影响波动率，所以 ARCH 模型不能用来反映股票收益中的杠杆作用。1991 年 Nelson 引入了 EGARCH 模型，即指数 GARCH（Exponential GARCH）模型，模型的条件方差表达式为：

$$\ln h_t = w_0 + \sum_{i=1}^{p} \left[\alpha_i \left| \frac{\varepsilon_{t-i}}{\sqrt{h_{t-i}}} \right| + \varphi_i \frac{\varepsilon_{t-i}}{\sqrt{h_{t-i}}} \right] + \sum_{j=1}^{q} \rho_j \ln h_{t-j}$$

由于条件方差采用了自然对数形式，则意味着 h_t 非负且杠杆效应是指数形式的。若 $\varphi_i \neq 0$，则说明信息作用非对称，若$\varphi_i < 0$则说明杠杆效应显著。条件方差的对数变换能确定条件方差取正值，克服了 GARCH 模型的局限，可以更好地判断波动源的持续性。同时，EGARCH 模型不受平稳性条件的限制。

8.3.4 PowerARCH 模型

Ding、Granger 和 Engle 在 1993 年提出一种归纳性很强的 Power ARCH 模型，简记为 PARCH 模型，它将多种 ARCH 模型和 GARCH 模型作为其特例，灵活性很强。PARCH 模型定义如下：

$$\begin{cases} x_t = \phi_0 + \phi_1 x_{t-1} + \cdots + \phi_d x_{t-d} + \varepsilon_t \\ \varepsilon_t = \sqrt{h_t} \cdot v_t, v_t \in N(0,1) \\ h_t^{\frac{r}{2}} = w_0 + \sum_{i=1}^{p} \alpha_i \left(|\varepsilon_{t-i}| - \varphi_i \varepsilon_{t-i}\right)^r + \sum_{j=1}^{q} \rho_j h_{t-j}^{\frac{r}{2}} \end{cases}$$

其中，$w_0 > 0, \alpha_i \geqslant 0, \rho_j \geqslant 0, -1 < \varphi_i < 1, r \geqslant 0$。$E(h_t^r)$和$E(|\varepsilon_t|^r)$存在的充要条件是：

$$\frac{1}{\sqrt{2\pi}} \sum_{i=1}^{p} \alpha_i \left[(1 + \varphi_i)^r + (1 - \varphi_i)^r\right] 2^{\frac{r-1}{2}} \Gamma\left(\frac{r+1}{2}\right) + \sum_{j=1}^{q} \rho_j < 1$$

由此，ε_t二阶平稳的充分条件是，当$r \geqslant 2$时，满足上式。PARCH 模型所概括的常见模型分别为以下几种。

（1）当$r = 2, \varphi_i = 0(i = 1,2,\cdots,p), \rho_j = 0(j = 1,2,\cdots,q)$时，PARCH 模型就是 Engle 于 1982 年提出来的经典 ARCH 模型。

（2）当$r = 2, \varphi_i = 0(i = 1,2,\cdots,p)$时，PARCH 模型就变为 Bollersler 于 1986 年提出的 GARCH 模型。

（3）当$\varphi_i = 0(i = 1,2,\cdots,p), \rho_j = 0(j = 1,2,\cdots,q)$时，PARCH 模型是 Higgins 与 Bera 于 1992 年提出的 NARCH 模型。

（4）当$r = 1$时，PARCH 模型就是 Zakoian 于 1994 年提出的 TARCH 模型。

求解 PARCH 模型的关键，在于求出参数向量$\boldsymbol{\theta}$。在 "8.3.1 线性 ARCH 模型" 部分，我们给出了 ARCH 模型的条件对数似然函数$L(\boldsymbol{\theta})$的表达式。由于 PARCH 与 ARCH 的区别在于条件方差的建模方法不同，这只会影响到h_t对相关参数的求导，所以$L(\boldsymbol{\theta})$对 PARCH 仍然适用。此处定义 PARCH 模型的条件负对数似然函数为：

$$L(\boldsymbol{\theta}) = \frac{n}{2}\ln(2\pi) + \frac{1}{2}\sum_{t=1}^{n}\ln(h_t) + \frac{\frac{1}{2}\sum_{t=1}^{n}(x_t - \phi_0 - \phi_1 x_{t-1} - \cdots - \phi_d x_{t-d})^2}{h_t}$$

　　这里需要求使得 $L(\boldsymbol{\theta})$ 取得最小值所对应的参数估计值 $\hat{\boldsymbol{\theta}}$，根据 PARCH 模型的定义，$w_0, \alpha_i, \rho_j, \varphi_i, r$ 这些参数都是有条件限制的，为了处理编程处理的灵活性，通过取指数的方法来保证参数大于或等于 0（非常接近于 0），同时正余弦函数的值在 [-1,1] 区间，可乘以 $b(b=0.9999)$ 将闭区间去掉。因此，h_t 可重新定义为：

$$h_t = \left(e^{w_0} + \sum_{i=1}^{p} e^{\alpha_i} \left(|\varepsilon_{t-i}| - (\sin(\varphi_i) \cdot b)\varepsilon_{t-i} \right)^{e^r} + \sum_{j=1}^{q} e^{\rho_j h_{t-j}^{\frac{e^r}{2}}} \right)^{\frac{2}{e^r}}$$

　　于是，参数向量 $\boldsymbol{\theta} = \left(\phi_0, \phi_1, \cdots, \phi_d, r, w_0, \alpha_1, \cdots, \alpha_p, \varphi_1, \cdots, \varphi_p, \rho_1, \cdots, \rho_q \right)'$，且是条件无约束的。令：

$$R(t) = \frac{h_t - (x_t - \phi_0 - \phi_1 x_{t-1} - \cdots - \phi_d x_{t-d})^2}{h_t^{0.5e^r + 1}}$$

$$D(t, i) = |\varepsilon_{t-i}| - \sin(\varphi_i) \cdot b \cdot \varepsilon_{t-i}$$

求解 $L(\boldsymbol{\theta})$ 对 $\boldsymbol{\theta}$ 的偏导数如下：

- 对 ϕ 的偏导

$$\frac{\partial L(\boldsymbol{\theta})}{\partial \phi_0} = -\sum_{t=1}^{n} (x_t - \phi_0 - \phi_1 x_{t-1} - \cdots - \phi_d x_{t-d})/h_t$$

$$\frac{\partial L(\boldsymbol{\theta})}{\partial \phi_i} = -\sum_{t=1}^{n} x_{t-i} (x_t - \phi_0 - \phi_1 x_{t-1} - \cdots - \phi_d x_{t-d})/h_t$$

- 对 r 的偏导

$$S(t) = \left(\sum_{i=1}^{p} e^{2r + \alpha_i} D(t, i)^{e^r} \ln D(t, i) + \sum_{j=1}^{q} 0.25 \, e^{2r + \rho_j} (h_{t-j})^{\frac{e^r}{2}} \ln(h_{t-j}) \right)$$

$$\frac{\partial L(\boldsymbol{\theta})}{\partial r} = \frac{\partial L(\boldsymbol{\theta})}{\partial h_t} \frac{\partial h_t}{\partial r} = \frac{1}{2} \sum_{t=1}^{n} R(t) \, h_t^{0.5e^r} \left(-\ln h_t + 2e^{-r} (h_t)^{-\frac{e^r}{2}} S(t) \right)$$

- 对 w_0 的偏导

$$\frac{\partial L(\boldsymbol{\theta})}{\partial w_0} = \frac{\partial L(\boldsymbol{\theta})}{\partial h_t} \frac{\partial h_t}{\partial w_0} = \sum_{t=1}^{n} R(t) e^{w_0 - r}$$

- 对 α 的偏导

$$\frac{\partial L(\boldsymbol{\theta})}{\partial \alpha_i} = \frac{\partial L(\boldsymbol{\theta})}{\partial h_t} \frac{\partial h_t}{\partial \alpha_i} = \sum_{t=1}^{n} R(t) e^{\alpha_i - r} D(t, i)^{e^r}$$

- 对 φ 的偏导

$$\frac{\partial L(\boldsymbol{\theta})}{\partial \varphi_i} = \frac{\partial L(\boldsymbol{\theta})}{\partial h_t}\frac{\partial h_t}{\partial \varphi_i} = \sum_{t=1}^{n} R(t)\mathrm{e}^{a_i}D(t,i)^{\mathrm{e}^{r}-1}(-b\varepsilon_{t-i})\cos\varphi_i$$

- 对 ρ 的偏导

$$\frac{\partial L(\boldsymbol{\theta})}{\partial \rho_j} = \frac{\partial L(\boldsymbol{\theta})}{\partial h_t}\frac{\partial h_t}{\partial \rho_j} = \sum_{t=1}^{n} R(t)\mathrm{e}^{\rho_j - r}h_{t-j}^{\frac{\mathrm{e}^r}{2}}$$

参数向量 $\boldsymbol{\theta}$ 的更新公式为：

$$\boldsymbol{\theta}(k+1)$$
$$= \boldsymbol{\theta}(k) - \lambda \left(\frac{\partial L(\boldsymbol{\theta})}{\partial \phi_0}, \frac{\partial L(\boldsymbol{\theta})}{\partial \phi_1}, \cdots, \frac{\partial L(\boldsymbol{\theta})}{\partial \phi_d}, \frac{\partial L(\boldsymbol{\theta})}{\partial r}, \frac{\partial L(\boldsymbol{\theta})}{\partial w_0}, \frac{\partial L(\boldsymbol{\theta})}{\partial \alpha_1}, \cdots, \frac{\partial L(\boldsymbol{\theta})}{\partial \alpha_p}, \frac{\partial L(\boldsymbol{\theta})}{\partial \varphi_p}, \frac{\partial L(\boldsymbol{\theta})}{\partial \rho_1}, \cdots, \frac{\partial L(\boldsymbol{\theta})}{\partial \rho_q}\right)'$$

其中，参数 λ 是学习效率。由于各参数的取值范围通过巧妙转换，并没有范围限制。可基于历史时序数据使用梯度下降法来求解最优参数 $\widehat{\boldsymbol{\theta}}$，使 $L(\boldsymbol{\theta})$ 取得最小值。在编码进行预测时，基于求解出来的参数和历史数据，先求出 $\{v_t\}$ 序列的值，可通过 ARIMA 模型对其下期数据进行预测，得到 v_{t+1}，然后求出 h_{t+1}，进一步求出 ε_{t+1}，结合自回归方程，最终求出下期的预测值 x_{t+1}。该模块手动实现的 Python 代码非常繁杂，感兴趣的读者可参考本书附带的代码。

8.4　向量自回归模型

在时间序列预测实践中，通常使用的不止一个指标，比如电力行业的负荷预测，除了基本的电力负荷数据，还可以加入气温、湿度、节假日等因素。因此，针对一个指标的时间序列预测方法在这种情况下发挥空间有限。1980 年，Sims 最早提出 Vector Auto Regressive Model，即向量自回归模型，简记为 VAR，它是目前处理多个相关时序指标分析与预测最容易操作的模型之一。本节从 VAR 模型的基本原理出发，通过编写 Python 代码手动实现 VAR 模型算法，指导分析实践。

8.4.1　VAR 模型的基本原理

向量自回归模型（VAR）就是非结构化的多方程模型，它的核心思想是不考虑经济理论而直接考虑经济变量时间时序之间的关系，避开了结构建模方法中需要对系统中每个内生变量关于所有内生变量滞后值函数建模的问题，通常用来预测相关时间序列系统和研究随机扰动对变量系统的动态影响。VAR 模型类似联立方程，将多个变量包含在一个统一的模型中，共同利用多个变量的信息，比起仅使用单一时间序列的 ARIMA 等模型，其涵盖的信息更加丰富，能更好地模拟现实经济体，因而用于预测时能够提供更加贴近现实的预测值。以两变量 VAR 模型为例。模型中只含有两个变量，

变量 X 和变量 Y，两个变量都是内生变量，模型中不含有外生变量。变量 X 由 X 的滞后值和 Y 的滞后值解释，变量 Y 也由 X 的滞后值和 Y 的滞后值解释。假设每个变量都滞后 p 期，那么 VAR 模型如下：

$$X_t = w_0 + \sum_{i=1}^{p} \alpha_i X_{t-i} + \sum_{i=1}^{p} \beta_i Y_{t-i} + \varepsilon_t$$

$$Y_t = w_0' + \sum_{i=1}^{p} \alpha_i' X_{t-i} + \sum_{i=1}^{p} \beta_i' Y_{t-i} + \varepsilon_t'$$

其中，w_0 和 w_0' 为常数项，α_i、α_i'、β_i、β_i' $(i = 1,2,\cdots,p)$ 为参数，随机扰动项 ε_t 和 ε_t' 的均值为 0，方差为常数，且不存在同期相关。将以上两式用矩阵描述如下：

$$\begin{bmatrix} X_t \\ Y_t \end{bmatrix} = \begin{bmatrix} w_0 \\ w_0' \end{bmatrix} + \begin{bmatrix} \alpha_1 & \beta_1 \\ \alpha_1' & \beta_1' \end{bmatrix} \begin{bmatrix} X_{t-1} \\ Y_{t-1} \end{bmatrix} + \cdots + \begin{bmatrix} \alpha_p & \beta_p \\ \alpha_p' & \beta_p' \end{bmatrix} \begin{bmatrix} X_{t-p} \\ Y_{t-p} \end{bmatrix} + \begin{bmatrix} \varepsilon_t \\ \varepsilon_t' \end{bmatrix}$$

进一步可得 VAR 模型的一般形式：

$$\boldsymbol{X}_t = \boldsymbol{w} + \sum_{i=1}^{p} \boldsymbol{A}_i \boldsymbol{X}_{t-i} + \boldsymbol{\varepsilon}_t$$

上式中的 $\boldsymbol{X}_t$ 是 n 维同方差平稳序列，$\boldsymbol{A}_i$ 是参数矩阵，$\boldsymbol{X}_{t-i}$ 是 $\boldsymbol{X}_t$ 的 i 阶滞后项，$\boldsymbol{\varepsilon}_t$ 是误差项，$\boldsymbol{w}$ 是常数项向量。由于 VAR 模型中每个方程的右侧只含有内生变量的滞后项，它们与 $\boldsymbol{\varepsilon}_t$ 是不相关的，所以可以用最小二乘法估计每一个方程，得到的参数估计量都具有一致性。

模型中的内生变量，有 p 阶滞后期，因此被称为 VAR(p)模型。在实际应用中通常希望滞后期 p 足够大，从而能够完整地反映模型的动态特征，但是滞后期越长，模型中待估计的参数就越多，自由度越少，直接影响模型参数估计的是有效性；如果滞后期 p 太小，那么误差项的自相关会很严重，这会导致参数的非一致性估计，因此需要在滞后期和自由度之间寻求一种均衡状态。一般通过使 AIC（赤池信息准则）取较小值的方法来为模型定阶，其定义如下：

$$\text{AIC} = \log(|\hat{\Sigma}_p|) + \frac{2d^2 p}{n}$$

上式中，d 是向量维数，n 是样本长度，p 是滞后阶数，$\hat{\Sigma}_p$ 是当滞后阶数为 p 时，残差向量协方差矩阵的估计。选择 p 的原则是在增加 p 值的过程中使 AIC 值达到最小。

由于只有平稳的时间序列才能够直接建立 VAR 模型，因此在建立 VAR 模型之前，首先要对变量进行平稳性检验。通常可利用序列的自相关分析图来判断时间序列的平稳性，如果序列的自相关系数随着滞后阶数的增加很快趋于 0，即落入随机区间，则序列是平稳的，反之序列则是不平稳的。另外，也可以对序列进行 ADF 检验来判断平稳性。对于不平稳的序列，需要进行差分运算，直到差分后的序列平稳后，才能建立 VAR 模型。

8.4.2　VAR 模型的 Python 实现

针对一个多元时间序列，使用 VAR 模型进行建模预测，可以得到对应多个时序指标的预测结果，这与依次为每个指标建立一元时间序列的做法相比，不仅效率高，而且考虑了多个指标间的滞后交叉影响，建模使用的信息量更大，能够消除的误差也会更多。为了说明 VAR 模型的建模过程，我们使用 canada 数据集作为基础数据。该数据集包含 4 个指标（prod、e、U、rw），统计了 1980 年 Q1 到 2000 年 Q4 按季度的指标值序列。其中，指标 prod 表示劳动生产率，指标 e 反映了就业情况，指标 U 表示失业率，指标 rw 表示实际发的工资。从这些数据中提取 1999 年 Q1 到 2000 年 Q4 的数据子集用于验证模型效果，其他的数据用于建立 VAR 模型。首先，分析训练集中这 4 个指标的平稳性，对于不平稳的要对其进行差分运算，使差分后的序列变得平稳，然后才能建立 VAR 模型，对应的 Python 代码如下：

```
1 src_canada = pd.read_csv(CANADA)
2 val_columns = ['e','prod','rw','U']
3 v_std = src_canada[val_columns].apply(lambda x:np.std(x)).values
4 v_mean = src_canada[val_columns].apply(lambda x:np.mean(x)).values
5 canada = src_canada[val_columns].apply(lambda x:(x-np.mean(x))/np.std(x))
6 train = canada.iloc[0:-8]
7
8 for col in val_columns:
9     pvalue = stat.adfuller(train[col],1)[1]
10     print("指标",col,"单位根检验的 p 值为： ",pvalue)
11
12 # 指标 e 单位根检验的 p 值为： 0.9255470701604621
13 # 指标 prod 单位根检验的 p 值为： 0.9479865217623266
14 # 指标 rw 单位根检验的 p 值为： 0.0003397509672252013
15 # 指标 U 单位根检验的 p 值为： 0.19902577436726288
```

可以看到，这 4 个指标单独进行单位根检验，其 p 值有 3 个大于 0.01，因此除 rw 指标外，其他的都不平稳，需要进一步进行差分运算（为便于处理，这里对 4 个指标同时进行差分），Python 代码如下：

```
1 # 由于这 4 个指标都不平稳，因此需要进行合适的差分运算
2 train_diff = train.apply(lambda x: np.diff(x),axis=0)
3
4 for col in val_columns:
5     pvalue = stat.adfuller(train_diff[col],1)[1]
6     print("指标",col,"单位根检验的 p 值为： ",pvalue)
7
8 # 指标 e 单位根检验的 p 值为： 0.00018806258268032046
9 # 指标 prod 单位根检验的 p 值为： 7.3891405425103595e-09
10 # 指标 rw 单位根检验的 p 值为： 1.254497644415662e-06
11 # 指标 U 单位根检验的 p 值为： 7.652834648091671e-05
```

如上述代码所示，对所有指标进行了 1 阶差分运算，并得到平稳（所有指标单位根检验的 p 值小于 0.01）的差分结果，差分后的数据保存在矩阵 train_diff 中。接下来，就是为 VAR 模型定阶，按照 8.4.1 节所讲，可以让阶数从 1 逐渐增加，当 AIC 尽量小时，可以确定最大滞后期。我们使用最小二乘法，求解每个方程的系数，并通过逐渐增加阶数，为模型定阶，Python 代码如下：

```python
1 # 模型阶数从 1 开始逐一增加
2 rows, cols = train_diff.shape
3 aicList = []
4 lmList = []
5
6 for p in range(1,11):
7     baseData = None
8     for i in range(p,rows):
9         tmp_list = list(train_diff.iloc[i]) + list(train_diff.iloc[i-p:i].values.flatten())
10         if baseData is None:
11             baseData = [tmp_list]
12         else:
13             baseData = np.r_[baseData, [tmp_list]]
14     X = np.c_[[1]*baseData.shape[0],baseData[:,cols:]]
15     Y = baseData[:,0:cols]
16     coefMatrix = np.matmul(np.matmul(np.linalg.inv(np.matmul(X.T,X)),X.T),Y)
17     aic = np.log(np.linalg.det(np.cov(Y - np.matmul(X,coefMatrix),rowvar=False))) + 2*(coefMatrix.shape[0]-1)**2* p/baseData.shape[0]
18     aicList.append(aic)
19     lmList.append(coefMatrix)
20
21 #对比查看阶数和 AIC 值
22 pd.DataFrame({"P":range(1,11),"AIC":aicList})
23 #    P    AIC
24 #0   1    -19.996796
25 #1   2    -17.615455
26 #2   3    -9.407306
27 #3   4    6.907540
28 #4   5    34.852248
29 #5   6    77.620404
30 #6   7    138.382810
31 #7   8    220.671801
32 #8   9    328.834718
33 #9   10   466.815468
```

如上述代码所示，当 $p=1$ 时，AIC 取得最小值为-19.996796。因此 VAR 模型定阶为 1，并可从对象 lmList 中获取各指标对应的线性模型。基于该模型，对未来 8 期的数据进行预测，并与验证数据集进行比较分析，Python 代码如下：

```
1 p = np.argmin(aicList)+1
2 n = rows
3 preddf = None
4 for i in range(8):
5     predData = list(train_diff.iloc[n+i-p:n+i].values.flatten())
6     predVals = np.matmul([1]+predData,lmList[p-1])
7     # 使用逆差分运算，还原预测值
8     predVals=train.iloc[n+i,:]+predVals
9     if preddf is None:
10         preddf = [predVals]
11     else:
12         preddf = np.r_[preddf, [predVals]]
13
14     # 为 train 增加一条新记录
15     train = train.append(canada[n+i+1:n+i+2],ignore_index=True)
16     # 为 train_diff 增加一条新记录
17     df = pd.DataFrame(list(canada[n+i+1:n+i+2].values - canada[n+i:n+i+1].values), columns=canada.  columns)
18     train_diff = train_diff.append(df,ignore_index=True)
19
20 preddf = preddf*v_std + v_mean
21 #分析预测残差情况
22 preddf - src_canada[canada.columns].iloc[-8:].values
23 # array([[ 0.20065717, -0.7208273 ,  0.08095578, -0.18725653],
24 #        [ 0.03650856, -0.08061888,  0.05900709, -0.22667618],
25 #        [ 0.03751544, -0.87174186,  0.17291551,  0.10381011],
26 #        [-0.04826459, -0.06498827,  0.45879439,  0.34885492],
27 #        [-0.15647981, -0.6096229 , -1.1219943 , -0.12520269],
28 #        [ 0.51480518, -0.51864268,  0.7123945 , -0.2760806 ],
29 #        [ 0.32312138, -0.06077591, -0.14816924, -0.39923473],
30 #        [-0.34031027,  0.78080541,  1.31294708,  0.01779691]])
31
32 #统计预测百分误差率分布
33 pd.Series((np.abs(preddf - src_canada[canada.columns].iloc[-8:].values)*100/src_canada
   [canada.columns].iloc[-8:].values).flatten()).describe()
34 # count    32.000000
35 # mean      0.799252
36 # std       1.551933
37 # min       0.003811
38 # 25%       0.018936
39 # 50%       0.111144
40 # 75%       0.264179
41 # max       5.760963
42 # dtype: float64
```

如上述代码中第 23~30 行所示的预测残差情况，残差都在 0 附近波动，并且其绝对值大多数不

超过 1，说明预测效果很好。从第 33 行代码的执行结果中可以看出最大百分误差率为 5.761%，最小百分误差率为 0.003811%，进一步，绘制二维图表观察预测数据与真实数据的逼近情况，Python 代码如下：

```
1 m = 16
2 xts = src_canada[['year','season']].iloc[-m:].apply(lambda x:str(x[0])+'-'+x[1],axis=1).values
3 fig, axes = plt.subplots(2,2,figsize=(10,7))
4 index = 0
5 for ax in axes.flatten():
6     ax.plot(range(m),src_canada[canada.columns].iloc[-m:,index],'-',c='lightgray',linewidth=2,label="real")
7     ax.plot(range(m-8,m),preddf[:,index],'o--',c='black',linewidth=2,label="predict")
8     ax.set_xticklabels(xts,rotation=50)
9     ax.set_ylabel("$"+canada.columns[index]+"$",fontsize=14)
10    ax.legend()
11    index = index + 1
12 plt.tight_layout()
13 plt.show()
```

效果如图 8-4-1 所示。

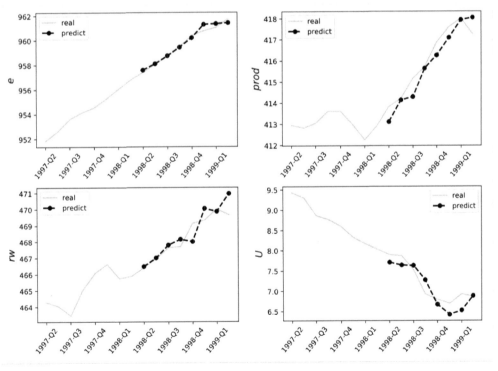

图 8-4-1　各指标预测情况

由图 8-4-1 可知，左侧的两个图由于基数较大，从图上看预测线与真实线非常接近，右侧图，特别是右侧下图，由于基数较小，也可以看到一些地方有比较明显的差距，但是由于基数小，这点差距折算成数值也很小。总体来说，使用 VAR 模型进行预测的效果还是不错的。特别是针对多元时间序列的情况，VAR 模型不仅考虑了其他指标的滞后影响，计算效率还比较高，从以上代码可以看到，对于模型的拟合，直接使用最小二乘法，更增加了该模型的适应性。

8.5 卡尔曼滤波

卡尔曼滤波器是一个以最小均方误差为准则的最佳线性估计方法。1960 年，美籍匈牙利数学家卡尔曼（Kalman）将状态空间分析方法引入到滤波理论中，对状态和噪声进行了完美的统一描述，得到时域上的递推滤波算法，即卡尔曼滤波，相应的算法公式被称为卡尔曼滤波器。对于解决大部分问题，卡尔曼滤波器是最优、效率最高甚至是最有效的。其被广泛应用已经超过 30 年，包括机器人导航、控制、传感器数据融合，甚至在军事方面的雷达系统以及导弹追踪等方面。近年来更被应用于计算机图像处理、面部识别、图像分割、图像边缘检测等方面。此外，它还可用于预测模型，它是用状态空间概念来描述其数学公式的，其解经过递归计算，并且可以不加修改地应用于平稳和非平稳情形。其状态的每一次更新估计都由前一次估计和新的输入数据计算得到，因此只需存储前一次估计的结果。除了不需要存储过去的所有观测数据，卡尔曼滤波器在计算上比直接根据滤波过程中每一步的所有过去数据进行估计的方法都更加有效。本节从卡尔曼滤波的基本原理出发，结合 Python 对 Kalman 滤波进行实现。

8.5.1 卡尔曼滤波算法介绍

卡尔曼（Kalman）滤波是根据上一状态的估计值和当前状态项的观测值推出当前状态的估计值滤波方法，这里的滤波其实是指通过一种算法排除可能的随机干扰以提高检测精度的方法或手段。由于卡尔曼滤波是用状态方程和递推方法进行估计的，因而卡尔曼滤波对信号的平稳性和不变性不做要求。这里不加证明地直接给出经典的离散系统卡尔曼滤波公式，包括 5 个方程，分别如下。

①状态的一步预测方程：

$$\widehat{x}_k^- = A\widehat{x}_{k-1}^-$$

②均方误差的一步预测方程：

$$P_k^- = AP_{k-1}A' + Q$$

③滤波增益方程（权重）

$$K_k = P_k^- H'(HP_k^- H' + R)^{-1}$$

④滤波估计方程（k 时刻的最优值）

$$\hat{x}_k = \hat{x}_k^- + K_k(z_k - H\hat{x}_k^-)$$

⑤均方误差更新矩阵（k 时刻的最优均方误差）

$$P_k = (I - K_k H)P_k^-$$

式中，x 表示状态向量，A 为状态转移矩阵，P 为误差协方差矩阵，Q 为系统噪声协方差矩阵，H 为观测协方差矩阵，R 为观测噪声协方差矩阵，K 为卡尔曼增益矩阵，z 为观测向量。

一般来讲，状态转移矩阵 A 定义了状态向量随时间变化的规律，在卡尔曼滤波系统中是系统动力学过程函数。系统噪声协方差矩阵 Q 定义了在卡尔曼滤波系统模型中噪声源的影响下，状态估计的不确定程度随时间的变化规律，通常可取为对角矩阵或常值。观测噪声协方差矩阵 R 可假设为常量或者建模为运动学或信噪比测量的函数。观测矩阵 H 定义了观测向量随之状态的变化过程。

卡尔曼滤波包括两个主要的过程：预估和校正。预估过程主要利用时间更新方程，即使用方程①建立对当前状态的先验估计 $\hat{x}_k^-$，以及使用方程②向前推算当前状态变量和误差协方差估计的值 P_k^-。在建立了先验估计值的前提下，利用测量值，再对当前状态进行后验估计。首先根据方程③计算出当前状态下的卡尔曼增益矩阵 K_k，再结合观测值 Z_k，使用方程④对先验估计值 $\hat{x}_k^-$ 进行校正，得到后验估计值 $\hat{x}_k$，也就是最优估计值。最后根据方程⑤将误差协方差矩阵 P_k^- 更新为 P_k。这就是卡尔曼滤波算法在某个状态下的一个生命周期。它的计算过程如图 8-5-1 所示。

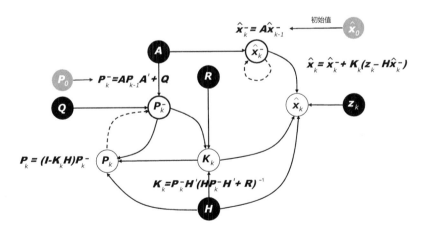

图 8-5-1　卡尔曼滤波的计算过程

图 8-5-1 中灰色节点表示两个初始值，黑色节点表示输入，其中观测值 z_k 每周期更新一次数据。5 个白色节点分别按照这 5 个方程对应执行。由于 $\hat{x}_k$ 的值依赖 $\hat{x}_k^-$ 和 K_k，K_k 的值又依赖于 P_k^-，因此整个周期可分成 3 部分执行，第 1 部分，分别计算 $\hat{x}_k^-$ 和 P_k^-，第 2 部分首先计算 K_k，然后计算 $\hat{x}_k$（注意到由于 $\hat{x}_k$ 是根据观测值 z_k 进行的评估，它的值可以作为观测值下一期的预测值），第 3 部分更新 P_k。

8.5.2　卡尔曼滤波的 Python 实现

基于卡尔曼滤波的基本原理，以及 8.4 节提出的 5 个方程，尝试使用 Python 实现卡尔曼滤波算法，并基于 canada 数据集进行建模预测。需要注意的是，卡尔曼滤波算法既可以针对一元序列进行建模，也可以针对多元时间序列进行建模，在这种情况下，算法将同时给出所有多元时序指标的预测结果。canada 数据集包含 4 个指标（prod、e、U、rw），统计了 1980 年 Q1 到 2000 年 Q4 按季度的指标值序列。因此，可以基于该数据实现多元时间序列的卡尔曼滤波算法，通过每期的拟合情况分析预测效果。首先，根据 5 个输入单元及两个初始值构建卡尔曼函数，对卡尔曼滤波算法进行实现，代码如下：

```
1  def kalman(Z,A=None,H=None,Q=None,R=None,X0=None,P0=None):
2      """
3      该函数对 Kalman 滤波算法进行实现
4      Z:观测量
5      A:状态转移矩阵，默认初始化为 diag(ncol(Z))
6      H:观测协方差矩阵，默认初始化为 diag(ncol(Z))
7      Q:系统噪声协方差矩阵，默认初始化为 diag(ncol(Z))
8      R:观测噪声协方差矩阵，默认初始化为 diag(ncol(Z))
9      X0:状态量初始值，默认初始化为 diag(ncol(Z))
10     P0:误差协方差矩阵，默认初始化为 diag(ncol(Z))
11     """
12     dmt = np.identity(Z.shape[1])
13     A,H,Q,R,X0,P0 = [e if e is not None else dmt for e in [A,H,Q,R,X0,P0]]
14     X = [X0]
15     P = [P0]
16     N = Z.shape[0]
17     I = np.identity(A.shape[0])
18     for i in range(N):
19         # 均方误差的一步预测方程
20         Pp = np.matmul(np.matmul(A,P[i]),A.T)+Q
21         # 滤波增益方程（权重）
22         K = np.matmul(np.matmul(Pp,H.T),np.linalg.inv(np.matmul(np.matmul(H,Pp),H.T)+R))
23         # 状态的一步预测方程
24         Xp = np.matmul(A,X[i])
25         # 滤波估计方程（k 时刻的最优值）
```

```
26          X.append(Xp+np.matmul(K,np.identity(Z.shape[1])*Z[i,:]-np.matmul(H,Xp)))
27          # 均方误差更新矩阵（k 时刻的最优均方误差）
28          P.append(np.matmul(I - np.matmul(K,H),Pp))
29      return X
```

进一步，调用 kalman 函数，对 canada 数据集的全部数据逐期进行卡尔曼滤波，并生成每期的拟合值序列，最后将拟合值序列与真实值序列进行对比，以分析预测效果，Python 代码如下：

```
 1 src_canada = pd.read_csv(CANADA)
 2 val_columns = ['e','prod','rw','U']
 3 Z = src_canada[val_columns].values
 4 X = kalman(Z)
 5 out = []
 6 [out.append(np.diag(e)) for e in X[1::]]
 7 out = np.array(out)
 8
 9 xts = src_canada[['year','season']].apply(lambda x:str(x[0])+'-'+x[1],axis=1).values
10 fig, axes = plt.subplots(2,2,figsize=(10,7))
11 index = 0
12 for ax in axes.flatten():
13      ax.plot(range(out.shape[0]),src_canada[val_columns[index]],'-',c='lightgray',linewidth=2,label="real")
14      ax.set_xticks(range(out.shape[0])[::10])
15      ax.set_xticklabels(xts[::10],rotation=50)
16      ax.plot(range(5,out.shape[0]),out[5:,index],'--',c='black',linewidth=2,label="predict")
17      ax.set_ylabel("$"+canada.columns[index]+"$",fontsize=14)
18      ax.legend()
19      index = index + 1
20 plt.tight_layout()
21 plt.show()
```

效果如图 8-5-2 所示，每个图对应一个时序指标，可以看到，在刚开始的时候，拟合得并不好，随着迭代次数的增加，拟合得越来越好。

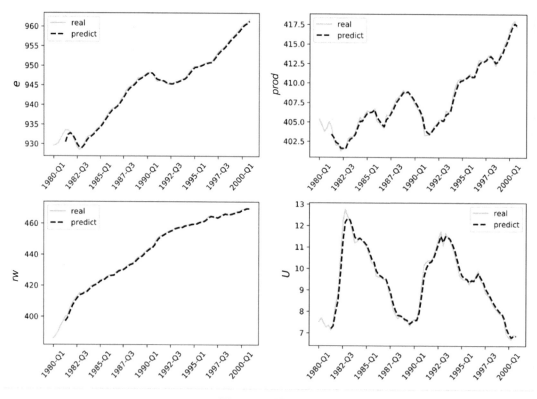

图 8-5-2　预测效果

　　由于卡尔曼滤波算法基于上期的真实数据和拟合数据对当期进行估计，所以每当更新一个数据时，就可以得到一个合理的预测值，对于该例的多元时间序列情况，则一次给出每个序列指标的一个预测值。随着数据增多，中间的权重矩阵、方差估计矩阵都得到了充分的学习，从而具有长期的记忆性。该算法不仅占用存储空间小，执行效率也很快，非常适用于在线预测的情况。

8.6　循环神经网络

　　循环神经网络（Recurrent Neural Network，RNN）是一种非常强大的对序列数据进行建模和预测的神经网络，并且是深度学习领域中非常重要的模型。它克服了传统机器学习方法对建模数据的诸多限制，广泛应用于多种任务当中，比如语音识别、语言模型、机器翻译、信息检索、词向量、文本分类、时序预测等数据中存在序列依赖关系的场景。循环神经网络非常擅长处理序列数据，它可以将神经元某时刻的输出再次作为神经元的输入，由于网络结构中的参数是共享的，这也大大提高了训练的性能，同时使模型可以应用到不同长度的数据中。

8.6.1 RNN 的基本原理

RNN 是深度学习领域中内部存在自连接的神经网络，这种内部自连接的性质可以很好地对音频、视频、文本等序列数据进行建模，相比传统的前馈神经网络相互独立地处理观测值，RNN 可以基于含有大量上下文信息的数据，构建神经网络，学习到复杂的矢量到矢量的映射。RNN 最早是由 Hopfield 提出的 Hopfield 网络模型，该模型具有强大的计算能力，同时具有联想记忆的特点。然而，其实现较为困难，后面逐渐被其他神经网络模型和传统机器学习算法所代替。Jordan 和 Elman 分别于 1986 年和 1990 年提出循环神经网络框架，被称为简单循环网络，之后不断出现的更加复杂的结构可以认为是其衍生的。目前 RNN 算法已经广泛应用于各种序列数据相关的场景中。

1. RNN 的结构

图 8-6-1 展示了 RNN 的网络结构，在隐含层展开前，通过隐含层上的回路连接，可以使当前时刻获取前一时刻的网络状态，同时也可将当前的网络状态传递给下一时刻。我们可以把 RNN 看作是所有层共享权值的深度前馈神经网络，通过连接两个时间步对其进行扩展。当序列数据中存在较长的依赖，且这种依赖不确定时，RNN 可能是较好的解决方案。

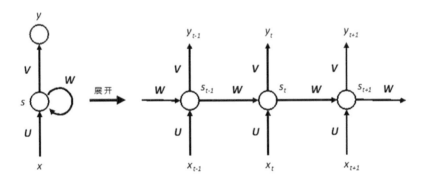

图 8-6-1 RNN 结构及隐含层展开图

根据 RNN 的结构图，我们知道 $\{\cdots, x_{t-1}, x_t, x_{t+1}, \cdots\}$ 表示时间序列数据，s_t 表示样本在时刻 t 处的记忆，可表示为 $s_t = f(Ws_{t-1} + Ux_t)$，其中 W 表示隐含层单元间的连接权重，U 表示输入样本的权重，V 表示输出样本的权重。在 $t=1$ 时刻，初始化状态 $s_0 = 0$，随机初始化 W, U, V，按如下公式进行计算：

$$
\begin{aligned}
h_1 &= Ux_1 + Ws_0 \\
s_1 &= f(h_1) \\
y_1 &= g(Vs_1)
\end{aligned}
$$

其中，f、g均为激活函数，若时刻再向前推进，则此时的s_1作为时刻$t = 1$的记忆状态参与到下一时刻的预测过程，得到如下的计算公式：

$$\begin{aligned} h_2 &= Ux_2 + Ws_1 \\ s_2 &= f(h_2) \\ y_2 &= g(Vs_2) \end{aligned}$$

以此类推，可以得到 RNN 向前传播的公式：

$$\begin{aligned} h_t &= Ux_t + Ws_{t-1} \\ s_t &= f(h_t) \\ y_t &= g(Vs_t) \end{aligned}$$

计算过程中所需要的参数是共享的，因此理论上 RNN 可以处理任意长度的序列数据。RNN 能够将序列数据映射为序列数据输出，但是输出序列的长度并不一定与输入序列长度一致，根据不同的任务要求，可以有多种对应关系。

2. BPTT 算法

RNN 的训练目前最常用的是基于时间的反向传播（Back Propagation Through Time，BPTT）算法，这是 BP 算法的改版，不仅考虑了当前步的网络，还考虑了前若干步网络的状态，它可以对网络中的W、U、V参数进行更新。每一步预测的输出值都存在一定的误差，我们记为e_t，则总体误差可表示为：

$$E = \sum_t e_t$$

对应的损失函数L可选择交叉熵损失函数（用于分类问题）或者平方误差损失函数（用于回归问题）。我们基于 BPTT 算法将输出端的误差值反向传递，使用梯度下降法对网络参数进行更新。也就是要先求出参数的梯度值：

$$\begin{aligned} \nabla U &= \frac{\partial E}{\partial U} = \sum_t \frac{\partial e_t}{\partial U} \\ \nabla V &= \frac{\partial E}{\partial v} = \sum_t \frac{\partial e_t}{\partial v} \\ \nabla W &= \frac{\partial E}{\partial w} = \sum_t \frac{\partial e_t}{\partial w} \end{aligned} \qquad (8.4)$$

首先，探讨参数W的更新方法，由式（8.4）可以看出总体误差E对参数W的梯度值是每个时刻偏差e_t对W的偏导数之和。这里为方便起见，以$t = 3$的时刻为例，说明∇W的推导过程。在$t = 3$时刻，可以得到偏导数：

$$\frac{\partial e_3}{\partial W} = \frac{\partial e_3}{\partial y_3} \frac{\partial y_3}{\partial s_3} \frac{\partial s_3}{\partial W}$$

根据公式 $s_t = f(W s_{t-1} + U x_t)$，我们发现 s_3 除了与 W 有关，还与前一时刻 s_2 有关。s_3 对 W 的偏导可展开为下式：

$$\frac{\partial s_3}{\partial W} = \frac{\partial s_3}{\partial s_3} \cdot \frac{\partial s_3^*}{\partial W} + \frac{\partial s_3}{\partial s_2} \cdot \frac{\partial s_2}{\partial W}$$

其中，$\frac{\partial s_k^*}{\partial W}$ 表示 s_k 对 W 直接求导，不考虑对 s_{k-1} 的影响。进一步，s_2 对 W 的偏导可展开为下式：

$$\frac{\partial s_2}{\partial W} = \frac{\partial s_2}{\partial s_2} \cdot \frac{\partial s_2^*}{\partial W} + \frac{\partial s_2}{\partial s_1} \cdot \frac{\partial s_1}{\partial W}$$

接着，s_1 对 W 的偏导可进一步展开，如下：

$$\frac{\partial s_1}{\partial W} = \frac{\partial s_1}{\partial s_1} \cdot \frac{\partial s_1^*}{\partial W} + \frac{\partial s_1}{\partial s_0} \cdot \frac{\partial s_0}{\partial W}$$

将整个过程进行合并，可得到下式：

$$\frac{\partial s_3}{\partial W} = \sum_{k=0}^{3} \frac{\partial s_3}{\partial s_k} \cdot \frac{\partial s_k^*}{\partial W} \quad \Rightarrow \quad \frac{\partial e_3}{W} = \sum_{k=0}^{3} \frac{\partial e_3}{\partial y_3} \frac{\partial y_3}{\partial s_3} \frac{\partial s_3}{\partial s_k} \frac{\partial s_k^*}{\partial W} \quad \Rightarrow \quad \nabla W = \sum_{t} \sum_{k=0}^{t} \frac{\partial e_t}{\partial y_t} \frac{\partial y_t}{\partial s_t} \frac{\partial s_t}{\partial s_k} \frac{\partial s_k^*}{\partial W}$$

其中，$\frac{\partial s_t}{\partial s_k}$ 是一个链接法则，例如 $\frac{\partial s_3}{\partial s_1} = \frac{\partial s_3}{\partial s_2} \cdot \frac{\partial s_2}{\partial s_1}$。因此，可以将 ∇W 重写为：

$$\nabla W = \sum_{t} \sum_{k=0}^{t} \frac{\partial e_t}{\partial y_t} \frac{\partial y_t}{\partial s_t} \left(\prod_{j=k+1}^{t} \frac{\partial s_j}{\partial s_{j-1}} \right) \frac{\partial s_k^*}{\partial W}$$

同理，可得到参数 U 和 V 的梯度，如下：

$$\nabla U = \sum_{t} \sum_{k=0}^{t} \frac{\partial e_t}{\partial y_t} \frac{\partial y_t}{\partial s_t} \frac{\partial s_t}{\partial U}, \quad \nabla V = \sum_{t} \frac{\partial e_t}{\partial y_t} \frac{\partial y_t}{\partial V}$$

进一步，可按如下公式对参数 U、V、W 进行更新：

$$U := U - \alpha \nabla U$$
$$V := V - \alpha \nabla V$$
$$W := W - \alpha \nabla W$$

其中 α 为学习率。

3. 梯度消失和梯度爆炸

在实际应用中，RNN 常常面临训练方面的难题；尤其随着模型深度的不断增加，使得 RNN 并不能很好地处理长距离的依赖。通常使用 BPTT 算法来训练 RNN，对于基于梯度的学习需要模型参数和损失函数之间存在闭式解，根据估计值和实际值之间的误差来最小化损失函数，那么在损失函数上计算得到的梯度信息可以传回给模型参数并进行相应修改。假设对于序列 $x_1, x_2, \cdots, x_t$，通过

$s_t = f(Ws_{t-1} + Ux_t)$将上一时刻的状态s_{t-1}映射到下一时刻的状态s_t。T时刻损失函数L_T关于参数$\boldsymbol{\theta}$的梯度为：

$$\nabla_{\boldsymbol{\theta}} L_T = \frac{\partial L_T}{\partial \theta} = \sum_{t \leqslant T} \frac{\partial L_T}{\partial s_T} \frac{\partial s_T}{\partial s_t} \frac{\partial s_t}{\partial \theta}$$

根据链式法则，将矩阵$\frac{\partial s_T}{\partial s_t}$进行分解，如下所示：

$$\frac{\partial s_T}{\partial s_t} = \frac{\partial s_T}{\partial s_{T-1}} \frac{\partial s_{T-1}}{\partial s_{T-2}} \cdots \frac{\partial s_{t+1}}{\partial s_t} = f'_T f'_{T-1} \cdots f'_{t+1}$$

RNN 若想可靠地存储信息，则必有$|f'_t| < 1$，也就是说当模型能够保持长距离依赖时，其本身存在梯度消失的情况。随着时间跨度的增加，梯度$\nabla_{\boldsymbol{\theta}} L_T$也会以指数级收敛于 0。当$|f'_t| > 1$时，发生梯度爆炸的现象，网络也会陷入局部不稳定。

8.6.2 RNN 算法的 Python 实现

对于多元时间序列，可使用 RNN 算法进行建模预测，得到对应多个时序指标的预测结果。为了说明 RNN 算法的建模过程，我们使用 canada 数据集作为基础数据。该数据集包含 4 个指标（prod、e、U、rw），统计了 1980 年 Q1 到 2000 年 Q4 按季度的指标值序列。其中，指标 prod 表示劳动生产率，指标 e 反映了就业情况，指标 U 表示失业率，指标 rw 表示实际发的工资。从这些数据中提取 1999 年 Q1 到 2000 年 Q4 的数据子集用于验证模型效果，其他的数据用于建立 RNN 模型。首先，加载 canada 数据集，构建 RNN 建模的基础数据集，提炼训练集与测试集，Python 代码如下：

```
1 src_canada = pd.read_csv(CANADA)
2 tmp = src_canada.drop(columns=['year','season'])
3
4 # 计算标准化操作对应的均值向量与标准差向量
5 vmean = tmp.apply(lambda x:np.mean(x))
6 vstd = tmp.apply(lambda x:np.std(x))
7
8 # 对基础数据进行标准化处理
9 t0 = tmp.apply(lambda x:(x-np.mean(x))/np.std(x)).values
10
11 # 定义输入序列长度、输入与输出的维度
12 SEQLEN = 6
13 dim_in = 4
14 dim_out = 4
15
16 # 定义训练集与测试集的基础数据，并完成构建。这里使用最后 8 条数据进行测试
17 X_train = np.zeros((t0.shape[0]-SEQLEN-8, SEQLEN, dim_in))
18 Y_train = np.zeros((t0.shape[0]-SEQLEN-8, dim_out),)
```

```
19 X_test = np.zeros((8, SEQLEN, dim_in))
20 Y_test = np.zeros((8, dim_out),)
21 for i in range(SEQLEN, t0.shape[0]-8):
22      Y_train[i-SEQLEN] = t0[i]
23      X_train[i-SEQLEN] = t0[(i-SEQLEN):i]
24 for i in range(t0.shape[0]-8,t0.shape[0]):
25      Y_test[i-t0.shape[0]+8] = t0[i]
26      X_test[i-t0.shape[0]+8] = t0[(i-SEQLEN):i]
```

如上述代码第 19 行所示，用于 RNN 建模的输入数据需要整理成三维结构，第一个维度表示对应样本，第二个维度表示该样本所采集的序列数据（指定序列长度），比如这里使用近 6 条数据作为该样本的序列数据，第三个维度表示对应的特征维度，比如这里的输入特征包含 4 个，即设置为 4。代码第 20 行表示 RNN 建模的输出数据，这里是二维的，第一个维度表示样本，第二个维度表示预测指标。由于本案例对时间序列进行建模预测，因此，使用了给定特征的前 6 条序列数据作为输入，对当前指标进行预测，我们设计的 RNN 神经网络结构如图 8-6-2 所示。

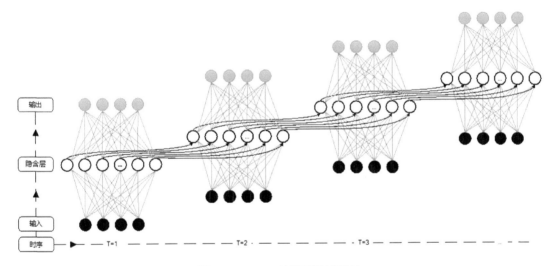

图 8-6-2　RNN 神经网络结构设计

进一步，基于 Keras 构建 RNN 的网络结构，Python 代码如下：

```
1 model = Sequential()
2 model.add(SimpleRNN(128, input_shape=(SEQLEN, dim_in),activation='relu',recurrent_dropout=0.01))
3 model.add(Dense(dim_out,activation='linear'))
4 model.compile(loss = 'mean_squared_error', optimizer = 'rmsprop')
5 history = model.fit(X_train, Y_train, epochs=1000, batch_size=2, validation_split=0)
6 # Epoch 1/1000
7 # 70/70 [==============================] - 0s 6ms/step - loss: 0.2661
```

```
 8 # Epoch 2/1000
 9 # 70/70 [==============================] - 0s 729us/step - loss: 0.0568
10 # Epoch 3/1000
11 # 70/70 [==============================] - 0s 729us/step - loss: 0.0431
12 # ......
13 # Epoch 999/1000
14 # 70/70 [==============================] - 0s 972us/step - loss: 7.9727e-04
15 # Epoch 1000/1000
16 # 70/70 [==============================] - 0s 915us/step - loss: 7.6667e-04
```

如上述代码所示，第 4 行代码中的参数 128 表示隐含层神经元数量，第 7 行代码设置迭代次数为 1000 次，每批处理两条样本。根据训练打印信息可知 loss 从 0.2661 逐渐降到了 7.6667e-04，越到后面降低得越慢，直到收敛。进一步，对后面 8 条测试数据进行预测，并绘制对比图表，Python 代码如下：

```
 1 preddf=model.predict(X_test)*vstd.values+vmean.values
 2 m = 16
 3 xts = src_canada[['year','season']].iloc[-m:].apply(lambda x:str(x[0])+'-'+x[1],axis=1).values
 4 cols = src_canada.drop(columns=['year','season']).columns
 5 fig, axes = plt.subplots(2,2,figsize=(10,7))
 6 index = 0
 7 for ax in axes.flatten():
 8     ax.plot(range(m),src_canada[cols].iloc[-m:,index],'-',c='lightgray',linewidth=2,label="real")
 9     ax.plot(range(m-8,m),preddf[:,index],'o--',c='black',linewidth=2,label="predict")
10     ax.set_xticklabels(xts,rotation=50)
11     ax.set_ylabel("$"+cols[index]+"$",fontsize=14)
12     ax.legend()
13     index = index + 1
14 plt.tight_layout()
15 plt.show()
```

效果如图 8-6-3 所示，前几个预测点的效果较好，后面几个预测点的预测效果较差一些。我们基于历史数据建立的 RNN 模型，并没有根据新的数据对其进行刷新。可以尝试在预测之前重新根据最新的样本建立模型来提升预测效果。

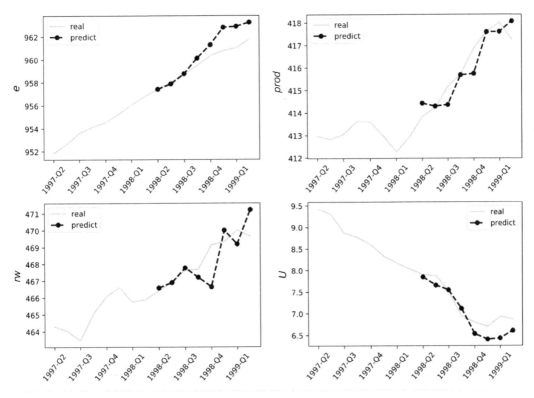

图 8-6-3 各指标预测情况

8.7 长短期记忆网络

循环神经网络由于存在梯度消失和梯度爆炸的问题，使得其难以训练，这就会限制该算法的普及应用。针对循环神经网络在实际应用中的问题，长短期记忆网络（Long Short Term Memory Network，LSTM）被提出，它能够让信息长期保存，成功地解决了循环神经网络的缺陷问题，而成为当前最为流行的 RNN，特别是在语音识别、图片描述、NLP（自然语言处理）等任务中广泛应用。

LSTM 包含一个结构可以用来判断信息的价值，以此来选择遗忘或者记忆，它可以保存一些长期记忆并聚焦一些短期记忆，从而能够有效地根据场景的变化重新学习相关信息，在解决长序依赖问题方面，有着非常重要的价值。

8.7.1 LSTM 模型的基本原理

Hochreiter 等人提出的 LSTM 模型（无遗忘门）在实际应用中使用得最为广泛，其在梯度反向传播过程中不会再受到梯度消失问题的困扰，可以对存在短期或长期依赖的数据进行建模。该模型不仅能够克服 RNN 中存在的梯度消失问题，在长距离依赖任务中的表现也远远优于 RNN。LSTM 模型的工作方式与 RNN 基本相同，但是 LSTM 模型实现了更为复杂的内部处理单元来处理上下文信息的存储与更新。Hochreiter 等人主要引入了记忆单元和门控单元实现对历史信息和长期状态的保存，通过门控逻辑来控制信息的流动。后来 Graves 等人对 LSTM 单元进行了完善，引入了遗忘门，使得 LSTM 模型能够学习连续任务，并能对内部状态进行重置。

LSTM 单元中有 3 种类型的门控，分别为输入门、遗忘门和输出门，如图 8-7-1 所示。门控可以看作一层全连接层，LSTM 对信息的存储和更新正是由这些门控来实现的。更具体地说，门控由 Sigmoid 函数和点乘运算实现，但并不会提供额外的信息，其一般形式可以表示为：

$$g(\boldsymbol{x}) = \sigma(\boldsymbol{W}\boldsymbol{x} + \boldsymbol{b}), \ \sigma(x) = \frac{1}{1 + \mathrm{e}^{-x}}$$

其中，$\sigma(x)$是 Sigmoid 函数，也是机器学习中常用的非线性激活函数，可以将实值映射到 0~1 区间上，用于描述信息通过的多少。当门的输出值为 0 时，表示没有信息通过；当输出值为 1 时，则表示所有信息都能通过。

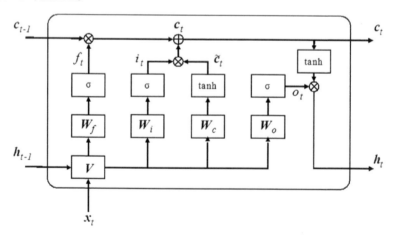

图 8-7-1　LSTM 单元结构

这里分别使用$\boldsymbol{i}$、$\boldsymbol{f}$、$\boldsymbol{o}$来表示输入门、遗忘门和输出门，$\odot$表示对应元素相乘，$\boldsymbol{W}$和$\boldsymbol{b}$分别表示网络的权重矩阵与偏置向量。在时间步为t时，LSTM 隐含层的输入与输出向量分别为$\boldsymbol{x}_t$和$\boldsymbol{h}_t$，记忆单元为$\boldsymbol{c}_t$，输入门用于控制网络当前输入数据$\boldsymbol{x}_t$流入记忆单元的多少，即有多少可以保存到$\boldsymbol{c}_t$，其值为：

$$i_t = \sigma(W_{xi}x_t + W_{hi}h_{t-1} + b_i) = \sigma(W_iV + b_i) \tag{8.5}$$

遗忘门是 LSTM 的关键组成部分，可以控制哪些信息要保留哪些要遗忘，并且以某种方式避免当梯度随时间反向传播时引发的梯度消失和爆炸问题。遗忘门可以决定历史信息中的哪些信息会被丢弃，即判断上一时刻记忆单元c_{t-1}中的信息对当前记忆单元c_t的影响程度。

$$f_t = \sigma(W_{xf}x_t + W_{hf}h_{t-1} + b_f) = \sigma(W_fV + b_f) \tag{8.6}$$

$$\tilde{c}_t = \tanh(W_{xc}x_t + W_{hc}h_{t-1} + b_c) = \tanh(W_cV + b_c) \tag{8.7}$$

$$c_t = f_t \odot c_{t-1} + i_i \odot \tilde{c}_t \tag{8.8}$$

输出门控制记忆单元c_t对当前输出值h_t的影响，即记忆单元中的哪一部分会在时间步t输出。输出门的值及隐含层的输出值可表示为：

$$o_t = \sigma(W_{xo}x_t + W_{ho}h_{t-1} + b_o) = \sigma(W_oV + b_o) \tag{8.9}$$

$$h_t = o_t \odot \tanh(c_t) \tag{8.10}$$

LSTM 模型的训练算法仍然是误差反向传播算法，主要有如下 3 个步骤。

（1）前向计算每个神经元的输出值，对于 LSTM 来说，包含f_t、i_t、c_t、o_t、h_t这 5 个方向的值。

（2）反向计算每个神经元的误差项δ。与循环神经网络一样，LSTM 误差项的反向传播也是包含两个方向：时间方向和层次方向。时间方向表示沿时间的反向传播，即从当前 t 时刻开始，计算每个时刻的误差项；层次方向表示将误差项向上一层传播。

（3）根据相应的误差项计算每个权重的梯度，并进行更新。LSTM 需要学习的参数共 8 组，分别是遗忘的权重矩阵W_f和偏置项b_f、输入门的权重矩阵W_i和偏置项b_i、输出门的权重矩阵W_o和偏置项b_o，以及计算单元状态的权重矩阵W_c和偏置项b_c。因为权重矩阵的两个部分在反向传播中使用不同的公式，因此在后续的推导中，权重矩阵W_f、W_i、W_c、W_o都将被写为分开的两个矩阵：W_{fh}、W_{fx}、W_{ih}、W_{ix}、W_{oh}、W_{ox}、W_{ch}、W_{cx}。在t时刻，LSTM 的输出值为h_t，我们定义t时刻的误差项为δ_t，即：

$$\delta_t = \frac{\partial E}{\partial h_t}$$

进一步定义 4 个加权输入f_t、i_t、c_t、o_t，如下：

$$\text{net}_{f,t} = W_f[h_{t-1}, x_t] + b_f = W_{fh}h_{t-1} + W_{fx}x_t + b_f \tag{8.11}$$

$$\text{net}_{i,t} = W_i[h_{t-1}, x_t] + b_i = W_{ih}h_{t-1} + W_{ix}x_t + b_i \tag{8.12}$$

$$\text{net}_{\tilde{c},t} = W_c[h_{t-1}, x_t] + b_c = W_{ch}h_{t-1} + W_{cx}x_t + b_c \tag{8.13}$$

$$\text{net}_{o,t} = W_o[\boldsymbol{h}_{t-1}, \boldsymbol{x}_t] + \boldsymbol{b}_o = W_{oh}\boldsymbol{h}_{t-1} + W_{ox}\boldsymbol{x}_t + \boldsymbol{b}_o \tag{8.14}$$

其对应的误差项，如下：

$$\boldsymbol{\delta}_{f,t} = \frac{\partial E}{\partial \text{net}_{f,t}}$$

$$\boldsymbol{\delta}_{i,t} = \frac{\partial E}{\partial \text{net}_{i,t}}$$

$$\boldsymbol{\delta}_{\tilde{c},t} = \frac{\partial E}{\partial \text{net}_{\tilde{c},t}}$$

$$\boldsymbol{\delta}_{o,t} = \frac{\partial E}{\partial \text{net}_{o,t}}$$

沿时间反向传递误差项，就是要计算出 $t-1$ 时刻的误差项 δ_{t-1}，即：

$$\boldsymbol{\delta}_{t-1}^{\text{T}} = \frac{\partial E}{\partial \boldsymbol{h}_{t-1}} = \frac{\partial E}{\partial \boldsymbol{h}_t}\frac{\partial \boldsymbol{h}_t}{\partial \boldsymbol{h}_{t-1}} = \boldsymbol{\delta}_t^{\text{T}}\frac{\partial \boldsymbol{h}_t}{\partial \boldsymbol{h}_{t-1}}$$

由图 8-7-1 可知，o_t、f_t、i_t、$\tilde{c}_t$ 都是 h_{t-1} 的函数，那么，利用全导数公式可得：

$$
\begin{aligned}
\boldsymbol{\delta}_t^{\text{T}}\frac{\partial \boldsymbol{h}_t}{\partial \boldsymbol{h}_{t-1}} &= \boldsymbol{\delta}_t^{\text{T}}\frac{\partial \boldsymbol{h}_t}{\partial \boldsymbol{o}_t}\frac{\partial \boldsymbol{o}_t}{\partial \text{net}_{o,t}}\frac{\partial \text{net}_{o,t}}{\partial \boldsymbol{h}_{t-1}} + \boldsymbol{\delta}_t^{\text{T}}\frac{\partial \boldsymbol{h}_t}{\partial \boldsymbol{c}_t}\frac{\partial \boldsymbol{c}_t}{\partial \boldsymbol{f}_t}\frac{\partial \boldsymbol{f}_t}{\partial \text{net}_{f,t}}\frac{\partial \text{net}_{f,t}}{\partial \boldsymbol{h}_{t-1}} + \boldsymbol{\delta}_t^{\text{T}}\frac{\partial \boldsymbol{h}_t}{\partial \boldsymbol{c}_t}\frac{\partial \boldsymbol{c}_t}{\partial \boldsymbol{i}_t}\frac{\partial \boldsymbol{i}_t}{\partial \text{net}_{i,t}}\frac{\partial \text{net}_{i,t}}{\partial \boldsymbol{h}_{t-1}} \\
&\quad + \boldsymbol{\delta}_t^{\text{T}}\frac{\partial \boldsymbol{h}_t}{\partial \boldsymbol{c}_t}\frac{\partial \boldsymbol{c}_t}{\partial \tilde{\boldsymbol{c}}_t}\frac{\partial \tilde{\boldsymbol{c}}_t}{\partial \text{net}_{\tilde{c},t}}\frac{\partial \text{net}_{\tilde{c},t}}{\partial \boldsymbol{h}_{t-1}} \\
&= \boldsymbol{\delta}_{o,t}^{\text{T}}\frac{\partial \text{net}_{o,t}}{\partial \boldsymbol{h}_{t-1}} + \boldsymbol{\delta}_{f,t}^{\text{T}}\frac{\partial \text{net}_{f,t}}{\partial \boldsymbol{h}_{t-1}} + \boldsymbol{\delta}_{i,t}^{\text{T}}\frac{\partial \text{net}_{\tilde{c},t}}{\partial \boldsymbol{h}_{t-1}}
\end{aligned}\tag{8.15}
$$

根据式（8.10），我们可以求出：

$$\frac{\partial \boldsymbol{h}_t}{\partial \boldsymbol{o}_t} = \text{diag}[\tanh(\boldsymbol{c}_t)]$$

$$\frac{\partial \boldsymbol{h}_t}{\partial \boldsymbol{c}_t} = \text{diag}[\boldsymbol{o}_t \circ (1 - \tanh(\boldsymbol{c}_t)^2)]$$

其中 $\circ$ 运算符表示向量或矩阵的简单乘法，若 $\boldsymbol{a}$、$\boldsymbol{b}$ 为两个等长向量（长度为 n），则 $\boldsymbol{a} \circ \boldsymbol{b}$ 表示对应元素相乘得到的新向量。若 $\boldsymbol{X}$ 为 $n \times n$ 的方阵，则 $\boldsymbol{a} \circ \boldsymbol{X}$ 表示 $\boldsymbol{X}$ 的每个列向量与 $\boldsymbol{a}$ 进行 $\circ$ 运算得到的新方阵。将 $\boldsymbol{a}$ 转换为对角矩阵有 $\text{diag}[\boldsymbol{a}]\boldsymbol{X} = \boldsymbol{a} \circ \boldsymbol{X}$，将 $\boldsymbol{b}$ 转换为对角矩阵有 $\boldsymbol{a}^{\text{T}}\text{diag}[\boldsymbol{b}] = \boldsymbol{a} \circ \boldsymbol{b}$。

根据式（8.8），可以求出：

$$\frac{\partial \boldsymbol{c}_t}{\partial \boldsymbol{f}_t} = \text{diag}[\boldsymbol{c}_{t-1}]$$

$$\frac{\partial \boldsymbol{c}_t}{\partial \boldsymbol{i}_t} = \text{diag}[\tilde{\boldsymbol{c}}_t]$$

$$\frac{\partial \boldsymbol{c}_t}{\partial \tilde{\boldsymbol{c}}_t} = \text{diag}[\boldsymbol{i}_t]$$

由式（8.5）~式（8.9）及式（8.11）~式（8.14），我们很容易得出：

$$\frac{\partial \boldsymbol{o}_t}{\partial \text{net}_{o,t}} = \text{diag}[\boldsymbol{o}_t \circ (1 - \boldsymbol{o}_t)]$$

$$\frac{\partial \text{net}_{o,t}}{\partial \boldsymbol{h}_{t-1}} = \boldsymbol{W}_{oh}$$

$$\frac{\partial \boldsymbol{f}_t}{\partial \text{net}_{f,t}} = \text{diag}[\boldsymbol{f}_t \circ (1 - \boldsymbol{f}_t)]$$

$$\frac{\partial \text{net}_{f,t}}{\partial \boldsymbol{h}_{t-1}} = \boldsymbol{W}_{fh}$$

$$\frac{\partial \boldsymbol{i}_t}{\partial \text{net}_{i,t}} = \text{diag}[\boldsymbol{i}_t \circ (1 - \boldsymbol{i}_t)]$$

$$\frac{\partial \text{net}_{i,t}}{\partial \boldsymbol{h}_{t-1}} = \boldsymbol{W}_{ih}$$

$$\frac{\partial \tilde{\boldsymbol{c}}_t}{\partial \text{net}_{\tilde{c},t}} = \text{diag}[1 - \tilde{\boldsymbol{c}}_t^2]$$

$$\frac{\partial \text{net}_{\tilde{c},t}}{\partial \boldsymbol{h}_{t-1}} = \boldsymbol{W}_{ch}$$

将其代入式（8.15），可以得到：

$$\boldsymbol{\delta}_{t-1} = \boldsymbol{\delta}_{o,t}^{\text{T}} \frac{\partial \text{net}_{o,t}}{\partial \boldsymbol{h}_{t-1}} + \boldsymbol{\delta}_{f,t}^{\text{T}} \frac{\partial \text{net}_{f,t}}{\partial \boldsymbol{h}_{t-1}} + \boldsymbol{\delta}_{i,t}^{\text{T}} \frac{\partial \text{net}_{i,t}}{\partial \boldsymbol{h}_{t-1}} + \boldsymbol{\delta}_{\tilde{c},t}^{\text{T}} \frac{\partial \text{net}_{\tilde{c},t}}{\partial \boldsymbol{h}_{t-1}}$$
$$= \boldsymbol{\delta}_{o,t}^{\text{T}} \boldsymbol{w}_{oh} + \boldsymbol{\delta}_{f,t}^{\text{T}} \boldsymbol{w}_{fh} + \boldsymbol{\delta}_{i,t}^{\text{T}} \boldsymbol{w}_{ih} + \boldsymbol{\delta}_{\tilde{c},t}^{\text{T}} \boldsymbol{w}_{ch}$$

根据 $\delta_{o,t}$、$\delta_{f,t}$、$\delta_{i,t}$、$\delta_{\tilde{c},t}$ 的定义，可知：

$$\boldsymbol{\delta}_{o,t}^{\text{T}} = \boldsymbol{\delta}_t^{\text{T}} \circ \tanh(\boldsymbol{c}_t) \circ \boldsymbol{o}_t \circ (1 - \boldsymbol{o}_t)$$

$$\boldsymbol{\delta}_{f,t}^{\text{T}} = \boldsymbol{\delta}_t^{\text{T}} \circ \boldsymbol{o}_t \circ (1 - \tanh(\boldsymbol{c}_t)^2) \circ \boldsymbol{c}_{t-1} \circ \boldsymbol{f}_t \circ (1 - \boldsymbol{f}_t)$$

$$\boldsymbol{\delta}_{i,t}^{\text{T}} = \boldsymbol{\delta}_t^{\text{T}} \circ \boldsymbol{o}_t \circ (1 - \tanh(\boldsymbol{c}_t^2)) \circ \tilde{\boldsymbol{c}}_t \circ \boldsymbol{i}_t \circ (1 - \boldsymbol{i}_t)$$

$$\boldsymbol{\delta}_{\tilde{c},t}^{\text{T}} = \boldsymbol{\delta}_t^{\text{T}} \circ \boldsymbol{o}_t \circ (1 - \tanh(\boldsymbol{c}_t)^2) \circ \boldsymbol{i}_t \circ (1 - \tilde{\boldsymbol{c}}^2)$$

假设当前层为第 L 层，定义 $L - 1$ 层的误差项是误差函数对 $L - 1$ 层加权输入的导数，即：

$$\boldsymbol{\delta}_t^{L-1} = \frac{\partial E}{\text{net}_t^{L-1}}$$

其中，LSTM 的输入 $\boldsymbol{x}_t$ 由以下公式计算：

$$\boldsymbol{x}_t^L = f^{L-1}(\text{net}^{L-1})$$

对于 $\boldsymbol{W}_{fh}$、$\boldsymbol{W}_{ih}$、$\boldsymbol{W}_{ch}$、$\boldsymbol{W}_{oh}$ 的权重梯度，是指它们各自在每时刻的梯度之和。我们首先需要求出它们在 t 时刻的梯度，然后通过求和，求出他们最终的梯度。我们已经求得了误差项 $\boldsymbol{\delta}_{o,t}$、$\boldsymbol{\delta}_{f,t}$、$\boldsymbol{\delta}_{i,t}$、$\boldsymbol{\delta}_{\tilde{c},t}$，很容易求出 t 时刻的 $\boldsymbol{W}_{fh}$、$\boldsymbol{W}_{ih}$、$\boldsymbol{W}_{ch}$、$\boldsymbol{W}_{oh}$ 的梯度，如下所示：

$$\frac{\partial E}{\partial \boldsymbol{W}_{oh,t}} = \frac{\partial E}{\partial \mathrm{net}_{o,t}} \frac{\partial \mathrm{net}_{o,t}}{\partial \boldsymbol{W}_{oh,t}} = \boldsymbol{\delta}_{o,t} \boldsymbol{h}_{t-1}^{\mathrm{T}}$$

$$\frac{\partial E}{\partial \boldsymbol{W}_{fh,t}} = \frac{\partial E}{\partial \mathrm{net}_{f,t}} \frac{\partial \mathrm{net}_{f,t}}{\partial \boldsymbol{W}_{fh,t}} = \boldsymbol{\delta}_{f,t} \boldsymbol{h}_{t-1}^{\mathrm{T}}$$

$$\frac{\partial E}{\partial \boldsymbol{W}_{ih,t}} = \frac{\partial E}{\partial \mathrm{net}_{i,t}} \frac{\partial \mathrm{net}_{i,t}}{\partial \boldsymbol{W}_{ih,t}} = \boldsymbol{\delta}_{i,t} \boldsymbol{h}_{t-1}^{\mathrm{T}}$$

$$\frac{\partial E}{\partial \boldsymbol{W}_{ch,t}} = \frac{\partial E}{\partial \mathrm{net}_{\tilde{c},t}} \frac{\partial \mathrm{net}_{\tilde{c},t}}{\partial \boldsymbol{W}_{ch,t}} = \boldsymbol{\delta}_{\tilde{c},t} \boldsymbol{h}_{t-1}^{\mathrm{T}}$$

将各个时刻的梯度加在一起，就得到最终的梯度：

$$\frac{\partial E}{\partial \boldsymbol{W}_{oh}} = \sum_{j=1}^{t} \boldsymbol{\delta}_{o,j} \boldsymbol{h}_{j-1}^{\mathrm{T}}$$

$$\frac{\partial E}{\partial \boldsymbol{W}_{fh}} = \sum_{j=1}^{t} \boldsymbol{\delta}_{f,j} \boldsymbol{h}_{j-1}^{\mathrm{T}}$$

$$\frac{\partial E}{\partial \boldsymbol{W}_{ih}} = \sum_{j=1}^{t} \boldsymbol{\delta}_{i,j} \boldsymbol{h}_{j-1}^{\mathrm{T}}$$

$$\frac{\partial E}{\partial \boldsymbol{W}_{ch}} = \sum_{j=1}^{t} \boldsymbol{\delta}_{c,j} \boldsymbol{h}_{j-1}^{\mathrm{T}}$$

对于偏置项 $\boldsymbol{b}_f$、$\boldsymbol{b}_i$、$\boldsymbol{b}_c$、$\boldsymbol{b}_o$ 的梯度，也是将各个时刻的梯度加在一起。如下为各个时刻的偏置项梯度：

$$\frac{\partial E}{\partial \boldsymbol{b}_{o,t}} = \frac{\partial E}{\partial \mathrm{net}_{o,t}} \frac{\partial \mathrm{net}_{o,t}}{\partial \boldsymbol{b}_{o,t}} = \boldsymbol{\delta}_{o,t}$$

$$\frac{\partial E}{\partial \boldsymbol{b}_{f,t}} = \frac{\partial E}{\partial \mathrm{net}_{f,t}} \frac{\partial \mathrm{net}_{f,t}}{\partial \boldsymbol{b}_{f,t}} = \boldsymbol{\delta}_{f,t}$$

$$\frac{\partial E}{\partial \boldsymbol{b}_{i,t}} = \frac{\partial E}{\partial \mathrm{net}_{i,t}} \frac{\partial \mathrm{net}_{i,t}}{\partial \boldsymbol{b}_{i,t}} = \boldsymbol{\delta}_{i,t}$$

$$\frac{\partial E}{\partial \boldsymbol{b}_{c,t}} = \frac{\partial E}{\partial \mathrm{net}_{\tilde{c},t}} \frac{\partial \mathrm{net}_{\tilde{c},t}}{\partial \boldsymbol{b}_{c,t}} = \boldsymbol{\delta}_{\tilde{c},t}$$

将各个时刻的偏置项梯度加在一起，可得到最终的偏置项梯度，即：

$$\frac{\partial E}{\partial \boldsymbol{b}_o} = \sum_{j=1}^{t} \boldsymbol{\delta}_{o,j}$$

$$\frac{\partial E}{\partial \boldsymbol{b}_i} = \sum_{j=1}^{t} \boldsymbol{\delta}_{i,j}$$

$$\frac{\partial E}{\partial \boldsymbol{b}_f} = \sum_{j=1}^{t} \boldsymbol{\delta}_{f,j}$$

$$\frac{\partial E}{\partial \boldsymbol{b}_c} = \sum_{j=1}^{t} \boldsymbol{\delta}_{\tilde{c},j}$$

对于 $\boldsymbol{W}_{fx}$、$\boldsymbol{W}_{ix}$、$\boldsymbol{W}_{cx}$、$\boldsymbol{W}_{ox}$ 的权重梯度，只需要根据相应的误差项直接计算即可：

$$\frac{\partial E}{\partial \boldsymbol{W}_{ox}} = \frac{\partial E}{\partial \text{net}_{o,t}} \frac{\partial \text{net}_{o,t}}{\partial \boldsymbol{W}_{ox}} = \boldsymbol{\delta}_{o,t} \boldsymbol{x}_t^{\text{T}}$$

$$\frac{\partial E}{\partial \boldsymbol{W}_{fx}} = \frac{\partial E}{\partial \text{net}_{f,t}} \frac{\partial \text{net}_{f,t}}{\partial \boldsymbol{W}_{fx}} = \boldsymbol{\delta}_{f,t} \boldsymbol{x}_t^{\text{T}}$$

$$\frac{\partial E}{\partial \boldsymbol{W}_{ix}} = \frac{\partial E}{\partial \text{net}_{i,t}} \frac{\partial \text{net}_{i,t}}{\partial \boldsymbol{W}_{ix}} = \boldsymbol{\delta}_{i,t} \boldsymbol{x}_t^{\text{T}}$$

$$\frac{\partial E}{\partial \boldsymbol{W}_{cx}} = \frac{\partial E}{\partial \text{net}_{\tilde{c},t}} \frac{\partial \text{net}_{\tilde{c},t}}{\partial \boldsymbol{W}_{cx}} = \boldsymbol{\delta}_{\tilde{c},t} \boldsymbol{x}_t^{\text{T}}$$

计算出各权重梯度及偏置项梯度，进一步基于梯度下降的方法对权重矩阵和偏置项进行更新，通过多轮迭代直到收敛。以此来求解 LSTM 的最优参数。

8.7.2 LSTM 算法的 Python 实现

对于多元时间序列，可使用 LSTM 算法进行建模预测，得到对应多个时序指标的预测结果。为了说明 LSTM 算法的建模过程，我们使用 canada 数据集作为基础数据。该数据集包含 4 个指标（prod、e、U、rw），统计了 1980 年 Q1 到 2000 年 Q4 按季度的指标值序列。其中，指标 prod 表示劳动生产率，指标 e 反映了就业情况，指标 U 表示失业率，指标 rw 表示实际发的工资。从这些数据中提取 1999 年 Q1 到 2000 年 Q4 的数据子集用于验证模型效果，其他的数据用于建立 LSTM 模型。首先，加载 canada 数据集，构建 LSTM 建模的基础数据集，提炼训练集与测试集，Python 代码如下：

```
1 src_canada = pd.read_csv(CANADA)
2
3 tmp = src_canada.drop(columns=['year','season'])
4 vmean = tmp.apply(lambda x:np.mean(x))
5 vstd = tmp.apply(lambda x:np.std(x))
6 t0 = tmp.apply(lambda x:(x-np.mean(x))/np.std(x)).values
```

```
 7 SEQLEN = 15
 8 dim_in = 4
 9 dim_out = 4
10 X_train = np.zeros((t0.shape[0]-SEQLEN-8, SEQLEN, dim_in))
11 Y_train = np.zeros((t0.shape[0]-SEQLEN-8, dim_out),)
12 X_test = np.zeros((8, SEQLEN, dim_in))
13 Y_test = np.zeros((8, dim_out),)
14 for i in range(SEQLEN, t0.shape[0]-8):
15     Y_train[i-SEQLEN] = t0[i]
16     X_train[i-SEQLEN] = t0[(i-SEQLEN):i]
17 for i in range(t0.shape[0]-8,t0.shape[0]):
18     Y_test[i-t0.shape[0]+8] = t0[i]
19     X_test[i-t0.shape[0]+8] = t0[(i-SEQLEN):i]
```

如上述第 12 行代码所示，用于 LSTM 建模的输入数据需要整理成三维结构，第一个维度表示对应样本，第二个维度表示该样本所采集的序列数据（指定序列长度），比如这里使用近 6 条数据作为该样本的序列数据，第三个维度表示对应的特征维度，比如这里的输入特征包含 4 个，即设置为 4。第 13 行代码表示 LSTM 建模的输出数据，这里是二维的，第一个维度表示样本，第二个维度表示预测指标。进一步，基于 Keras 构建 LSTM 的网络结构，Python 代码如下：

```
 1 model = Sequential()
 2 model.add(LSTM(45, input_shape=(SEQLEN, dim_in),activation='relu',recurrent_dropout=0.01))
 3 model.add(Dense(dim_out,activation='linear'))
 4 model.compile(loss = 'mean_squared_error', optimizer = 'rmsprop')
 5 history = model.fit(X_train, Y_train, epochs=2000, batch_size=5, validation_split=0)
 6 # Epoch 1/2000
 7 # 61/61 [==============================] - 0s 6ms/step - loss: 0.4616
 8 # Epoch 2/2000
 9 # 61/61 [==============================] - 0s 886us/step - loss: 0.3107
10 # Epoch 3/2000
11 # 61/61 [==============================] - 0s 1ms/step - loss: 0.1842
12 # ......
13 # Epoch 2000/2000
14 # 61/61 [==============================] - 0s 768us/step - loss: 0.0011
```

如上述代码所示，第 4 行代码中的参数 45 表示隐含层神经元数量，第 7 行代码设置迭代次数为 2000 次，每批次处理 5 条样本。根据训练打印信息可知 loss 从 0.4616 逐渐降到了 0.0011，越到后面降低得越慢，直到收敛。进一步，对后面 8 条测试数据进行预测，并绘制对比图表，Python 代码如下：

```
 1 preddf=model.predict(X_test)*vstd.values+vmean.values
 2 m = 16
 3 xts = src_canada[['year','season']].iloc[-m:].apply(lambda x:str(x[0])+'-'+x[1],axis=1).values
 4 cols = src_canada.drop(columns=['year','season']).columns
```

```
5 fig, axes = plt.subplots(2,2,figsize=(10,7))
6 index = 0
7 for ax in axes.flatten():
8       ax.plot(range(m),src_canada[cols].iloc[-m:,index],'-',c='lightgray',linewidth=2,label="real")
9       ax.plot(range(m-8,m),preddf[:,index],'o--',c='black',linewidth=2,label="predict")
10      ax.set_xticklabels(xts,rotation=50)
11      ax.set_ylabel("$"+cols[index]+"$",fontsize=14)
12      ax.legend()
13      index = index + 1
14 plt.tight_layout()
15 plt.show()
```

效果如图 8-7-2 所示，前几个预测点的效果较好，后面几个预测点的预测效果较差一些。我们基于历史数据建立的 LSTM 模型，并没有根据新的数据对其进行刷新。可以尝试在预测之前重新根据最新的样本建立模型来提升预测效果。

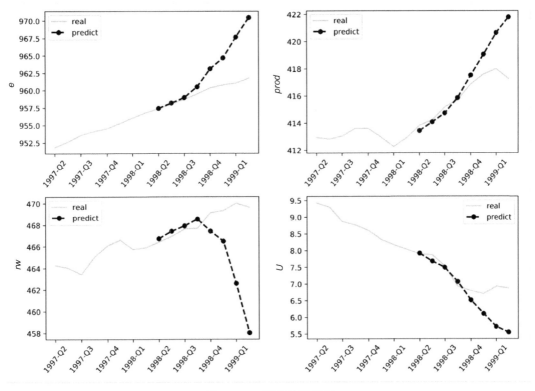

图 8-7-2　各指标预测情况

第 3 篇

预测应用

第 9 章

短期日负荷曲线预测

在对常见的预测算法进行学习之后，有必要对一些实际的案例进行操练，以增强分析和动手能力。本章主要介绍短期日负荷曲线预测的内容，首先介绍电力行业负荷预测的基本情况，以及开展短期负荷预测的必要性，特别是短期日负荷曲线的预测。接着，从收集的基础数据出发，经过数据清洗，并对清洗后的数据进行潜在规律的挖掘，以指导构建模型特征集。我们使用 DNN 算法和 LSTM 等算法对短期日负荷曲线进行预测，通过效果分析比较这些预测方法的特点。

9.1 电力行业负荷预测介绍

电力负荷预测是电力生产和发展的重要依据，通常是指在考虑一些重要的系统运行特性、增容决策和自然条件的情况下，利用一套处理过去和未来负荷的方法，在一定精度意义上，决定未来某特定时刻或某些特定时刻的负荷值。电力系统对未来预计要发生的负荷进行预测是非常有必要的，系统内可用发电容量，在正常运行条件下，应该在任何时候都能满足系统内负荷的要求。如果负荷预测偏低，则电网实际不能满足供电要求，甚至还可能缺电，应当采取必要的措施来增加发电容量；如果负荷预测偏高，则会导致安装一些不能充分利用的发电设备，从而引起投资浪费。由此可见，负荷预测可用来确定经济的、满足安全要求和运行约束的运行方案，只有用实时的负荷预测信息来实现发电容量与输电方式的合理调度安排才能实现电力系统的经济运行。电力负荷预测研究的核心问题是如何利用现有的历史数据及相关的外围数据建立预测模型，对未来时刻或时间段内的负荷值进行预测。

按预测周期的长短，可以分为超短期预测、短期预测、中长期预测、超长期预测等。由于受到各种社会、经济、环境等不确定性因素的影响，再加上电力系统负荷本身具有的不可控性，因此进行完全准确的负荷预测是十分困难的。本章将对短期日负荷曲线预测的情形详细讨论，并从变压器的日负荷曲线预测的角度进行分析建模。

9.2 短期日负荷曲线预测的基本要求

短期负荷预测是随着电力系统 EMS（能量管理系统）的逐步发展而发展起来的，现已经成为 EMS 必不可少的一部分，并且是确保电力系统安全、经济地运行所必需的手段之一。随着电力市场的建立和发展，对短期负荷预测提出了更高的要求，短期负荷预测不再仅仅是 EMS 的关键部分，同时也是制订电力市场交易计划的基础。短期负荷预测通常包括日负荷预测和周负荷预测，分别用于安排日调度计划和周调度计划，包括确定机组启停、水火电协调、联络线交换功率、负荷经济分配、水库调度和设备检修等，对短期预测需充分研究电网负荷变化规律，分析负荷变化相关因子，特别是天气因素、日类型等和短期负荷变化的关系。

通常日负荷预测又可分为日平均负荷预测、日最高负荷预测等，而短期日负荷曲线预测是日负荷预测中的一类，为了获得更多的预报信息，一般还会对未来一周的日负荷曲线进行预测。可以想到，由于日负荷曲线包含了一天很多时点的信息，因此要对日负荷曲线进行预测，需要得出一天中各个时点的预测值，这个难度比单纯地预测日平均负荷或日最高负荷要大很多。正常情况下，可以取到 15 分钟采集一次的时点负荷数据，也就是说日负荷曲线由 96 个点构成，也有 48 个点和 24 个点的，只是统计的时间间隔不一样。典型的日负荷曲线如图 9-2-1 所示。

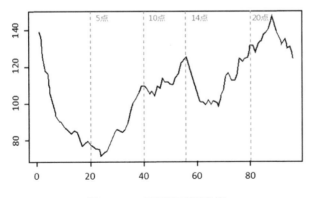

图 9-2-1 典型的日负荷曲线

如图 9-2-1 所示，横轴表示时点，即从 0 点到 24 点每隔 15 分钟的时点值，纵轴表示对应时点所采集的负荷值。可以看到，5 点左右，负荷降到低谷，然后慢慢上升，在 10 点到 14 点，进入第一个高峰段，接着有一小段下降，然后从 20 点开始直到 24 点，进入第二个高峰段。我们可以通过类似的方式，了解一条日负荷曲线所对应的用电规律，并与相关的业务进行关联，进一步分析用电的规律性和合理性。

本章的研究对象是变压器，它又可以分为公共变压器（简称公变）和专用变压器（简称专变），为居民小区、学校、政府机关、医院等供电的通常是公变，而为一些工厂、制造企业等供电的通常是专变。由于公变的服务对象较混杂，所以它的变化规律主要表现在不同类别的用户群体上，但是其用电的基数较大，总体规律相对稳定；而专变的服务对象较为专一，所以它的变化规律主要表现在不同行业的工作计划上，这容易受经济环境、市场需求等外在因素的影响，亦即受外在干扰较大，因此它的用电基数波动大，总体规律相对不稳定。本章关注公变的日负荷曲线预测，主要考虑某公变的历史负荷规律，结合工作日类型、天气等因素，建立日负荷曲线预测模型，并对未来一天的日负荷曲线进行预测。

9.3　预测建模准备

在建立预测模型之前，我们需要搜集预测建模需要的基础数据，并进行必要的处理，以及在此基础上，进行必要的数据分析，为构建最终用于建模的输入数据做准备。本节旨在说明预测建模准备的主要步骤，并基于公变的模拟数据进行 **Python** 实现。

9.3.1　基础数据采集

用于变压器日负荷曲线预测的数据主要包括变压器历史时点负荷数据，对应天气数据、工作日类型以及节假日数据。对于历史时点负荷数据，由于手上没有现成的数据，所以只能凭经验使用 MCMC 的方法，辅助一些噪声和随机缺失的技巧，对变压器的日负荷的时点数据进行模拟。天气数据可以从中国气象局网站上找到每天的气象数据，由于预测时也要考虑天气数据，所以在实施的过程中，要结合使用天气预报的数据。工作日类型可以根据日期进行转换，而节假日的数据按每年国务院办公厅发布的节假日安排为准。这里我们模拟了某台公变从 2013 年 9 月 1 日到 2014 年 9 月 30 日的历史时点负荷数据，如表 9-3-1 所示。

表 9-3-1　时点负荷数据样例

LOAD_DATE	C001	C002	C003	C004	...	C093	C094	C095	C096
2013/9/1	16.18	10.28	12.84	10.18	...	22	18.28	17.92	21.4
2013/9/2	18.38	17.76	16.74	14.3	...	27.82	21.56	22.98	24.68
2013/9/3	24.94	19.74	21.86	17.12	...	15.94	16.24	17.66	15.82
2013/9/4	17.06	13.28	13	15.12	...	20.36	18.76	19.86	16.86
...	...	...	...	...	...	...	...	...	...
2014/9/27	17.9	14.86	14.48	15.12	...	24.42	25.04	23.16	19.08
2014/9/28	18.94	18.62	16.4	18.38	...	27.16	21.3	17.36	16.68
2014/9/29	15.98	16.06	15.74	21.76	...	27.68	30.32	17.96	21.46
2014/9/30	18.58	17.44	18.14	17.66	...	18.46	17.4	19.68	18.12

其中，第 1 列为日期，第 2 列到第 97 列为对应日期的 96 个时点负荷值。另外，我们可以从气象网上下载对应日期的天气数据，如表 9-3-2 所示。

表 9-3-2　天气数据样例

WETH_DATE	MEAN_TMP	MIN_TMP	MAX_TMP
2013/9/1	26.5	23.4	31.2
2013/9/2	28.1	25.5	32.2
2013/9/3	25.9	24.5	28.7
2013/9/4	24.7	22.9	26.1
...	...	...	...
2014/9/27	29.1	26	34
2014/9/28	28.8	25.3	33.5
2014/9/29	29.5	26.3	33.6
2014/9/30	29.1	26.3	35.1

表中第 1 列为日期，第 2 列 MAX_TMP 为最高气温，第 3 列 MIN_TMP 为最低气温，第 4 列 MEAN_TMP 为平均气温。由于节假日的规律比较独特，加上数据又比较少，这里我们主要讨论正常工作日及周末的日负荷曲线预测，节假日的预测可通过另外的预测模型实现。为了数据的一致性，建议将主要节假日的数据置为缺失值，从 2013 年 9 月 1 日到 2014 年 9 月 30 日，共有 24 天是节假日，即 2013 年 9 月 19 日至 21 日是中秋节假期，10 月 1 日至 7 日是国庆节假期，2014 年 1 月 1 日是元旦节假期，1 月 31 日到 2 月 6 日是春节假期，5 月 1 日到 3 日是劳动节假期，5 月 31 日到 6 月 2 日是端午节假期。后面小节中，将首先会对节假日数据置空，再对该种情况进行插补。

9.3.2 缺失数据处理

时点负荷数据的缺失主要是由于采集器发生故障或进行检修时设备暂停导致的数据缺失。通常可以根据类似区域或变压器，以及该公变对应历史近似日的时点负荷数据进行近邻插补，这基于一个假设，即排除其他外在因素干扰的情况下，它们的用电规律应该是一致的。而数据的平滑主要是处理日负荷曲线的剧烈波动，在这种情况下，会给分析造成一定的困难，不仅不能提供可靠的基础数据，还可能会带入噪声，因此需要谨慎对待波动剧烈的日负荷曲线样本。首先，对我们用机器模拟的时点负荷数据做一个缺失值统计，通过绘图呈现负荷数据缺失的概貌，代码如下：

```
1 data = pd.read_csv(ENERGY_OUT)
2 msno.matrix(data, labels=True,figsize=(45,10))
```

效果如图 9-3-1 所示，白色部分为缺失值，黑色部分表示数据未缺失，从图中可知，右侧曲线表示对应行的缺失比例，缺失越多，则曲线越向左靠，缺失越少，则曲线越向右靠；左侧部分，一整条白色的为节假日的负荷数据，这在之前的陈述中已经进行了置空处理，其他的间断性白色段为局部性缺失。

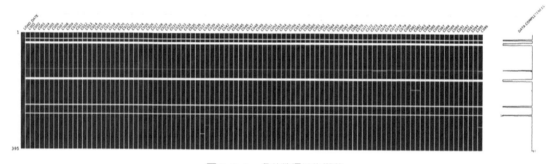

图 9-3-1　负荷数据缺失概貌

为了对节假日缺失负荷进行有效处理，需要将日期转换成月份、星期等这样的值来计算近邻记录。经过缺失值的插补，可以得到无缺失的数值集。现编写 Python 代码基于 K 近邻的思路对缺失值进行插补，代码如下：

```
1 weth = pd.read_csv(WEATHER)
2 # 获取星期数据
3 data['weekday']=[datetime.datetime.strptime(x,'%Y/%m/%d').weekday() for x in data.LOAD_DATE]
4 # 获取月份数据
5 data['month']=[datetime.datetime.strptime(x,'%Y/%m/%d').month for x in data.LOAD_DATE]
6 data['date']=[datetime.datetime.strptime(x,'%Y/%m/%d') for x in data.LOAD_DATE]
7 # 将数据按日期升序排列
8 data = data.sort_values(by='date')
9 # 获取时间趋势数据
```

```
10 data['trend'] = range(data.shape[0])
11 # 设置索引并按索引进行关联
12 data=data.set_index('LOAD_DATE')
13 weth=weth.set_index('WETH_DATE')
14 p = data.join(weth)
15 p = p.drop(columns='date')
16 # 声明列表用于存储位置及插补值信息
17 out = list()
18 for index in np.where(p.apply(lambda x:np.sum(np.isnan(x)),axis=1)>0)[0]:
19     selcol = np.logical_not(np.isnan(p.iloc[index]))
20     usecol = np.where(selcol)[0]
21     cols = np.where(~selcol)[0]
22     for col in cols:
23         nbs = np.where(p.iloc[:,usecol].apply(lambda x:np.sum(np.isnan(x)),axis=1)==0)[0]
24         nbs = nbs[nbs != index]
25         nbs = (list(set(nbs).intersection(set(np.where(np.logical_not(np.isnan(p.iloc[:,col])))[0]))))
26         t0 = [np.sqrt(np.sum((p.iloc[index,usecol]-p.iloc[x,usecol])**2)) for x in nbs]
27         t1 = 1/np.array(t0)
28         t_wts = t1/np.sum(t1)
29         out.append((index,col,np.sum(p.iloc[nbs,col].values*t_wts)))
```

如上述代码第 22~24 行所示，对于包含缺失值的样本，首先基于未缺失的特征值寻找邻居，然后使用该样本离邻居的距离量化为权重，对缺失部分的值进行加权平均的插补。图 9-3-2 为缺失值插补示意图，图中黑色方块为插补的缺失值，根据两个邻居的距离分别量化为权重 0.8 和 0.2，再进行加权平均计算出插补值为 9.8。

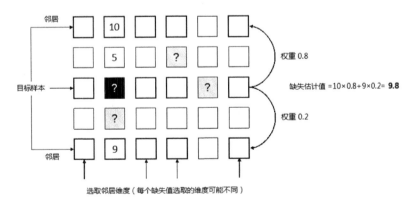

图 9-3-2　缺失值插补示意图

我们可将变量 out 值打印出来，查看其取值的情况，代码如下：

```
1 out
2 # [(18, 0, 15.862533989395969),
```

```
3 #   (18, 1, 15.066161287502018),
4 #   (18, 2, 14.19980745932543),
5 #   (18, 3, 13.58345782262413),
6 #   (18, 4, 13.51538093937498),
7 #   ...
```

如上述代码所示，变量 out 中刻录的是三元组的列表，元组中的第 1 个值为数据行下标，第 2 个值为数据列下标，第 3 个值为插补值。基于变量 out 可对数据 p 进行缺失值插补，Python 代码如下：

```
1 for v in out:
2     p.iloc[v[0],v[1]]=v[2]
3
4 p.head()
```

输出结果如图 9-3-3 所示。

LOAD_DATE	C001	C002	C003	C004	C005	C006	C007	C008	C009	C010	...	C093	C094	C095	C096	weekday	month	trend	MEAN_TMP	MIN_TMP	MAX_TMP
2013/9/1	16.18	10.28	12.84	10.18	11.24	10.90	10.86	10.38	10.26	9.76	...	22.00	18.28	17.92	21.40	6	9	0	26.5	23.4	31.2
2013/9/2	18.38	17.76	16.74	14.30	15.46	15.86	14.48	14.00	14.88	14.38	...	27.82	21.56	22.98	24.68	0	9	1	28.1	25.5	32.2
2013/9/3	24.94	19.74	21.86	17.12	21.00	32.38	20.38	16.76	16.74	16.92	...	15.94	16.24	17.66	15.82	1	9	2	25.9	24.5	28.7
2013/9/4	17.06	13.28	13.00	15.12	13.88	13.10	13.38	14.22	13.44	12.54	...	20.36	18.76	19.86	16.86	2	9	3	24.7	22.9	26.1
2013/9/5	12.30	15.22	11.18	11.08	9.68	12.72	11.28	10.52	10.16	9.94	...	19.12	22.28	16.86	11.14	3	9	4	24.5	22.8	26.2

5 rows × 102 columns

图 9-3-3　输出结果

```
1 msno.matrix(p, labels=True,figsize=(45,10))
```

该输出结果如图 9-3-4 所示。

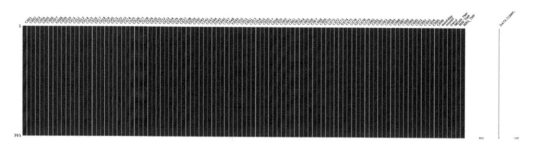

图 9-3-4　输出结果

由输出结果可知，经过缺失值插补，数据中已经没有缺失值了。

9.3.3　潜在规律分析

根据公变日负荷曲线的预测要求，我们从对应公变时点负荷的历史数据出发探索相应规律，另外，工作日类型和天气因素对时点负荷的影响也需要分析验证。总体上可以分为 3 个分析任务，即历史时点负荷数据对预测日时点负荷的影响程度、天气因素对预测日时点负荷的影响程度、工作日类型对预测日时点负荷的影响程度。下面，分别对这 3 个分析任务展开潜在规律的分析，以确定最终用于建模的初始特征集。

1．历史时点负荷因素分析

首先，我们分析了不同时点的自相关性，发现每个时点的自相关性差别很大，我们给出了第 10、40、60、80 个时点，对应的偏自相关分析图，如图 9-3-5 所示。

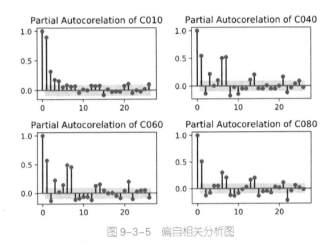

图 9-3-5　偏自相关分析图

从图 9-3-6 中我们可以知道，这 4 个时点在不同的阶数截尾，因此可以建立不同阶数的自回归模型，也就是说可以使用对应阶数的历史时点负荷构建预测特征。绘图的 Python 代码如下所示：

```
1 fig, axes = plt.subplots(nrows=2, ncols=2)
2 ax0, ax1, ax2, ax3 = axes.flatten()
3 plot_pacf(p.C010,ax=ax0,title="Partial Autocorelation of C010")
4 plot_pacf(p.C040,ax=ax1,title="Partial Autocorelation of C040")
5 plot_pacf(p.C060,ax=ax2,title="Partial Autocorelation of C060")
6 plot_pacf(p.C080,ax=ax3,title="Partial Autocorelation of C080")
```

2．天气因素分析

我们从整理的时点负荷数据与对应日期的天气数据出发，通过计算两两指标的相关系数，我们得到如图 9-3-6 所示的相关性热力图。

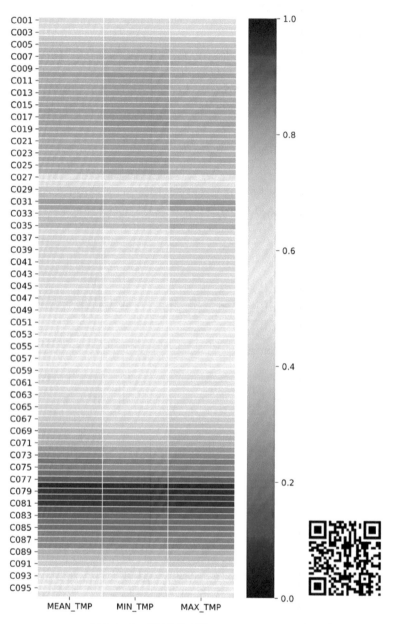

图 9-3-6　相关性热力图　　　　　　　　（扫码查看彩色图片）

如图 9-3-6 所示，红色越浓表示相关性越强，蓝色越深表示相关性越弱，绘图的 Python 代码如下所示：

```
1 cols = p.columns[[x.startswith('C') for x in p.columns]]
2 temps = ['MEAN_TMP','MIN_TMP','MAX_TMP']
3 t0 = pd.DataFrame([[p[t].corr(p[x]) for x in temps] for t in cols])
4 t0.columns = temps
5 t0.index = cols
6 plt.figure(figsize=(5,10))
7 sns.heatmap(t0, linewidths = 0.05, vmax=1, vmin=0, cmap='rainbow')
```

为了更直观地反映这种相关性，我们有针对性地选取第 10 个时点与平均气温在 2013 年 9 月 1 号到 2014 年 8 月 31 号之间的数据，并绘制二维图表，如图 9-3-7 所示。

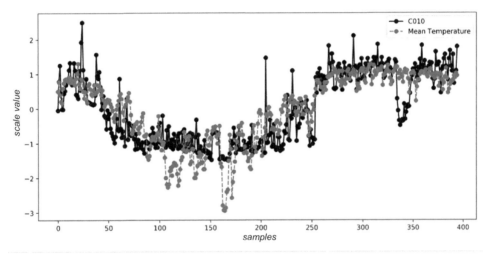

图 9-3-7　平均气温与负荷的关系

图 9-3-7 中灰色虚线表示平均气温，黑色实线表示第 10 个时点的负荷值，通过该曲线可以发现，整个图表的平均气温和负荷值的变化趋势比较同步，即随着平均气温的上升，负荷值也跟着上升；随着平均气温的下降，负荷值也跟着下降，该时点的负荷与平均气温存在较强的相关性。在建模时，可以加入这个特征。通过这样的方法，可以有选择性地为不同时点选择不同的气象因素，用于建立预测模型。绘图的 Python 代码如下所示：

```
1 plt.figure(figsize=(10,5))
2 def scale(x):
3        return (x - np.mean(x))/np.std(x)
4 plt.plot(range(p.shape[0]),scale(p.C010.values),'o-',c='black',label="C010")
5 plt.plot(range(p.shape[0]),scale(p.MEAN_TMP.values),'o--',c='gray',label="Mean Temperature")
6 plt.legend()
7 plt.ylabel("$scale \quad value$")
8 plt.xlabel("$samples$")
```

3. 工作日类型因素分析

工作日类型主要指周一到周日的这 7 天，一般来说周一到周五与周末的用电规律具有明显的区别，另外，周一和周五由于邻近周末，一般也会表现得与周二到周四的用电规律不一样。这里我们选择第 40、60 个时点，按周一到周日的顺序绘制每种工作日类型的平均负荷水平，得到二维图表，如图 9-3-8 所示。

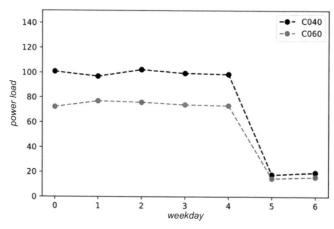

图 9-3-8　绘制不同时点不同工作日类型的平均负荷水平

如图 9-3-8 所示，黑色虚线表示第 40 个时点对应的工作日类型的平均负荷水平曲线，而灰色虚线表示第 60 个时点对应的工作日类型的平均负荷水平曲线。可以初步判断这两个时点在周末与周一至周五的用电水平有着明显区别。因此工作日类型也是我们建模考虑的一个维度。对应的 Python 绘图代码如下：

```
1 t0 = p.groupby('weekday').mean()[['C040','C060']]
2 plt.plot(range(7),t0.C040,'o--',c='black',label="C040")
3 plt.plot(range(7),t0.C060,'o--',c='gray',label="C060")
4 plt.ylim(0,150)
5 plt.xlabel("$weekday$")
6 plt.ylabel("$power\quad load$")
7 plt.legend()
```

根据这 3 个方面的分析，我们可以构建用于建模的基础数据集，选取 2013 年 9 月 1 日到 2014 年 8 月 31 日的数据用于训练预测模型，选取 2014 年 9 月 1 日至 2014 年 9 月 30 日的数据用于验证预测模型效果，需要注意的是，此处建立的模型，只预测未来一天，这意味着验证模型效果时，将依次按验证数据的每一天带入，并对次日的日负荷曲线进行预测。

9.4　基于 DNN 算法的预测

　　基于数据分析的结论，我们可以构建适合于建模的基础数据集。使用该数据集，我们可以选用合适的数据挖掘算法建立预测模型，并基于验证集检验模型的预测效果。本节主要介绍 DNN 深度神经网络的预测算法，它比传统神经网络更善于提炼数据中潜在的特征和模式。此处从 DNN 建模的数据要求及网络结构设计讲起，设置合理的参数，通过训练得到模型，并基于该模型进行预测，最后将结果与真实数据进行比较，评估预测效果。

9.4.1　数据要求

　　本节使用 DNN 算法对短期负荷曲线进行预测，使用的是典型的监督学习范式。输入特征中包含有历史负荷数据、气温数据、星期数据、趋势数据以及预测日的气温、星期及趋势数据，输出数据则是预测日 96 个时点的负荷值。由于我们在建模时要考虑历史数据及其周期性，因此不能简单地将历史样本直接作为输入，我们需要为模型建立特征体系。此处，我们尝试使用近两周的数据作为输入特征来建立模型，数据要求如图 9-4-1 所示。

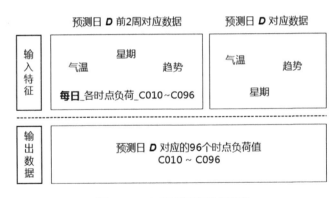

图 9-4-1　DNN 模型的数据要求

9.4.2　数据预处理

　　首先，需要将数据 p 转换为包含历史两周特征数据的基础数据，以预测日 96 个时点负荷值作为输出数据。这里我们使用 2013 年 9 月 1 日至 2014 年 8 月 31 日的数据作为训练数据，使用 2014 年整个 9 月的数据作为测试数据，用来验证模型效果。用 Python 将数据 p 的特征进行转换，并对全体数据进行标准化处理，代码如下：

```
1 data = p
2 parts = 14
3 this_one = data.iloc[parts:]
4 bak_index = this_one.index
5 for k in range(1, parts + 1):
6     last_one = data.iloc[(parts - k):(this_one.shape[0] - k + parts)]
7     this_one.set_index(last_one.index, drop=True, inplace=True)
8     this_one = this_one.join(last_one, lsuffix="", rsuffix="_p" + str(k))
9
10 this_one.set_index(bak_index, drop=True, inplace=True)
11 this_one = this_one.fillna(0)
12 t0 = this_one.iloc[:, 0:96]
13 t0_min = t0.apply(lambda x: np.min(x), axis=0).values
14 t0_ptp = t0.apply(lambda x: np.ptp(x), axis=0).values
15 this_one = this_one.apply(lambda x: (x - np.min(x)) / np.ptp(x), axis=0)
```

如上述代码第 18、19 行所示，这里对负荷数据的标准化参数进行存储，后续对预测数据进行量纲还原。进一步对数据进行分区，得到训练数据和测试数据，代码如下：

```
1 test_data = this_one.iloc[-30:]
2 train_data = this_one.iloc[:-30]
3 train_y_df = train_data.iloc[:, 0:96]
4 train_y = np.array(train_y_df)
5 train_x_df = train_data.iloc[:, 96:]
6 train_x = np.array(train_x_df)
7
8 test_y_df = test_data.iloc[:, 0:96]
9 test_y = np.array(test_y_df)
10 test_x_df = test_data.iloc[:, 96:]
11 test_x = np.array(test_x_df)
12 test_y_real = t0.iloc[-30:]
```

训练数据存在于 train_x 与 train_y 中，分别表示训练的输入与输出。测试数据存在于 test_x 与 test_y 中分别表示测试的输入与输出，其中 test_y_real 表示真实数据，test_y 则表示标准化后的数据。

9.4.3 网络结构设计

经提取每样本前两周的历史数据，最终得到的训练数据共有 1434 个特征输入，根据深度神经网络的建模经验，这里依次设置 512、256、128 共 3 个隐含层，最终的目标输出层共 96 个神经元。因此，我们可以将 DNN 网络按图 9-4-2 的结构进行设计。

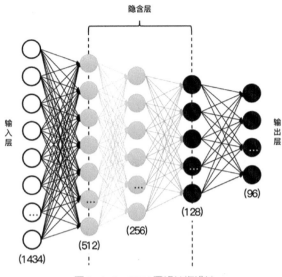

图 9-4-2 DNN 网络结构设计

9.4.4 建立模型

现基于 Keras 搭建 DNN 网络，并基于训练集对模型进行训练，Python 代码如下：

```
1 init = keras.initializers.glorot_uniform(seed=1)
2 simple_adam = keras.optimizers.Adam()
3 model = keras.models.Sequential()
4 model.add(keras.layers.Dense(units=512, input_dim=1434, kernel_initializer=init, activation='relu'))
5 model.add(keras.layers.Dense(units=256, kernel_initializer=init, activation='relu'))
6 model.add(keras.layers.Dense(units=128, kernel_initializer=init, activation='relu'))
7 model.add(keras.layers.Dropout(0.1))
8 model.add(keras.layers.Dense(units=96, kernel_initializer=init, activation='tanh'))
9 model.compile(loss='mse', optimizer=simple_adam, metrics=['accuracy'])
10 model.fit(train_x, train_y, epochs=1000, batch_size=7, shuffle=True, verbose=True)
11 # Epoch 1/1000
12 # 351/351 [==============================] - 1s 3ms/step - loss: 0.0676 - accuracy: 0.0427
13 # Epoch 2/1000
14 # 351/351 [==============================] - 1s 2ms/step - loss: 0.0324 - accuracy: 0.0969
15 # Epoch 3/1000
16 # 351/351 [==============================] - 1s 3ms/step - loss: 0.0244 - accuracy: 0.0969
17 # ......
18 # Epoch 1000/1000
19 # 351/351 [==============================] - 1s 2ms/step - loss: 0.0028 - accuracy: 0.3476
```

如上述代码所示，我们使用 Adam 算法来优化模型，在输出层之前加入了 Dropout 层来避免过拟合。由于当前建模场景是数值预测的，因此使用 MSE（均方误差）来定义损失函数。算法经过 1000 次迭代，loss 从 0.676 降到了 0.0028，训练精度从 0.0427 提升到 0.3476。进一步可以基于得到的模型展开预测。

9.4.5 预测实现

基于 9.4.4 节得到的模型，我们可进一步编写 Python 代码，对 test_x 对应的输出数据进行预测。需要注意的是，直接得到的预测结果处于标准化的数据空间中，需要将其还原成原始数据空间的值，结果才有意义。对应的 Python 代码如下：

```
1 pred_y = model.predict(test_x)
2 pred_y = (pred_y*t0_ptp)+t0_min
```

如上述代码所示，将模型的预测结果 pred_y 乘以 t0_ptp 再加上 t0_min，即可对数据进行还原。pred_y 即是最终得到的预测数据，可打印其值，代码如下：

```
1 pred_y
2 # array([[17.21479217, 17.52549491, 16.23683023, ..., 25.44682934,
3 #          23.65845003, 22.57863959],
4 #         [17.59345908, 18.73412209, 18.32082916, ..., 23.52446484,
5 #          22.62423444, 24.00765746],
6 #         [19.46384419, 17.62775962, 17.64109587, ..., 21.56474039,
7 #          22.1913017 , 22.44140341],
8 #         ...,
9 #         [18.96772808, 18.04357132, 16.24276439, ..., 23.13698257,
10 #          21.4985556 , 20.17896615],
11 #         [16.42696796, 14.55372871, 15.53627254, ..., 24.87524011,
12 #          22.83212658, 21.91864435],
13 #         [20.92249679, 22.7960805 , 21.07372294, ..., 19.58472966,
14 #          18.82105861, 20.52733855]])
15
16 pred_y.shape
17 # (30, 96)
```

如上述代码所示，pred_y 是一个 30×96 的二维数据，包含了 2014 年 9 月整月的预测结果。

9.4.6 效果评估

对短期负荷预测的效果评估可以采用两种方法。一种是对预测的结果与真实结果进行绘图比较，通过直观观察可以知道预测效果。如果预测曲线与真实曲线完全重合或相当接近，则说明预测效果较好，反之则说明预测模型还需要改进。另一种是基于每天每时点负荷值预测的误差累计值来计算一个误差率，从而得到平均精度水平，该值越大说明整体预测效果也就越好，该值越小说明预测模型还存在优化空间。编写 Python 代码，同时实现预测结果与真实数据的对比图，以及计算累计误差，从而全面地评估预测效果，代码如下：

```
1 base = 0
2 error = 0
3 predates = p.index[-30:p.shape[0]].values
4 plt.figure(figsize=(20, 10))
5 for k in range(30):
6     pred_array = pred_y[k]
7     real_array = test_y_real.iloc[k].values
8     plt.subplot(5,7,k+1)
9     plt.title(predates[k])
10    plt.plot(range(96), real_array, '-', label="real",c='black')
11    plt.plot(range(96), pred_array, '--', label="pred",c='gray')
12    base = base + np.sum(real_array)
13    error = error + np.sum(np.abs(real_array-pred_array))
14    plt.ylim(0, 250)
15 plt.show()
16 v = 100*(1-error/base)
17 print("Evaluation on test data: accuracy = %0.2f%% \n" % v)
18 # Evaluation on test data: accuracy = 79.66%
```

其预测评估对比图如图 9-4-3 所示，其中黑色实线为真实数据，灰色虚线为预测数据，横坐标为时点，纵坐标为时点对应的负荷值。

从预测评估对比图可知，由于按历史各天整理了数据，该模型能够有效发现数据中存在的周期性和模式，对于周一到周五的数据，预测模型能够比较好地进行预测，对于周末的数据，虽然和工作日模式不同，但预测模型也能很好地进行识别，并给出合理的预测结果。但也有几天的曲线预测得不太理想，比如 2014 年 9 月 10 日的负荷曲线，该曲线中间部分真实数据缺少了一段，说明该变压器对应的业务场景中可能发生了事故，导致大部分设备停产；又如 2014 年 9 月 16 日的负荷曲线，真实数据会比预测数据小一大截，这可能是由于业务中的临时调整导致的负荷没跟上来。因此，在进行预测时，不能单纯地看数据是否匹配，还需要进一步分析未能正确预测的原因，以此可进一步对模型进行优化。此外，通过计算累计误差率，我们得到了整体精度水平为 79.66%。

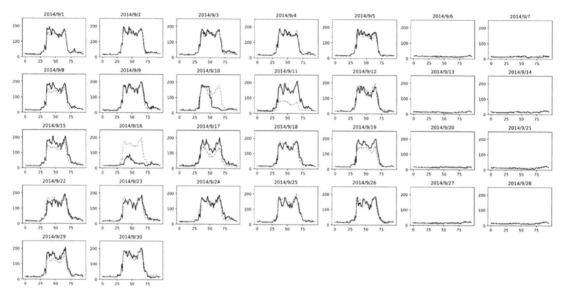

图 9-4-3　预测评估对比图

9.5　基于 LSTM 算法的预测

本节主要基于 LSTM 算法对短期负荷曲线进行预测，该算法非常擅长序列数据的建模，由于引入了遗忘门等更为复杂的内部处理单元来处理上下文信息的存储与更新，这样既可以消除梯度问题的困扰，也可以对存在短期或长期依赖的数据进行建模，该算法在文本、语音等序列数据模型中广泛使用。本节从 LSTM 建模的数据要求及网络结构设计讲起，设置合理的参数，通过训练得到模型，并基于该模型进行预测，最后将结果与真实数据进行比较，评估预测效果。

9.5.1　数据要求

本节使用 LSTM 算法对短期负荷曲线进行预测，可基于前 N 条样本对当前样本进行预测，因此该模型不需要像 DNN 网络那样，将历史数据进行复杂转换，可直接使用数据 p 稍加处理就能用于训练模型。对数据 p 的处理，即是对该数据进行重新封装，将样本前 N 期的集合与当前样本对应上，分别得到训练数据的输入与输出。数据对应关系如图 9-5-1 所示。

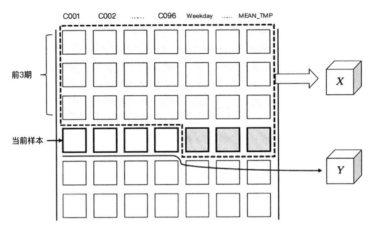

图 9-5-1　数据对应关系（具体数据为示意）

9.5.2　数据预处理

首先，需要将数据 p 重构为包含历史两周特征数据的基础数据，以预测日 96 个时点负荷值作为输出数据。这里我们使用 2013 年 9 月 1 日至 2014 年 8 月 31 日的数据作为训练数据，使用 2014 年整个 9 月的数据作为测试数据用来验证模型效果。用 Python 对全体数据进行标准化，并将数据 p 的特征进行重构，代码如下：

```
 1 tmp = p
 2 t0_min = tmp.apply(lambda x: np.min(x), axis=0).values
 3 t0_ptp = tmp.apply(lambda x: np.ptp(x), axis=0).values
 4 t0 = tmp.apply(lambda x: (x - np.min(x)) / np.ptp(x), axis=0).values
 5
 6 SEQLEN = 14
 7 dim_in = 108
 8 dim_out = 96
 9 pred_len = 30
10 X_train = np.zeros((t0.shape[0]-SEQLEN-pred_len, SEQLEN, dim_in))
11 Y_train = np.zeros((t0.shape[0]-SEQLEN-pred_len, dim_out),)
12 X_test = np.zeros((pred_len, SEQLEN, dim_in))
13 Y_test = np.zeros((pred_len, dim_out),)
14 for i in range(SEQLEN, t0.shape[0]-pred_len):
15     Y_train[i-SEQLEN] = t0[i][0:96]
16     X_train[i-SEQLEN] = np.c_[t0[(i-SEQLEN):i],t0[i+1][96:].repeat(SEQLEN).reshape((6,SEQLEN))].T
17 for i in range(t0.shape[0]-pred_len, t0.shape[0]):
18     Y_test[i-t0.shape[0]+pred_len] = t0[i][0:96]
19     if i == t0.shape[0]-1:
```

```
20        # 这里 weekday、trend、month 和气温数据做了近似处理，正式使用时，需要使用天气预报的数据
21        X_test[i-t0.shape[0]+pred_len] = np.c_[t0[(i-SEQLEN):i],t0[i][96:].repeat(SEQLEN). reshape((6,SEQLEN)).T]
22   else:
23        X_test[i-t0.shape[0]+pred_len]=np.c_[t0[(i-SEQLEN):i],t0[i+1][96:].repeat(SEQLEN).
                                    reshape((6,SEQLEN)).T]
```

如上述代码所示，SEQLEN 表示使用前期数据的长度，dim_in 表示输入数据的维度，dim_out
表示输出数据的维度，pred_len 表示预测数据的长度。第 2~4 行代码对数据进行极差标准化，将数
据归约到 0~1 之间。第 10~21 行代码对基础数据进行重构，分别得到训练数据 X_train、Y_train，以
及测试数据 X_test、Y_test。

9.5.3 网络结构设计

经尝试，我们使用近两周的历史数据来训练 LSTM 模型，同时，设置隐含层神经元数量为 128。
因此，可以将 LSTM 神经网络按图 9-5-2 的结构进行设计（图 9-5-2 中的 N 可取 14，即两周对应的
天数）。

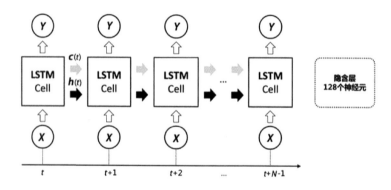

图 9-5-2　LSTM 神经网络结构

9.5.4 建立模型

现基于 Keras 搭建 LSTM 神经网络，并基于训练集对模型进行训练，Python 代码如下：

```
1 model = Sequential()
2 init = keras.initializers.glorot_uniform(seed=90)
3 model.add(LSTM(128, input_shape=(SEQLEN, dim_in), activation='relu', kernel_initializer=init,
            recurrent_dropout=0.01))
4 model.add(Dense(dim_out, activation='linear'))
5 model.compile(loss='mse', optimizer='rmsprop')
6 history = model.fit(X_train, Y_train, epochs=2000, batch_size=7, validation_split=0)
7 # Epoch 1/2000
```

```
 8 # 351/351 [==============================] - 1s 4ms/step - loss: 0.0549
 9 # Epoch 2/2000
10 # 351/351 [==============================] - 1s 2ms/step - loss: 0.0336
11 # Epoch 3/2000
12 # 351/351 [==============================] - 1s 1ms/step - loss: 0.0293
13 # ...
14 # Epoch 2000/2000
15 # 351/351 [==============================] - 1s 2ms/step - loss: 6.9224e-04
```

如上述代码所示，我们使用 rmsprop 算法来优化模型。由于当前建模场景是数值预测的，因此使用 MSE（均方误差）来定义损失函数。算法经过 2000 次迭代，loss 从 0.0549 降到了 6.9224e-04。我们可以基于得到的模型进一步展开预测。

9.5.5　预测实现

基于 9.5.4 节得到的模型，我们可以进一步编写 Python 代码，对 X_test 对应的输出数据进行预测。需要注意的是，直接得到的预测结果处于标准化的数据空间中，需要将其还原成原始数据空间的值，结果才有意义。对应的 Python 代码如下：

```
1 pred_y = model.predict(X_test)
2 preddf = pred_y*t0_ptp[0:96]+t0_min[0:96]
```

如上述代码所示，将模型的预测结果 pred_y 乘以 t0_ptp 再加上 t0_min，即可对数据进行还原。preddf 即是最终得到的预测数据，可打印其值，代码如下：

```
 1 preddf
 2 # array([[15.38415141, 16.00260305, 18.73421875, ..., 26.73801819,
 3 #         21.77837609, 23.18869093],
 4 #        [16.06377707, 16.4213548 , 20.20301449, ..., 21.35637292,
 5 #         23.28361729, 23.69081441],
 6 #        [16.99017648, 17.00997578, 19.17132048, ..., 23.23738699,
 7 #         19.08706516, 16.54340419],
 8 #        ...,
 9 #        [15.82022316, 18.33014316, 17.44376823, ..., 23.52037691,
10 #         21.772848  , 17.89651412],
11 #        [15.07703572, 15.00410491, 19.98956045, ..., 24.61383956,
12 #         22.06024055, 19.6154434 ],
13 #        [13.23139953, 19.16844683, 17.36724287, ..., 22.46061762,
14 #         23.24737013, 22.35341081]])
15
16 preddf.shape
17 # (30, 96)
```

如上述代码所示，preddf 是一个 30 × 96 的二维数据，包含了 2014 年 9 月整月的预测结果。

9.5.6 效果评估

对短期负荷预测的效果评估可以采用两种方法。一种方法是对预测的结果与真实结果进行绘图比较，通过直观观察可以知道预测效果，如果预测曲线与真实曲线完全重合或相当接近，则说明预测效果较好；反之，则说明预测模型还需要改进。另一种方法是基于每天每时点负荷值预测的误差累计值来计算误差率，从而得到平均精度水平，该值越大说明整体预测效果越好，该值越小说明预测模型还存在优化空间。编写 Python 代码，同时实现预测结果与真实数据的对比图，并计算累计误差，从而全面地评估预测效果，代码如下：

```
1 realdf = Y_test*t0_ptp[0:96]+t0_min[0:96]
2 base = 0
3 error = 0
4 plt.figure(figsize=(20, 10))
5 for index in range(0, 30):
6     real_array = realdf[index][0:96]
7     pred_array = preddf[index][0:96]
8     pred_array[np.where(pred_array < 0)] = 0
9     plt.subplot(5, 7, index + 1)
10    plt.plot(range(96), real_array, '-', label="real",c='black')
11    plt.plot(range(96), pred_array, '--', label="pred",c='gray')
12    plt.ylim(0, 250)
13    base = base + np.sum(real_array)
14    error = error + np.sum(np.abs(real_array-pred_array))
15 plt.show()
16 v = 100*(1-error/base)
17 print("Evaluation on test data: accuracy = %0.2f%% \n" % v)
18 # Evaluation on test data: accuracy = 74.95%
```

预测评估对比图如图 9-5-3 所示，其中黑色实线为真实数据，灰色虚线为预测数据，横坐标为时点，纵坐标为时点对应的负荷值。

从预测评估对比图可知，由于按历史各天整理了数据，该模型能够有效地发现数据中存在的周期性和模式，对于周一到周五的数据，预测模型能够比较好地进行预测，对于周末的数据，虽然和工作日模式不同，但预测模型也能很好地进行识别，并给出合理的预测结果。但也有几天的曲线预测得不太理想，比如 2014 年 9 月 10 日的负荷曲线，该曲线中间部分的真实数据缺少了一段，说明该变压器对应的业务场景可能发生了事故，导致大部分设备停产；又如 2014 年 9 月 16 日的负荷曲线，真实数据会比预测数据小一大截，这可能是由于业务中的临时调整导致的负荷没跟上来。因此，在进行预测时，不能单纯地看数据是否匹配上，还需要进一步分析未能正确预测的原因，以此可进一步对模型进行优化。此外，通过计算累计误差率，我们得到了整体精度水平为 74.95%。

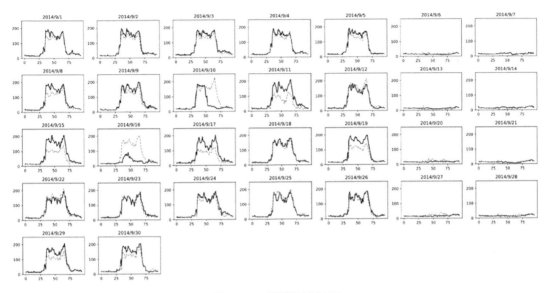

图 9-5-3　预测评估对比图

第 10 章

股票价格预测

作为一种技术手段，预测在金融、证券领域的应用非常广泛，尤其是对股票价格的预测。本章首先介绍股票市场的基础知识，然后介绍获得股票数据的方法，并基于此对数据进行预处理，接着使用数据分析方法，建立基础特征，进一步构建预测模型，且基于新数据验证模型效果。本章拟使用 VAR 及 LSTM 算法建立预测模型。

10.1　股票市场简介

股票市场是已经发行的股票转让、买卖和流通的场所，包括交易所市场和场外交易市场两大类别。由于它是建立在发行市场基础上的，因此又称作二级市场。股票市场的结构和交易活动比发行市场（一级市场）更复杂，其作用和影响力也更大。

股票市场的前身起源于 1602 年荷兰人在阿姆斯特河大桥上进行荷属东印度公司股票的买卖，而正规的股票市场最早出现在美国。股票市场是投机者和投资者双双活跃的地方，是一个国家或地区经济和金融活动的寒暑表，股票市场的不良现象，例如无货沽空等，可以导致股灾等各种危害的产生。股票市场唯一不变的就是：时时刻刻都是变化的。中国有上海证券交易所和深圳证券交易所两个交易市场。

10.2　获取股票数据

股票数据通常可从新浪股票、雅虎股票等网页上获取，此外还有一些炒股软件，如同花顺、通达信等都提供了非常清楚的股票数据展示和图表呈现。如果要获得实时的股票数据，可以考虑使用新浪股票提供的接口获取数据。以大秦铁路（股票代码：601006）为例，如果要获取它的最新行情，只需访问新浪的股票数据接口（具体可以百度），该接口会返回一串文本，例如：

```
1 hq_str_sh601006="大秦铁路,6.980,6.960,7.010,7.070,6.950,7.010,7.020,121033256,847861533.000,18900,
7.010,214867,7.000,66500,6.990,386166,6.980,336728,6.970,273750,7.020,836066,7.030,630800,7.040,936306,7.050,579400,7.060,2016-03-18,15:00:00,00";
```

这个字符串由许多数据拼接在一起，不同含义的数据用逗号隔开了，按照程序员的思路，顺序号从 0 开始。

```
0：<大秦铁路>，股票名字
1：<6.980>，今日开盘价
2：<6.960>，昨日收盘价
3：<7.010>，当前价格
4：<7.070>，今日最高价
5：<6.950>，今日最低价
6：<7.010>，竞买价，即"买一"报价
7：<7.020>，竞卖价，即"卖一"报价
8：<121033256>，成交的股票数，由于股票交易以一百股为基本单位，所以在使用时，通常把该值除以一百
9：<847861533.000>，成交金额，单位为"元"，为了一目了然，通常以"万元"为成交金额的单位，所以通常把该值除以一万
10：<18900>，"买一"申请 4695 股，即 47 手
11：<7.010>，"买一"报价
12：<214867>，"买二"
13：<7.000>，"买二"
14：<66500>，"买三"
15：<6.990>，"买三"
16：<386166>，"买四"
17：<6.980>，"买四"
18：<336728>，"买五"
19：<6.970>，"买五"
20：<273750>，"卖一"申报 3100 股，即 31 手
21：<7.020>，"卖一"报价
      (22,23),(24,25),(26,27),(28,29)分别为"卖二"至"卖四"的情况
30：<2016-03-18>，日期
31：<15:00:00>，时间
```

这个接口对于 JavaScript 程序非常方便，如果要查看该股票的日 K 线图，可访问新浪股票的 K

线图接口（具体可百度），便可得到日 K 线图，如图 10-2-1 所示。

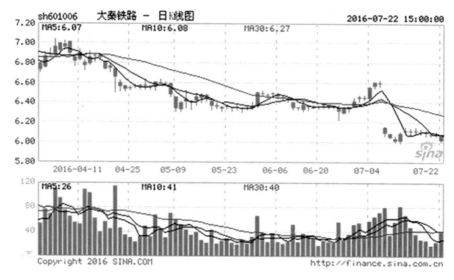

图 10-2-1　日 K 线图

如果要查看该股票的分时线，可访问链接新浪股票的分时线图接口（具体可百度），便可得到分时线图，如图 10-2-2 所示。

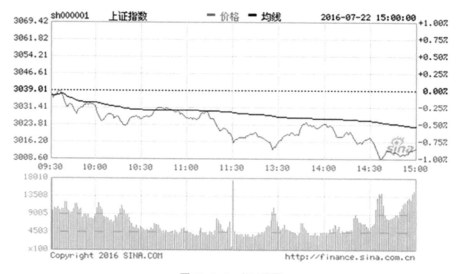

图 10-2-2　分时线图

对于周 K 线和月 K 线的查询，可分别访问新浪股票的周 K 线图和月 K 线图的接口（具体可百度）。Python 中我们可以使用 pandas_datareader 库来获取股票数据，默认是访问 yahoofinance 的数据，其中包括上证和深证的股票数据，还有港股数据，该库只能获取股票的历史交易记录信息：如最高价、最低价、开盘价、收盘价以及成交量，无法获取个股的分笔交易明细历史记录。上证代码是 ss，深证代码是 sz，港股代码是 hk，比如茅台：6000519.ss，万科 000002.sz，长江实业 0001.hk。这里以贵州茅台股票为例，说明 pandas_datareader 库中股票数据的获取方法及简单的可视化，代码如下：

```
 1 data = web.DataReader('600519.ss','yahoo', dt.datetime(2019,8,1),dt.datetime(2019,8,31))
 2 data.head()
 3 #              High         Low          Open         Close        Volume      Adj Close
 4 # Date
 5 # 2019-08-01  977.000000   953.020020   976.51001    959.299988   3508952 959.299988
 6 # 2019-08-02  957.979980   943.000000   944.00000    954.450012   3971940 954.450012
 7 # 2019-08-05  954.000000   940.000000   945.00000    942.429993   3677431 942.429993
 8 # 2019-08-06  948.000000   923.799988   931.00000    946.299988   4399116 946.299988
 9 # 2019-08-07  955.530029   945.000000   949.50000    945.000000   2686998 945.000000
10
11 kldata=data.values[:,[2,3,1,0]] # 分别对应开盘价、收盘价、最低价和最高价
12 from pyecharts import options as opts
13 from pyecharts.charts import Kline
14
15 kobj = Kline().add_xaxis(data.index.strftime("%Y-%m-%d").tolist()).add_yaxis("贵州茅台-日 K 线图",
        kldata.tolist()).set_global_opts(
16          yaxis_opts=opts.AxisOpts(is_scale=True),
17          xaxis_opts=opts.AxisOpts(is_scale=True),
18          title_opts=opts.TitleOpts(title=""))
19 kobj.render()
```

贵州茅台股票日 K 线图如图 10-2-3 所示。为给定时间序列的财务图表，代码中对象 data 包含 6 个属性，依次为 Open（开盘价）、High（最高价）、Low（最低价）、Close（收盘价）、Volume（成交量）、Adjusted（复权收盘价）。基于收盘价的重要性，可从收盘价的历史数据中分割训练集、验证集、测试集，使用适当的特征，建立预测模型，并实施预测。

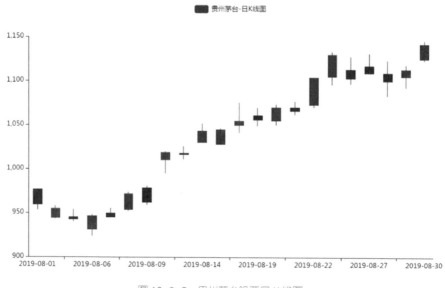

图 10-2-3　贵州茅台股票日 K 线图

10.3　基于 VAR 算法的预测

向量自回归（VAR）模型就是非结构化的多方程模型，它的核心思想不考虑经济理论，而直接考虑经济变量时间时序之间的关系，避开了结构建模方法中需要对系统中每个内生变量关于所有内生变量滞后值函数建模的问题，通常用来预测相关时间序列系统和研究随机扰动项对变量系统的动态影响。VAR 模型类似联立方程，将多个变量包含在一个统一的模型中，共同利用多个变量信息，比起仅使用单一时间序列的 ARIMA 等模型，其涵盖的信息更加丰富，能更好地模拟现实经济体，因而用于预测时能够提供更加贴近现实的预测值。此处拟基于贵州茅台股票数据，建立 VAR 的预测模型。使用后 30 天的数据作为验证集，剩余的数据用于建立预测模型。本节从 VAR 模型的平稳性检验出发，依次完成 VAR 模型的定阶及建模预测，最终通过分析验证集上的准确率来评估预测效果。

10.3.1　平稳性检验

只有平稳的时间序列才能够直接建立 VAR 模型，因此在建立 VAR 模型之前，首先要对变量进行平稳性检验。通常可利用序列的自相关分析图来判断时间序列的平稳性，如果序列的自相关系数随着滞后阶数的增加很快趋于 0，即落入随机区间，则序列是平稳的；反之，序列是不平稳的。另外，也可以对序列进行 ADF 检验来判断平稳性。对于不平稳的序列，需要进行差分运算，直到差分后的序列平稳后，才能建立 VAR 模型。此处首先提取用于建立预测模型的基础数据，并对其进行单位根检验，对应的 Python 代码如下：

```
1 data = web.DataReader('600519.ss','yahoo', dt.datetime(2014,1,1),dt.datetime(2019,9,30))
2 subdata = data.iloc[:-30,:4]
3 for i in range(4):
4     pvalue = stat.adfuller(subdata.values[:,i], 1)[1]
5     print("指标 ",data.columns[i]," 单位根检验的 p 值为：",pvalue)
6 # 指标   High   单位根检验的 p 值为：  0.9955202280850401
7 # 指标   Low    单位根检验的 p 值为：  0.9942509439755689
8 # 指标   Open   单位根检验的 p 值为：  0.9938548193990323
9 # 指标   Close  单位根检验的 p 值为：  0.9950049124079876
```

可以看到，p 值都大于 0.01，因此都是不平稳序列。现对 subdata 进行 1 阶差分运算，并再次进行单位根检验，对应的 Python 代码如下：

```
1 subdata_diff1 = subdata.iloc[1:,:].values - subdata.iloc[:-1,:].values
2 for i in range(4):
3     pvalue = stat.adfuller(subdata_diff1[:,i], 1)[1]
4     print("指标 ",data.columns[i]," 单位根检验的 p 值为：",pvalue)
5 # 指标   High   单位根检验的 p 值为：  0.0
6 # 指标   Low    单位根检验的 p 值为：  0.0
7 # 指标   Open   单位根检验的 p 值为：  0.0
8 # 指标   Close  单位根检验的 p 值为：  0.0
```

如结果所示，对这 4 个指标的 1 阶差分单独进行单位根检验，其 p 值都不超过 0.01，因此可以认为是平稳的。

10.3.2　VAR 模型定阶

接下来就是为 VAR 模型定阶，可以让阶数从 1 逐渐增加，当 AIC 值尽量小时，可以确定最大滞后期。我们使用最小二乘法，求解每个方程的系数，并通过逐渐增加阶数，为模型定阶，Python 代码如下：

```
1 # 模型阶数从 1 开始逐一增加
2 rows, cols = subdata_diff1.shape
3 aicList = []
4 lmList = []
5
6 for p in range(1,11):
7     baseData = None
8     for i in range(p,rows):
```

```
9          tmp_list = list(subdata_diff1[i,:]) + list(subdata_diff1[i-p:i].flatten())
10         if baseData is None:
11             baseData = [tmp_list]
12         else:
13             baseData = np.r_[baseData, [tmp_list]]
14     X = np.c_[[1]*baseData.shape[0],baseData[:,cols:]]
15     Y = baseData[:,0:cols]
16     coefMatrix = np.matmul(np.matmul(np.linalg.inv(np.matmul(X.T,X)),X.T),Y)
17     aic = np.log(np.linalg.det(np.cov(Y - np.matmul(X,coefMatrix),rowvar=False))) +
                                    2*(coefMatrix.shape[0]-1)**2*p/baseData.shape[0]
18     aicList.append(aic)
19     lmList.append(coefMatrix)
20
21 #对比查看阶数和 AIC
22 pd.DataFrame({"P":range(1,11),"AIC":aicList})
23 #     P    AIC
24 # 0 1    13.580156
25 # 1 2    13.312225
26 # 2 3    13.543633
27 # 3 4    14.266087
28 # 4 5    15.512437
29 # 5 6    17.539047
30 # 6 7    20.457337
31 # 7 8    24.385459
32 # 8 9    29.438091
33 # 9 10   35.785909
```

如上述代码所示，当 p=2 时，AIC 值最小为 13.312225。因此 VAR 模型定阶为 2，并可从对象 lmList[1]中获取各指标对应的线性模型。

10.3.3　预测及效果验证

基于 lmList[1]中获取各指标对应的线性模型，对未来 30 期的数据进行预测，并与验证数据集进行比较分析，Python 代码如下：

```
1 p = np.argmin(aicList)+1
2 n = rows
3 preddf = None
4 for i in range(30):
5     predData = list(subdata_diff1[n+i-p:n+i].flatten())
6     predVals = np.matmul([1]+predData,lmList[p-1])
7     # 使用逆差分运算，还原预测值
8     predVals=data.iloc[n+i,:].values[:4]+predVals
```

```
9     if preddf is None:
10        preddf = [predVals]
11    else:
12        preddf = np.r_[preddf, [predVals]]
13    # 为 subdata_diff1 增加一条新记录
14    subdata_diff1 = np.r_[subdata_diff1, [data.iloc[n+i+1,:].values[:4] - data.iloc[n+i,:].values[:4]]]
15
16 #分析预测残差情况
17 (np.abs(preddf - data.iloc[-30:data.shape[0],:4])/data.iloc[-30:data.shape[0],:4]).describe()
18 #        High        Low         Open        Close
19 # count 30.000000   30.000000   30.000000   30.000000
20 # mean   0.010060    0.009380    0.005661    0.013739
21 # std    0.008562    0.009968    0.006515    0.013674
22 # min    0.001458    0.000115    0.000114    0.000130
23 # 25%    0.004146    0.001950    0.001653    0.002785
24 # 50%    0.007166    0.007118    0.002913    0.010414
25 # 75%    0.014652    0.012999    0.006933    0.022305
26 # max    0.039191    0.045802    0.024576    0.052800
```

从上述代码第 17 行可以看出这 4 个指标的最大百分误差率分别为 3.9191%、4.5802%、2.4576%、5.28%，最小百分误差率分别为 0.1458%、0.0115%、0.0114%、0.013%，进一步，绘制二维图表观察预测数据与真实数据的逼近情况，Python 代码如下：

```
1 plt.figure(figsize=(10,7))
2 for i in range(4):
3     plt.subplot(2,2,i+1)
4     plt.plot(range(30),data.iloc[-30:data.shape[0],i].values,'o-',c='black')
5     plt.plot(range(30),preddf[:,i],'o--',c='gray')
6     plt.ylim(1000,1200)
7     plt.ylabel("$"+data.columns[i]+"$")
8 plt.show()
9 v = 100*(1 - np.sum(np.abs(preddf - data.iloc[-30:data.shape[0],:4]).values)/np.sum(data.iloc[-30:data.shape[0],:4].values))
10 print("Evaluation on test data: accuracy = %0.2f%% \n" % v)
11 # Evaluation on test data: accuracy = 99.03%
```

该预测效果如图 10-3-1 所示，其中黑色实线为真实数据，灰色虚线为预测数据，使用 VAR 模型进行预测的效果总体还是不错的，平均准确率为 99.03%。针对多元时间序列的情况，VAR 模型不仅考虑了其他指标的滞后影响，计算效率还比较高，从以上代码可以看到，对于模型的拟合，直接使用的最小二乘法，这增加了该模型的适应性。

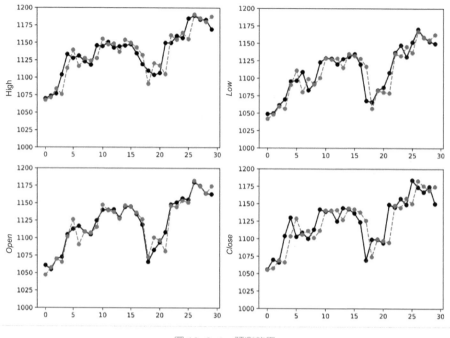

图 10-3-1　预测效果

10.4　基于 LSTM 算法的预测

本节主要基于 LSTM 算法对贵州茅台股票数据进行预测，该算法非常擅长序列数据的建模，由于引入了遗忘门等更为复杂的内部处理单元来处理上下文信息的存储与更新，这样既可以消除梯度问题的困扰，也可以对存在短期或长期依赖的数据建模，该算法在文本、语音等序列数据模型中广泛使用。本节从 LSTM 建模的数据要求及网络结构设计讲起，通过设置合理的参数，通过训练得到模型，并基于该模型进行预测，最后将结果与真实数据进行比较，评估预测效果。

10.4.1　数据要求

本节使用 LSTM 算法对贵州茅台股票数据进行预测，可基于前 N 条样本对当前样本进行预测，因此该模型不需要像 DNN 那样，将历史数据进行复杂转换，将基础数据稍加处理就能用于训练模型。对基础数据的处理即为对该数据进行重新封装，将样本前 N 期的集合与当前样本对应上，分别得到训练数据的输入与输出。数据对应关系如图 10-4-1 所示。

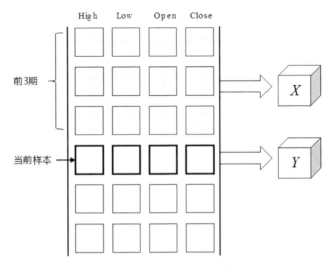

图 10-4-1　所示数据对应关系（具体数据为示意）

10.4.2　数据预处理

首先，需要将基础数据重构为包含历史 3 周特征数据的基础数据，以预测日的 High（最高价）、Low（最低价）、Open（开盘价）、Close（收盘价）4 个指标作为输出数据。这里我们使用 2014 年 1 月 1 日至 2019 年 8 月 31 日的贵州茅台股票数据作为训练数据，使用 2019 年整个 9 月的数据作为测试数据，来验证模型效果。用 Python 将对全体数据进行标准化，并将基础数据的特征进行重构，代码如下：

```
1 SEQLEN = 21
2 dim_in = 4
3 dim_out = 4
4 pred_len = 30
5 vmean = data.iloc[:,:4].apply(lambda x:np.mean(x))
6 vstd = data.iloc[:,:4].apply(lambda x:np.std(x))
7 t0 = data.iloc[:,:4].apply(lambda x:(x-np.mean(x))/np.std(x)).values
8 X_train = np.zeros((t0.shape[0]-SEQLEN-pred_len, SEQLEN, dim_in))
9 Y_train = np.zeros((t0.shape[0]-SEQLEN-pred_len, dim_out),)
10 X_test = np.zeros((pred_len, SEQLEN, dim_in))
11 Y_test = np.zeros((pred_len, dim_out),)
12 for i in range(SEQLEN, t0.shape[0]-pred_len):
13     Y_train[i-SEQLEN] = t0[i]
14     X_train[i-SEQLEN] = t0[(i-SEQLEN):i]
15 for i in range(t0.shape[0]-pred_len,t0.shape[0]):
16     Y_test[i-t0.shape[0]+pred_len] = t0[i]
17     X_test[i-t0.shape[0]+pred_len] = t0[(i-SEQLEN):i]
```

如上述代码所示，SEQLEN 表示使用前期数据的长度，dim_in 表示输入数据的维度，dim_out 表示输出数据的维度，pred_len 表示预测数据的长度。第 5~7 行代码对数据进行 zscore 标准化，将数据映射到标准正态分布。第 12~17 行代码对基础数据进行重构，分别得到训练数据 X_train、Y_train 以及测试数据 X_test、Y_test。

10.4.3 网络结构设计

经尝试，我们使用近 3 周的历史数据来训练 LSTM 模型，同时，设置隐含层神经元的数量为 64。因此，我们可以将 LSTM 神经网络按图 10-4-2 的结构进行设计（图中 N 可取 21，即 3 周对应的天数）。

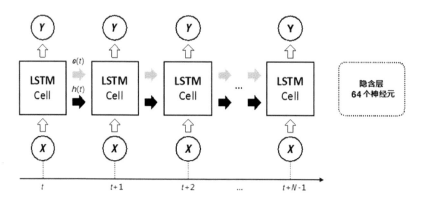

图 10-4-2　LSTM 神经网络结构

10.4.4 建立模型

现基于 Keras 搭建 LSTM 神经网络，并基于训练集对模型进行训练，Python 代码如下：

```
1 model = Sequential()
2 model.add(LSTM(64, input_shape=(SEQLEN, dim_in),activation='relu',recurrent_dropout=0.01))
3 model.add(Dense(dim_out,activation='linear'))
4 model.compile(loss = 'mean_squared_error', optimizer = 'rmsprop')
5 history = model.fit(X_train, Y_train, epochs=200, batch_size=10, validation_split=0)
6 # Epoch 1/200
7 # 1350/1350 [==============================] - 1s 1ms/step - loss: 0.0447
8 # Epoch 2/200
9 # 1350/1350 [==============================] - 1s 737us/step - loss: 0.0059
10 # Epoch 3/200
11 # 1350/1350 [==============================] - 1s 743us/step - loss: 0.0043
12 # ......
13 # Epoch 200/200
14 # 1350/1350 [==============================] - 1s 821us/step - loss: 9.2794e-04
```

如上述代码所示，我们使用 rmsprop 算法来优化模型。由于当前的建模场景是数值预测，因此使用 MSE（均方误差）来定义损失函数。算法经过 200 次迭代，loss 从 0.0447 降到了 9.2794e-04。我们可以基于得到的模型进行进一步预测。

10.4.5　预测实现

基于 10.4.4 节得到的模型，进一步编写 Python 代码，对 X_test 对应的输出数据进行预测。需要注意的是，直接得到的预测结果是处于标准化的数据空间中的，需要将其还原成原始数据空间的值，结果才有意义。对应的 Python 代码如下：

```
1 preddf=model.predict(X_test)*vstd.values+vmean.values
```

如上述代码所示，将模型的预测结果 pred_y 乘以 vstd 再加上 vmean，即可对数据进行还原。preddf 即是最终得到的预测数据，可打印其值，代码如下：

```
 1 preddf
 2 # array([[1069.35781887, 1038.57915742, 1056.77147186, 1053.83827734],
 3 #         [1070.65142282, 1039.58533719, 1057.34561875, 1054.85567074],
 4 #         [1083.58529328, 1052.70457308, 1070.78824637, 1067.49741882],
 5 #         
 6 #         [1186.19297789, 1161.52758381, 1172.33666591, 1170.44623263],
 7 #         [1181.42680223, 1155.14778501, 1166.5726204 , 1165.00336968],
 8 #         [1186.75600881, 1160.84733425, 1172.37636963, 1170.09819923]])
 9
10 preddf.shape
11 # (30, 4)
```

如上述代码所示，preddf 是一个 30×4 的二维数据，包含了 2019 年 9 月整月的预测结果。

10.4.6　效果评估

对贵州茅台股票数据预测的效果评估可以采用两种方法。一种方法是对预测的结果与真实结果进行绘图比较，通过直观观察可以知道预测效果，如果预测曲线与真实曲线完全重合或相当接近，则说明预测效果较好；反之，则说明预测模型还需要改进。另一种方法是基于贵州茅台股票数据预测的误差累计值来计算一个误差率，从而得到平均精度水平，该值越大说明整体预测效果也就越好，该值越小说明预测模型还存在优化空间。编写 Python 代码，同时实现预测结果与真实数据的对比图，以及计算累计误差，从而全面地评估预测效果，代码如下：

```
1 plt.figure(figsize=(10,7))
2 for i in range(4):
3     plt.subplot(2,2,i+1)
4     plt.plot(range(30),data.iloc[-30:data.shape[0],i].values,'o-',c='black')
```

```
 5        plt.plot(range(30),preddf[:,i],'o--',c='gray')
 6        plt.ylim(1000,1200)
 7        plt.ylabel("$"+data.columns[i]+"$")
 8 plt.show()
 9 v = 100*(1 - np.sum(np.abs(preddf - data.iloc[-30:data.shape[0],:4]).values)/np.sum (data.iloc
     [-30:data.shape[0],: 4].values))
10 print("Evaluation on test data: accuracy = %0.2f%% \n" % v)
11 # Evaluation on test data: accuracy = 99.01%
```

预测评估对比图如图 10-4-3 所示。

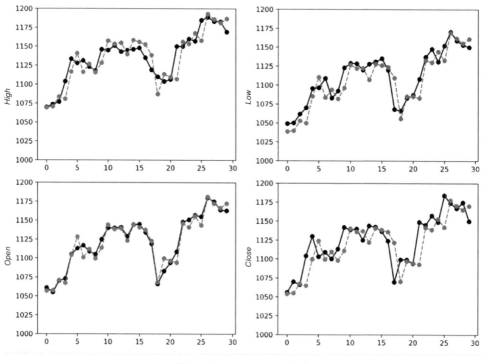

图 10-4-3　预测评估对比图

如图 10-4-3 所示，黑色实线为真实数据，灰色虚线为预测数据，横坐标为日期下标，纵坐标为对应的股票价格。使用 LSTM 模型进行预测的效果总体还是不错的，平均准确率为 99.01%。对于多元时间序列数据，可尝试使用 LSTM 模型，该模型能够记忆历史较长的重要信息，可有效识别历史数据中存在的规律和模式，如今广泛应用于包含大量序列数据的场景中。

参考文献

[1] 教育部高等学校管理科学与工程类学科教学指导委员会 组编 刘思峰 党耀国 主编. 预测方法与技术. 北京：高等教育出版社，2005.

[2] 郎茂祥 主编 傅选义 朱广宇 副主编. 预测理论与方法. 北京：清华大学出版社. 北京交通大学出版社，2011.

[3] J. Scott Armstrong The Wharton School, Standards and Practices for Forecasting，University of Pennsylvania，2001.

[4] 王斌会 编著. 多元统计分析及 R 语言建模. 第 2 版. 广州：暨南大学出版社，2011.

[5] SPADE: An Efficient Algorithm for Mining Frequent Sequences. MOHAMMED J. ZAKI. Computer Science Department, Rensselaer Polytechnic Institute. 2001.

[6] Sequential Pattern Mining: A Comparison between GSP, SPADE and Prefix SPAN 1Manika Verma, 2Dr. Devarshi Mehta 1Assistant Professor, 2Associate Professor 1Department of Computer Science, Kadi Sarva Vishwavidyalaya, 2GLS Institute of Computer Technology, Ahmedabad, India. 2014.

[7] 陈培恩. 关联规则 Eclat 算法改进研究. 重庆大学计算机学院，2010.4.

[8] 范明 孟小峰 译. 数据挖掘概念与技术. 北京：机械工业出版社，2012.8.

[9] Genetic Programming-based Construction of Features for Machine Learning and Knowledge Discovery Tasks KRZYSZTOF KRAWIEC.Institute of Computing Science, Pozna´n University of Technology,Piotrowo 3A, 60965 Pozna´n, Poland Submitted February 5, 2002; Revised September 3, 2002.

[10] Feature Construction Methods: A Survey.Parikshit Sondhi. Univeristy of Illinois at Urbana Champaign. Department of Computer Science.201 North Goodwin Avenue Urbana, IL 61801-2302.

[11] 薛薇 陈欢歌 编著. 基于 Clementine 的数据挖掘. 北京：中国人民大学出版社，2012.

[12] 王小平 曹立明著. 遗传算法-理论、应用与软件实现. 西安：西安交通大学出版社，2002.

[13] 卢辉著. 数据挖掘与数据化运营实战 思路、方法、技巧与应用. 北京：机械工业出版社，2013.

[14] Regression Shrinkage and Selection via the Lasso.By ROBERT TIBSHIRANI University of Toronto, Canada [Received January 1994. Revised January 1995].

[15] 谢宇 著. 回归分析. 北京：社会科学文献出版社，2010.

[16] 何晓群 著. 实用回归分析. 北京：高等教育出版社. 2008.

[17] 方开泰 全辉 陈庆云 著. 实用回归分析. 北京：科学出版社，1988.

[18] 何志昆，刘光斌，赵曦晶，王明昊. 高斯过程回归方法综述. 第二炮兵工程大学控制工程系.

[19] 魏国 刘剑 孙金伟 孙圣和. 基于 LS-SVM 的非线性多功能传感器信号重构方法研究，2008.8.

[20] 李航 著. 统计学习方法. 北京：清华大学出版社，2012.

[21] 魏海坤 著. 神经网络结构设计的理论与方法. 北京：国防工业出版社，2005.

[22] 韩旭明. Elman 神经网络的应用研究. 天津大学计算机科学与技术学院，2006.

[23] 吴喜之 刘苗 编著. 应用时间序列分析 R 软件陪同. 北京：机械工业出版社，2014.

[24] 王燕 编著. 应用时间序列分析. 北京：中国人民大学出版社，2005.7

[25] 詹姆斯. D. 汉密尔顿（James D.Hamilton）著. 时间序列分析. 北京：中国人民大学出版社. 上下册，2015.

[26] 马向前 万帼荣. 影响我国股票市场价格波动的基本因素. 山西统计，2001 年第 1 期.

[27] 苗旺 刘春辰 耿直. 因果推断的统计方法，2018.11.